U0177445

中國茶書

【清】 上

鄭培凱

朱自振 主編

上海大學出版社

·上海·

再版序言：飲茶起源與茶道

鄭培凱

（一）

現代人喝茶，是日用的習慣，不會去想飲茶的起源。古人説，開門七件事，柴米油鹽醬醋茶。這個説法，在唐末五代就已流行，至今也超過一千年了，所以，大多數人認爲，中國人自古就有飲茶的習慣。然而，有人要打破砂鍋問到底："自古"是多古呢？兩千年前，三千年前，還是五千年前？孔子講學，口渴了，喝不喝茶？周朝打敗商朝，頒布禁酒令，是否考慮到老百姓可以喝茶？周文王遭到囚禁，幽居羑里演易，殫精竭慮，探索天地奧秘，一定有口乾舌燥的時候，是不是有茶可喝呢？歷史文獻無徵，我們不知道。

陸羽在《茶經》中説："茶之爲飲，發乎神農氏，聞於魯周公。齊有晏嬰，漢有揚雄、司馬相如，……皆飲焉。"告訴我們自古以來就有這麽多歷史人物飲茶，可以上溯到神農與周公。陸羽説飲茶始於神農，根據《神農食經》的説法："茶茗久服，令人有力，悦志。"他并不知道這部《神農食經》是漢代托名神農的著作，神農其實是漢朝人的神話傳説，不是確鑿的歷史事實。神農不是歷史人物，是上古傳説中的"文化英雄"，是古人創造文字之後，把農耕生活的始源歸諸神話人物的現象，就好像盤古開天地、女媧造人、夸父取火、后羿射日一樣。因此，説飲茶始於神農，只是姑妄言之、姑妄聽之的話頭，當不得真的。

人類飲茶的起源，從古代的記載中，只能找到神農的傳説神話，説他親嘗百草發現了茶，當然經不起驗證。真正可以肯定的文獻資料，明確人工栽種與廣泛飲用的出現，乃在上古的晚期，相當於戰國秦漢時期。西漢宣帝時王褒寫《僮約》，要求僮奴"牽犬販鵝，武陽買茶（荼）"，以及揚雄在《方言》中説"蜀西南人謂茶（荼）爲蔎"，算是比較可靠的文字資料。這種文獻資料的出現，晚到漢朝，當然不能作爲飲茶起源的上限，是研究物質文明史的專家很頭疼的問題。然而，研究上古的歷史，20 世紀以來，除了文獻之外，學者還會"上窮碧落下黄泉"，從考古發現中尋覓實物材料。尤其是到了 21 世紀，科技考古的研究方法相當精密，技術先進，發掘人類聚落的生活遺存，探知食衣住行的遺迹，就能運用科技實證的手段，在實驗室中發現炭化作物的類别屬性，確定出土材料是否暗藏着飲茶的痕迹。

在 1972 年的長沙馬王堆考古發掘中，出土了許多植物食品，而且都裝在竹編的箱籠中，配以木牌，標明作物的種類。當時有考古報導指出，其中有"檟一笥"的木牌明確展示了辛追夫人的陪葬品中有當作食品的茶。這讓研究茶史的朋友大爲興奮，因爲有了考古學的科學證據，指明茶飲在西漢初年已經在長沙一帶流行，進入了日常生活，而且出土墓室的年代下限十分準確，比提供文獻資料的王褒與揚雄時間要早。还有人指出，《漢書·地理志》記載了"荼陵"（今湖南茶陵）地名，可見茶的种植在西漢時就出現在長沙一帶，反映了茶樹栽植已經發展到荆楚一帶，逐漸移向長江中下游地區。可惜好景不長，有古文字學家指出，那個所謂"檟"字，認真辨識之後，是左邊木字旁，右上一個"古"，右下一個"月"，合起來是古文字的"柚"字，并不是"檟"字，認錯字了。負責展示馬王堆考古發現的湖南省博物館，在構築新館之時規劃了馬王堆常設大展，設置特别的展廳，就展出了出土的各種作物而配有標示木牌，清楚列明了"柚一笥"，與茶没有關係。這實在讓茶史專家大失所望，冀望考古發掘能夠證實西漢飲茶的實物，結果不是茶，空歡喜了一場。

然而，考古發掘時常會在你希望破滅、感到山窮水盡的時候，柳暗花明又一村，出現意外之喜。2012 年中國考古十大新發現，其中之一是西藏阿里地區故如甲木寺遺址，在約四千五百米的高原上，發現了茶葉的遺存。遺址的年代屬於象雄時期，相當於東漢時代，距今已有一千八百年。這個考古發現的信息量很大，明確顯示，既然在阿里這樣的高寒地區是不可能種植茶葉的，所以這些出土的茶葉遺存，必定從青藏高原的東邊轉運而來，而原產地可能就是巴蜀一帶。

霍巍在《西藏大学学报（社会科学版）》2016 年第 1 期發表一篇《西藏西部考古新發現的茶葉與茶具》的文章，從考古發現的角度，揭示阿里地區漢晉時代的墓葬當中已經有茶和茶具的遺存。這一發現改變了人們的傳統認識與舊有知識，大體可以肯定是在相當於中原漢晉時代甚至更早時期，已經有一定規模和數量的茶葉進入西藏地區。這些茶葉傳入藏地最早的路綫與途徑，也很可能與後來唐蕃之間通過"茶馬貿易"將四川、雲南、貴州等漢藏邊地茶葉輸入藏地的傳統路綫有所不同，而是更多地利用了這一時期通過西域"絲綢之路"進而南下阿里地區，與漢地的絲綢等奢侈品一道，行銷到西藏西部地區。

茶葉作爲商貿産品，轉販到阿里，成爲藏族先民的飲品，結合王褒説的"武陽買茶（荼）"，可見兩千年前茶葉作爲經濟作物，販運的規模應該是相當可觀的。

考古發掘帶來的驚喜，還不止如此。陝西考古研究院的考古專家於1998 年，在西漢景帝陽陵東側的外藏坑中發現一些樹葉狀的東西，2008年底送到中國科學院檢測。經過中外專家的研究，發現這些葉子竟然是茶葉，而且是頂級品質的茶芽。漢景帝死於公元前 141 年，由此推斷，外藏坑中出土的茶葉距今至少二千一百五十多年了，應該是目前發現的最早的茶飲實物。這項研究結果，在中國科學院地質與地球物理研究所古生態學專家吕厚遠領銜下，於 2016 年發表在英國《自然》雜志下屬的 *Scientific Reports*（《科學報告》）上，確證西漢初年景帝時代飲茶已經是當時的生活習慣。

近來山東大學考古團隊發表《山東鄒城邾國故城西崗墓地一號戰國墓茶葉遺存分析》（《考古與文物》2021 年第 5 期），正式公布山東濟寧鄒城市邾國故城遺址西崗墓地一號戰國墓隨葬的原始瓷碗中出土的茶葉樣品爲煮（泡）過的茶葉殘渣，比漢景帝外藏坑發現的茶葉實物又提前了至少三百年，證實了顧炎武在《日知録》中的論斷，戰國時期已經有了飲茶習慣。

　　這些確切的考古材料可以作爲文獻資料的佐證,反映戰國秦漢時期茶飲已經相當普遍。既然西藏阿里地區都有輸入的茶葉,地處西北的漢代陵墓中出現頂級茶芽,而山東地區更有戰國時期飲茶實物的遺存,可想而知,在大量出産茶葉的南方地區,茶飲一定更爲普及。王褒《僮約》裏説的"武陽買茶(荼)",明顯透露出茶葉作爲商品的情況,四川是茶葉流轉的集散地。配合考古材料,與顧炎武在《日知録》中的推斷,茶葉由人工栽培成爲經濟作物,應當始源於中國西南,而以巴蜀爲中心。至於漢人飲茶的方式,漢代文獻無徵,大概還是比較原始的煮湯辦法,就如皮日休《茶中雜詠序》所説:"飲者必渾以烹之,與夫瀹蔬而啜者無異也。"也有可能加入鹽或薑同煮,作爲茶葉菜湯或藥湯飲用。

　　漢代種茶地區從巴蜀逐漸拓展到荆楚一帶,顯著擴大,到了三國時期,江南和浙江一帶都已經普遍種茶。飲茶的人也明顯增加,不再限於少數的統治階層,茶已變成江南士大夫日常待客之物了。三國魏張揖《廣雅》載:"荆巴間采茶作餅,葉老者餅成,以米膏出之。欲煮茗飲,先炙令赤色,搗末置瓷器中,以湯澆覆之,用葱薑橘子芼之。其飲醒酒,令人不眠。"這條資料顯示,到了魏晉南北朝時期,除了生煮羹飲之外,還採用將茶制成茶餅并敷以米膏黏合的辦法以便保存。飲用之時,研磨成末,置放在瓷器之中,煮水澆覆烹煎,同時放入葱、薑、橘子之類來調味。可見飲茶的研末煎點方式,在魏晉南北朝時期已經流行,而加果加料的飲用法顯然考慮的是茶湯的味覺口感或養生藥用,與陸羽强調的純粹茶湯不同,顯示茶飲的"史前"階段并不提倡茶的本色,也不會倡導茶能有益於精神德性的特質。

　　近幾十年考古發現,有些與茶飲起源有關,有的可以厘清歷史文獻的記載,有的却利用未經學術確認的媒體信息,炒作文化噱頭,以達"文化搭臺,經濟唱戲"的商業目的,實不可取。1972 年馬王堆大墓隨葬的"櫃一笥"事件,就令研究飲茶歷史的學術界十分尷尬。不過,説西漢時期就有飲茶的考古資料,倒是另有證據,在漢景帝陽陵中發現的芽茶實物,證明西漢早期宫廷已經懂得選取茶芽,喝的是上等茶葉。配合王褒《僮約》的記載,可以推論,飲茶習慣漢代已經在民間流傳,上等茶貢入宫廷,民間也普及了茶飲。

　　我們必須認清，人類飲茶的歷史，與茶樹最古的源頭，是兩件不同的事：一是人類生活因飲茶發生變化的文明進程，屬於人類的歷史；另一則是古植物學的探源，屬於自然界生物演化的歷史，其起源與發展與人類生活及物質文明可以無關。有的人混淆了人類飲茶的歷史與古植物學的歷史，不知是無知還是有意，大肆宣傳古茶樹的起源地，好像發現了千萬年前古茶樹的痕迹，就證明了人類飲茶的源起。這種思維的越界跳躍，不但顯示邏輯思維的混亂，還顯示提倡思維混亂背後的動機，或許有不可告人的商業利益，以及地方政府爲了發展產業，不遺餘力地炒作造勢。

　　1980 年在貴州晴隆縣出土了一塊茶籽化石，經過中國科學院南京地質古生物研究所三十多年的研究，鑒定爲第三紀至第四紀產物，距今至少一百萬年。這下子，貴州省官員找到天大的商機，在 2009 年中國貴州茶葉博覽會開幕式上，省政協主席向世人宣告："世界之茶，源於中國；中國之茶，源於雲貴；貴州是茶葉的故鄉。"強調茶籽化石源於貴州，目的是什麼呢？我們看到的，不是肯定古生物學的科研成果，而是要興建一個"中國古茶籽化石博物館"，建設世界一流的 4A 級以上古茶園風景區（園區）。貴州政協秘書長特別指出："雲頭大山的古茶籽化石是大自然賜予普安晴隆人民的致富福音，要充分利用好發揮好這塊金字招牌，藉此開發和打造'雲頭古茶'世界級品牌，吸引商賈雲集，造福桑梓鄉親。"這哪裏是探索飲茶的歷史呢？

（二）

　　20 世紀以來，中國人聽到"茶道"二字，一般都推舉爲日本文化的產物，甚至有人明確指出："中國會喝茶，日本精茶道。"言下之意是，中國雖然喝茶的歷史悠久，卻只是滿足口腹之欲的"吃""喝""飲"，沒有上升到"道"的境界。而在日本，喝茶除了解渴、品味之外，還有晋升到精神超升領域的"茶道"，有嚴謹的儀式，有複雜的規矩，有冥想的沉思空間，有悟道的心靈感應。因此，在不少 20 世紀中國人的心目中，日本的茶道，日文所説的"茶之湯"(Chanoyu),有了華麗的轉身,成了真正的茶道,而日本茶人強調的"侘"(wabi),儼然就是飲茶的最高境界,是中國茶人難以企及的。甚至有中國學者以日本茶道的特點爲依據,聲稱中國没有茶道,只有茶文化,極言茶而有"道"是日本的文化專利。

這種説法表面上似乎有點道理,其實非常武斷而且片面,昧於茶飲歷史文化的演變不説,還有基本認識的偏差:一是昧於茶道認識論的意識形態偏差,忽視了茶道歷史的多元性格;二是昧於歷史上茶人的精神追求有不同的面向,有的注重文化道德修養,有的醉心審美提升,有的強調宗教超越的開悟;三是昧於東亞傳統文化結構如何定位"道"的意義,有儒家,有佛家,有道家,并非獨尊禪宗,以禪茶爲唯一依歸。

我們首先要問:什麼是道?什麼是茶之道?在普遍理論層次上,要給"茶道"一個恰當的定義,首先要確定飲茶成爲"道"的基本條件,應該是從物質性的喝茶提升到精神性的審美與修養,建立飲茶的規儀,出現精神領域的認知與追求。茶之道,是從飲茶的物質性提升到精神性,從形而下超越到形而上,如此,茶才有道。而不是采取一種獨斷排斥的態度,以日本茶道的踐行形式爲標準,拿日本茶道集大成的千利休作爲標尺,合乎日本標準(如千家茶)就是茶道,不合乎日本標準就不是茶道。這種以日本文化爲中心的意識形態化的劃分,十分荒謬,不但違背歷史文化的真相,而且顯示極端排斥"非我族類"文化的沙文心態。日本人這麼説,猶可目之爲狂妄的自戀;中國人跟着盲從,只好説是奴顔婢膝的媚日了。打個語言文字的比方,就好像説,20世紀以來英美占據世界文化霸權高地,所以英文最偉大,才配稱爲"語文",其他各種語文都不是語文,只能算是人們進行文化交流的工具,這像話嗎?

日本戰國時代,相當於中國明代的中晚期,出現了以禪宗爲本的日本宗教儀式性茶道,延續至今成爲日本茶道的主流。到了十七八世紀的江户時代,才逐漸確定"茶禪一味"的概念與運作模式,以"侘"爲茶道的精髓。若説只有日本"茶禪一味"的茶道才是茶道,那麼問題就來了:第一,禪道是怎麼來的?第二,日本茶飲規矩的禪茶精神是哪裏來的?其實,都是中國唐宋以來禪宗寺院茶道的支裔,在十五六世紀之後配合日本文化特色，逐漸提煉出來的宗教開悟式的茶道。茶飲之道在日本沿襲禪宗寺院茶道有所提升精進，出現日本特色，當然是很好的發展，值得贊揚。可是，能夠以偏概全，説只有日本的宗教儀式性"茶道"是茶道，其他歷史上發展的各種茶飲之道都不是茶道？只有日本有茶道，中國或韓國從來没有嗎？

　　許多人昧於日本茶道源自中國，更忽略了中國茶道發展有着的不同歷史階段及多元脉絡，而以近百年的特殊歷史節點作爲"放之四海而皆準"的評斷，只看近代歷史的盛衰，不顧歷史文化的源遠流長。没有長遠的歷史視野，只看近百年的世變，則中國的政治、經濟、社會、文化，在在都經歷了天翻地覆的變化，都殘破衰敗到了極點，兵燹四起，革命不斷，哀鴻遍野，民不聊生，飯都没得吃，還談什麽文化，什麽精神超升，什麽審美靈悟，什麽"茶道"！然而，這百年的窳敗，并不能抹殺中國一千多年來茶道發展的歷史，不能磨滅陸羽在唐代中葉寫了《茶經》，開啓了茶道的精神領域的追求，更不能忘記唐宋以來，有成億上萬的民衆與社會精英參與了不同層次的茶飲活動，融入生活經驗的美好體驗與精神追求。歷代的詩人墨客，如陸龜蒙、皮日休、歐陽修、梅堯臣、蔡襄、蘇軾、黄庭堅、宋徽宗、陸游、田藝蘅、馮開之、許次紓等，在文學領域展示了茶飲帶來的文化體悟與審美提升；一般民衆以茶飲爲日常生活所需，從中得到身體感官的愉悦，豐富了生命體驗的深度與廣度；寺院禪林的高僧大德，如百丈懷海、趙州從稔、圜悟克勤，一直到清初渡海傳道的隱元禪師，通過茶飲儀式，進行宗教開悟的啓示，讓人們的宗教情懷得以發抒與精進。這些都是我們不能忘却的文化奠基人，都是中國茶道歷史傳統贈與現代人的文化瑰寶。

　　東亞傳統文化的意識結構以儒釋道爲基礎，過去以經史子集來劃分知識體系，着重哲學思想與意識形態爲第一性的文化建構，視發揚個人主體意識的文學藝術爲次要，更貶低提升美感與愉悦的日常工藝與生活情趣。這種文化意識的展現，當然有其階級劃分的原因，背後是統治意識作祟，強化孟子所説"治人"與"治於人"的階級分化，順帶也就反映"君子"與"小人"的智能發展領域不同，生命意義出現不同體會。但是，無論社會階級地位的高低，所有人涉及身體感官的接受與認識，所謂"色聲香味觸法"以及"色受想行識"五蘊，都會產生個人主體的具體感受。茶飲從物質性上升到精神性，出現茶道，以及多元發展的過程，就有其超越階級的物質屬性，展現出歷史文化進程的集體記憶。

儒家強調社會秩序與人倫之道，從修身齊家到治國平天下，視經世濟民爲大道，茶飲與藝術審美爲"小道"，貶低生活情趣與癖好，把個人的生命意義捆綁於社會秩序的大我。佛家講究超越紅塵，看透生死，認識現世生命如鏡花水月，以茶飲的儀式與規範摒弃現世的干擾與誘惑，讓人在純净的時空節點，通過心靈的寧靜與自省，得到開悟的契機。佛家有言，"如人飲水，冷暖自知"，説的是悟道的體會，是自我體悟的經驗。禪林茶道的基本精神與此相若，是通過茶飲的過程達到禪悟的境界，基本是宗教超升的追求，并不太在乎茶飲的色香味物質本性。道家則順應自然，在現世生活中發現與遵循大化的運行，茶飲帶來的心靈超升是個人對自我實存的肯定，也是天人交融的互動。飲茶品水，在道家追隨者心目中，是接近自然與體會自然的途徑，春芽瑩晬，山水清澈，有如錢起詩句所説："竹下忘言對紫茶，全勝羽客對流霞。塵心洗盡興難盡，一樹蟬聲片影斜。"由此可以得到與自然和諧共處的契機。

以現代意識回顧過去，當然會感到儒釋道傳統有其封閉性，與現代人強調的個人主體性有所扞格。但是，我們也不能忘記人類在歷史迂迴的途徑上前進，總是希望生活得更幸福，更能接近美好理想的生活情境。茶飲之有道，不管過去的文化意識如何封閉，總能展現其多元性，可以雅俗共賞，在不同歷史階段、不同社會階層、不同族群或民衆之中，發展出各色各樣的茶飲形式，讓人們探尋稱心美好生活情境。中國俗語自唐宋以來就有"柴米油鹽醬醋茶"之説，點明了茶是生活所必需，讓生活豐實美滿；也有"琴棋書畫詩酒茶"之説，顯示茶是閑情逸致的風雅之必需，可以提升文化修養與藝術情趣，讓人翱翔於風清月白的精神境界。

説起茶道的創制，還得歸功於唐代的陸羽，因爲他對茶發生了與前人不同的濃厚興趣，把種茶、制茶、喝茶、茶具、品茶以及相關的人物事項，全都當成學問，作爲文化藝術來鑽研與投入，在 758 年左右寫了《茶經》一書，使得喝茶超越了只是爲解渴、解乏、提神這樣的實用功能，開拓了飲茶之道的精神領域與審美境界。他不但創制了二十四種茶具，還規定了飲茶的儀式，讓喝茶的人按部就班進入茶飲的天地，進入一種净化心靈的程序，由此得到毫不參雜任何功利的純粹歡愉。這種飲茶之道，真是"史無前例"，開闢了茶飲的新天地，不就是"茶道"的開始嗎？在一千三百年前，陸羽以畢生的追求與執着，爲人類文明的發展增添了一頁新篇，就是"喝茶有道"。

陸羽不但創制了茶道，規定了茶儀，講究場合，還告訴我們，"茶性儉，不宜廣"，"最宜精行儉德之人"，提倡 minimalism，講究簡約與德行，也可説是日本茶道"謹敬清寂"（村田珠光）、"和敬清寂"（千利休）觀念的濫觴。陸羽撰著《茶經》，在人類物質文明發展史上是一件頭等大事，因爲它肯定了茶飲生活的知識性地位，把日常生活中的"飲茶"作爲一門知識領域來探索。從茶飲歷史的整體發展來觀察，陸羽《茶經》的出現，不但總結了古代飲茶的經驗，歸納了茶事的特質，也奠定了茶道的規矩。通過陸羽《茶經》的影響，特別是後世茶人遵循陸羽設定的品茶脉絡，對飲茶之道進行審美的品評與探索，飲茶成了一門學問，成了體會生活品味提升的修養法門，開啓了茶道。因此，唐代以後的飲茶風尚與上古飲茶解渴的實用性質完全不同，涉及了精神文化層面。

中國茶飲的歷史，以陸羽代表的唐代飲茶作爲分水嶺，可以粗略劃分爲茶飲的"史前史"與茶飲的"歷史"，前者以茶的物質性功能爲着眼點，後者開始注意茶飲發展的精神領域。陸羽《茶經》的出現，總結了唐人飲茶的經驗與反思，開啓了飲茶有道的脉絡。之前的"草昧羹飲"，屬於解渴、解乏、藥用的實用性質；之後的茶飲有道，則聯繫文明的開創，思考茶飲的精神領域，提升文化修養與審美追求，以期陶冶性格，改變人的精神面貌。茶飲歷史的階段劃分，還可以把茶飲之道的後期細分成唐宋的"研末煎點"與明清以來的"芽葉衝泡"兩個時期，以闡明飲茶主流形式的演化。這樣的歷史劃分，雖然稍嫌簡略，却有提綱挈領之效，便於解釋不同階段的茶飲情況。本書以下的討論，就按照這種歷史分期，先論唐代以前飲茶的起源及成爲社會習俗的發展過程，再以專題方式探討唐代以後飲茶風尚的變化及品茗藝術在不同時代的側重。由於歷史資料豐富，涉及多類面向的物質文化與精神領域，還可以探討不同地域及不同社會階層的飲茶習俗的差異，展示茶道的多元化現象。其中會出現茶飲的精粗之分，茶道的雅俗之別，也顯示了文明進展的複雜多樣情況。

（三）

本書輯録校注從唐代陸羽《茶經》到20世紀初的歷代茶書，主要的目的是提供堅實的文獻資料，以供學者與茶人參考。歷代書寫茶書的作者，一般而言，可歸於精英階層的士大夫文人，因此茶書的書寫也反映了他們的文化意識與生活環境。茶書作者的關注與書寫策略，籠統言之，可分爲三大類：一是與茶飲相關的自然與歷史知識，可算是專門類別的農書，其中包括茶樹的植物學性質，茶樹種植與采摘、製茶技術、茶葉產地、飲茶的方法與器具、歷代飲茶的文獻記録，屬於飲茶的物質性客觀知識探索；二是品茶方式與感官享受的探究，在飲食生活範疇進行探索與品味，聯繫茶葉的物理性質與飲茶帶來的口感與生活愉悦，通過色香味的飲茶體驗提升個人審美情趣，屬於飲茶生命體驗性的主觀認知；三是通過品茶及其儀式的運作上升到精神世界的冥想及超越，精進道德修養與宗教意識領域的追求，使茶飲化作精神超越的道場，讓茶人從形而下的品茶進入形而上的悟道，從飲茶的物質層面飛躍到精神層面，這也是禪宗大德提倡的精神超升之道。

這三類飲茶關注與書寫策略，在不同時代各有其遵循的主流風尚，由此顯示了精英階層飲茶習俗的歷史變化。值得注意的是，文人書寫的茶書有兩個領域極少涉及，一是茶業規模與政府茶葉貿易政策，二是各地百姓飲茶習慣的差異。偶爾論及，着墨不多，也語焉未詳，可見文人著述茶書志不在此。古代茶書作者多從自己個人經驗出發，爲了品嘗極品茗茶的滋味，對各地出產的上等名茶充滿興趣，自唐代開始，就記載全國出產的精品茶葉，如蒙頂茶、顧渚茶之類，對大宗量產的茶業經濟及其流通情況論述不多，很少論及長江流域的量產茶葉，如蜀地茶、浮梁茶的年產量及物流運輸情況。唐宋以來，歷代政府管理茶業稅收以及茶馬貿易政策，都是全國經濟的重要環節，在大多數茶書中也很少提及。中國幅員廣大，不同地域與社會階層的飲茶習慣有所差异，民衆飲茶的方式經常與文人主流風尚不同，有的是沿襲舊俗不變，如加果加料的習慣，陸羽《茶經》就批評："或用蔥、薑、棗、橘皮、茱萸、薄荷之等，煮之百沸，或揚令滑，或煮去沫。斯溝渠間棄水耳，而習俗不已。"再如可以療飢充腹的擂茶，自宋朝以來就流行在茶肆與民間，許多地區沿襲千年不改，茶書中却記載不多。

　　歷代茶書論述最多的，是上層社會的主流飲茶風尚，也就是宋徽宗趙佶在《大觀茶論》中所説的"盛世之清尚"。唐朝中晚期講究煎茶的"沫餑"，到了宋代專注於擊拂拉花的點茶。甚至連茶器的形制與釉色都順應風尚而改變，影響了中國瓷器品鑒歷史的變化，在唐代講究的是越窑青瓷，如施肩吾在《蜀茗詞》所説："越碗初盛蜀茗新，薄煙輕處攪來匀。山僧問我將何比，欲道瓊漿却畏嗔。"最上等可以進貢朝廷的珍品是"秘色瓷"，也就是陸龜蒙詩中形容的，"九秋風露越窑開，奪得千峰翠色來"。宋朝茶人爲了點茶拉花的精緻持久，以及顯示沫餑的青白色"粟粒乳花"，則專用建窑厚重的黑釉茶盞，最上等爲人珍藏的就是兔毫盞與油滴盞，即日本茶道以訛傳訛而盛稱的"天目碗"，現在成了文物收藏的精品，在國際拍賣場上動輒百萬元以至千萬元一隻。歷史的變化，使得唐宋飲茶風尚完全消失，在明代以後講究的是近代人熟悉的新鮮細嫩芽茶品飲，而以環太湖區的江南綠茶爲最，如蘇州的碧螺春與杭州的龍井。茶器精品的賞鑒，也轉爲細緻精巧的白瓷與青花，以及在白色瓷胎上發揮點綴作用的鬥彩與粉彩。

　　必須指出，所謂"書寫策略"，是我們研究古人茶書寫作的觀點，不是古代茶書作者有意識進行的書寫策略。由於并非有意爲之，更顯示了不同歷史階段的茶書作者的思維傾向與關注，反映了飲茶心理的真實情況。

　　本書的另一位主編朱自振先生，在二十年前與本人合作編輯此書，朝夕相處，前後達六年之久，協同其他五六位參與項目工作的同事，爲搜集資料及整理校注，竭慮殫精，不遺餘力。朱先生今年仙去，不及見到此書在内地再版，本人深感遺憾，謹奉上書香一瓣，以慰老友在天之靈。

（上海大學出版社即將再版 2007 年版的《中國歷代茶書匯編校注本》，并改名爲《中國茶書》，以饗國内讀者，特撰寫新序記盛。2021 年 11 月 12 日初稿於香港烏溪沙，修訂於 2021 年 11 月 29 日）

再版編輯説明

一、2007 年，商務印書館（香港）有限公司出版了繁體橫排版《中國歷代茶書匯編校注本》（上下）。現上海大學出版社有限公司從商務印書館（香港）有限公司購買了該書版權，并公開再版該書。

二、本次再版仍采用繁體橫排形式，除適當調整開本大小和版式設計外，儘可能保留 2007 年版原貌，不做考訂校正工作。

三、本次再版將書名改爲《中國茶書》，原"上編 唐宋茶書"改爲《中國茶書·唐宋元》，原"中編 明代茶書"改爲《中國茶書·明》（上下），原"下編 清代茶書"改爲《中國茶書·清》（上下）。也就是將 2007 年版的"一種兩册"改爲"三種五册"。

四、本次再版保留 2007 年版序言、凡例、附錄，放在每種的目録後面。

五、本次再版在字形運用上遵循以下原則：舊字形统一改爲新字形；古代文獻原文，以及人名、書名、地名、國號、年號等專有名詞，保留 2007 年版原貌；其他内容所用字形，以 2013 年 6 月 5 日國務院公布的《通用規範汉字表》上的規範字形为標準。

六、鄭培凱先生爲本次再版所寫的序言，與再版編輯説明一起排在目録前面。鄭培凱先生所寫再版序言，涉及古代文獻原文、專有名詞的内容，仍保留部分異体字，以便與其他再版内容在字形使用上相協調。

目　　録

附　錄

茶書與中國飲茶文化（代序）

鄭培凱

（一）

在人類文明進程中，衣食住行是最基本的生活需求，也是物質文明發展的明確指標。吊詭的是，因爲最基本，是人人生活必需，也是須臾不離的日常所見，古代文獻就不去詳爲記述。如有詳細記載，總是與信仰、祭祀、社會等級之類的上層建築思維有關。《禮記·禮運》説："夫禮之初，始諸飲食。"説的是禮制之肇始，與生活最基本的飲食相關。我們同時也可以反過來理解，飲食見諸上古文獻，詳爲形諸文字，還是靠禮儀規矩，成了生活秩序必須遵循的具體材料。同在《禮記·禮運》，還有這一句大家耳熟能詳的話："飲食男女，人之大欲存焉。"説的是"大欲"，是人類最基本的欲求，照現代人的邏輯，應該是大書特書，仔細列明飲食的種類、材料獲取的方法、整治烹調之道、與健康養生的關係等，應當寫出類似當今流行的"飲食手册""飲食譜"，以及"性愛手册""性的歡愉"或"生育之道"之類。然而不然，古代文獻直接記載飲食男女，以之作爲人類物質生活主旨的書册不多，即使偶有著述，也完全不入古代知識人的法眼。

這種對待最基本物質文明的鄙薄態度，以之爲"小道"，以爲無關乎國計民生，貫穿了整個歷史傳統，中外皆然。翻檢《四庫全書總目》，就會發現，在"子部"先列了思想學派、農家、醫家、天文算法、術數、藝術之後，有"譜録"一類，"以收諸雜書之無可繫屬者"，"門目既繁，檢尋頗病於瑣碎"，即是收録了一些烏七八糟不入流的知識材料。再仔細看看，此類雜書有博古金石、文房四寶、錢幣、香譜，之下還有"附録"，即是在知識譜系上更低一等的"另册"。另册之中,才列了陸羽《茶經》、蔡襄《茶録》、黄儒《品茶要録》、熊蕃《宣和北苑貢茶録》、宋子安《東溪試茶録》、陸廷燦《續茶經》、張又新《煎茶水記》等茶書。在"譜録類存目",也就是更不入法眼、只存目不收書的項下,列了一批次級的茶書:陸樹聲《茶寮記》、何彬然《茶約》、玉茗堂湯顯祖《别本茶經》、夏樹芳《茶董》、屠本畯《茗笈》、萬邦寧《茗史》、許次紓《茶疏》、劉源長《茶史》、徐獻忠《水品》、田藝蘅《煮泉小品》等。

由《四庫全書總目》的分類,可見得古代士大夫對茶書的態度,在知識譜系中列入無關宏旨的雜碎堆中。紀昀在"農家類"前叙就已明確説道:"茶事一類,與農家稍近,然龍團、鳳餅之製,銀匙玉碗之華,終非耕織者所事。今亦别入譜録類,明不以末先本也。"這裏特别批評了上層階級飲茶的奢華與精緻,與大多數農耕織作的老百姓無關,因此,不能歸入以農爲本業的"農家類"。這樣的批評表面上有道理,實際上却忽略了兩個事實:一、大多數茶書都記述種植、采造、儲存及飲用的方法,與人民生活日用有極大的關係;二、即使有些茶書對飲茶的講究達到奢華成癖的地步,如宋徽宗的《大觀茶論》,其講究的細緻過程也是一種品味藝術的發展與提升,是人類追求物質生活享受的經驗,不必扣上"以末先本"這樣的大帽子。

説到底,真正的關鍵在於,傳統中國士大夫在知識分類上,并不認爲民生日用最基本的"飲食男女"應該作爲人類文明知識的重要環節。飲食既爲小道,飲食的基本知識就不是古人認知體系中值得特别關注的項目。然而,文明日進,物質文明的發展却有實在的一面,不但能夠滿足上層階級的口腹之欲,還能提供涉及精神層次與藝術品位的享受。茶書在中國的出現,就反映了士大夫思維兩面性的矛盾:一方面貶低茶飲在歷史文化發展中的地位,然而又不能不承認"出門七件事:柴米油鹽醬醋茶"是生活必需,只是在内心深處不斷自我洗腦,複誦着生活必需爲小道,不能與詩書禮樂相提并論。另一方面却由於生活優裕,得以享受物質文明最精華的産品,喝到芬芳清爽的雀舌紫筍,甚至是靈巖仙崖所産的玉液瓊漿,便踵事增華,寫出一些令人欣羨的詩文,豐富了人類飲食品味的範域,更提升了人們在品味享受過程中的藝術體會。

陸羽《茶經》的出現,在人類物質文明發展史上是一件頭等大事,因爲它肯定了茶飲生活的知識性地位,把日常生活中的"飲茶"作爲一門知識領域來探索。從茶飲歷史的整體發展來觀察,陸羽《茶經》的出現,不但總結了古代飲茶的經驗,歸納了茶事的特質,也奠定了茶道的規矩。通過陸羽《茶經》的影響,特別是後世茶人遵循陸羽設定的品茶脉絡,對飲茶之道進行審美的品評與探索,飲茶成了一門學問,也成了體會生活品位提升的修養法門。因此,唐代以後的飲茶風尚,與上古飲茶解渴的實用性質完全不同,涉及了精神文化的層面。

要理解中國茶飲的歷史,以陸羽爲代表的唐代飲茶作爲分水嶺,分爲草昧羹飲的前期與精製品茗的後期,雖然稍嫌簡略,却是提綱挈領、明晰恰確的説法。以下的討論,就按照這個簡略的歷史分期,先論唐代以前飲茶的起源及成爲社會習俗的發展過程,再論唐代以後飲茶風尚的變化及品茗藝術在不同時代的側重。叙及元明清時期,由於歷史資料比較豐富,還可以探討不同地域及不同社會階層的飲茶習俗的差异。

(二)

談到上古時期的飲茶,第一個問題就是,飲茶起源於何時?

這不是容易回答的問題,因爲資料不足,不可能得到確實的答案。古代文獻記載飲茶,已是很晚的事,不能反映最初起源的情況。再如《茶經》中説的:"茶之爲飲,發乎神農氏。"則叙説的是傳説神話人物,完全不能確定其具體歷史時期。至於考古發掘的資料,目前累積的也不够多,還不能提供超乎古文獻資料的情況。

顧炎武在《日知録》中,根據古文獻提供的材料指出:"是知自秦人取蜀而後,始有茗飲之事。"也就是説,至少在戰國中期,今天四川一帶已經有飲茶的習俗。

茶飲首先出現在四川一帶,若配合植物分類學與考古發掘的研究,是十分合理的情況,同時也爲《茶經》一開頭説的"茶者,南方之嘉木也"作了最好的注脚。植物學家一般認爲,茶樹的原産地是在中國西南與印度東北地區,有人則推測最初的人工采植或栽培,可能發生在新石器時代末期的巴蜀地帶。

長沙馬王堆西漢墓的發掘,在一號墓及三號墓的隨葬品中,發現了"檟(櫃)一笥"和"檟笥"的竹簡與木牌。檟是櫃的古體,也即是茶的別名。《漢書·地理志》則記載"荼陵"(今湖南茶陵)地名,在西漢時就已出現,反映了茶樹栽植已經發展到荆楚一帶,逐漸移向長江中下游地區。

漢代的種茶地區雖已拓展到荆楚一帶,四川仍是主要的產區。王褒《僮約》裏說的"武都(陽)買茶",明顯透露出茶葉作爲商品的情況,是以四川爲集散中心的。至於漢人飲茶的方式,文獻無徵,大概還是比較原始的煮湯辦法,也有可能放進鹽或薑同煮,作爲藥湯飲用。

到了三國兩晉時期,種茶的地區顯著擴大,江南和浙江一帶都已經種茶。飲茶的人也明顯增加,不再限於少數的貴族之家,而變成江南士大夫日常待客之物了。根據《廣雅》所記:"荆巴間採茶作餅,葉老者,餅成以米膏出之。"則說明了壓榨茶葉成餅,以米膏作黏合劑的製茶法已經使用。飲用之時就需研磨茶屑,再以沸水沖泡或煎煮。

魏晉南北朝這一段期間,關於飲茶的資料,流傳到今天的很少。但文人在詩賦中逐漸提到飲茶的軼事,使我們知道,上層社會不但以茶待客,也用茶飲作爲祭祀的品類。北方民族雖然習慣上不飲茶,但北朝宮廷却備有茶葉招待南方來的使節與降臣。至於長江中下游,屬於南朝的地區,茶飲的習慣已經相當普遍,烹茶時用水擇器,也都開始講究起來。

大體而言,唐代以前,北方不太飲茶,南方則從四川,沿着長江,逐漸發展到荆楚吳越一帶。飲茶的方式,則大都如皮日休所説:"必渾而烹之,與瀹蔬而啜者無異。"是把茶葉放進水裏煮,喝的茶湯與喝蔬菜湯是同樣的處理方式,是比較原始粗糙的。

(三)

假如我們把先秦到唐代以前的飲茶歷史歸爲上古期,也可戲稱這段漫長的時期爲茶飲歷史的"史前史"。一方面是因爲史料不足,難以深究;

另一方面也由於這段期間的飲茶經驗,大體上還停留在"喝菜湯"式的實用階段,尚未進入精神境界提升的領域。

到了唐代,情況大爲改觀。茶葉種植區域的廣泛拓展,反映了飲茶風氣的興盛,不止是遍及大江南北,而是已經從華北關中地區擴展到塞外了。唐代政府開始正式建立茶政,徵收茶稅,乃至於成了中晚唐時期經濟貿易的重要一環。這種普遍飲茶的情況,更由於陸羽《茶經》一書的出現,總結了前人飲茶經驗的累積,羅列了相關的植茶、製茶、烹茶的知識,使得茶飲的内容大爲豐富,而出現了飲茶之道,開拓了茶飲生活的精神境界領域。

飲茶風氣在唐代中期大盛的現象,學者曾提出各種解釋。一説是當時經濟發達,交通暢便,促使茶業興起,貿易各地;一説是禪教大興,寺廟提倡飲茶,更由之普及到民間;一説是陸羽著《茶經》,綜述了飲茶知識,提高了茶飲的品位。其實,這些説法都對;但僅標舉其一,不及其餘,則未免偏頗其辭。飲茶風氣在唐代流行,絕對不是單一原因造成,而有着更深厚長期的經驗累積之背景,也就是茶飲的上古期間,人們逐漸由"喝菜湯"進入烹煎品飲的過程。在社會經濟的發展上,則由戰亂紛仍的魏晉南北朝進入安定繁榮的唐朝,使得茶飲經驗的累積得以飛躍,展現爲一代的文化風尚。從這種宏觀歷史文化發展的角度來看,禪教大興雖是唐代的特殊歷史現象,卻能配合茶飲的發展與普及,反映出唐代追求精神超升的時代風氣,也賦予茶飲風習一種精神超越的性格。

唐代封演的《封氏聞見記》(約八世紀末)卷六,講的就是唐中葉飲茶風尚的普遍情況:

> 南人好飲之,北人初不多飲。開元中,泰山靈巖寺有降魔師,大興禪教。學禪,務於不寐,又不夕食,皆許其飲茶。人自懷挾,到處煮飲。從此轉相仿效,遂成風俗。自鄒、齊、滄、棣,漸至京邑城市,多開店舖,煎茶賣之,不問道俗,投錢取飲。其茶自江淮而來,舟車相繼,所在山積,色額甚多。楚人陸鴻漸爲茶論,説茶之功效,並煎茶炙茶之法。造茶具二十四事,以都統籠(應作籠統)貯之。遠近傾慕,好事

者家藏一副……於是茶道大行,王公朝士無不飲者……古人亦飲茶耳,但不如今人溺之甚。窮日盡夜,殆成風俗。始自中地,流於塞外。往年回鶻入朝,大驅名馬,市茶而歸,亦足怪焉。

這段文獻資料,反映了許多重要的歷史情況,說明了茶飲風習,如何從簡單的"喝菜湯"轉變成繁複的社會經濟文化現象:

① 喝茶本來是南方人的習慣,北方人以前不太喝。

② 禪教大興,爲了提神不寐,飲茶成了寺院生活習慣,又轉而影響到民間。

③ 從華北到關中,到處都開了茶鋪,有錢就可以買到茶喝。

④ 茶葉多自江淮而來,成了貿易大宗。

⑤ 陸羽寫《茶經》,并提倡喝茶品味的方式,創新了飲茶的規矩,茶道大行。

⑥ 茶飲由中土流到塞外,産生了茶馬貿易。

唐代有許多文獻資料,都記載了當時茶葉種植精益求精的情況,有的地區以貴精的質量取勝,有的地區則強調數量的多産多銷。如李肇的《唐國史補》就説到當時名貴的茶葉精品:"劍南有蒙頂石花,或小方,或散芽,號爲第一。湖州有顧渚之紫筍。東川有神泉小團、昌明獸目……壽州有霍山之黃牙。蘄州有蘄門團黃,而浮梁之商貨不在焉。"同書還提到,名貴茶種的重視,不僅是中土的風尚,連西藏都受到影響。當唐朝使節到了西藏,蕃王贊普就向他展示各類名茶:"此壽州者,此舒州者,此顧渚者,此蘄門者,此昌明者,此溜湖者。"

這裏特別指出"浮梁之商貨不在焉",是很有趣的現象。因爲浮梁茶葉貿易在當時是商業大宗,但却是以量取勝的"商貨",不是蒙山、顧渚之類的精品;是給一般大衆的商品茶,而非宮廷貴族所享用的貢品茶。白居易《琵琶行》一詩中有句:"商人重利輕別離,前月浮梁買茶去。"其中説的滿腦子生意經的商人,經營的就是浮梁茶葉貿易。據《元和郡縣圖志》(813年成書),浮梁縣設置於武德五年(622),名新平,後廢,開元四年(716)再置,改名新昌,天寶元年(742)改名浮梁,"每歲出茶七百萬馱,税十五餘萬貫"。

　　由此可以看出，唐代的茶葉種植與飲茶風尚，已經循着兩條相輔相成的脉絡，有了長足的發展：一方面是作爲商品經濟的貨品茶，普及到了廣大民衆，確立了茶業的社會經濟基礎。《舊唐書》卷一七三載李珏上疏説："茶爲食物，無異米鹽，於人所資，遠近同俗。既祛竭乏，難捨斯須，田閒之間，嗜好尤切。"浮梁一類的商品茶，就是提供給一般百姓日用，不可一日所無的。另一方面則出現了茶中的珍品及飲茶的品賞藝術，這當然僅限於少數上層階級，也是文人雅士提高生活情趣所進行的非實用活動。陸羽《茶經》的撰著，便爲這種品茗的休閑藝術活動提供了最寶貴的文獻資源，也從此建立了品茶藝術的傳統。封演所説的"茶道大行"，主要還是指這一方面。

（四）

　　陸羽的《茶經》成書在公元 758 年前後，是飲茶史上第　部有系統的著作，全書七千多字，總結了古代有關茶事的知識，并對飲茶的方法提出了品評鑒別之道。書分三卷十節，分門別類，展現了他的茶學知識。

　　上卷共三節，分爲一之源，談茶的性質、名稱與形狀；二之具，羅列采造的工具；三之造，説明種植與采製的方法，并及辨識精粗之道。

　　中卷只有一節，四之器，詳列了烹茶飲茶的器具，從風爐一直講到都籃。這節篇幅甚多，表面上是一一列舉烹煮的器具，實質上則是制定了飲茶的規矩及品賞鑒別的審美標準。《封氏聞見記》特別指出陸羽"造茶具二十四事，以都籠統貯之"，説的就是飲茶規矩的建立。所謂"茶道大行，王公朝士無不飲者"，也就顯示了陸羽創制的茶道儀式，在上層社會已經成爲禮節，人人遵守了。因此，《茶經》花費如此篇幅，詳列茶具及其使用之法，便不僅是單純技術性地叙述器具用途，而是通過器具的規劃，建構了飲茶的特殊氛圍，規定使用器具的儀式，提供心靈超升的場域。也可以説，陸羽是創建茶道的祖師；一切後世茶道的根本精神，莫不源自陸羽所設立的茶飲禮儀。

且舉陸羽對“碗”的説明來看：

> 碗，越州上，鼎州次，婺州次；岳州次（明鄭熳校本作“上”），壽州、洪州次。或者以邢州處越州上，殊爲不然。若邢瓷類銀，越瓷類玉，邢不如越一也；若邢瓷類雪，則越瓷類冰，邢不如越二也；邢瓷白而茶色丹，越瓷青而茶色綠，邢不如越三也……越州瓷、岳瓷皆青，青則益茶。茶作白紅之色。邢州瓷白，茶色紅；壽州瓷黄，茶色紫。洪州瓷褐，茶色黑；悉不宜茶。

這一段叙述茶碗的擇用，分別不同瓷類的等第，不是以瓷器本身的質地爲選擇的標準。而是着眼於瓷器的質感與色調，如何配合茶湯所呈現的色度，讓飲茶者得到色澤美感。嚴格來説，茶碗的色澤與茶葉的品質是不相干的，然而，飲茶作爲美感體會的藝術，茶碗的形制與色調，配合盛出的茶湯色度，就使人在特定的空間氛圍中得到相應的感受，從而產生心靈的迴響。因此，陸羽以青瓷系統的越州瓷高於白瓷系統的邢州瓷，是有茶道整體藝術感受作爲品評標準的。

以青瓷系統的越州窯碗爲品賞茶道的上品，也與唐代茶葉珍品所出的茶湯相關，因爲唐代所尚的烹茶方式是碾末烹煮，湯呈“白紅”（即是淡紅）之色，盛在色澤沉穩的青瓷茶碗中，相映而成高雅之趣。邢州瓷雖然潔白瑩亮，就未免稍嫌輕浮了。歷史文獻中盛稱的皇室專用“秘色瓷”，因1987年陝西扶風法門寺地宮出土了唐僖宗的供奉茶具，讓我們清楚看到，其中的五瓣葵口圈足秘色瓷碗，就是質樸大方、色澤沉穩的青瓷茶碗，也就是陸羽標爲上品的茶具。

法門寺地宮出土了一整套茶具，可以作爲《茶經》叙述茶具的實物證據，其中包括了金銀絲結條籠子、鎏金鏤空鴻雁球路紋銀籠子、鎏金銀龜盒、摩羯紋蕾紐三足鹽台、鎏金人物畫銀罎子、鎏金伎樂紋調達子、壺門高圈足座銀風爐、繫鏈銀火筯、鎏金飛鴻紋銀匙、鎏金壺門座茶碾子、鎏金仙人駕鶴紋壺門座茶羅子、素面淡黄色琉璃茶盞及茶托等等，美不勝收。由這些實物證據，可以看到《茶經》撰述一個世紀之後，唐代皇室飲茶的器具是多麼講究與奢侈，同時也可以推想，其禮儀必然毫不輕忽，或許還有繁文縟節之傾向。

《茶經》下卷共六節：五之煮，論炙茶、用水、煮茶之法；六之飲，講飲茶的精粗之道；七之事，列述古代飲茶的記載；八之出，列舉全國各地的茶產；九之略，説田野之間飲茶，繁複的茶具可以省略；十之圖，則主張圖繪《茶經》所言諸事。

相對於卷中而言，《茶經》卷下六節，論列的事體紛雜，頭緒繁多，難免顯得材料叙述不清。從飲茶歷史發展的角度來看，《茶經》卷下則有幾項重要的提示：

（一）擇水的重要。陸羽指出：“山水上，江水中，井水下。”對山水也做了清楚的分別，是要“揀乳泉、石池慢流者上”，不要瀑涌湍漱的水，也不要山谷中積浸不洩的水。江水則取離人遠者，井水則取汲多者。這也就是後世飲茶不斷强調的“活水”觀念。

（二）火候的重要。陸羽特別指出煮水烹茶，要注意辨別湯水沸騰的情況，要控制沸水的勢頭。再進一步就是控制火勢與溫度，如溫庭筠在《採茶錄》引李約的解説：“茶須緩火炙、活火煎。活火謂炭之有焰者，當使湯無妄沸，庶可養茶。”這裏提出的是“活火”的觀念。後來蘇東坡在《汲江煎茶》一詩中，就連合以上兩個重要的烹茶守則，寫出了“活水還須活水煎”的名句。

（三）本色的重要。茶有其真香，加料加味都非必要，然而世上的習俗却不肯改易，使陸羽憤慨説出：“或用蔥、薑、棗、橘皮、茱萸、薄荷之等，煮之百沸，或揚令滑，或煮去沫，斯溝渠間棄水耳。”這個“茶有真香”的觀念，到了宋代的蔡襄，則提得更爲明確；宋徽宗趙佶在《大觀茶論》中，也明白指出“茶有真香，非龍麝可擬”。但歷代飲茶習俗，加果加香的傳統延綿不絕，造成飲茶史上雅俗并進的有趣現象。

（四）儉約的重要。陸羽説“茶性儉，不宜廣”，是要人不可牛飲，同時要從體會茶味精華之中，了解藝術的高雅提升，不是以量取勝。《紅樓夢》第四十一回《賈寶玉品茶櫳翠庵》中，寫妙玉在櫳翠庵親手泡茶待客，俏皮地説：“一杯是品，二杯即是解渴的蠢物，三杯便是驢飲了。”就很能生動解説陸羽關於飲茶“最宜精行儉德之人”的看法。

　　陸羽在飲茶之道上的重大影響,唐代時就傳説得神乎其神,以至在民間奉若茶神。張又新的《煎茶水記》(成書於公元 825 年前後)就述説了一個陸羽飲茶辨水的故事:李季卿任湖州刺史時,道經揚州,剛好遇到了陸羽,高興萬分。不禁向陸羽説,你精於茶道,天下聞名,現在又剛好在揚州,鄰近天下名泉揚子江心南零水(即中泠泉水),真是千載難逢的好機會。便派了一個可靠的軍士,駕舟執瓶,到揚子江心去取南零水。陸羽則安排好茶具,準備烹茶。不一會兒,水取到了,陸羽用杓揚起水來,説:"是揚子江水没錯,却非南零水,好像是靠近岸邊的水。"派去的軍士説:"我駕舟深入江心,看到我取水的人至少上百,怎麼會騙你呢?"陸羽便不再言語。既而把水倒進盆裏,倒了一半,突然停了下來,又拿杓去揚水,然後説:"從這裏開始是南零水了。"軍士大駭,仆伏在地請罪,説:"我取了南零水之後,在靠岸之時,船身摇蕩,灑掉了一半,因怕不够,就在岸邊取水補足。您能鑒別入微,簡直就是神仙,我不敢再騙你了。"李季卿及在場的賓客隨從數十人,都大駭嘆服。

　　這個故事到了後來,又改頭換面,變成宋朝王安石與蘇東坡的一段過節。故事説王安石晚年退居南京,患有痰火之症,惟有用瞿塘峽的中峽水烹煮陽羡茶,才能治療。有一次他拜托蘇東坡經過三峽時在瞿塘中峽取水,誰知蘇東坡在船上觀望景色,把此事忘了,到了下峽才想起,急忙取了一瓮下峽水,以爲同是三峽水,没有甚麼差别。王安石得了遠方來水之後,煮茶品味,馬上就告訴東坡,這不是瞿塘中峽水,東坡大驚失色,忙問是如何辨别的。王安石便説,瞿塘上峽水流急,下峽水流緩,唯有中峽緩急各半。以瞿塘水烹陽羡茶,上峽水太濃,下峽水味淡,中峽水則在濃淡之間,可以治痰火之疾。

　　這兩則杜撰的故事,雖然違反基本的物理常識,却顯示飲茶辨水的技藝,從陸羽以來,已經誇大成神話式的品賞藝術,給後人在提升飲茶藝術的心靈境界方面,展開了無限的想象空間。

(五)

　　唐代飲茶蔚爲風尚之時,宮廷自然會要求最高的享受,品嘗最好的茶葉,因此有顧渚貢焙的興起。唐人品茶,有所謂"蒙頂第一,顧渚第二"之說,那麼,爲甚麼上貢給宮廷的是第二等的茶葉呢？其實,四川的蒙頂茶也上貢的,但一來數量不夠多,二來蜀道難行,趕不上宮廷每年舉辦的清明宴,因此才有今天宜興一帶顧渚貢焙之建,專供宮廷使用,民間不許買賣。每年春天采製顧渚茶,役工達到三萬人之多,多日方能完成,急急忙忙趕送京城,供王公貴族清明佳節享用。

唐代皇室享用貢焙,獨占茶中極品的情況,經過五代十國,一直到宋朝都延續不停。其中主要的變化,則是貢焙地區,由太湖附近的顧渚,逐漸移到了武夷山區建安的北苑。

宋代上貢茶葉的極品,捨三吳地區的顧渚,轉爲福建山區的建安北苑,有内在與外在兩個原因。建茶的内在質地優良,其香甘醇厚超過顧渚茶。宋徽宗《大觀茶論》就明確指出:"夫茶以味爲上,甘香重滑,爲味之全。惟北苑、壑源之品兼之。"在唐代時期,福建的茶業尚未興起,故不爲人所知。到了五代時期,閩國已設置建州貢茶,到了閩爲南唐所滅,南唐宮廷就捨弃了陽羨（顧渚）而代之以建州茶。宋朝立國之後,一開始還恢復了唐代的制度,以顧渚紫筍茶入貢,但在十幾年後就轉到福建建安,"始置龍焙,造龍鳳茶"。

外在的原因則是,五代北宋期間氣候産生巨大變化,明顯由暖轉寒。宋代的常年氣溫,一度較唐代要低兩三攝氏度。種植在較北太湖地區的茶樹,即使沒有凍死,也推遲萌發,不可能在清明以前如數上貢。宋子安《東溪試茶録》的"採茶"一節說:"建溪茶,比他郡最先,北苑、壑源者尤早。歲多暖,則先驚蟄十日即芽;歲多寒,則後驚蟄五日始發……民間常以驚蟄爲候。諸焙後北苑者半月,去遠則益晚。"《大觀茶論》也說:"茶工作於驚蟄,尤以得天時爲急。"建安北苑的茶,在驚蟄前後就可以采製,離清明還有一整個月,當然可以保證如期運到京師汴京（開封）。歐陽修《嘗新茶呈聖俞詩》就生動描寫了這情況:

> 建安三千里,京師三月嘗新茶。人情好先務取勝,百物貴早相矜
> 誇。年窮臘盡春欲動,蟄雷未起驅龍蛇。夜聞擊鼓滿山谷,千人助叫

聲喊呀。萬木寒癡睡不醒，唯有此樹先萌芽。乃知此爲最靈物，宜其
獨得天地華。終朝採摘不盈掬，通犀鎊小圓復窊。鄙哉穀雨槍與旗，
多不足貴如刈麻。建安太守急寄我，香蒻包裹封題斜。泉甘器潔天
色好，坐中揀擇客亦嘉。新香嫩色如始造，不似來遠從天涯。停匙側
盞試水路，拭目向空看乳花。可憐俗夫把金錠，猛火炙背如蝦蟆。由
來真物有真賞，坐逢詩老頻咨嗟。須臾共起索酒飲，何異奏雅終
淫哇。

梅堯臣(聖俞)的和詩，有這麼一段：

　　近年建安所出勝，天下貴賤求呀呀。東溪北苑供御餘，王家葉家
長白芽。造成小餅若帶鎊，鬥浮鬥色傾夷華。味甘迴甘竟日在，不比
苦硬令舌窊。此等莫與北俗道，只解白土和脂麻。歐陽翰林最別識，
品第高下無欹斜。晴明開軒碾雪末，衆客共嘗皆稱嘉。建安太守置
書角，青蒻色封來海涯。清明纔過已到此，正是洛陽人寄花。兔毛紫
盞自相稱，青泉不必求蝦蟇。石餅煎湯銀梗打，粟粒鋪面人驚嗟。詩
腸久饑不禁力，一啜入腹鳴咿哇。

這兩首詩除了提到建茶精品在清明前後就已抵達京師開封，還說到宋代
飲茶方式的講究，比之唐代有過之而無不及。

宋代上層社會飲茶的習慣，特別是在宮廷之中，基本沿襲唐代。貢焙
精製的茶葉研製成餅團，烹茶之時用碾磨成粉末，或煎煮或衝泡。據《宣
和北苑貢茶録》所載，北苑貢焙，先只造龍鳳團茶，後來又造石乳、的乳、白
乳。再來又有蔡襄監造的小龍團，以及後來的密雲龍、瑞雲祥龍等名色，
精益求精，越來越細緻。再到後來還有三色細芽、試新鎊、貢新鎊、龍團勝
雪等花樣，層出不窮。歐陽修詩中"通犀鎊小圓復窊"及梅堯臣詩句"造成
小餅若帶鎊"，都是形容這種精製的小團茶，可以用來品賞的。

宋代品茶，有所謂"點茶""鬥茶"之名目。關於"點茶"之法，蔡襄有
明確的解說："茶少湯多，則雲腳散；湯少茶多，則粥面聚。鈔茶一錢匕，先
注湯調令極勻，又添注入，環迴擊拂，湯上盞可四分則止。視其面色鮮白，
着盞無水痕爲絕佳。"講的是茶葉與湯水要用得恰當，否則點泡出來的茶

湯沫餑不勻。點泡之時，要先將茶末調勻，添加沸水，還迴擊拂，才會出現鮮白色的沫餑。泡沫浮起，貼近茶盞時，要没有水痕才是絶佳的點泡。蔡襄還説，“鬥茶”就是點泡的技術：“建安鬥試，以水痕先者爲負，耐久者爲勝。故較勝負之説，曰相去一水兩水。”好像鬥茶勝負的計算之法，跟下棋輸一子兩子一樣，可以清楚地比較。

由唐到宋，調製茶湯的最大變化是，唐代烹茶把碾細的茶葉投入沸湯之中，再澆水入湯，控制沫餑的浮起；宋代則以沸水點泡已經調好在茶盞裏的茶膏，然後迴旋擊拂，打起沫餑，好像浮起一層白蠟一樣。關於擊拂的茶具，蔡襄《茶録》説用“茶匙”：“茶匙要重，擊拂有力，黄金爲上。人間以銀鐵爲之。竹者輕，建茶不取。”茶匙而用黄金，當然是只有宫廷才用得起，一般用銀就是極爲講究的了。歐陽修詩句“停匙側盞試水路，拭目向空看乳花”，及梅堯臣的“石缾煎湯銀梗打，粟粒鋪面人驚嗟”，正是形容用銀匙擊拂茶湯，泛起如粟粒乳花一般的沫餑，是典型的宋代飲茶方式。

比蔡襄《茶録》早半個多世紀，宋初陶穀的《荈茗録》（成書於公元963—970 年之間），曾提到有人烹茶運匙之妙，可以在調製茶湯時點出圖畫、物象，甚至詩句。如記“生成盞”：

> 饌茶而幻出物象於湯面者，茶匠通神之藝也。沙門福全生於金鄉，長於茶海，能注湯幻茶，成一句詩，並點四甌，共一絶句，泛乎湯表。小小物類，唾手辦耳。檀越日造門求觀湯戲，全自詠曰：生成盞裏水丹青，巧盡工夫學不成。卻笑當時陸鴻漸，煎茶贏得好名聲。

還記有“茶百戲”：

> 茶至唐始盛。近世有下湯運匕，別施妙訣，使湯紋水脈成物象者，禽獸蟲魚花草之屬，纖巧如畫。但須臾即就散滅。此茶之變也，時人謂之茶百戲。

可見宋朝初年還出現點茶繪圖的花樣，茶匙居然是用作畫筆的。

蔡襄所記用重匙打出沫餑，到後來就用新的茶具“筅”來運作。筅是竹製的攪打茶器，形狀頗似西洋的打蛋器，但細密得多。《大觀茶論》指出,茶筅要用箭竹老而堅者,器身要厚重,器端要有疏勁。體幹要堅壯,而末端要鋭細,像劍脊一樣。因爲幹身厚重,就容易掌握,易於運用。筅端有疏勁,操作如劍脊,則擊拂稍過,也不會産生不必要的浮沫。

使用竹筅點茶,擊拂出沫餑,造就一碗至善至美的茶湯,《大觀茶論》有極其詳盡的説明,也可説是宋代飲茶藝術的極致了。宋徽宗指出,點茶的方式有多種,但基本上都是先把茶膏調開,再注以湯水。點茶方式不對的,有一種叫"静面點":

> 手重筅輕,無粟文蟹眼者,謂之静面點。蓋擊拂無力,茶不發立。水乳未浹,又復增湯,色澤不盡,英華淪散,茶無立作矣。

另一種不恰當的點法叫"一發點":

> 有隨湯擊拂,手筅俱重,立文泛泛,謂之一發點。蓋用湯已故,指腕不圓,粥面未凝,茶力已盡。雲霧雖泛,水腳易生。

真正會點茶的,應該是:

> 妙於此者,量茶受湯,調如融膠。環注盞畔,勿使侵茶。勢不欲猛,先須攪動茶膏,漸如擊拂,手輕筅重,指遶腕旋,上下透徹,如酵蘗之起麵,疏星皎月,燦然而生,則茶面根本立矣。

然後再繼續注湯:

> 第二湯自茶面注之,周回一線,急注急上,茶面不動,擊拂既力,色澤漸開,珠璣磊落。三湯多寡如前,擊拂漸貴輕勻,周環旋復,表裏洞徹,粟文蟹眼,泛結雜起,茶之色十已得其六七。四湯尚嗇,筅欲轉稍寬而勿速,其清真華彩,既已煥然,輕雲漸生。五湯乃可稍縱,筅欲輕盈而透達,如發立未盡,則擊以作之。發立已過,則拂以斂之,結浚靄,結凝雪,茶色盡矣。六湯以觀立作,乳點勃然,則以筅著居,緩遶拂動而已。七湯以分輕清重濁,相稀稠得中,可欲則止。乳霧洶湧,溢盞而起,周回凝旋不動,謂之咬盞,宜均其輕清浮合者飲之。

由於崇尚這種擊拂起沫的飲茶方式,茶碗的選用也就與唐代崇尚青瓷不同，而轉爲標舉建安的黑瓷。蔡襄《茶錄》論"茶盞"就説："茶色白，宜黑盞，建安所造者，紺黑，紋如兔毫，其坯微厚，燴之久熱難冷，最爲要用。出他處者，或薄，或色紫，皆不及也。其青白盞，鬥試家自不用。"這是説明茶湯沫餑呈白色，需要黑盞來相映。點茶費時頗久，就需要茶碗厚實，可以保温。過去視爲上品的青瓷、白瓷，完全不適用了。

《大觀茶論》更就使用竹筅擊拂這一點，申説了建窯茶盞的優越性：

> 盞色貴青黑，玉毫條達者爲上，取其焕發茶采色也。底必差深而微寬，底深則茶直立，易於取乳；寬則運筅旋徹，不礙擊拂。然須度茶之多少，用盞之小大。盞高茶少，則掩蔽茶色；茶多盞小，則受湯不盡。盞惟熱，則茶發立耐久。

梅堯臣詩中所説的"兔毛紫盞自相稱"，在品茶大家蔡襄及宋徽宗的眼裏，大概只是勉强可用而已，因爲最好的兔毛盞應該是青黑色的。

（六）

宋代品茶的藝術，經蔡襄到宋徽宗，已經臻於登峰造極之境，其細緻講究真是無可比擬。然而，這種把茶葉極品製成團餅，再碾成細末，在茶盞中擊拂出沫餑的飲茶法，固然有其"微危精一"、引人入勝之處，却也難免雕鑿太過，鑽入了藝術品賞"取其一點，不及其餘"的牛角尖。

正當唐宋宮廷與上層社會飲用團餅茶，并日益發展出精緻的點泡法之時，民間的飲茶習慣亦有大發展，而且是沿着通俗的、下里巴人的脉絡廣爲流傳。特別是由宋入元期間，通俗的茶飲方式，主要有兩個傾向：一是在茶中加果加料；二是飲用散茶。

上引梅堯臣的詩中有句"此等莫與北俗道，只解白土和脂麻"，是説點茶的精妙跟北方俗人是講不清的，因爲北方人只懂得使用白瓷茶碗，飲茶時還放芝麻。這是自以爲陽春白雪的詩人看不起通俗的品味，貶斥喝茶加果加料，混攪了茶的真香。

茶中加果加料，是自古以來的俗習。陸羽已經指出，茶中加料，就跟喝"溝渠間棄水"一樣。蔡襄也指出,有人在製造上貢團茶時,加入龍腦香,在烹點之時,又"雜珍果香草",都是不對的。然而,説者自説,用者自用。如陶穀《荈茗錄》中就有"漏影春"的點茶法,其中就用荔肉、松實、鴨腳之類。蘇轍在寫給蘇東坡的一首和詩裏,也提到北方人飲茶習慣俚俗,與閩地發展出的精緻品賞法不同:"君不見,閩中茶品天下高,傾身事茶不知勞。又不見,北方俚人茗飲無不有,鹽酪椒薑誇滿口。"

這種北方俚俗的喝茶法,其實不限於遼金統治的北方;南方市井通衢一般人喝茶,也經常如此。吳自牧《夢粱錄》説宋代都市中茶館業興隆,在南宋臨安(今杭州)的茶館裏,不但賣各種奇茶異湯,到冬天還賣"七寶擂茶"。

關於奇茶異湯,南宋趙希鵠的《調燮類編》説各種茶品,可以用花拌茶,"木樨、茉莉、玫瑰、薔薇、蘭蕙、橘花、梔子、木香、梅花,皆可作茶"。比較脱俗的,有"蓮花茶":

> 於日未出時,將半含蓮撥開,放細茶一撮,納滿蕊中。以麻皮略繫,令其經宿。次早摘花,傾出茶葉,用建紙包茶焙乾。再如前法,又將茶葉入別蕊中。如此者數次,取其焙乾收用,不勝香美。

蓮花茶的製作,雖然費工費時,頗耗心血,但在追求高雅脱俗之時,却違背了"茶有真香"的道理。

至於"七寶擂茶",明初朱權的《臞仙神隱》書中記有"擂茶"一條:是將芽茶用湯水浸軟,同炒熟的芝麻一起擂細。加入川椒末、鹽、酥油餅,再擂匀。假如太乾,就加添茶湯。假如没有油餅,就斟酌代之以乾麵。入鍋煎熟,再隨意加上栗子片、松子仁、胡桃仁之類。明代日用類書《多能鄙事》也有同樣的記載。可見一般老百姓喝茶,雖然得不到建茶極品,倒是有不少花樣翻新。

若再看看元代忽思慧的《飲膳正要》(成書於 1330 年),更可看到各種花樣的茶。如枸杞茶,是用茶末與枸杞末,入酥油調匀;玉磨茶,是用上等紫笋茶,拌和蘇門炒米,匀入玉磨內磨成;酥簽茶,是攪入酥油,用沸水點泡。這一類的喝茶法,經歷唐宋元明,特別是在契丹、女真、蒙古所統治過的北方地區,一直流傳下來。讀一讀《金瓶梅詞話》,就可發現,加料潑滷的飲茶法，到了明代中晚期，仍是北方大眾的日常茶飲方式。

　　由宋入元，另一種通俗飲茶方式的發展，則是散茶冲泡的逐漸普遍。散茶的製作方法，有蒸青，有炒青，都是唐代就有的工藝，也是民間日常飲用。然而，散茶的製作與烹煎方式雖然比團餅簡便，唐宋上層社會的品茶方式却偏要采用壓製團餅、碾末篩羅、擊拂起沫的程序，才達到他們心目中的陽春白雪境界。南宋以後，點茶的風尚逐漸式微，散茶的生產愈來愈多，民間講究品賞的也愈來愈以散茶爲着眼了。《王禎農書》（1313 年成書）所記農事，主要是宋末元初之情況，就說“茶之用有三，曰茗茶，曰末茶，曰蠟茶”。茗茶即指茶芽散裝者，南方已經普遍使用；末茶指細碾點試的茶，“南方雖產茶，而識此法者甚少”；蠟茶指上貢的茶，“民間罕見之”。可見宋末元初，普遍飲茶的南方已經是以散茶爲主了。

　　依照傳統的說法，唐宋製茶都以團餅壓模爲主，到元代仍是如此，直到明太祖朱元璋下詔改革，“罷造龍團，一照各處，採芽以進”，才變成製散茶爲主的局面。這個說法十分偏頗，與歷代發展的真相不符，因爲說的只是貢茶的情況，是以宮廷崇尚的茶種及其飲用情況作爲普遍的歷史現象，完全忽視了廣大民間飲茶方式的轉變。

　　中國傳統製茶工藝出現伊始，當是從摘采嫩葉羹煮，發現可以曬乾保存，再出現了蒸青、炒青的技術，然後才有壓製團餅的工序。因此，在唐宋元宮廷貢茶崇尚團餅末茶之時，民間使用散茶的傳統并不可能斷絕，只是不爲人所推崇，文獻的記載很少而已。從南宋到元朝，正當上層社會注意力全放在建茶團餅的製造與上貢之時，散茶已經逐漸先在江浙皖南，然後在全國範圍内蓬勃發展，占了生產的主導地位。也就是說，到了元明之際，全國的普遍飲茶方式已經是散裝的茗茶了。明朝建都南京，一開始仍然承襲元制，還是進貢建寧的大小龍團，但不久便改貢芽茶，從此廢止了團餅茶，顯然是“隨俗”的表現，是順應飲茶風氣的潮流，而非創造新式的飲茶方法。

（七）

　　明太祖廢團餅茶，以芽茶入貢，雖然只是因勢利導，却對芽茶製作工藝的精進,產生了很大的刺激作用。同時,也因廢止建寧一帶的團餅貢茶,對福建茶業產生了很大影響,迫使福建茶業轉型,由本來的皇家壟斷包辦,轉而要考慮商品市場的行銷。由於明代新興蓬勃的茶飲風尚,講究芽茶的清香空靈,福建武夷系茶葉却質地偏濃郁甘醇,一輕揚,一厚重,就使得福建茶葉必須發展出一條新的品茶途徑。這也就是明清時期福建發展出紅茶和烏龍茶的歷史背景。

明代茶葉製作工藝的重大發展,是在炒青與烘焙方面,依照各地茶產的特性,掌握炒青的火候,研製出各種有特色的名茶。萬曆年間的羅廩著《茶解》,其中說到"唐宋間,研膏蠟面,京挺龍團。或至把握纖微,直錢數十萬,亦珍重哉。而碾造愈工,茶性愈失,矧雜以香物乎?曾不若今人止精於炒焙,不損本真"。即指唐宋貢茶,到了後來細工雕琢,一小把茶葉就價值數十萬錢。然而碾造工藝太過,茶之本性與真香反而受損,甚至還摻入香物,就不如明代製茶,精於炒焙,可以保持茶的本色真香。

《茶解》對采茶、製茶的要訣,有很詳細的指示,可說是古代製造炒青茗茶最有系統的說明。采茶之法:

> 雨中採摘,則茶不香。須晴晝採,當時焙;遲則色、味、香俱減矣。故穀雨前後,最怕陰雨。陰雨寧不採。久雨初霽,亦須隔一兩日方可。不然,必不香美。採必期於穀雨者,以太早則氣未足,稍遲則氣散。入夏,則氣暴而味苦澀矣。採茶入簞,不宜見風日,恐耗其真液,亦不得置漆器及瓷器內。

至於製作時的炒青工序,則解說得更是清楚:

> 炒茶,鐺宜熱;焙,鐺宜溫。凡炒,止可一握,候鐺微炙手,置茶鐺中,札札有聲,急手炒勻;出之箕上,薄攤用扇搧冷,略加揉挼。再略炒,入文火鐺焙乾,色如翡翠。若出鐺不扇,不免變色。茶葉新鮮,膏液具足,初用武火急炒,以發其香。然火亦不宜太烈,最忌炒製半乾,不於鐺中焙燥而厚畧籠內,慢火烘炙。

此外還解釋了茶炒熟後必須揉挼的原因,是爲了讓茶葉中的脂膏可以溶液方便，在沖泡時可以把香味發散出來。至於炒茶用的鐵鐺，最好是熟用光净的，炒時就滑脱。新鐺不好，因爲鐵氣暴烈，茶易焦黑；年久生銹的老鐺也不能用。書中還指出，炒茶要用手操作，不僅匀適，還能掌握適當的溫度。茶中摻有茶梗，也有説明，認爲"梗苦澀而黄，且帶草氣。去其梗，則味自清澈"。但若"及時急採急焙，即連梗亦不甚爲害。大都頭茶可連梗，入夏便須擇去"。

明中葉以後，各地名茶大有發展。特別是因爲江南商品經濟的迅速發展，使得長江中下游及沿着大運河一帶的地區都跟着富庶起來，人們的生活也講求精緻的享受與品位。茶飲的品賞就在士大夫的生活藝術追求中占了重要的一席，與製茶工藝的新發展相輔相成，展開了晚明士大夫的高雅品茗藝術。

高濂的《遵生八箋》中，品評當時的名茶，就説到蘇州的虎丘茶及天池茶，都是不可多得的妙品。至於杭州的龍井茶更是遠超天池茶，其關鍵在茶葉質地好，又要炒法精妙。龍井茶一出名，以假亂真的現象就出現了："山中僅有一二家炒法甚精，近有山僧焙者亦妙，但出龍井者方妙。而龍井之山不過十數畝，外此有茶，似皆不及。附近假充猶之可也。至於北山西溪，俱充龍井，即杭人識龍井茶味者亦少，以亂真多耳。"

萬曆年間住在西子湖畔，精於生活品位與藝術鑒賞的馮夢禎，對當時茶品中最著名的羅岕、龍井、虎丘、天池等種，也有所評騭，但指出世間真贗相雜，實在難辨。他舉自己有一次到老龍井去買茶的經驗爲例：

> 昨同徐茂吴至老龍井買茶。山民十數家各出茶，茂吴以次點試，皆以爲贗。曰，買者甘香而不洌，稍洌便爲諸山贗品。得一二兩以爲真物，試之，果甘香若蘭，而山人及寺僧反以茂吴爲非。吾亦不能置辨，僞物亂真如此。

> 茂吴品茶，以虎丘爲第一。常用銀一兩餘，購其斤許。寺僧以茂吴精鑑，不敢相欺。他人所得，雖厚價亦贗物也。子晉云，本山茶葉微帶黑，不甚清翠，點之色白如玉，而作寒荳香，宋人呼爲白雪茶，稍綠便爲天池物。天池茶中雜數莖虎丘，則香味迥別。虎丘其茶中王

種耶？岕茶精者，庶幾妃后。天池龍井，便爲臣種。餘則民種矣。

　　這裏提到幾個現象，可以看到明代中葉以後品茗藝術與商品市場經濟發展的關係，與中古的唐宋時期大不相同了。唐宋以迄元代，最精美的貢品茶葉，完全由官府設監製作，嚴禁流入民間，根本不可能出現真贋相雜的情況。明代中葉以後，茶葉精品却是待價而沽，爭奇鬥妍，同時也出現真僞難辨的現象。馮夢禎説他與徐茂吳到龍井去試茶，在辨識真贋之時，他自己這個品茶名家已經力不從心，需要仰仗徐茂吳的功力了。由此可以推知，到了最精微的品評辨識階段，譬如是真龍井還是附近山區所產的冒名茶品，一般人是無法辨別真贋的。

　　馮夢禎所記，是把虎丘列爲第一，羅岕可以作爲后妃來相匹配，天池、龍井則爲次等，其餘的茶就等而下之了。這個説法，袁宏道（中郎）是大體贊同的，不過又把羅岕的地位提高了一級：

　　　龍井泉既甘澄，石復秀潤。流淙從石澗中出，泠泠可愛，入僧房爽峒可棲。余嘗與石簣、道元、子公汲泉烹茶於此。石簣因問，龍井茶與天池孰佳？余謂，龍井亦佳，但茶少則水氣不盡，茶多則澀味盡出。天池殊不爾。大約龍井頭茶雖香，尚作草氣。天池作荳氣。虎邱作花氣。唯岕非花非木，稍類金石氣，又若無氣，所以可貴。岕茶葉粗大，真者每斤至二十餘錢。余覓之數年，僅得數兩許。近日徽有送松蘿茶者，味在龍井之上，天池之下。

袁中郎品第名茶，是羅岕第一，天池第二，松蘿第三，龍井第四，虎邱則與天池在伯仲間。

　　品第茶的等級，主觀成分很大，見仁見智，意見時常不同。李日華在《紫桃軒雜綴》（成書於1620年）中説到“羅山廟後岕”，就在推崇之中稍有保留：“精者亦芬芳，亦回甘。但嫌稍濃，乏雲露清空之韻。以兄虎邱則有餘，以父龍井則不足。”在《六硯齋筆記》中，則對虎邱茶作了一些批評，認爲虎丘“有芳無色”，而芬芳馥郁之氣又不如蘭香，止與新剥荳花一類。聞起來不怎麼香，喝入口又太淡，實在不太高明。因此，這種“有小芳而乏深味”的茶，其實是比不上松蘿、龍井的。

　　文震亨在稍後的《長物志》、陳繼儒在《農圃六書》、張岱在《陶庵夢憶》中，都提到羅岕茶爲茶中珍品，看來是明末清初士大夫品茶的共識。看看晚明的茶書，專論羅岕茶的就有好幾本，如熊名遇的《羅岕茶記》（1608 年前後）、周高起的《洞山岕茶系》（1640 年前後）、馮可賓的《岕茶箋》（1642 年前後）及冒襄的《岕茶彙鈔》（1683 年前後）。羅岕茶與明末清初其他高檔茶最不同處，是製作法不同，爲當時名茶中唯一的蒸青茶，不用炒青法。再者，岕茶葉大梗多，外形並不纖巧。馮夢禎《快雪堂漫錄》就說過一個李于鱗鬧的笑話。李于鱗是北方人，任浙江按察副史時，有人以岕茶最精者送禮。過了不久才知道，他已經賞給傭人皂役了，因爲看到岕茶葉大多梗，以爲是下等的粗茶，也就打賞給下等的粗人去喝了。

　　許次紓《茶疏》（1597 年成書），盛贊羅岕茶，說“其韻致清遠，滋味甘香，清肺除煩，足稱仙品”，并對岕茶葉大梗多的情況，作了一番説明：

> 　　岕之茶不炒，甑中蒸熟，然後烘焙。緣其摘遲，枝葉微老，炒亦不能使軟，徒枯碎耳。亦有一種極細炒岕，乃採之他山，炒焙以欺好奇者。彼中甚愛惜茶，決不忍乘嫩摘採，以傷樹本。

可見羅岕茶不能早采，所以葉大梗多，并不細巧。《羅岕茶記》說岕茶産在高山上，沐櫛風露清虛之氣。其實，茶生長在高冷之處，抽芽就慢，不可能在早春就采，要過了立夏才開園。因此，別處的茶以“雨前”（穀雨以前）爲佳，甚至有“明前”（清明以前）的佳品，羅岕茶却要等到立夏以後。也因此，“吳中所貴，梗觕葉厚，有簫箬之氣”。《洞山岕茶系》也説：“岕茶採焙，定以立夏後三日，陰雨又需之。世人妄云：雨前真岕，抑亦未知茶事矣。”由此可知，陽曆五月之前，是不可能有羅岕茶的，所謂“雨前真岕”當然是贋品，是騙不了懂茶事的人的。

（八）

　　明代茶葉精品的出現，既與經濟生活的富庶相關，也就出現了相對應的品賞情趣之提高。明中葉以後品茗藝術的發展，一方面是恢復了唐宋品茗賞器的樂趣,對茶飲的程序與器物的潔雅再三致意,另一方面却更着重性靈境界的質樸天真,追求品茶過程心靈超升的修養,以期融入天然和諧的天人合一之境,不但得到個人心理的祥和平安,也在哲理與藝術的探索上得到智性的滿足。相對而言,唐宋品茶比較重視儀式,通過繁瑣的程序,講究的器具,得到一種心理的秩序與平衡,是通過禮儀感受茶道的精神。明代的茶道則比較重視天機,減少了繁瑣的儀式與道具,順應品茗者的心性與興趣,在藝術創造的樂趣中,追求人生美好時光的體會。

我們若舉日本茶道與明清發展出來的中國茶道相比,當更能了解,唐宋品茶之道與明清是有差异的。日本茶道的成長,基本上沿襲中國唐宋茶道的儀式,到了17世紀經千利休的改進發展,强調“和敬清寂”爲其精髓,有着濃重的儀式性、典禮性,同時也呈現了禪教影響的出世清修精神。可以説日本茶道是唐宋茶道儀式的延伸,而在精神上突出了“寂”,也就是對出世清修的宗教嚮往。明清茶道則不同,在品茶的儀式及茶具的形製上,都因茶葉質地的變化,而産生相應的更動,甚至弃而不用。也就是在追求茶道本質之時,永遠没忘記品茶的基本物質基礎,一是茶葉的味質與香氣,二是品嘗者的味覺與嗅覺。因此,相應的茶道精神是突出“趣”,冀期在品茗的樂趣中,對人格清高有所培養與提升,着眼點仍是人間入世的修養,宗教性不强。從歷史發展的角度來看,唐宋茶道的儀式,日本可説一成不變地學去,保留了形式,抽换了内容,根本不講求飲茶的樂趣,只强調茶飲的“苦口師”作用,成了禪修的法門。明清茶道,則繼續了唐宋點茶與鬥茶的樂趣,在儀式上却出現了根本的變化,再也不用竹筅擊打出白蠟一般的沫餑了。

明人發展出來的飲茶之“趣”,在當時的茶書及散文小品,甚至日記書札中,都時常提及。這裏只舉許次紓《茶疏》爲例。其中説到茶的烹點:

> 未曾汲水,先備茶具,必潔必燥,開口以待。蓋或仰放,或置瓷盂,勿竟覆之,案上漆氣、食氣,皆能敗茶。先握茶手中,俟湯既入壺,隨手投茶湯,以蓋覆定。三呼吸時,次滿傾盂内。重投壺内,用以動盪香韻,兼色不沉滯。更三呼吸,頃以定其浮薄,然後瀉以供客,則乳

嫩清滑,馥郁鼻端。病可令起,疲可令爽,吟壇發其逸思,談席滌其
玄矜。

這裏講求茶具的安排與置放,以及品茗的過程,考慮的不是儀式的重要,
而是味覺與嗅覺的享受與快感,通過五官感覺的舒適,産生吟詩玄談的精
神提升。

> 飲茶的場合,許次紓還做了細節的羅列,舉出喝茶的適當時光:
> 心手閒適。披詠疲倦。意緒棼亂。聽歌聞曲。歌罷曲終。杜門避
> 事。鼓琴看畫。夜深共語。明窗淨几。洞房阿閣。賓主款狎。佳客
> 小姬。訪友初歸。風日晴和。輕陰微雨。小橋畫舫。茂林修竹。課
> 花責鳥。荷亭避暑。小院焚香。酒闌人散。兒輩齋館。清幽寺觀。
> 名泉怪石。

也列舉了不適合喝茶的場合:

> 作字。觀劇。發書柬。大雨雪。長筵大席。繙閱卷帙。人事忙
> 迫。及與上宜飲時相反事。

喝茶時不宜用的:

> 惡水。敝器。銅匙。銅銚。木桶。柴薪。麩炭。粗童。惡婢。
> 不潔巾帨。各色果實香藥。

飲茶的場所不宜靠近:

> 陰室。廚房。市喧。小兒啼。野性人。童奴相閧。酷熱齋舍。

飲茶還不適合人多,三兩個人還好,五六個人就要點燃兩個爐子,再多就
不行了。至於以壺衝泡,用江南出産的茗茶,兩巡正好,三巡就有點乏了:

> 一壺之茶,只堪再巡。初巡鮮美,再則甘醇,三巡意欲盡矣。余
> 嘗與馮開之(馮夢禎)戲論茶候,以初巡爲婷婷嬝嬝十三餘,再巡爲碧
> 玉破瓜年,三巡以來綠葉成蔭矣。開之大以爲然。所以茶注欲小,小
> 則再巡已終。寧使餘芬剩馥尚留葉中,猶堪飯後供啜嗽之用,未遂葉
> 之可也。若巨器屢巡,滿中瀉飲,待停少溫,或求濃苦,何異農匠作

勞，但需涓滴，何論品賞，何知風味乎。

馮可賓的《岕茶箋》也簡略地羅列宜茶的場合與禁忌，可與許次紓的事例相對照。宜茶的場合："無事。佳客。幽坐。吟詠。揮翰。倘佯。睡起。宿醒。清供。精舍。會心。賞鑒。文僮。"禁忌："不如法。惡具。主客不韻。冠裳苛禮。葷肴雜陳。忙冗。壁間案頭多惡趣。"

可以看出，明代文人雅士在茶飲過程中講求的情趣，都與日常生活的情調有關，希望得到的是閑適的心情、明朗的感覺、親切的氛圍、清靜的環境與澄澈的觀照。這是一種清風朗月式的情趣，很像儒家傳統形容人品的高潔，有着人世間活生生的脉動，而非宗教性的清寂。

由於明代文人雅士講究葉茶衝泡，并特別強調茶葉的本色真香，以追求茶飲的清靈之境，自然就會反對在泡茶時摻加珍果香草。但是明代的大眾飲茶方式，特別是江南以外的地區，却承襲了加果加料的習俗未改，甚至變本加厲，在茶裏加入各種佐料。許多強調茶有真香，嚴忌加果加料的茶書，也經常做出妥協，列舉了各種用花果熏茶與點茶的方法。如朱權的《茶譜》就反對"雜以諸香，失其自然之性，奪其真味"，但又提供了"熏香茶法"：

> 百花有香者皆可。當花盛開時，以紙糊竹籠兩隔，上層置茶，下層置花。宜密封固，經宿開換舊花；如此數日，其茶自有香味可愛。有不用花，用龍腦熏者亦可。

再如錢椿年編、顧元慶删定的《茶譜》（成書於 1541 年），記有點茶三要，其中"擇果"一條，讀來就似前後矛盾：

> 茶有真香，有佳味，有正色。烹點之際，不宜以珍果香草雜之。奪其香者，松子、柑橙、杏仁、蓮心、木香、梅花、茉莉、薔薇、木樨之類是也。奪其味者，牛乳、番桃、荔枝、圓眼、水梨、枇杷之類是也。奪其色者，柿餅、膠棗、火桃、楊梅、橙橘之類者是也。凡飲佳茶，去果方覺清絕，雜之則無辨矣。若必曰所宜，核桃、榛子、瓜仁、棗仁、菱米、欖仁、栗子、雞頭、銀杏、山藥、筍乾、芝麻、莒蒻、萵苣、芹菜之類精製，或可用也。

這裏說的"或可用"的果品，香味與色調雖然不及前列幾種那麼濃烈，但仍會攪亂茶的真香本色。文震亨《長物志》中也提到，假如要在茶中置果，"亦僅可用榛、松、新筍、雞豆、蓮實不奪香味者，他如柑、橙、茉莉、木樨之類，斷不可用"。總之是妥協從俗的辦法。

然而，也有些自命雅士的，喜愛在茶中添料，甚至還別出心裁，創造風雅的加料茶。如元代的倪瓚，就發明"清泉白石茶"。據顧元慶《雲林遺事》：

> 元鎮（倪瓚）素好飲茶。在惠山中，用核桃松子肉和真粉，成小塊如石狀，置茶中，名曰清泉白石茶。有趙行恕者，宋宗室也，慕元鎮清致，訪之。坐定，童子供茶。行恕連啖如常。元鎮艴然曰，吾以子爲王孫，故出此品，乃略不知風味，真俗物也。自是交絕。

倪瓚自以爲所創的清泉白石茶是極爲高雅的花樣，沒想到宗室貴冑却不懂得欣賞，因此斥爲庸俗，大怒絕交。但是倪瓚自命清雅無比的創舉，羅廩却在《茶解》中視爲可笑："茶內投以果核及鹽、椒、薑、橙等物，皆茶厄也……至倪雲林點茶用糖，則尤爲可笑。"

到了清代乾隆皇帝，也是自以爲清雅，特製"三清茶"："以梅花、佛手、松子瀹茶，有詩紀之。茶宴日，即賜此茶，茶碗亦摹御製詩於人。宴畢，諸臣懷之以歸。"（見《西清筆記》）茶碗摹上乾隆那一手學趙孟頫却又畫虎不成的字，抄的又是似通非通的御製詩，再喝碗內不倫不類的三清茶，在當時作官也實在高雅不起來。

至於民間的加果加料茶，在浙江就有"果子茶""高茶""原汁茶"等名目。18世紀茹敦和的《越言釋》就記有這種俚俗：

> 此極是殺風景事，然里俗以此爲恭敬，斷不可少。嶺南人往往用糖梅，吾越則好用紅薑片子。他如蓮葯榛仁，無所不可。其後雜用果色，盈杯溢盞，略以甌茶注之，謂之果子茶，以失點茶之舊矣。漸至盛筵貴客，累果高至尺餘，又復雕鸞刻鳳，綴綠攅紅，以爲之飾。一茶之值，乃至數金，謂之高茶，可觀而不可食。雖名爲茶，實與茶風馬牛。又有從而反之者，聚諸乾撩爛煮之，和以糖蜜，謂之原汁茶。可以食

矣,食竟則摩腹而起。蓋療饑之上藥,非止渴之本謀,其於茶亦了無
干涉也。他若蓮子茶、龍眼茶,種種諸名色,相沿成故。而種種年糕
餐餅餌,皆名之爲茶食,尤爲可笑。

殺風景固然是殺風景,但也可以看到一般老百姓喝茶的習俗,與文人雅士
提倡的風尚,有相當的距離。

(九)

從明清之際到近代,中國茶飲的傳統開始没落。一方面是種茶飲茶
的工藝没有太大的發展,另一方面則是由於民生經濟的凋敝,晚明發展起
來的品茗雅趣,到了清代中期,就逐漸走了下坡。

明清茶事值得一提的,還有兩件。第一是茶碗的變化,不但由大變
小,也由崇尚厚重青黑的建窑,轉而崇尚青花白瓷,最後又出現了宜興紫
砂茶具傲視群倫的現象。第二則是福建製茶工藝的變化,出現了武夷工
夫茶一系的水仙和烏龍茶,同時也種植製做遠銷外洋的紅茶。

這兩種發展,都出現在明代後期到清代中葉之間,其後則是中國茶業
與茶藝的没落期。特別是在清朝末葉,19世紀90年代之後,茶業一蹶不
振,與中國近代的動盪戰亂相應。進入20世紀以後,戰事與革命頻仍,品
茗的藝術當然無從發展,而且逐漸爲國人遺忘了。以至於現代人提到"茶
道",直接的反應居然是日本的茶道,好像那是日本的"國粹",與中國文化
無關似的。

然而,明清飲茶的風尚雅趣,雖然在近代没有得到提升,却在幾個世
紀的潛移默化之中,使得大多數中國老百姓,遵循了明清雅士所提倡的
"茶有真香"的質樸本色飲茶講究,喝茶以葉茶衝泡爲主,既不加香,也不
加果,全成了晚明雅士眼中的陽春白雪派了。

或許有人會説這是歷史的反諷,現代人根本不清楚茶飲歷史的情況,
竟然糊裏糊塗成了高雅的陽春白雪派。可是,反過來看,也可説茶飲歷史
的發展,有其自身客觀的發展脉絡,中國飲茶方式的演變正是循着這個脉

絡自然生成的。古人説，茶有真香、有本色、有正味，現代人的葉茶衝泡方式，正符合最質樸的品味之道。

從這個角度來看，日本茶道發展的前途堪虞，因爲其着眼點已經不是"茶之道"，而是從唐宋茶道禮儀形式，發展出來的"茶以外之道"，可以説與茶本身無關。而 20 世紀 80 年代以來我國臺灣地區發展的茶藝，特別是以烏龍茶爲主，倒是在注重茶葉本身的色、香、味之時，逐漸提煉出一套新的品茶程序與儀式，有利於茶道的進一步演變。

回顧中國茶飲的歷史，可以發現長遠的文化進程，提供了許多歷史經驗與前人努力創造的文化資源。有的可以汲取使用，有的可供反省思考，有的則是前人的覆轍，值得作爲警惕之用的。品茗藝術的創新，應當是建築在歷史反思的基礎上，才能事半功倍，有所飛躍。

（十）

本書是中國歷代茶書匯編，可稱得上是現存所見茶書總匯中收録最豐富的編著。相較明代喻政的《茶書》，本書不計清代所録，多出五十六種。又與近出的《中國古代茶葉全書》比對，本書所收唐至清代的茶書，實際多出三十九種（詳見"主要茶書總匯收録對照表"）。另外，本書於不同書志中搜得六十五種逸書遺目以作附録，并撰寫簡短的介紹，較《中國古代茶葉全書》的"存目茶書"多十四種。本書在編著時，除選定較佳版本外，還重新予以標點，并附以簡明題記、注釋和校記。全書更以繁體字排印，目的是提供一本既有學術價值、又方便實用的茶書總匯，一方面使學者在查考茶飲歷史文化時，有所依據，不至於墜入錯綜紛繁的史料糾纏；另一方面則對茶人與愛好茶飲的廣大讀者，提供一本既可靠又方便實用的茶文化讀本。

這樣兼顧學術與實用的編輯方針并不容易執行，實踐起來是一種"由繁入簡""深入淺出"的過程。首先，我們要搜集所有的茶書版本，相互比對校勘，還要遍訪各大圖書館所藏的善本，以免滄海遺珠。然後，參考前人的研究成果，整理出頭緒，詳加校注，并删除大量抄襲段落與重複的篇章。最後，綜覽歷代茶書資料，删繁化簡，減少校注紛繁混亂的情況，以免校注本身就連篇累牘，令讀者望而却步。

　　整理本書的過程，并非一帆風順。搜集茶書必須親赴各大圖書館，費盡唇舌才得窺珍藏的茶書善本，却往往是失望者居多。如山東省圖書館藏有《茶書十三種》，查閱之後才發現，不過是十三種茶書凑合在一起，都是我們早已熟知的版本。再如北京故宮博物院圖書館藏有明代朱祐檳編的《茶譜》，秘藏稀見，爲海内孤本。我們前後安排了三次校閱，詳爲抄録，却發現書中所輯，只不過是常見茶書二十多種，并無特別珍稀的資料。類似的情況很多，反映了過去茶書版本紊亂，刊印者以其爲實用書册，隨意删削并合，甚至作爲謀利圖書售賣，删動情況更爲嚴重。我們若對這種任意删改的情況一一標明，當作异文出校，本書的校讎部分恐怕要增加十倍不止。因此，我們采取删繁化簡法，凡是抄自前人著作，并無增勝之處，而任意删動更改者，一律删除，不再出校。

主要茶書總匯收録對照表

本　　書：《中國歷代茶書匯編校注本》
喻　　政：明代喻政《茶書》〔見布目潮渢編：《中國茶書全集》（東京：汲古書院，1987 年）〕
阮浩耕等：《中國古代茶葉全書》（點校注釋本）（杭州：浙江攝影出版社，1999 年）

	本書	喻政	阮浩耕	備　　注
唐五代				
陸羽《茶經》	✓	✓	✓	
張又新《煎茶水記》	✓	✓	✓	
蘇廙《十六湯品》	✓	✓	✓	
王敷《茶酒論》	✓			
輯　佚				
陸羽《顧渚山記》	✓		存目	

續　表

	本書	喻政	阮浩耕	備　注
陸羽《水品》	✓			
裴汶《茶述》	✓		✓	
溫庭筠《採茶録》	✓		✓	
毛文錫《茶譜》	✓		✓	
小計	9種	3種	7種	
宋　元				
陶穀《茗荈録》	✓	✓	✓	
葉清臣《述煮茶泉品》	✓	✓	✓	
歐陽修《大明水記》	✓	✓		
蔡襄《茶録》	✓		✓	
宋子安《東溪試茶録》	✓		✓	
黄儒《品茶要録》	✓	✓	✓	
沈括《本朝茶法》	✓		✓	
唐庚《鬥茶記》	✓		✓	
趙佶《大觀茶論》	✓	✓	✓	
曾慥《茶録》	✓			
熊蕃《宣和北苑貢茶録》	✓	✓	✓	
趙汝礪《北苑別録》	✓	✓	✓	
魏了翁《邛州先茶記》	✓			
審安老人《茶具圖贊》	✓	✓	✓	
楊維楨《煮茶夢記》	✓		✓	
輯　佚				
丁謂《北苑茶録》	✓		✓	
周絳《補茶經》	✓		✓	
劉异《北苑拾遺》	✓		✓	
沈括《茶論》	✓			輯自陸廷燦《續茶經》
范逵《龍焙美成茶録》	✓			輯自熊蕃《宣和北苑貢茶録》及陸廷燦《續茶經》

	本書	喻政	阮浩耕	備　注
謝宗《論茶》	✓			
曾伉《茶苑總録》	✓		存目	
桑莊《茹芝續茶譜》	✓		✓	
羅大經《建茶論》	✓		存目	
佚名《北苑雜述》	✓			
小計	25種	10種	16種	
明　代				
朱權《茶譜》	✓		✓	
顧元慶　錢椿年《茶譜》	✓	✓	✓	
真清《水辨》	✓		✓	
真清《茶經外集》	✓		✓	
田藝蘅《煮泉小品》	✓	✓	✓	
徐獻忠《水品》	✓	✓	✓	
陸樹聲《茶寮記》	✓	✓	✓	
孫大綬《茶經外集》	✓			
孫大綬《茶譜外集》	✓		✓	
徐渭《煎茶七類》	✓		存目	
屠隆《茶箋》	✓	✓	✓	
高濂《茶箋》	✓			
陳師《茶考》	✓		✓	
張源《茶録》	✓	✓	✓	
胡文焕《茶集》	✓		存目	
蔡復一《茶事詠》		✓		
張謙德《茶經》	✓		✓	
許次紓《茶疏》	✓	✓	✓	
陳繼儒《茶話》	✓	✓	✓	
高元濬《茶乘》	✓		存目	

續　表

	本書	喻政	阮浩耕	備　　注
程用賓《茶錄》	✓		✓	
馮時可《茶錄》	✓		✓	
熊明遇《羅岕茶記》	✓		✓	
羅廩《茶解》	✓	✓	✓	
徐𤊹《蔡端明別紀·茶癖》	✓	✓	✓	
屠本畯《茗笈》	✓	✓	✓	
夏樹芳《茶董》	✓		✓	
陳繼儒《茶董補》	✓		✓	
龍膺《蒙史》	✓	✓	✓	
徐𤊹《茗譚》	✓	✓	✓	
喻政《茶集》	✓	✓	✓	
喻政《茶書》	✓		✓	
聞龍《茶箋》	✓		✓	
顧起元《茶略》	✓			
黃龍德《茶説》	✓		✓	
程百二《品茶要録補》	✓		✓	
萬邦寧《茗史》	✓		✓	
李日華《竹嬾茶衡》	✓			輯自陸廷燦《續茶經》
李日華《運泉約》	✓			
曹學佺《茶譜》	✓			
馮可賓《岕茶箋》	✓	✓	✓	
朱祐檳《茶譜》	✓		存目	
華淑　張瑋《品茶八要》	✓			
周高起《陽羨茗壺系》	✓	✓	✓	
周高起《洞山岕茶系》	✓	✓	✓	
鄧志謨《茶酒争奇》	✓		存目	

續　表

	本書	喻政	阮浩耕	備　注
醉茶消客《明抄茶水詩文》	✓			
輯　佚				
周慶叔《岕茶別論》	✓			輯自陸廷燦《續茶經》
朱日藩　盛時泰《茶藪》	✓			
佚名《岕茶疏》	✓			輯自黃履道《茶苑》
佚名《茶史》	✓			輯自黃履道《茶苑》
邢士襄《茶説》	✓			輯自《茗笈》及陸廷燦《續茶經》
徐㶿《茶考》	✓	✓		輯自喻政《茶集》及陸廷燦《續茶經》
吳從先《茗説》	✓			輯自陸廷燦《續茶經》
王毗《六茶紀事》	✓			
小計	**54種**	**19種**	**33種**	
清　代				
《六合縣志》輯録《茗笈》	✓			
陳鑒《虎丘茶經注補》	✓		✓	
劉源長《茶史》	✓		✓	
冒襄《岕茶彙鈔》	✓		✓	
余懷《茶史補》	✓		✓	
黃履道　佚名《茶苑》	✓		存目	
程作舟《茶社便覽》	✓		✓	
陸廷燦《續茶經》	✓		✓	
葉雋《煎茶訣》	✓			
顧蘐《湘臯茶説》	✓			
吳騫《陽羨名陶録》	✓			
翁同龢《陽羨名陶録摘抄》	✓			
吳騫《陽羨名陶續録》	✓			
朱濂《茶譜》	✓			
陳元輔《枕山樓茶略》	✓			

續　表

	本書	喻政	阮浩耕	備　　注
胡秉樞《茶務僉載》	✓			
佚名《茶史》	✓			
程雨亭《整飭皖茶文牘》	✓		✓	
震鈞《茶説》	✓			
康特璋、王實父《紅茶製法説略》	✓			
鄭世璜《印錫種茶製茶考察報告》	✓			
高葆真（英）　曹曾涵校潤《種茶良法》	✓			
程淯《龍井訪茶記》	✓		✓	
輯　佚				
卜萬祺《松寮茗政》	✓			輯自陸廷燦《續茶經》
王梓《茶説》	✓			
王復禮《茶説》	✓			輯自陸廷燦《續茶經》
小計	**26 種**	**0 種**	**8 種**	喻政《茶書》成書於明中晚期,故不收後出茶書
總計	**114 種**	**32 種**	**64 種** **(75 種)** [1]	

（1）此處 75 種茶書,包括了未被單獨列出的 11 種。

　　於此,我們必須指出,本書雖然對重要版本詳加校注,但目的是方便學者查考與讀者閱讀,絕不是一部茶書版本研究總匯。我們在陸羽《茶經》的題記中列了五十四種版本,固然是因爲此書的重要性遠超群倫,但也只是供學者參考而已。我們最後選用的版本,還是根據近代學者吳覺農及布目潮渢的研究成果,再比對幾種重要的通行版本出校,并非一一列舉五十四種不同版本的異文。又例如五代蜀毛文錫的《茶譜》,是一部重要的經典,本書收録時即以今人陳尚君的《毛文錫〈茶譜〉輯考》爲底本,再以陳祖槼、朱自振的《中國茶葉歷史資料選輯》爲校,儘量采用現今學者的研究成果。

　　本書所收茶書,内容以茶葉種植、采造、儲存、飲用的茶事爲主,不收歷代茶馬制度類的志書,也不收屬於文學創作的茶詩專書。但一般茶書分類繁雜,包羅甚廣,時有涉及茶馬制度之處,更大量收錄了咏茶詩,本書亦不刻意删除,以存所收茶書原來面目。

　　本書的構思與策劃,起自 2000 年,由朱自振先生與我倡導,得到香港商務印書館陳萬雄兄支持,答允出版。本書最初規劃曾送交香港政府研究撥款委員會,請求資助。所有學術審核委員一致評定爲優越研究計劃,推薦政府資助,但委員會承辦官員却以"古籍校刊注釋非學術研究"爲由,不予撥款。幸虧獲得城市大學張信剛校長及高彦鳴副校長支持,本計劃才得以在中國文化中心進行。然而工作之繁重及瑣碎,遠遠超出原先之預期,歷時六載,方得完成。在這漫長的歲月中,全書編輯體例幾經調整變動,在實踐的磨練中逐漸成形。我要特別感謝城市大學提供的長期研究資助,也得感謝香港商務印書館同仁的耐心等待。特別是陳萬雄與張倩儀總編輯與我幾次會商,確定編輯體例,重申出版承諾,使我五内銘感。

　　本書之成,雖是衆人之力,但最重要的則是朱自振先生的前期工作。他負責搜集資料,并帶領沈冬梅、賴慶芳、周立民、陳鎮泰整理校勘,撰寫題記及校注初稿。商務印書館特約編輯莊昭亦參與前期工作,提供許多珍貴建議。後期整理及定稿工作,由我負責,得現任復旦大學中文系戴燕教授及本中心張爲群襄助,重新改寫了題記,整理了校注,并確定收錄的版本,删除諸茶書重複抄襲的段落。最後的繁瑣校對工作,不僅由商務同仁承擔,本中心的毛秋瑾博士、黃海濤、林嘉敏、陳煒楨都全力以赴。此外,還有馬家輝博士與林學忠博士在旁掖助,與諸多勝友的鼓勵,才完成這項歷時六年的"豐功偉業"。

　　希望讀者翻閱此書時,能够想到這些合作者的辛勞,那麽,六年的心血也就值得了。

二○○七年二月十四日於香港城市大學中國文化中心

（附記：本序文關於茶飲歷史文化的材料,來自拙文《茶飲歷史的回顧》）

凡　例

1. 本書匯集自唐代陸羽《茶經》至清代王復禮《茶説》共一百十四種茶書，并以 1911 年爲限。當中清代胡秉樞的《茶務僉載》原文已佚，編者今據日文譯本再翻譯爲中文，并附於日文刻本後；又英人所撰并由英人高葆真摘譯的《種茶良法》亦在收録之列，這些書都反映了中國和世界茶業、茶學近代化的過程，極有價值。另外，本書兼輯佚散見於各處的茶書，例如陸羽的《顧渚山記》《水品》等，共二十六種。

2. 本書主要收録現存與茶葉、茶飲相關的茶書，而歷代茶馬志，主要記載茶馬制度，不入本書收集範圍，故不録。另外，清代李鳴韶等的《詠嶺南茶》，雖被陝西省圖書館《館藏古農書目録》及《中國農業古籍目録》列爲茶書，但與茶葉、茶飲没有直接關係，故不收録。又胡文焕《新刻茶譜五種》《茶書五種》及現存山東圖書館的明代佚名《茶書十三種》，因是前代茶書的合集，所輯茶書俱見本書，雖有版本研究的價值，但因篇幅所限，亦不收入。

3. 中國茶葉的發展具有階段性的特點，因此本書是根據茶葉的種植、製作和飲用習慣來編次的。全書現分上中下三編，上編爲唐五代茶書及宋元茶書，中編爲明代茶書，下編爲清代茶書，各編除上編分爲兩部分外，皆先排現存茶書，再排輯佚茶書。其編次以成書先後爲序，成書年代不可考者，參以作者的生卒年，或參以登第、仕履之年，或參以其親屬、交游之有關年代，略推其大約生年。成書年份及作者生卒年不可考者，參前人排序，如喻政《茶書》、陳祖槼及朱自振《中國茶葉歷史資料選輯》。佚名作者，世次無可考者，則列於該部分最後。

4. 一般情況下，每種茶書均含題記、正文、注釋和校記四部分。

5. 每篇題記主要記述作者的生平事迹、成書過程、該書的内容及其在茶文化史上的地位、版本的傳存情况。

6. 茶書抄襲情况嚴重,是以内容多有重出,爲避免過多重複,本書儘量作出適當的删節,并於删節處加注,説明參見本書某代某人某書。删節文字如與原文有些微出入,不影響大致内容,則不詳加説明。若原文作者對删節的内容有注解,則保留注解文字。個别情况的特殊處理,則於題記交代。另外,本書所收茶書有不少重複引録前人的茶詩、茶詞、茶歌、茶賦,例如明代醉茶消客《明抄茶水詩文》、清代佚名《茶史》尤其多。遇到重出的韵文,本書一律删節,僅保留作者、題目及首句。

7. 凡現存茶書,俱選擇公認的善本或年代最早的足本爲底本,并參校其他本子,比勘校對,所參者包括已出版的標點本及校箋本。現存的孤本茶書,只作理校。正文重新予以標點,正文中引用他人著作者而經核實的,俱用引號,無法查證的,則酌情而定或不荽下引號。

8. 歷來茶書的版本龐雜、多作爲一般的通俗書籍,出版也較爲隨意,因此誤、遺、衍、竄、異的情况頗爲常見,本書已儘量指出,并在校記中説明。至於附録序跋,則不出校。

9. 异體字和俗字,一律改爲正體或通行寫法,主要參考《康熙字典》和《漢語大字典》,例如岕茶的"岕"字,茶書中作"岕"或"岭",今則據《康熙字典》及《漢語大字典》所定,俱統一爲"岭"。避諱字恢復原字,并出校。

10. 文中缺漏、編者所添加的字詞或句子,一律補上,并以六角括號〔　〕標示及出校。

11. 文中本闕或模糊不清之字詞,一律以方格□標示。

12. 本書主要選擇與茶有關的詞條作注解,人名和地名亦儘量作注,古代職官、名物、典故、史事則選擇難懂者加注。凡難字、僻字均注音及釋義。所有注釋均在全書第一次出現時加。

13. 本書題記、注釋及校記中出現的地名乃籠統言之,并未按當今行政區域標明省、市、縣等,僅爲示意。

14. 校記中的版本俱用簡稱,簡稱一律於校記首次出現的條目内説明。

15. 本書末并附"中國古代茶書逸書遺目"及"主要參考引用書目"。

16. 除清代胡秉樞《茶務僉載》以日文原刻本印上爲直排外，全書俱爲繁體字横排。

茗笈

◇明 《六合縣志》輯録

本書原載清順治三年(1646)《六合縣志》,最初由陳祖槼、朱自振編《中國茶葉歷史資料選輯》輯出,不署作者、年代。

歷史上,六合縣飲茶不興,也少有種茶,從《六合縣志》所録《茗笈·敘》稱"今輯諸家茶政中精要語","使有同志者,專藝爲業,遂可代耕"云云來看,本書帶有推廣茶事的性質。全書十四節,從"溯源"到"衡鑒"的十三節,完全脱胎於明代屠本畯的《茗笈》,而最後一節"談茶"的内容,也似取材於《泰西熊三拔試水法》。值得注意的是,本書編者大概基於實用的目的,并不盲從經典名家,反以爲"人各爲論,不相沿襲","奚止誇爲鴻漸功臣哉",所以它雖然處處效仿屠本畯的《茗笈》,但對屠書裏引用的《茶經》,却是一字也不采録。

此次輯録,仍從順治三年(1646)《六合縣志》本。

品茶者從來鑒賞,必推虎丘第一,以其色白,香同嬰兒肉,此真絶妙論也。次則屈指棲霞山,蓋即虎丘所傳匡廬之種而移植之者。曩有業茶徽賈遊靈巖[1],謂水清地沃,極宜種茶;語若有憑,惜無植者。今輯諸家茶政中精要語,類列十四則。人各爲論,不相沿襲。使有同志者,專藝爲業,遂可代耕,奚止誇爲鴻漸功臣哉!

第一溯源①

贊曰……安得登枚而忘其本。

吳楚山谷間……故不及論。[2]

第二得地

贊曰……燁燁靈荈……負陰向陽。

產茶處……澤厥清真。

第三乘時

贊曰……君子所憑。

清明太早……不知其可。

第四揉制

贊曰……於斯信汝。

斷茶……絕焦點者最勝。

室高不踰尋……則所從來遠矣。

第五藏茗

贊曰……云胡不藏。

藏茶宜箬葉而畏香藥……或秋分後一焙。

凡貯茶之器……青翠如新。

第六品泉

贊曰……以滌煩襟。

山宣氣以養萬物……則澄深而無蕩漾之漓耳。

山頂泉……負陰勝於陽。

甘泉……乘熱投之。

貯水甕須置陰庭……水神敝矣。

第七候火

贊曰……存乎其人。

火必以堅木炭爲上……斯文武火之候也。

第八定湯

贊曰……跂石眠雲。

水入銚便須急煮……過時老湯決不堪用。

茶碾磨作餅……元神發也。

第九點瀹

贊曰……媚我仙芽。

茶注宜小……其餘以是增減。

一壺之茶……猶堪飯後供啜之用。

第十辨器

贊曰……敗乃公事。

金乃水母……正取砂無土氣耳。

茶具滌畢……亦無大害。

第十一申忌

贊曰……至今爲嘅。

茶性畏紙……酷熱齋舍。

第十二相宜②

贊曰……爲君數舉。

煎茶非漫浪……故難與俗人言矣。

第十三衡鑒③

贊曰……衡鑒之妙。

茶之色重……蠶荳花次。

第十四談茶

贊曰：斯莽賞題，亦既衆只，秋摘冬青，展也知已。

茶以春萌勝，貴其香也。近有秋摘者，味尤爽烈益。夏炎濕蒸，春芽易顋，秋氣蕭瑟，冬盡尤青。蔡獻臣《談茶》[3]

虎丘茶色白而味香，然憑萬頃雲俯瞰僧園，敝株盡矣。所出絕稀，味亦不能過端午。

茶與酒清濁美惡，入口自知。所貴君子之交，淡而有味，香勝者未爲上品。

附泰西熊三拔[4]試水法：

試水美惡，辨水高下，其法有五，凡江河井泉雨雪之水，試法並同。

第一煮試：取清水置淨器煮熟，傾入白磁器中，候澄清。下有沙土者，此水質惡也；水之良者無滓。又水之良者，以煮物則易熟。

第二日試：清水置白磁器中，向日下令日光正射水，視日光中若有塵埃絪縕如遊氣者，此水質惡也。水之良者，其澄澈底。

第三味試：水元行也，元行無味，無味者真水。凡味皆從外合之，故試水以淡爲主，味甘者次之，味惡爲下。

　　第四秤試：冬種水欲辨美惡，以一器更酌而秤之，輕者爲上。

　　第五絲綿試：又法用紙或絹帛之類，其色瑩白者，以水蘸候乾，無跡者爲上也。

注　釋

1　靈巖：即靈巖山，在安徽六安東南瓜埠鎮附近。

2　本篇刪節處均見明代屠本畯《茗笈》，不一一注明。

3　蔡獻臣《談茶》：蔡獻臣，字體國，同安人。萬曆十七年（1589）進士，爲人正直，有政績，知湖廣按察使遭劾罷歸時，百姓遮留。後起浙江寧海道，升浙江省督學，擢光祿少卿。卒贈少司，有《清白堂稿》等行世。《談茶》查未見，不知是專文還是零叙。

4　熊三拔：字有綱，意大利人，天主教耶穌會傳教士。萬曆三十四年（1606）到中國，隨利瑪竇做助手。後協助徐光啟、李之藻翻譯行星説，製造蓄水、取水諸器。著有《泰西水法》《簡平儀説》等書。本文《試水法》，即輯自熊三拔《泰西水法》。

校　記

①　第一溯源：屠本畯《茗笈》作“第一溯源章”，本文省去“章”；前十三目，都爲如此。本書編者在編校時，爲便於表述，在行文中，改屠書“章”稱“節”。

②　第十二相宜：在此節前，本文刪略屠本畯《茗笈》“防濫”“戒淆”兩章，故在屠書爲第十四章。

③　第十三衡鑒：屠本畯《茗笈》作“第十五衡鑒章”。

虎丘茶經注補

◇明末清初　陳鑒　撰[①]

　　陳鑒(1594—1676)，字子明，明末南越化州(今廣東化州)人，萬曆四十六年(1618)鄉試經魁，翌年赴京會試，因批評時政而落第。崇禎初任江夏(治所在今湖北武漢)教諭，遷貴州考官、南京兵部司務及華亭知縣等。清順治甲申(1644)，因私藏義軍首領等罪名入獄八年，出獄後僑居蘇州城郊，康熙十五年(1676)在松江去世。有《天南酒樓詩集》《江夏史》等。

　　《虎丘茶經注補》，據陳鑒說，是他"乙未遷居虎丘"後完成的，所謂"乙未"，當指順治十二年(1655)，此時他正住在蘇州。萬國鼎《茶書總目提要》評價此書"把有關資料聚集在一起，是它的優點，但是編寫體例過於別致，內容又很蕪雜"，今天來看，陳鑒在注和補中提供的虎丘茶資料，有價值的確實不多。

　　本書收錄在《檀几叢書》裏，陸廷燦《續茶經》曾經引錄。此次排錄，底本即從《檀几叢書》本。

　　陳子曰，陸桑苧翁《茶經》漏虎丘，竊有疑焉。陸嘗隱虎丘者也，井焉、泉焉、品水焉，茶何漏？曰："非漏也，虎丘茶自在《經》中，無人拈出耳。"予乙未遷居虎丘，因注之、補之；其於《茶經》無以別也，仍以注、補別之，而《經》之十品備焉矣。桑苧翁而在，當啞然一笑。

一之源

經　茶，樹如瓜蘆，瓜蘆，苦枙[1]也；廣州有之，葉與虎丘茶無異，但瓜蘆苦耳花如白薔薇[②]。虎丘茶，花開比白薔薇而小，茶子如小彈。上者生爛石，中者生礫壤。虎丘茶園,在爛石礫壤之間^{野者上},園者次,_{虎丘野而園}^{宜陽崖陰林}。_{虎丘之西,正陽崖陰林。}紫者上,綠者次;^{筍者上,芽者次};葉卷上,葉舒次。_{虎丘紫綠,筍芽卷舒皆上。}

　　補　鑒視採數嫩葉,與茶侶湯愚公小焙烹之,真作荳花香。昔之嚮虎丘茶者,盡天池也。

二之具

　　經　籯籃筥,以竹織之,茶人負以採茶。_{虎丘由下竹佳,籯小;僧人即茶人。}竈釜甑,_{虎丘焙茶同}杵臼碓,規模捲,承臺磁碾。_{唐、宋製茶屑同,今葉茶不用。}笓箣、簿筤,以小竹長三尺,軀二尺五寸,柄五寸,篾織方眼。四者大小不一,以別茶也。_{虎丘同。}棚,一曰棧,以木構於焙上,編木兩層以焙。_{虎丘同。}茶半乾,貯下層;全乾,升上層。_{虎丘同。}串:一斤爲上串,半斤爲中串,四兩爲小串。_{串,一作穿,謂穿而掛之。虎丘同。}育,以木爲之,以竹編。中有槅,上有覆,下有牀,旁有門。中置一器,貯煻火,令煴煴然。江南梅雨時,燥之以炭火。_{虎丘同。}

三之造

　　經　凡採茶,在二三四月間。茶之筍者,生爛石土,長四五寸,若薇蕨始抽,凌露採之。茶之芽,發於叢薄之上,有三枝、四枝、五枝者,選中枝穎拔佳。其日有雨不採,晴有雲氣不採。採之、蒸之、焙之、穿之、封之,茶其乾矣。_{與虎丘采焙法同,但陸經有擣之、拍之,今不用。}茶有千萬狀,如〔胡〕人^③靴者,蹙縮者;犎牛臆者,廉襜者;浮雲出山者,輪囷者;輕飆拂水者,涵澹然;此皆茶之精腴。有如竹籜者,其形籭簁然;有如霜荷者,厥狀委萃然;此皆茶之瘠老。自胡靴至於霜荷八等,出膏者光,含膏者皺;宿製則黑,日成則黃;蒸壓則平正,縱之則坳垤。_{虎丘之品,真如胡靴至拂水製之,精粗存乎其人。}

　　補　黃儒《茶錄》²:一戒採造過時,二戒白合、盜葉,三戒入雜,四戒蒸不熟及過熟。_{穀雨後謂之過時。茶芽有雨^④、小葉抱白,是爲盜葉;雜以楊、柳、柿,是爲入雜。}

四之水

　　經　泉水上,天雨次,井水下。_{虎丘石泉,自唐而後,漸以填塞,不得爲上;而憨憨}

之井水,反有名。

補　劉伯芻《水記》:陸鴻漸爲李季卿品虎丘劍池石泉水,第三;張又新品劍池石泉水,第五。[3]《夷門廣牘》[4]謂:虎丘石泉,舊居第三,漸品第五。以石泉泓渟,皆雨澤之積,滲竇之潢也。況闔廬墓隧[5],當時石工多閟死,僧衆上樓,不能無穢濁滲入。雖名陸羽泉,非天然水,道家服食,禁屍氣也。

鑒:欲濬劍池之水,鑿小渠流入鶴㵎。則泉得流而活矣。[5]李習之[6]謂,"劍池之水,不流爲恨事。"然哉。

五之煮

經　山水、乳泉,石泓漫流者,可以煮茶。[6]陸羽來吳時,劍池未塞,想其涓涓之流;今不堪煮。湯之候[7],初曰蝦眼,次曰蟹眼,次曰魚眼,若松風鳴,漸至無聲。蝦、蟹、魚眼,言鍑內水沸之狀也。聲如松濤,漸緩,則火候到矣,過此則老。勿用膏薪爆炭。乾炭爲宜,乾松莢尤妙。

補　蘇廙傳:湯者,茶之司命。若名茶而濫觴(湯),則與凡荈無異。故煎有老嫩,注有緩急,無過不及,是爲茶度。[8]

陸平泉[9]《茶寮記》:茶用活火,候湯眼鱗鱗起,沫餑鼓泛,投茗器中。初入湯少許,使湯茗相投,即滿注;雲腳漸開,乳花浮面,則味全。蓋唐宋茶用團餅,碾屑味易出。今用葉茶,驟則味乏,過熟則昏濁沉滯矣。

經　器用風爐、炭檛、鍑、火夾、紙袋、都籃、漉水囊、瓢、碗、滌巾。[10]

補　錫瓶:宜興壺,粗泥細作爲上。甌盞:哥窯厚重爲佳。瓶壺用草小薦,防焦漆几。

六之飲

經　茶有九難:曰造、曰別、曰器、曰火、曰水、曰炙、曰末、曰煮、曰飲。陰採夜焙,非造也;嚼味嗅香,非別也;羶鼎腥甌,非器也;膏薪爆炭,非火也;飛灘(湍)壅潦,非水也;外熟內生,非炙也;碧粉縹塵,非末也;操艱攪遽,非煮也;夏興冬廢,非飲也。今不用末,當改曰"紙包甕貯",非藏也。

補　陸平泉《茶寮記》:品茶非漫浪,要須其人與茶品相得,故其法獨傳於高流隱逸,有雲霞泉石磊塊胸次者。

陳眉公《秘笈》[11]：涼臺靜室，明窗淨几，僧寮道院，竹月松風，晏坐行吟，清談把卷，茶候也。翰卿墨客，緇流羽士，逸老散人，或軒冕而超軼世味者，茶侶也。

高深甫《八箋》[12]：飲茶，一人獨啜爲上，二人次之，三人又次之，四五六人，是名施茶。

鑒謂：飲茶如飲酒，其醉也非茶。

七之出[⑦]

經　浙西產茶。以湖州顧渚上，常州陽羨次，潤州傲山又次，蘇州洞庭山下。不言蘇州虎丘，止言洞庭山，豈羽來時，虎丘未有名耶。

補　《姑蘇志》[13]：虎丘寺西產茶。虎丘寺西，去劍池不遠，天生此茶，奇；且手掌之地，而名聞於四海，又奇。

唐張籍《茶嶺》詩有："自看家人摘，尋常觸露行"之句。朱安雅以爲今二山門西偏，本名茶嶺，今稱茶園。張文昌[14]居近虎丘，故看家人摘茶，又可見唐時無官封茶地。

八之事

經　《吳志·韋曜傳》：曜飲酒不過二升。皓初禮曜，常密賜茶荈以代酒。又劉琨《與兄子南兖州刺史演書》：吾體中憒悶，常仰吳茶[⑧]，汝可置之。

補　鑒按：《茶經》七之事，多不備。如王褒《僮約》：武陽販茶。許慎《説文》：茗，茶芽也。張華《博物志》：飲真茶者，少眠。沈懷遠《南越志》：茗，苦澀，謂之過羅。四事在唐以前，而羽失載。羽同時常伯熊，臨淮人。御史大夫李季卿，次臨淮，知伯熊善煮茶，名之。伯熊執器而前，季卿再舉杯。至江南，聞羽名，亦名之。羽衣野服而入季卿不爲禮。羽因作《毀茶論》，爲季卿也。國初，天臺起雲禪師住虎丘，種茶。徐天全有齒謫回，每春末夏初，入虎丘，開茶社。吳匏菴[15]爲翰林時假歸，與石田[16]遊虎丘，採茶，手煎，對啜，自言有茶癖。文衡山[17]索性不喜楊梅，客食楊梅時，乃以虎丘茶陪之。羅光璽作《虎丘茶記》，嘲山僧有替身茶。宋懋澄欲伐虎丘茶樹。鍾伯敬[18]與徐元歎[19]有《虎丘茶訊》，謂兩人交情，數千里以買茶爲名，一年通一信，遂成故事。伯敬築室竟陵，云將老焉，遠遊無期，呼元歎賈餘力一往。元歎有《答茶訊詩》。醉翁曰："茶樹一種入地，不可移；移即死，故男女以茶聘，朋友之交亦然。"鍾徐茶訊，是之取耳。聞元歎有《奠茶》文。譚友夏[20]《冬夜拜伯敬墓》詩云："姑蘇徐逸士，香雨祭茶時。"又有詩《寄元歎》云："河上花繁多有淚，吳天茶老久無香。"正感二子之交情也。

九之撰

經　鮑令暉有《香茗賦》。

補　宋姑蘇女子沈清友[21]，有《續鮑令暉香茗賦》。見楊南峯《手鏡》。鑒有《虎丘茶賦》見賦部。

唐韋應物《喜武丘園中茶生》[9]詩：潔性不可污，爲飲滌塵煩。此物信靈味，本自出山原[10]。聊因理郡餘，率爾植山[11]園。喜隨衆草長，得與幽人言。

張籍《茶嶺》詩：紫芽連白葉[12]，初向嶺頭生。自看家人摘，尋常觸露行。

陸龜蒙《煮茶》詩：閒來松間坐，看煮松上雪。時於浪花生，併下藍英末。傾餘精爽健[13]，忽似氛埃滅。不合別觀書，但宜窺玉札。

皮日休《和煮茶》詩：香泉一合乳……鑒按：皮陸茶詠各十首，俱詠顧渚，非詠虎丘也。但二公俱蹤跡虎丘，摘其一以存虎丘茶事。

國初王璲[22]《贈天台起雲禪師住虎丘種茶》詩：上人住孤峯，清閒有歲月。袖帶赤城霞，眉端凝古雪。種茶了一生，經綸入萌蘗。斯知一念深，於義亦超絕。

羅光璽觀虎丘山僧採茶，作詩寄沈朗倩[23]云：晚塔未出煙，曉光猶讓露。僧雛啟竹扉，語響驚茶寤。雲摘手知肥，衲裏香能度。老僧是茶佛，須臾畢茶務。空水澹高情，欲飲仍相顧。山鳥及閒啼，松花壓庭樹。

陳鑒《補陸羽採茶詩並序》：陸羽有泉井，在虎丘，其旁產茶。地僅畝許，而品冠乎羅岕、松蘿之上。暇日游觀，憶羽當日必有茶詩，今無傳焉。

因爲補作云。"物奇必有偶，泉茗一齊生。蟹眼聞煎水，雀芽見鬥萌。石
梁苔齒滑，竹院月魂清。後爾風流盡，松濤夜夜聲。"

鍾惺《虎丘品茶》詩："水爲茶之神，飲水意良足。但問品泉人，茶是水
何物。""飲罷意爽然，香色味焉往。不知初啜時，何從寄遐想。""室香生爐
中，爐寒香未已。當其離合間，可以得茶理。"

崔浩《封茶寄文祠部》詩：細摘春旗和月焙，晨興封裹寄東曹。秋清
亦可助佳興，白舫青簾山月高。

劉鳳[24]《虎丘採茶曲》：山寺茶名近更聞，採時珍重不盈斤。直輸華露
傾仙掌，浮沫春瓷破白雲。

陳鑒《虎丘試茶口號》：蟹眼正翻魚眼連，拾燒松子一條煙。攜將第
一虎丘品，來試惠山第二泉。

吳士權《虎丘試茶》詩："虎丘雪穎細如針，荳莢雲腴價倍金。後蔡前
丁渾未識，空從此苑霧中尋。""響停唧唧砌蟲餘，□□吹雲繞竹廬。泉是
第三茶第一，仙芽傳裏未曾書。"

朱隗[25]《虎丘採茶竹枝詞》："鐘鳴僧出亂塵埃，知是監司官長來。攜
得梨園高置酒，閶門留着夜深回。""官封茶地雨前[14]開，皂隸衙官攪似雷。
近日正堂偏體貼，監茶不遣掾曹來。""茶園掌地産希奇，好事求真貴不辭。
辨色嗅香空賞鑒，那知一樣是天池。"

十之圖

經　以素絹，或四幅、或六幅分題寫之，陳諸座隅；則茶之源、之具、之
造、之水、之煮、之飲、之出、之事、之撰俱在圖中，目擊而存。

補　李龍眠[26]有《虎丘採茶圖》，見題跋。沈石田爲吳匏菴寫《虎丘對
茶坐雨圖》，今在王仲和處。王仲山[27]有《虎丘茗碗旗槍圖敘》。沈石天[28]
每寫《虎丘圖》，四面不同，春山秋樹，夏雲冬雪，種種奇絕。鑒：茲補陸不
圖而圖，庶不没虎丘茶事。

注　釋

1　苦柂(yāo)：柂，《説文》"木少盛貌"。通"夭"，詩"桃之柂柂"，也作"夭夭"。但此處不作上解，當如《集韻》"木華茂"之外的另一釋義，即"木名"，作"瓜蘆"的別名解。

2　黄儒《茶録》：當指宋代黄儒所撰的《品茶要録》。

3　本段所補内容，均出自張又新《煎茶水記》。陳鑒這裏稱劉伯芻《水記》陸鴻漸品虎丘水"第三"；張又新品"第五"，有舛錯。前者所謂劉伯芻《水記》載陸羽品虎丘水，實際係張又新《煎茶水記》載劉伯芻"較水之與茶宜"所第；後面所説"張又新品"爲第五，倒是《煎茶水記》稱"陸鴻漸爲李季卿品"水内容。

4　《夷門廣牘》：叢書名。明萬曆間嘉興周履靖輯。履靖，字逸之，號梅顛道人，又號螺冠子。《夷門廣牘》共輯録歷代稗官雜記和撰者自咏自著詩文 107 種、158 卷，其中如藝苑、博雅、禽獸、草木等等，保存有不少古代經驗和技術内容。

5　闔閭墓隧：墓隧，謂墓道。闔閭(？—前 496)，一作"闔廬"，春秋末年吴國國君，名光，吴王諸樊之子。前 496 年與越王勾踐戰，兵敗檇李(今浙江嘉興西南)，受傷死，葬於其所建虎丘劍池下陵墓。相傳其墓隧有銅椁三重，水銀爲池，金玉爲鳧，徵十萬民工歷三年而成。

6　李習之：即李翱，習之是其字，唐趙郡(或作成紀)人。貞元十四年(798)進士，始授校書郎，後遷國子監博士、史館修撰。出爲朗州刺史。元和初，入爲諫議大夫，尋拜中書舍人，俄出爲鄭州刺史、湖南觀察使等職。始從韓愈習文，有《李公文集》。

7　"湯之候"以下至"漸乍無聲"這段内容，甚至宋元時文獻中也無此系統候湯説法。陸羽《茶經》，在"五之煮"中，與此相關的，僅"其沸，如魚目微有聲爲一沸"一句。宋時在有些詩句中，如蘇軾《試院煎茶》詩"蟹眼已過魚眼生，颼颼欲作松風鳴"；胡仔《試茶》詩有"碾成天上龍兼鳳，煮出人間蟹與蝦"，提出了蝦、蟹、魚三眼；但如龐元英在《談藪》中所説"俗以湯之未滚者爲盲湯，初滚曰蟹眼，漸大曰魚眼；其未滚者無眼，所語盲也”；把蝦眼作爲蟹眼前的第一個湯候，在宋時還未有，是明以後形成的。所以，陳鑒在本文中引録的《茶經》，不但有的文字有出入，有的甚至把明以後别的書的内容，雜糅妄稱爲《茶經》的内容，如引用時，務請查核原書。

8　蘇廙“傳”以下所録文字，實際爲蘇廙《十六湯品》内容，但僅前兩句相近，後面所録與原文相差甚大。

9　陸平泉：即陸樹聲，詳《茶寮記》題解。

10　陳鑒改《茶經》四之“器”爲四之“水”，但本段又將《茶經》四之器之主要器名，順序全録於此。這也是萬國鼎所指本文蕪雜處。

11　陳眉公《秘笈》：陳眉公即陳繼儒，詳本書《茶話》題記。其輯刊的《秘笈》有多種，據本文所輯爲“茶候”“茶侣”，這裏所指，當爲“亦政堂鎸陳眉公普秘笈一集五十種”本的陳眉公訂正《茶寮記·煎茶七類》的内容。《茶寮記》前署爲陸樹聲撰，陳眉公《秘笈》寫得也很清楚，本文將校刊者和收録叢書作爲撰者和引用原書，是陳鑒的疏誤。在此還要指出的是《茶寮記》疑書賈偽作，《煎茶七類》的作者一稱徐渭，也都有舛誤，請參見《茶寮記》和《煎茶七類》題記。

12　高深甫《八箋》：即高濂《遵生八箋》。

13　《姑蘇志》：姑蘇，今江蘇蘇州的别稱。因其西南姑蘇山（一作“姑胥山”）和春秋吴時所築城名故有此别稱。現存《姑蘇志》以王鏊等撰正德本爲較早，確有虎丘産茶記載。但不知《姑蘇志》的虎丘茶内容，又怎麼能用來補證唐代的《茶經》？

14　張文昌：即張籍（約 767—約 830），文昌是其字，原籍吴郡（治今蘇州），後移居烏江（今安徽和縣東北），德宗貞元進士，歷官太常寺太祝、水部員外郎，終國子司業，故世有“張世業”“張水部”之稱。其所作樂府與王建齊名，與白居易、孟郊所作歌詞，被稱爲“元和體”。

15　吴匏菴：即吴寬（1435—1504），字原博，匏菴是其號。長洲（今江蘇蘇州）人，成化進士，授修撰，官至禮部尚書。博學工詩，善書法，有《家藏集》。

16　石田：即沈周（1427—1509），字啟南，石田是其號，又號石翁，長洲人。

博聞强識，文學左氏，詩擬白居易、蘇軾，字仿黄庭堅，繪畫遠師董遠，詩文書畫均名著於時；特別是畫，論者爲明代第一，是"吳門畫派"的始祖。有《客座新聞》《石田集》《石田詩鈔》《江南春詞》等。

17　文衡山：即文徵明(1470—1559)，衡山是其號。徵明初名璧，以字行，後更字徵仲。長洲(今江蘇蘇州)人。從吳寬學文章，從李應禎學書法，從沈周學畫，與祝允明、唐寅、仇英同以畫名，號稱吳門四家。正德末，以貢生薦試吏部，任翰林院待詔，後辭官歸，四方人士求其詩文書畫者，不絶於道。書室名"玉蘭堂"，有《莆田集》。

18　鍾伯敬：即鍾惺(1574—1624)，伯敬是其字，號退谷，湖廣竟陵(今湖北天門)人。萬曆三十八年(1610)進士，授行人，歷官南京禮部主事、福建提學僉事。在南京任事時，居秦淮水閣讀史恒至深夜，心得筆記名《史懷》，共二十卷。另輯有《古詩歸》《唐詩歸》。名重於時，其詩詞風格，被稱爲"竟陵派"或"竟陵體"。

19　徐元歎：明吳中(今江蘇蘇州)名士，與鍾惺至交。詩文并長，其《串月》詩"金波激射難可擬，玉塔倒懸聊近似。塔顛一月獨分明，千百化身從此止"是其存詩的代表作。有《落木菴集》等。

20　譚友夏：即譚元春(1586—1637)，字友夏，竟陵(今湖北天門)人。天啟舉人，與鍾惺合作《唐詩歸》《古詩歸》亦著名於時。另有《岳歸堂稿》《譚友夏合集》等。

21　沈清友：宋吳郡(今江蘇蘇州)人。女，能詩，《宋稗類鈔》等録其名句有："晚天移棹泊垂虹，閒倚篷窗問釣翁；爲甚鱸魚低價賣，年來朝市怕秋風。"甚得風人之體。又《牧童》咏云："自便牛背穩，欲笑馬蹄忙。"下字之工如此。

22　王璲(1349—1415)：字汝玉，以字行。長洲(今江蘇蘇州)人。少穎異，落筆數千言，從楊維楨學。元至正舉人，洪武時召爲應天(今南京)府學訓導。永樂初，擢翰林五經博士，累遷右春坊右贊善，預修《永樂大典》。有《青城山人集》。

23　沈朗倩：即沈顥(1586—1661 稍後)，朗倩是其字，號石天，又號朗道人。吳(今江蘇蘇州)人，補博士弟子員。博治多聞，早年曾薙髮爲僧,中年還俗。能詩,精通書法,長於古文辭。

24　劉鳳:字子威,長洲(今江蘇蘇州)人。嘉靖二十三年(1544)進士,授中書舍人,擢御史,巡按河南,投劾罷歸。家多藏書,勤學博記,名聞於時。刻印過宋代葉廷珪《海録碎事》22卷,自編《續吴先賢傳》15卷,自撰《劉子威集》8種68卷。

25　朱隗:明長洲(今江蘇蘇州)人,字雲子,治博士業,雅尚文藻。天啟中,吴中復社聚四方積學之士,隗與張溥、張采、楊廷樞等分主五經,馳驅江表。詩宗中晚唐,時稱爲徐禎卿、唐寅之流亞。晚歲當貢,隱居不出。有《咫聞齋稿》。

26　李龍眠:即李公麟(1049—1106),字伯時,號龍眠居士,安徽舒城人。與王安石、蘇軾、米芾、黄庭堅友。熙寧三年(1070)進士,授中書門下省删定官。居京師十年不游權貴之門。大觀四年(1100)病痺告老,居龍眠山。一生勤奮,作畫無數。

27　王仲山:即王問(1497—1576),字子裕,號筮齋,又號仲山,人稱“仲山先生”,江南無錫人。嘉靖十七年(1538)進士,由户曹官至廣東按察使僉事。有《仲山詩選》《初筮齋集》等。

28　沈石天:參見前“沈顥”注。

校　記

① 本文題前,按《檀几叢書》例,還有兩行“武林王晫‘丹麓’輯;天都張潮‘山來’校”十四字;題下另署“南越陳鑒子明著”七字。本書删改如此。

② 經茶,樹如瓜蘆,花如白薔薇:《茶經》原文爲“茶者,南方之嘉木也……其樹如瓜蘆,葉如梔子,花如白薔薇,實如栟櫚,莖如丁香,根如胡桃”。本文摘録的《茶經》内容,是爲陳鑒注述而用,與注無關的不録,所以不但文字有增删改動,内容也有所選剔移位。因此,凡本文所録《茶經》部分,除個别混雜非《茶經》内容和意思與原文相悖者加校外,先在此總予説明,不再逐一細校。欲詳引録《茶經》情况,請

查核本書《茶經》原文。

③ 胡：本文可能避諱，這裏凡"胡人靴者"和"胡靴"的"胡"字，都用"□"空缺，徑補。下不出校。

④ 茶芽有雨："雨"字前，疑脱一"積"字。

⑤ 底本"則泉得流而活矣"字旁加點，於此删去。

⑥ 山水、乳泉，石泓漫流者，可以煮茶：此處與《茶經》原文相差甚大。原文爲："其山水，揀乳泉、石池慢流者上。"之下無"可以煮茶"一句。

⑦ 七之出：《茶經》作"七之事"，八才講茶之"出"；陳鑒在此將《茶經》七、八内容顛倒作"七之出""八之事"。

⑧ 常仰吴茶："吴"字，疑陳鑒妄改。據《太平御覽》卷 867 原引，其文爲"吾體中煩悶，恆假真茶，汝可信致之"。明以前古籍中，劉琨致劉演書各本文字略有不同，但"真茶"兩字，則無一异者。

⑨ 《喜武丘園中茶生》："虎丘"一度爲避唐太祖李虎諱改書"武丘"。是詩所記，也是韋應物刺蘇州時事。但《韋蘇州集》及《全唐詩》只題作《喜園中茶生》。"武丘"是陳鑒爲證明其陸羽《茶經》寓含有虎丘茶事的臆斷擅加的。

⑩ 山原：《虎丘茶經注補》作"仙源"，"仙"顯然是"山"之形訛，據《韋蘇州集》徑改。

⑪ 山：《韋蘇州集》作"荒"。

⑫ 白葉：葉，《張司業集》作"蕊"的异體"蘂"字，疑爲"藥"的形訛。

⑬ 精爽健："爽"字，底本作"英"字，據原詩改。

⑭ 雨前："前"字，底本作"泉"字，徑改。

茶史

◇清　劉源長　輯

劉源長，字介祉，號介翁，淮安府山陽縣（今江蘇淮安）人。明萬曆天啟間諸生，以孝道篤行重於時，《淮安府志》《山陽縣志》均有傳。輯書甚多，如《參同契注》《楞嚴經注》《古今要言箋釋》《二十一史略》《茶史》[①]等。

《茶史》的編輯，據書端題名"八十老人劉源長介祉著"，可知是晚年著作。其子謙吉於康熙三年（1664）舉進士，於十四年（1675）安排印行此書時，源長已卒。劉謙吉在此書後序中提到這是其父遺稿，經補訂才刊刻的。據此書李仙根序，書成於康熙十六年（1677）。

《茶史》主要刊本有康熙十六年（1677）劉謙吉刻本，雍正六年（1728）劉乃大附《茶史補》重刻本，日本享和癸亥年（元年，1801）尾張香祖軒翻刻本等。此處以雍正本爲底本，參校日本香祖軒本及有關引録原文。

序[1②]

世稱茶之名，起於晉宋以後，而《神農食經》、周公《爾雅》已先及之。蓋自貢之尚方，下逮眠雲臥石之夫胥，得爲茗飲。至若鴻漸、伯熊之品味，玉川子、江湖（散）人之嗜好，紀於傳策者，今古數人而已。而山陽劉介祉先生，博洽羣書，因取《茶經》以後凡詩、賦、論、記及於此者，累爲一帙，名曰《茶史》。嗣君大參年伯，每與先大夫論及是書，津津不去口。

康熙乙酉聖祖南巡，大參公曾以是書進御。扈從諸臣，咸購得之，一時紙貴。三十年來，鐫本亦稍蝕。予嘗披覽竟卷，見其搜採精核，覺有至味，浸淫心口間。又聞先生性至孝，弱冠侍親官粵西，及扶櫬歸，山途遇虎，衆駭散，先生伏欄不去，虎曳尾過。涉洞庭，風作覆舟，先生抱櫸疾呼，風竟息。精行修德，耄而好學，七爲鄉大賓；没崇祀鄉賢。余讀其書，未嘗不想見其爲人。蘇文忠公有言：“君子可以寓意於物，而不可以留意於物。”秋於奕，伯倫於酒，嵇康於鍛，阮孚於蠟屐，以及杜征南之癖左，蔡中郎之秘《論衡》，亦各適其意之所寄而已。先生矻矻孜孜，丹鉛不輟，豈於雀舌龍團、香泉碧乳獨有偏嗜？蓋其澡滌心性，和神養氣，一食飲不敢忘親，即是編可以窺尋其微意，以視瑯琊漏巵，蒼頭水厄，曾何足云。書不盈寸，得邀聖祖鑒賞，固臣子之榮耀，而孝思所積，感格天人，益信而有徵矣。

　　今年秋，先生之曾孫乃大，重校是書，修整裝潢，請序於余，余特表其行，以諗世之讀是書者。乃大年少多才有志繩武，將合前人述作，先後盡付諸梓，且勉於文行，不失其世守，是則余之所望也已。時雍正六年秋七月，桐城張廷玉[2]拜撰。

敘[3]

　　古文無茶字，《本草》作荼，蓋藥品，非日用之物。自晉唐間有嗜之者，因損文爲“茶”，而其用始顯，其種藝遂遍江漢以南。或過頌其德，或深訐其弊，皆非通論。一切物類，精粗不同，要皆利害參半，顧用者何如耳。然古之茶，以製兑堅細爲貴，今則以自然元味爲佳，是茶之用，又至今日而後爲盡致也？吾觀生民之務，莫切於飽煖，乃或終歲不得製衣，併日不得一食，安計不急之茶？至於奔名趨利，淫湎紛華者，雖有名品，不暇啜也。桓譚有云：天下神人，一曰仙，二曰隱。吾以爲具此二德，而後可以錫茶之福，策茶之勳。

　　介翁先生，淮右學古君子也，讀書好閒静，年益高，著述益富，有茶嗜，因緝爲《茶史》。以其史也，必有因據，雖有私見異聞，不敢溷也。其實茶之事日新，山嶽井泉，氣有變易，先生姑不盡言以俟圓機之自會耳。若夫茶馬之司，起於宋，行於今日，更關國計。然考宋，一蜀隴之間，每歲息人，過今日遠甚，豈晰利者之過歟？抑別有其故歟？今史不載，非遺也。

　　先生閒静人，希乎仙而全乎隱者也，故亦置而不言。

　　時康熙丁巳仲秋，蜀遂制通

家侍生李仙根拜[3]題

序[④]

予嘗從事茗政，品題有各著述家，其著爲《茶經》，言茶之原、之法、之具，始唯吾家鴻漸。鴻漸之前，未有聞也。至於今，人人能知《茶經》，能言茶之原、之法、之具矣。考諸傳紀，鴻漸之生固奇，問諸水濱，既不可得，乃自得之於筮。稱竟陵子，又號桑苧翁，嘗行曠野，誦詩擊木，徘徊不得意，則慟哭而返，繇今思之，豈徒聽松風，候蟹眼，捧定州花瓷以終老者。夫固有宇宙莫容、流俗難伍之意，攄洩無從，姑借是以消磨壘塊，迨夫冥然會心，發爲著述，又能窮其旨趣，擷其芳香，是以後之人爭傳之爲《茶經》。然則今之人，有所述作，豈皆有所不得志於時，而爲是寄託哉！茶之爲飲，最宜精行修德之人。白石清泉，神融心醉，有深味而奇賞焉。前輩劉介祉先生，少壯砥行，晚多著述，一經傳世，長君六皆早翺翔於天禄石渠間，家庭頤養，其瀟灑出塵之致，不必規模鴻漸，而往往發鴻漸之所未有。嗜茶之暇，因《茶經》而廣之爲《茶史》。世嘗言古今人不相及，若先生者，豈多讓耶？有鴻漸之爲人，而《茶經》傳，有介祉先生之爲人，而《茶史》著。鴻漸與先生，其先後同符也。披其卷，謬加訂次，輒兩腋風生，使予復見鴻漸之流風。因長君六皆刻其集，俾予分爲之序，而先生有功性命之書，不止此也。六皆著言，滿天下人士之被其容，論者如祥麟威鳳，其有得千家學之傳，匪朝伊夕也夫。

時康熙乙卯夏月，年家姻晚生陸求可[4]咸一父頓首拜撰

各著述家：

陸羽《茶經》	裴汶《茶述》
毛文錫《茶譜》	溫太真嶠上《貢茶條列》[⑤]
蔡君謨《茶録》	蔡宗顔《茶山節對》
丁謂《北苑茶録》	蘇廙《仙芽傳》
黄儒《品茶要録》	鮑昭妹令暉著《香茗賦》[⑥]
沈存中《茶論》	張芝芸叟《唐茶品》[5]
《茶譜通考》	宋徽宗《大觀茶論》二十篇皆論碾餅烹點

陶榖《十六湯》⑦　　　　　江州刺史張又新《煎茶水記》

唐母景《茶飲序》一作綦母旻　沈杰《茶法》十卷

魏了翁《邛州茶記》

按：陸龜蒙品茶，顧野王、蘇東坡俱有茶賦。

編目

第一卷

第二卷

陸羽事蹟十一則外附盧仝

竟陵僧於水濱得嬰兒，育爲弟子。稍長，自筮，得蹇之漸；繇曰：鴻漸於陸，其羽可用爲儀。乃姓陸氏，字鴻漸，名羽。及冠，有文章。茶術最精。

陸羽，承天府沔陽⑥人，老僧自水濱拾得，畜之既長，自筮曰鴻漸於陸，其羽可用爲儀，乃以定姓字。郡守李齊物識羽於僧舍中，勸之力學，遂能詩。雅性高潔，不樂仕進。嗜茶，善品泉味。

陸羽，復州人，隱苕上，稱桑苧翁，又號竟陵子。杜門著書，或行吟曠野，或痛哭而歸。有《茶經》傳世，凡三篇，言茶之原、之法、之具尤備，天下益知茶飲矣。

陸羽，一名疾，字季疵，詔拜太常不就，寓居茶山，號東岡子。嗜茶，環植數畝。《茶經》，其所著也，刺史姚驥，每微服造訪。

陸羽字鴻漸，隱居苕溪，自稱桑苧翁，闔門著書，或獨行野中，誦詩擊木，徘徊不得意，則慟哭而歸，時謂之今接輿。

羽於江湖稱竟陵子，南越稱桑苧翁。

有積師者，嗜茶，非漸兒煎侍不鄉口。羽出遊江湖，師絶茶味，代宗召入供奉，命宮人善茶者餉，師一啜而罷。詔羽入，賜師齋，俾羽煎茗，一舉而盡。曰：有若漸兒所爲也。於是出羽見之。

常伯熊善茶。李季卿宣慰江南至臨淮，召伯熊。伯熊著黃帔衫、烏紗幘，手執茶器，口通茶名，區分指點，左右刮目。茶熟，李爲飲兩杯。既至江上，復召陸羽。羽衣野服，隨茶具而入，如伯熊故事。茶畢，季卿命取錢三十文酬煎茶博士。鴻漸夙遊江介，通狎勝流，遂取茶錢、茶具雀躍而出，旁若無人。

陸羽茶既爲癖，酒亦稱狂。

《陸羽傳》：羽負書火門山，從鄒夫子學。後因俗忌火字，改爲天門山。

陸羽貌侻陋，口吃而辯。聞人善，若在己；見有過者，規切至忤人。朋友燕處，意有所行輒去；疑其多嗔。與人期，雨雪虎狼不避。

附盧仝

仝，河南懷慶府濟源人，號玉川子。博學有志操。嘗作《月蝕詩》譏元和逆黨。韓昌黎稱其工。

濟源有盧仝別業，内有烹茶館。

卷一

茶之原始

茶者……根如胡桃。[7]瓜蘆本出廣州，其茶味苦澀，枡櫚蒲葵之屬，其子似茶。胡桃與茶，根皆下孕兆，至瓦礫苗木上抽。

茶之名，一曰茶，二曰檟，三曰蔎，四曰茗，五曰荈。蔎，音設，《楚辭》懷椒聊之蔎蔎。荈，音舛。

周公《爾雅》：檟，苦茶。

茶初採爲茶，老爲茗，再老爲荈。

今呼早採者爲茶，晚採者爲茗，蜀人名之苦茶。

《本草・菜部》：一名茶，一名選，一名遊冬[8]。

茶字，或從草，或從木，或草木並。從草作茶，從木作槚，草木並作荼，出《爾雅》。檟，亦從木。

茶，上者生爛石，中者生礫壤，下者生黃土。

藝茶欲茂，三歲可採。野者上，園者次。陽崖陰林，紫者上，綠者次；筍者上，牙者次；葉卷者上，葉舒者次。陰山坡谷，不堪採掇矣。

《茶經》云：《神農食經》，茶茗久服，有力悅志。

晏嬰相齊時，食脫粟之飯，炙三弋五卵、茗菜而已。[9]

華佗，字元化，《食論》云：苦茶久食，益意思。

又云：茶之爲飲，發乎神農氏，聞於魯周公，齊有晏嬰，漢有揚雄、司馬相如，吳有韋曜，晉有劉琨。張載、遠祖納、謝安、左思之徒，皆飲焉。據《茶經》，則是神農有茶矣。茶其藥品乎？

茶之名，始見於王褒《僮約》，盛著於陸羽《茶經》。

茶古不聞，晉宋以降，吳人採葉煮之，謂之茗茶粥。

隋文帝微時，夢神人易其腦骨，至自爾腦痛。後遇一僧云：山中有茗草，煮而飲之當愈。服之有效，由是人競採掇。進士權紆文爲之讚。其略云：窮春秋，演河圖，不如載茗一車。據此則是晉唐時始有茶也。

宋裴汶《茶述》[10]云：茶起於東晉，盛於本朝。

宋開寶間，始命造龍團，以別庶品厥後，丁晉公謂漕閩，乃載之《茶錄》。蔡忠惠襄，又造小龍團以進。

大小龍鳳茶，始於丁謂，而成於蔡襄。

龍鳳團貢自北苑，始於丁晉公，成於蔡君謨。雖曰官焙、私焙，然皆蒸揉印造，其去雀舌、旗槍必遠。

宋人造茶有二：一曰片，一曰散。片則蒸造成片者，散則既蒸而研，合諸香以爲餅,所謂大小龍團也。君謨作此,而歐公爲之歎。

茶之品,莫重於龍鳳團。凡二十餘餅,重一斤,直金二兩。然金可有而茶不可得。每南郊致齋,中書樞密院各賜一餅,四人分之,宮人縷金其上,其貴重如此。

杜詩説:茶莫貴於龍鳳團。以茶爲圓餅,上印龍鳳文供御者,以金妝龍鳳。

坡詩:揀芽入雀舌,賜茗出龍團。

歐詩:雀舌未經三月雨,龍芽先占一枝春。

《北苑》詩[11]:帶煙蒸雀舌,和露疊龍鱗。

《茶榜》:雀舌初調,玉碗分時文思健;龍團搥碎,金渠碾處睡魔降。

歷代貢茶,皆以建寧爲上,有龍團、鳳團、石乳、滴乳、綠昌明、頭骨、次骨、末骨、京鋌等名。而密雲龍品最高,皆碾末作餅,至明朝始用芽茶,曰探春,曰先春,曰次春,曰紫筍及薦新等號,而龍鳳團皆廢矣,則福茶固甲於天下也。

《負暄雜録》云:唐時製茶……號爲綱頭玉芽。[8]

附王褒僮約

奴從百役使,不得有二言。但當飲水,不得嗜酒。欲飲美酒,惟當染脣漬口,不得傾盂覆斗。事訖欲休,當舂一石。夜半無事,浣衣當面。奴不聽教,當笞一百。讀券文遍,奴兩手自搏,目淚下落,鼻涕長一尺。如王大夫言,不如早歸黃土陌,蚯蚓鑽額。

茶之名産

仙人茶　洞庭中西盡處有仙人茶,乃樹上之苔蘚也。四皓曾採以爲茶。

空梗茶　九華山有空梗茶,是金地藏所植。大抵煙霞雲霧之中,氣常溫潤,與地所植,味自不同。山屬池州青陽,原名九子山,因李白謂九峯似蓮花,乃更爲九華山。　金地藏,新羅國僧,唐至德間渡海,居九華,乃植此茶。年九十九坐化函中,後三載開視,顏色如生,昇之,骨節俱動。

穆陀樹茶　昔有客過茅君，時當大暑，茅君於巾內解茶，人與一葉，食之五內清凉。茅君曰：此蓬萊山穆陀樹葉，衆仙食之以當飲。又有寶交之藥，食之不飢。謝幼貞詩：摘寶文之初藥，拾穆陀之墜葉。

聖陽花　雙林大士自往蒙頂結庵種茶，凡三年。得極佳者，曰聖陽花。

驚雷莢、萱草帶、紫茸香　覺林院僧收茶三等，待客以驚雷莢，自奉以萱草帶，供佛以紫茸香。赴茶者，以油囊盛餘瀝歸。

玉泉仙掌　李白詩集序：荆州玉泉寺，近清溪諸山。山洞往往有乳窟，窟中多玉泉交流，其水邊有茗草羅生，枝葉如碧玉，拳然重疊，其狀如手，號爲仙人掌，蓋曠古未覩也。惟玉泉眞公常採而飲之，年八十餘，顏色如桃花。此茗清香滑熟，異於他産，所以能還童振枯，扶人壽也。　後之高僧大隱，知仙人掌茶發於中孚衲子及青蓮居士李白。　僧中孚示李白呼仙人掌。　梅聖俞詩：莫誇李白仙人掌，且作盧仝走筆章。

綠華、紫英　唐《杜陽編》⑫：同昌公主，上每賜饌，其茶則有綠華、紫英之號。英，一作莖。

霜華　弘君擧《食檄》⑬云：寒温既畢，應下霜華之茗。　陸羽云：烹之滾，碧霜之華，啜之味，甘露之液。　《茶賦》⑨：雲垂綠脚，香浮碧乳。把此霜華，卻兹煩暑。清文既傳於杜毓，精思亦聞於陸羽。

丹丘大茗　丹丘子黄山君，服芳茶，輕身換骨，羽化登仙。　餘姚虞洪入山採茗，遇一道士，引洪至瀑布山。曰：吾丹丘子也，聞子善具飲，山中有大茗，可以相給。⑭謝氏謝茶啟：此丹丘之仙茶，勝烏程之御荈，不止味同露液，白況霜華⑮，豈爲酪蒼頭，便應代酒從事。　詩云：丹丘出大茗，服之生羽翼。

六班茶　劉禹錫病酒，乃饋菊苗虀、蘆菔酢於白樂天，換取六班茶二囊，以自醒酒。

八餅茶　坡詩云：待賜頭綱八餅茶。

龍坡山子⑯　寶儀以新茶餉客，盒面標云“龍坡山子茶”。

蜜雲龍　茶極爲甘馨，宋所最重，時黄、秦、晁、張號蘇門四學士，子瞻待之厚。每來，必令侍妾朝雲取蜜雲龍，不妄設也。　廖正一，字明略，將樂人。元祐中入試，蘇軾得其策，擊節歎賞，每以蜜雲龍茶飲之。出知常州，有聲，後入黨籍，自號竹林居士。　周淮海云：先人嘗從張晉彥覓茶，口占云：內家新賜蜜雲龍，只到調元六七公。賴有家山供小草，猶堪詩老薦春風。　黃山谷有商雲龍。

黃蘗茶　東坡守錢塘，參寥子居智果院，東坡於寒食後訪參寥子，汲泉鑽火，烹此茶對啜。

小春茶　吳人於十月採小春茶。此時不特逗漏花枝，而尚喜月光晴暖，從此蹉過，霜淒雁冷，不復可採。

森伯茶　森伯，名茶也。湯悅有《森伯傳》。

清人樹茶　僞閩甘露堂前有茶樹二株，宮人呼爲清人樹。

皋盧　茶之別名，葉大而澀，南人以爲飲。又名瓜蘆，出龍川縣，又出新平縣，風味實不及茶，似茶者也。交廣所重，客來先設，名曰苦蕏。按：苦蕏與蒙陰石花相似，易傷人。　詩云：且共薦皋盧，何勞傾斗酒。

茗地源茶　根株頗碩，生於陰谷，春夏之交方發萌。莖條雖長，旗槍不展，乍紫乍綠。天聖初，郡守李虛己、太史梅詢試之，謂建溪、顧渚不能過也。　茶之別者，有枳殼芽、枸杞芽、枇杷芽，又有皂角芽、槐芽、柳芽，乃上春摘其芽和茶作之。南人輸官，往往雜以衆葉，惟茅蘆、竹箬之類不可入。自餘山中草木芽葉，皆可和合，而椿柿尤奇。按：五加芽妙，出塞外者，大半入馬棨、樗葉、野茶葉。

茶之分産

江南

義興紫筍　陽羡茶即羅岕　義興即今宜興，秦曰陽羡。紫筍出義興君山懸腳嶺北岸下。　紫筍生湖常間，當茶時，兩郡太守畢至，爲盛集。宜興銅棺山，即古陽羡。荆溪有南北之分，陽羡居荆溪之北，故云陽羡。唐時入貢，即名其山爲唐貢山，茶極爲唐所重。　盧歌云：天子未嘗陽羡茶，百草不敢先開花。

黃芽　産壽州之霍山　壽州屬鳳陽　霍山茶，以黃芽爲貴。　啟云：霍山之黃芽，瀲色，羽化丹丘。霍山本六安地，壽州則有霍丘，疑是霍丘。按：壽州、六安，俱古六蓼國地，或古所屬與今不同。今六安、霍山，俱屬盧州府。

陽坡茶、橫紋茶　產宣城，屬寧國府。漢曰宣城，隋、唐曰宣州。　宣城有丫山，其山東爲朝日所燭，號曰陽坡，其茶最勝。　語云：橫紋之出陽坡。

先春、早春、華英、來泉、勝金　皆產歙州，即今徽州府，唐曰歙州。

天柱茶　天柱，中國有三：一在餘杭，一在壽陽，一在龍舒，即今盧州府舒城縣，漢曰龍舒。舒州即今之安慶府懷寧，唐曰舒州。　李德裕有親知授舒州牧，李曰：“到郡日，天柱峯茶可惠三四角。”其人輒獻數斤，李卻之。明年罷郡，用意精求，獲數角投之。贊皇閱而受之。曰：“此茶可消酒肉毒”，乃命烹一甌，沃於肉食，以銀合閉之。詰旦開視，其肉已化爲水矣。衆服其廣識。按：天柱峯不在龍舒，而在安慶之潛山，或當年統爲龍舒地也。道書稱：司玄洞天，漢武帝嘗登封於此，以代南嶽。

小峴春　小峴山在盧州府六安州，出茶名小峴春，即六安茶也。

青陽茶　青陽屬池州府。

鴉山茶　產廣德州建平鴉山，其茶稱佳。

佘山茶　產松江佘山。松江府城北有佘姓者修道於此，產茶。

禪智寺茶　《茶譜》：楊州禪智寺，隋之故宮。寺枕蜀岡，有茶園，其味甘香，媲美蒙頂。

浙江

顧渚紫筍、吳興苧、白蘋茶、明月峽茶　雲蒩　產浙江湖州長興顧渚。昔夫差顧其渚，平衍可都，故名顧渚。　《茶經》云：浙西以顧渚茶爲上，唐時充貢歲，清明日抵京。紫者上，綠者次，筍者上，芽者次，故稱紫筍。　語云：顧渚之紫筍，標英雲，垂綠腳。雲，一作膏。　陸羽《顧渚山記》：豫章王子尚，訪曇濟道人於八公山。道人設茗，子尚味之云：此甘露也。　陸龜蒙嗜茶，治園於顧渚山下，自號江湖散人、天隨子。所居前後皆樹茶菊，以供杯案，與皮日休茶詩唱和。　張文規以吳興苧、白蘋洲、明月峽中茶爲三絕。　白蘋洲雪溪東南　明月峽在長興旁，顧渚山側，二山相對，石壁峭立，大澗中流，乳石飛走，茶生其間尤爲絕品。張文規所謂

"明月峽前茶始生"是也。文規好學,有文藻,蘇子由、孔武仲、何正臣皆與之遊。　姚伯道云:明月之峽,厥有佳茗,是爲上乘。

御荈　産湖州烏程。秦時有烏氏、程氏善釀,故名。烏程,漢曰吳興。　山謙之《吳興記》:烏程縣西二十里,有温山,出御荈。

寶雲茶、香林茶、白雲茶　杭州寶雲山産者,名寶雲茶,下天竺香林洞者,名香林茶;上天竺白雲峯者⑰,名白雲茶。　林和靖詩云:白雲峯下兩槍新,膩緑長鮮穀雨春。静試恰如湖上雪,對嘗兼憶剡中人。　坡遊杭州古寺,一日飲釅茶七碗,戲言云:示病維摩原不病,在家靈運已忘家。何須魏帝一丸藥,且盡盧仝七碗茶。

鳩坑茶　産睦州,即今嚴州府,唐曰睦州,一作穆州。茶出淳安鳩坑者佳。淳安屬嚴州。

方山茶　産衢州龍遊方山,即屬龍遊。

日鑄茶　産紹興日鑄嶺。嶺在府城南,産茶。　歐陽永叔曰:兩浙之品,日鑄第一。　一名蘭雪茶[10]　言其香如蘭,色白如雪也。　《茶山》詩云:子能來日鑄,吾得具風爐。

台州茶　産台州黄巖。

寧海茶　寧海茶,出蓋倉山者佳。一名茶巖,陶弘景嘗居此。

東白茶、翠巖茶、碧乳　産婺州,即今金華府,隋曰婺州。　東白山屬東陽縣,産茶。山層巒疊嶂,接會稽天台。翠巖茶片,片方細,所出雖少,味極甘芳,烹之如碧玉之乳,故又名碧乳。　兩浙諸山,産茶最多。如天台之雁宕,括蒼之大槃,東暘之金華,紹興之日鑄,錢塘之天竺,靈隱臨安之徑山、天目,皆表表有名。　又有四明之朱溪　天台縣屬台州府,有天台山,攀蘿梯巖乃可登。上有瓊樓玉闕,碧林瑶草,舊稱金庭洞天。　括蒼山有二,一屬處州府縉雲,道書十八洞天之一。一屬台州府城西南,王方平往來羅浮括倉即此。　東陽即今之金華府,三國吳曰東陽,明曰金華;東陽其縣也。府城北有金華山,道書第三十六洞天。臨安即今杭州府,南渡都此曰臨安。今有臨安縣,徑山屬餘杭,乃天目山之東北峯,有徑通天目故名。　天目山屬臨安,上有兩峯。峯頂各一池,若左右目,故名。道書第三十四洞天。　四明山有二:一屬紹興府餘姚,有石窗,四面玲瓏如户牖,通日月星辰之光,道經第九洞天。一屬寧波府城西南,深迴幽奇,與人境殊絶。

福建

建州茶福建建寧,周爲七閩地,漢屬會稽,三國吴曰建安,唐曰建州,宋曰建寧。　建州北苑,焙茶之精者,其名有龍鳳、石乳、滴乳、白頭、金蠟面、頭骨、次骨、末骨、粗骨、京挺十二等,以充國用。其尤精者,曰白乳頭、金蠟面。北苑名白乳頭,江左號金蠟面。李氏命取其乳作片,别其名曰金挺的乳,或號曰京挺[18]滴乳,凡二十餘品。

石乳　丁晉公云:石乳出壑嶺斷崖缺石之間,蓋草木之仙骨。

研膏茶　貞元中,常衮爲建州刺史,始蒸焙而研之,謂之研膏茶,即龍品也。

龍焙天品即先春龍焙　即龍品也。有龍焙泉,一名御泉,在鳳凰山下,屬建寧府城東。

蜜雲龍載前名産内,凡四則　葉石林云:熙寧中,賈青字春卿,爲福建轉運使,取小龍團之精者爲蜜雲龍,自玉食,外戚里貴近乞賜尤繁。宣仁一日慨歎曰:建州今後不得造蜜雲龍,受他人煎炒不得也。此語頗傳播縉紳間。

瑞雲翔龍、勝雪、水芽　宋神宗製蜜雲龍,哲宗改爲瑞雲翔龍。　宋茶重瑞雲翔龍,宣和間,鄭可聞復紉爲銀絲水芽,蓋將已揀熟芽再令剔去,祇取其心一縷,用珍器貯清泉漬之,光瑩如銀絲然,號曰勝雪。見茶原始内宋姚寬云:建茶有十綱,第一綱、二綱太嫩,第三綱茶最妙,惟龍團勝雪、白茶二種,謂之冰芽。

玉蟬膏、清風使　建人徐恪,見遺鄉信斑子茶,茶面印文曰玉蟬膏;又一種曰清風使。

紫琳腴、雲腴、雪腴　皆唐茶之品精者。　坡詩云:建溪新餅截雲腴。

方山露芽　方山,福州府城南。四面如城,産茶,中有田三四頃。其木多柑橘,志稱一郡大觀也。

石巖白　産建安能仁院。　蔡君謨善别茶。建安能仁院,有茶生石縫間，蓋精品也。僧採造得茶八餅，以四餅遺蔡，以四餅遺内翰王禹玉。歲除，蔡被召還闕，訪王。王礛以待蔡，蔡捧甌未嘗，輒曰：“此極似能仁寺石巖白，公何以得之？”禹玉未信，索帖驗之，乃服。

粟粒芽　粟粒，出武夷溪邊者佳。　粟粒芽，東坡以爲茶之極品。詩云：武夷溪邊粟粒芽，前丁後蔡相籠加。　《北苑》詩：帶香分破建溪春。　范希文歌曰：年年春自東南來，建溪先暖水微開。溪邊奇茗冠天下，武夷仙人從古栽。武夷屬崇安，道書第十六洞天。常有神降此，自稱武夷君。《列仙傳》錢鏗二子，長曰武，次曰夷。

鳳山雷芽　丁謂云：鳳山高不百丈，無危峯絕崦，而岡阜環抱，氣勢柔秀，宜乎嘉植靈卉之所發也。

石坑、增坑、雪坑、佛嶺、沙溪、鑿源、葉源　建茶之焙三十有二，北苑其首也。而園別爲二十五，如此等處。　坡詩：增坑一掬春，紫餅供千家。　山谷詩：茗花浮增坑。　坡詩：周家新致雪坑茶。　沙溪茶色白，又過於增坑。　鑿源見前石乳。　《茗溪詩話》：北苑官焙，歲供爲上。鑿源私焙，亦入貢，爲次。二焙相去三四里，間若沙溪外焙也，與二焙絕遠，爲下。故魯直詩云：“莫遣沙溪來亂真”是也。　孫樵[11]：《送茶與焦刑部書》云：晚甘侯十五人，遣侍齋閣，此徒皆請雷而折，拜水而和。蓋建陽丹山碧水之鄉，月澗雲龕之品。　杜牧詩云：閩寶東吳秀，茶稱瑞草魁。　又云：泉嫩黃金湧，芽香紫璧栽。范文正公《和章岷從事鬥茶歌》：新雷昨夜發何處，家家嬉笑穿雲去。露牙錯落一番新，綴玉含珠散嘉樹。北苑將期獻天子，林下雄豪先鬥美。鼎磨雲外首山銅，瓶攜江上中泠水。黃金碾畔綠塵飛，碧玉甌中翠濤起。鬥茶味兮輕醍醐，鬥茶香兮薄蘭芷。勝若登仙不可攀，輸同降將無窮恥。[12]　蔡君謨謂范文正曰：公《採茶歌》“黃金碾畔綠塵飛，碧玉甌中翠濤起”。今茶絕品，其色甚白，欲改爲“玉塵飛”“素濤起”如何？公曰善。

桃花茶、青鳳隨、紫霞英　建安茶之極精者。　東坡嘗問大冶乞桃花茶，有《水調歌》一首：已過幾番雨，前夜一聲雷。槍旗爭戰建溪，春色佔先魁。採取枝頭雀舌，帶露和煙搗碎，結就紫雲堆。輕動黃金展，飛起綠塵埃。　老龍團，真鳳髓，點將來。兔毫盞裏霎時，滋味舌頭回。喚醒青州從事,戰退睡魔百萬,夢不到陽台。兩腋清風起,我欲上蓬萊。　建寧城東爲北苑,茶出北苑者,爲天下第一,名北苑焙。丁謂嘗備載造茶之法。　北苑,官焙也,每造在驚蟄後。　建陽雲谷有茶坡,朱熹搆草堂於此,即晦庵也。　建陽廬峯之顛,内寬外密,自成一區,有桃蹊、竹塢、漆園、藥圃、泉瀑、洞壑之勝。茶坡即晦庵搆堂處。建州北苑數處産者,性味極佳,與他方不同。今亦獨名爲蠟茶,作餅日晒,得火愈良。其他或爲芽,或爲末,收貯微見火便硬,色味俱敗。惟鼎州一種芽茶,性味略類建茶,今汴中、河北、京西等處,磨爲末,亦多冒蠟茶者。　建茶御用名目凡十有八:曰萬壽龍芽,曰御苑玉芽,曰玉葉長春,曰萬壽銀葉,曰龍苑報春,曰上林第一,曰乙夜清供,曰宜長寶玉,曰浴雪呈祥,曰暘谷先春,曰蜀葵寸金,曰雲英,曰雪葉等目。

四川

上清峯茶。雅州古嚴道西,魏曰蒙山,隋曰臨邛,唐宋曰雅州。[⑩]　蜀之雅州有蒙山。山有五頂,各有茶園,其中頂曰上清峯,茶最艱得。俟雷發聲,始得採之。方生時,嘗有雲霧覆之如神護。

霧鋅芽、鋑芽、露芽、石花、小方、散茶　造於禁火之前,又有穀芽,皆爲第一等茶。

五花茶、雲茶即蒙頂茶　五花其片五出。　蒙山白雲巖産,故名曰雲茶。《圖經》云:蒙頂茶,受陽氣全,故香。　李德裕入蜀,得蒙餅沃於湯瓶上,移時盡化者乃真。　蒙頂茶,多不能數勺,極重於唐,以爲仙品。蒙山,屬雅州名山縣。有五峯,前一峯最高,曰上清峯,産甘露。《禹貢》蔡蒙旅平即此。蔡山屬雅州。旅平,旅祭告平也。　詩云:和蕊摘殘蒙頂露。今之蒙茶,乃青州蒙陰山産石上,若地衣,然味苦而性涼,亦不難得。

仙崖石花　産彭州,即今成都府彭縣,唐曰彭州。

雀舌、烏嘴、麥顆、片甲、蟬翼、黃芽、冬芽　産蜀州,即今成都崇慶州,唐蜀州。　蜀州有晉原洞,茶皆産此。　片甲者,牙葉相抱如片甲也。蟬翼者,葉嫩薄如蟬翼也。　黃芽者,取嫩芽所造,以其芽黃也。　盧歌:先春抽出黃金芽。　冬芽,以隆冬甲折也。　曾子固詩:麥粒收來品絶倫。　吳淑《茶賦》：嘉雀舌之纖嫩，玩蟬翼之輕盈。冬芽早秀，麥顆先成。

松嶺茶　產綿州，屬成都府。　張孟陽《登成都樓》詩：芳茶冠六清，溢味播九區。人生苟安樂，茲土聊可娛。

賓化_{亦名賓花}、白馬、涪陵　產涪州，屬重慶府。涪州茶，賓化最上，其次白馬，最下涪陵。詩云：早春之來賓化。_{按：銅梁入岳山，茶亦最佳。}

騎火茶　產龍安府，漢曰陰平，後魏曰江油，隋曰平武，唐曰龍門，宋曰龍州，明朝改爲龍安。　又有峽州之碧潤明月，黔陽之都濡，嘉定之峨眉，玉壘之沙坪。

神泉、獸目、小團、綠昌明_{名亦見建茶內，載原始。}　產東川，今順慶府，元曰東川。

薄片　產渠江，今順慶府渠縣。漢曰宕渠，後魏曰流江，疑即是渠江。

香雨、真香　產巴東，即今之夔州府，漢曰巴東。

火井、思安　產邛州。

納溪、梅嶺　產瀘州。產納溪縣即屬瀘州。一云雲溪，其茶可療風疾。_{按：蜀有老人茶，背作艾葉，白色，能已頭疼。}

烏茶　產天全六番招討使司。_{古蠻獠地，西魏曰始陽，唐曰靈關，宋曰和州，明朝改此。}

湖廣

碧潤、芳蕊、明月簽、茱萸簽　產硤州，即荊州府彝陵州，後周曰硤州。硤州又有小紅園。明月峽，即荊州府彝陵州，懸崖間白石如月。

壓磚茶　亦產彝陵。

楠木、大枯枕　產江陵，即荊州。唐曰江陵，有江陵縣。　長沙有石楠茶，採芽爲之。湘人四月四日，俗尚糕糜，必啜此茶。

邕湖含膏茶、黃翎毛　產岳州，宋曰岳陽。　《岳陽風土記》載：邕湖茶，李肇所謂邕湖之含膏也。今惟白鶴僧園有十餘本，一歲不過一二十兩。土人謂之白鶴茶，味極甘香。　邕湖茶，唐人極重，每形於篇什。

大小巴陵、開勝、開捲、小捲　產岳州，劉宋曰巴陵。

蘄門團黃　産黃州府蘄州。　蘄門團黃有一旗二槍之號[20],言一芽二葉也。亦有一旗一槍者。歐詩:共約試春芽,槍旗幾時綠。　詩云:茗園春嫩一旗開。　王荆公《送元厚詩》:新茗齋中試一旗。茶之始生而嫩者,爲一槍;寝大而開,謂之旗;過此,則不堪採矣。

獨行靈草、鐵色茶、綠芽、片金、金茗　産潭州,今長沙府,唐曰潭州。有湘潭縣,亦産茶。

武昌山茶　武昌府有武昌山。晉時宣城人秦精嘗入山採茗,遇一毛人,長丈餘,引精至山曲,示以叢茗,復探懷中橘遺精,精怖,負茗而歸。

龍泉茶　崇陽縣龍泉山,周二百里,有洞,好事者持炬而入,行數十步許,坦平如室,可容千百衆,石渠流泉清洌,鄉人號曰魯溪巖,産茶甚甘美。

都濡、高株　産黔陽縣,屬辰州府。

雙上、綠芽、大方、小方　産岳、辰、澧州。[21]

寶慶茶　産寶慶府。

江西

白露茶、鶴嶺茶、雙井、白茅　産江西洪州,即南昌府。唐曰洪州。西山府城西,大江之外,有梅嶺,即梅福修道處。有鶴嶺,即王子喬跨鶴處。其最勝者,曰天寶洞,宋嘗遣使投金龍玉簡於此。　茶産山西鶴嶺者佳。

雲居茶　産南康之建昌雲居山,峯巒峻極,上多雲霧。一名歐山,世傳歐发先生得道處。

玉津　産臨江,玉津疑即玉澗。

綠英、金片、界橋茶　産袁州,袁州之界橋茶,其名甚著。

泥片　産虔州,即今贛州府,隋曰虔州。有除灘茶,亦佳品。

德化茶　德化屬九江,産茶。　産柴桑山者佳,再烹以康王谷水,香色一月不散。

焦坑茶　焦坑産庾嶺下,味苦硬,久方回味。　坡詩云:焦坑聊試雨前茶。庾嶺屬南安,漢武帝遣庾勝討南粵,築城於此,因名大庾。其嶺險峻,行者苦之,自張九齡開鑿,始可車馬。上多植梅,又名梅嶺。

仙芝、嫩蕊、福合、禄合、運合、慶合、指合　産饒池,疑是饒州、池州二府。池州屬南畿。　浮梁亦出茶。

山東

琅琊山茶　其茶類桑葉而小,焙而藏之,其味甚清。琅琊屬青州府諸城縣,東枕大海,始皇嘗留此三日,築層臺於山,徙黔首三萬户。臺下立石頌德。

蒙山茶　屬蒙陰,其巓産石花似茶,乃魯顓臾[13]地。　蒙山茶,即兖州蒙山石上煙霧薰染日久結成,蓋苔衣類也。亦謂雲茶,其狀白色輕薄如花蕊,又謂之石蕊茶。寒涼多苦,昔唐褒[14]入山餌此以代茗。

白雲巖茶　産兖州府費縣,蒙山一名東山,上有白雲巖;非蜀霧中蒙頂白雲巖也。

河南

東首、淺山、薄側　産光州,屬汝寧府。　信陽、羅山、俱産茶地。

廣西

廣西茶　産廣西府。

羅艾茶[15]　産柳州府上林縣羅艾山。　昔有羅名艾者入山採茶,遇仙於此,遂移妻子家焉。因名羅艾山。

龍山茶　産潯州貴縣龍山,邑人利之。

都茗山茶　産南寧府都茗山,山在府城外,産茶。

雲南

感通茶　産大理府點蒼山感通寺。　點蒼山,在府城西。上有十九峯,蒼翠如玉,盤互三百餘里,蒙氏封爲中嶽山。頂有泉,曰高河。深不可測。按:雲南普洱茶,真者奇品也,人亦不易得。

灣甸茶　即灣甸州境内孟通山所産,亦類陽羨茶,穀雨前採者香。

貴州

貴陽茶　産貴陽府。

新添茶　産新添衛軍民指揮使司。　古荒服地,宋爲新添路,明朝改此。

平越茶　産平越衛指揮司。萬曆辛丑,陞爲平越府。

欒茶又名石南茶　産修江。毛文錫《茶譜》云：湘人四月採楊桐草,搗汁浸米蒸作爲飯,必采石楠芽爲茶飲[22],云去風也。

茶之近品

虎丘　最號精絶,爲天下冠,惜不多産。　秦始皇將發吳蒙,有白虎踞其上,故名虎丘,一名海湧峯。

天池　青翠芳馨,嗅亦消渴,誠可稱仙品。諸山之茶,尤當退舍。蘇州城西有華山,山半有池,曰天池。産千葉蓮,昔人曾服之羽化。産茶。

陽羨　疑即古之顧渚、紫筍。　今名羅岕,浙之長興者佳,荆溪稍下。細者其價兩倍天池,惜乎難得,須親自採收方妙。羅岕者,介于山中謂之岕,羅氏隱焉,故名羅。然岕有數處,惟洞山最佳,韻致清遠,足稱仙品。岕以廟前、廟後爲第一,紗帽頂及扇面諸處,皆佳。

龍井　秦觀《記》[16]：龍井在西湖上,僧辨才結亭於此,率其徒環而咒之,忽見大魚自泉中躍出,即龍也,衆異焉。　不過十數畝外此有茶,似皆不及。大抵天開龍泓美泉,山靈特生佳茗以副之耳。山中僅有一二家炒法甚精。近有山僧焙者,亦妙。真者天池不能及也。

天目　爲天池、龍井之次,亦佳品也。《地志》云：山中寒氣早嚴,山僧至九月即不敢出。冬來多雪,三月後通行。茶之萌芽較晚。　天目上有兩峯,峯頂各一池,若左右目,故名。周八百里,互杭、宣、湖、徽四州界,産茶。

六安[17]　《爾雅》云：古南嶽。　品之精,入藥最效,但不能善,炒則不發香而味苦。茶之本性實佳。按：茶貴新,此以極揀爲佳。　實産霍山縣,縣西南有山曰六安。山高聳雲霄下,延袤數十里皆産茶處,因稱爲六安茶。蓋以山得名,非以州也。　疑即大蜀山,茶生最多,名品亦振。　右六茶者,東海屠緯真隆《茶箋》品也。　唐宋時產茶之地,與所標之名稱,爲昔日之佳品。今則吳中之虎丘、天池、伏龍,新安之松蘿,陽羨之羅岕,杭州之龍井,武夷之雲霧,皆足珍賞;而虎丘、松蘿真者,尤異他產。至於採造,昔以蒸碾爲工,今以炒製爲工,而色之鮮白,味之雋永,與古媲美。

松蘿茶　松蘿,庵名也,爲大方和尚首創。　松蘿山,屬徽州休寧,亦曰森蘿。　徽州山峭水清,巒壑奇秀,北源土地高沃,茶生其間,芽極肥乳。自北源連屬諸山所產,亦佳,色味品第與北源別。按:北源問政山間甚佳,松蘿不及也。

英山茶、霍山茶　俱屬廬江,《山川異產記》:霍山茶屬壽州。　江北以英山茶勝,然產於本寺方圍者佳,其他羣山萬塢,俱無足取,但資商販耳。

潛山茶　屬安慶潛山一名皖公山一名皖伯臺,左慈嘗修煉於此。上有二巖、三峯、四洞,即以名縣。　近以岕山茶爲君,虎丘茶爲相,六安潛山茶爲將。將者,言其有蕩滌之功也。　近世武夷、龍井不能遍及,即陽羨、羅岕又不易購,蘇州虎丘茶亦稱奇,以主僧屢見撓於豪族,因以剷去,惟天池亦云高品,往往以天目諸茶贋充失真。若休寧之森蘿,色清味旨,亦一時奇產。廬江之六安、英山、霍山,茶品亦精,然炒不得法,則芳香不發。　六安以梅花片爲第一,諸茶之冠也。　近日涂姓製法更精,名曰涂茶,遠近爭得之。　虎丘茶味薄,香不耐久,斟不移時即變黃色矣。近有陽抱山所產,經新安隱者手製,其清香可與廟前岕領頡。　虎丘茶,如風引蘭氣;北源問政、敏山,如撲鼻蘭;岕茶紗帽頂片,如茉莉;蜀霧中茶,如薔薇好,雲南普洱,如冰片。　敬亭山茶,宣州之珍品也。香色味俱勝,雖本郡當事,亦難得其真者。

袁宏道龍井記

龍井,泉既甘澄,石復秀潤。流淙從石澗中出,泠泠可愛人。僧房爽塏可栖,余嘗與陶石簣、黃道元、方子公汲泉烹茶於此。石簣因問:龍井茶與天池孰佳? 余謂龍井亦佳,但茶少則水氣不盡,茶多則澀味盡出,天池殊不爾。大約龍井頭茶雖香,尚作草氣,天池作荳氣,虎丘作花氣,惟岕茶非花非木[23]，稍類金石氣，又若無氣，所以可貴。岕茶葉粗大，真者每斤至二千餘錢。余覓之數年，僅得數兩許。近日徽人有送松羅茶者，味在龍井、天池之上。龍井之嶺爲風篁峯，爲獅子石，爲一片雲，神運石，皆可觀。

陸鴻漸品茶之出

山南以峽州上，襄州、荆州、衡山下，金州、梁州又下。

淮南以光州上，義陽郡、舒州、壽州下，蘄州、黄州又下。

浙西以湖州上，常州次，宣州、杭州、睦州、歙州下，潤州、蘇州又下。

劍南以彭州上，綿州、蜀州次，邛州次，雅州、瀘州下，眉州、漢州又下。

浙東以越州上，明州、婺州次，台州下。

黔中生恩州、播州、費州、夷州，江南生鄂州、袁州、吉州，嶺南生福州、建州、韶州、象州十一州，未詳；往往得之，其味極佳。

唐宋諸家品茶

茶之産，於天下繁且多矣。品第之，則劍南之蒙頂石花爲最上，湖州之顧渚、紫筍次之，又次則峽州之碧澗簝、明月簝之類是也。惜皆不可致矣。

浙西湖州爲上，常州次之。湖州出長興顧渚山中，常州出義興君山懸脚嶺北崖下。論茶以湖常爲冠。御史大夫李栖筠典郡日，陸羽以爲冠於他境，栖筠始進。故事湖州紫筍，以清明日到，先薦宗廟，後分賜近臣。

袁州之界橋茶，其名甚著，不若湖州之研膏紫筍，烹之有綠脚垂。故韓公賦云：雲垂綠脚。

葉夢得《避暑録》：北苑茶有曾坑、沙溪二地。而沙溪色白，過於曾坑。但〔味〕短而微澀。草茶極品，惟雙井、顧渚。雙井在分寧縣，其地屬黄魯直家。顧渚在長興吉祥寺，其半爲劉侍郎希范所有。兩地各數畝，歲産茶不過五六觔，所以爲難。

宇内土貢實衆，而顧渚、蘄陽蒙山爲上，其次則壽陽、義興、碧澗、澠湖、衡山，最下有鄱陽。浮梁人嗜之如此者，晉西以前無聞焉，至精之味或遺也。

唐茶品最重陽羨。

陸羽《茶經》、裴汶《茶述》，皆不載建品。唐末，然後北苑出焉。

黃儒《茶論》[18]云：陸羽《茶經》不第建安之品，蓋前此茶事未興，山川尚閟，露芽真筍委翳消腐而人不知爾。宣和中，復有白茶、勝雪，使黃君閱今日，則前乎此者，又未足詫也。

陸鴻漸以嶺南茶味極佳，近世又以嶺南多瘴癘，染著草木，不惟水不可輕飲，而茶亦宜慎擇。大抵瑞草以時出，時地遞變，有不同耳。按：茶正以山頂雲霧，採時以日未出為佳。

黃魯直論茶：建溪如割，雙井如霆，日鑄如劗。劗，音最，刷物也。又音血，拽也。

近如吳郡之虎丘，錢塘之龍井，香氣芬郁，與岕山並可雁行，惜不多得，往往以天目混龍井，以天池混虎丘。但天池多飲，則腹脹，今多下之。

採茶

《茶經・三之造》云：凡採茶，在二月、三月、四月之間。其日有雨不採，晴採之。

凡採茶，必以晨，不以日出。日出露晞，為陽所薄，則腴耗於內，及受水而不鮮明，故常以早為最。

採摘之時，須天色晴明，炒焙適中，盛貯如法。

一說採時，待日出，山霽、霧障、山嵐收淨採〔之〕。

凡斷芽必以甲不以指。以甲則速斷不柔，以指則多溫易損。

採茶不必太細，細則芽初萌而味欠足；不必太青，青則茶以老而味欠嫩。須在穀雨前後，覓成梗帶葉微綠色而團且厚者為上。

茶宜高山之陰，而喜日陽之早。凡向陽處，歲發常早，芽極肥乳。

芽為雀舌、為麥顆。

茶芽如鷹爪、雀舌為上，一槍一旗次之；又有一槍二旗之號，言一芽二葉也。[24]

《顧渚山茶記》云：山鳥如鴝鵒而色蒼，每至正二月，作聲“春起也”；

至三月止，"春去也"。採茶人呼爲報春鳥。

茶花冬開似梅，亦清香。

古之採茶在二三月之間，建溪亦云：歲暖則先驚蟄即芽，歲寒則後驚蟄五日。先芽者，氣味未佳；惟過驚蟄者，最爲第一。民間常以驚蟄爲候，何古之風氣如是太早也，今時多以穀雨爲候，清明恐早，立夏太遲；以穀雨前後，其時適中。若茶之佳者，決不早摘，必待氣力完美，丰韻鮮明，色香尤倍，又易於收藏。惟岕山非夏前不摘。初試採者，謂之開園。採之正夏，謂之春茶。其地稍寒，故必須至夏近，有至七八月重摘一次，謂之早春，其品愈佳。

茶有種生、野生。種生者，用子。其子大如指頂，正圓黑色。二月下種，須百顆乃生一株，空殼者多也。畏水與日，最宜坡地蔭處。

凡種茶樹，必下子，移植則不復生，故俗聘婦必以茶爲禮，義固有所取也。

焙茶

茶採時，先擇茶工之尤良者，倍其僱值，戒其搓摩，勿令生硬，勿令生焦，細細炒燥、扇冷，方貯罌中。

茶之燥，以拈起即成末爲驗。

凡炙茶，慎勿於風爐間炙，燥燄如鑽，使炎涼不均。持以逼火，屢其翻正，候炮出培塿狀、蝦蟆狀，然後去火五寸，卷而舒則本其始，又炙之。

夏至後三日焙一次，秋分後三日焙一次，一陽後三日，又焙之。連山中共五焙，直至交新，色香味如一。

茶有宜以日曬者，青翠香潔，勝以火炒。

火乾者，以氣熱止；日乾者，以柔止。

茶日曬必有日氣，用青布蓋之可免。

藏茶

茶宜箬葉而畏香藥，喜溫燥而忌冷濕，故收藏之家，以箬葉封裹入焙中，三兩日一次。用火常如人體，溫溫然以禦濕潤。火亦不可過多，過多則茶焦不可食矣。

　　以中罈盛茶,十劢一瓶。每瓶燒稻草灰入於大桶,將茶瓶坐桶中,以灰四面填桶,瓶上覆灰築實。每用,撥開瓶取茶些少,仍復覆灰,再無蒸壞,次年換灰。

　　空樓中懸架,將茶瓶口朝下放,不蒸。緣蒸氣自天而下也。

　　以新燥宜興小瓶,約可受三四兩者,從大瓶中貫入,以應不時之用。

　　罌中用淺,更以燥箬葉貯滿之,則久而不浥。

　　茶始造則清翠,藏不得其法,一變至綠,再變至黃,三變至黑;黑則不可飲矣。

　　藏茶欲燥,烹茶欲潔。

　　造時精,藏時燥,炮時潔。精、燥、潔,茶道盡矣。

　　茶須築實,仍用厚箬填滿,甕口紮緊、封固。置頓宜逼近人氣,必使高燥,勿置幽隱。至梅雨溽暑,復焙一次,隨熱入瓶,封裹如前。

　　貯以錫瓶矣,再加厚箬,於竹籠上下周圍緊護即收貯。二三載出,試之如新。

　　取茶必天氣晴明,先以熱水濯手拭燥,量日幾何,出茶多寡,旋以箬葉塞滿瓶口,庶免空頭生風,有損茶色。

　　忌紙裹作宿。

　　徽茶芽葉鮮嫩,極難復火。

　　近人以燒紅炭,蔽殺紙裹入瓶內,然後入茶,極妙。或以紙裹礦灰一塊,亦妙。

製茶

　　茶之精好者,每一芽先去外兩小葉,謂之烏蒂;後又次去其兩葉,謂之白合。

　　烏蒂白合,茶之大病。不去烏蒂,則色黃黑而惡;不去白合,則其味苦澀。

　　蒸芽必熟,去膏必盡。蒸芽未熟,則草木氣存;去膏未盡,則色濁而味重。受煙則香奪,壓黃則味失,此皆茶之病也。按虎丘茶不宜去膏,去則無味,是以炭火逼乾爲佳。

茶擇肥乳，則甘香而粥面着盞而不散；土瘠而芽短，則雲腳渙亂，入盞而易散。葉梗半，則受水鮮白，葉梗短，則色黄而泛。梗爲葉之身，除去白合處，茶之色味俱在梗中。

凡茶皆先揀後蒸，惟水芽一茶，則先蒸後揀。

採之、蒸之、擣之、拍之、焙之、穿之、封之。自採至於封，七經目。

方春禁火之時，於野寺山園叢手而掇，乃蒸、乃舂、乃復以火乾之，則又榮、撲、焙、貫、棚、穿、育等七事。榮，兵欄也，以手覆矢曰棚。大約謂榮之使收，撲之使□[19]，焙之使温，貫之使通，棚之使覆，穿之使融，育之使養之義也。此古蒸碾餅末之事。今用芽茶，與古法異。

茶之佳者，造在社前，其次火前，其下雨前。火前謂寒食前，雨前謂穀雨前，齊己詩云：高人愛惜藏巖裏，白甀封題寄火前。蓋未知社前之爲佳也。甀音墜，小口罌也。

茶有以騎火名者，言造製不在火前，不在火後也。清明改火，故謂之曰火。

茶團茶片，雖出古製，然皆出碾磨，殊失真味。

擇之必精，濯之必潔，蒸之必香，火之必良。

茶家碾茶，須著眉上白乃爲佳。

採茶葉須揀共大小厚薄一色者，彙爲一種，抽去中筋，剪去頭尾，則色久尚緑，不然則易黄黑。

卷二

品水

陶學士縠謂：“湯者，茶之司命。”水爲急務。

茶者水之神，水者茶之體；非真水莫顯其神，非精茶曷窺其體。

《禮記》：水曰清滌。

《文子》[20]曰：水之性清，沙石穢之。

蔡君謨曰：水泉不甘，能損茶味。

《荈賦》：水則岷方之注[25]，挹彼清流。

陸鴻漸曰：山水上，江水次，井水下。又云：山水、乳泉、石池漫流者上，其瀑湧湍漱者，勿食。食之有頸疾。

山下出泉，爲蒙穉也。物穉，則天全；水穉，則味全。[21]

其曰：乳泉石池漫流者，蒙之謂也，故曰山水上。其云瀑湧湍漱，則非蒙矣，故戒人勿食。

山厚者泉厚，山奇者泉奇，山清者泉清，山幽者泉幽，皆佳水也。

山宣氣以産萬物，氣宣則脈長。故曰山水上。[22]

《博物志》云：石者，金之根甲。石流精以生水。又曰：山泉㉖者，引地氣也。

泉非石出者，必不佳。故楚詞云：飲石泉兮蔭松柏。

皇甫曾《送陸羽詩》：幽期山寺遠，野飯石泉清。

梅堯臣《碧霄峯茗》詩：烹處石泉嘉。又云：小石冷泉留早味。

山泉，獨能發諸茗顔色、滋味。

洞庭張山人云[23]：山頂泉輕而清，山下泉清而重，石中泉清而甘，沙中泉清而冽，土中泉清而厚。蓋流動者良於安静，負陰者勝於向陽，山削者泉寡，山秀者有神。

江水取去人遠者。去人遠，則流浄而水活。[24]

楊子固江也，其南泠則夾石渟淵，特入首品。若吳淞江則水之最下者，亦復入品，何也？

井水取汲多者，汲則氣通而流活，然脈暗味滯，終非佳品。

靈水　天一生水而精，不淆上天自降之澤也。古稱上池之水，非與。[25]

雨水　陰陽之和，天地之施，水從雲降，輔時生養者也。

《拾遺記》：香雲遍潤，則成香雨，皆靈雨也，俱可茶。

和風順雨，明雲甘雨。

龍所行暴而霪者，旱而凍、腥而墨者，及簷瀝者，皆不可食？

雪水　雪者，天地之積寒也。　《氾勝書》：雪爲五穀之精。取以煎茶，幽人清況。　陶穀取雪水烹團茶。　丁謂《煎茶》詩：痛惜藏書篋，堅留待雪天。李虛己[26]《建茶呈學士》詩：試將梁苑雪，煎動建溪春。是雪尤宜茶也。又云：雪水雖清，性感重陰，不宜多積。吳瑞[27]云：雪水煎茶，解熱止渴。 陸羽品雪水第二十。又云：雪水煎茶，滯而太冷。 臘雪解一切毒，春雪有蟲易敗。

冰水 冰，窮谷陰氣所聚結而爲，伏陰也。在地英明者惟水，而冰則精而且冷，是固清寒之極也。 謝康樂[28]詩：鑿冰煮朝飱。逸人王休居太白山，每冬取溪冰，琢其精瑩者，煮建茗供賓客。

梅水 山水、江水佳矣，如不近江、山，惟多積梅雨，其味甘和，乃長養萬物之水也。《茶譜》[29]云：梅雨時，置大缸收水，煎茶甚美。經宿不變色，易貯瓶中，可以經久。芒種後逢壬或庚或丙日進梅，天道自南而北，凡物候先於南方，故閩粵萬物早熟半月，始及吳楚。今江南梅雨將罷，而淮上方梅雨，踰河北至七月少有黴氣，而不之覺矣。固宜易地而論之。一作徽，一作霉。 芒種後逢壬爲入梅，小暑後逢壬爲出梅。 先時爲迎梅雨，後之爲送梅雨，及時爲梅雨。 《埤雅》云：今江、湘、二浙，四五月梅欲黃，落雨謂之梅雨。 梅水雪水久貯澄徹，烹茶甘鮮。

秋水 候爽氣晶，淵潭清冷，雨亦澄澈，宜茶。 陳眉公：烹茶以秋水爲上，梅水次之。

竹瀝水 天台者佳，若以他水雜之，則亟敗。 蘇才翁嘗與蔡君謨鬥茶，蔡茶用惠山泉，蘇茶用竹瀝水煎，遂能取勝。

泉貴清寒。泉不難於清，而難於寒。其瀨峻流駛而清，岩奧陰積而寒，亦非佳品[30]。

石少土多，沙膩泥凝者，必不清寒。

泉貴甘香。《尚書》：稼穡作甘黍，甘爲香黍，惟甘香能養人。泉惟甘香，故亦能養人。然甘易而香難，未有香而不甘者也。

凡泉上有惡木，則葉滋根潤，皆能損其甘香，甚者能釀毒液。

洞庭山人又云：真源無味，真水無香。

唐子西《鬥茶說》：水不問江井，要之貴活。

有黃金處，水必清；有明珠處，水必媚；有子鮒處，水必腥腐；有蚊龍處，水必洞黑嬈惡。不可不辨。

名泉

慧山[31]　源出石穴,陸羽品爲第二泉,又名陸子泉。　慧山又有別石泉,在惠山松竹之下,甘爽,乃人間靈液,清澄鑒肌骨,含漱開神慮。茶得此水,皆盡芳味。慧山,亦作惠山。　惠山之水,味淡而清,允爲上品。　唐李紳詩云:素沙見底空無色,青石潛流暗有聲。微渡竹風涵淅瀝,細浮松月透輕明。桂凝秋露添靈液,茗折香芽泛玉英。應是梵宮連洞府,浴池今化醒泉清。

鍾冷泉一作中冷。冷平聲。一作澧,一作零。　金山中冷泉,又名龍井。《水經》品爲第一。舊當波險中,汲者患之,僧於山西北下穴一井,以汲游客。又不徹堂下一井,與今中冷相去數十步,而水味迴劣。　《雜記》云:石牌山,北謂之北釣者餘三十丈則中冷。之外,似又有南澧北澧者。　《潤州類集》云:江水至金山,分爲三冷。今寺中亦有三井,其水味各別,疑似三冷之説也。　李德裕居廊廟日,有親知奉使於京口,李曰:還日,南零水與取一壺來。其人醉而忘之,泛舟上石城方憶,乃汲江水一瓶,歸京獻之。李公飲後,歎訝非常,曰:江表水味有異於頃歲矣,此水頗似建業石頭城下水。其人謝過不隱。　李季卿至維揚,逢陸鴻漸,命一卒入江取南冷水。及至,陸鴻漸揚水曰:江則江矣,非南冷臨岸者乎。既而傾水及半,陸又以杓揚之曰:此似南冷矣。使者蹶然曰:南冷持至岸,偶覆其半,取水增之也。

八功德水　水在江灣,一清、二冷、三香、四柔、五甘、六净、七不埃、八蠲疴,梁以前御用取給焉。

豐樂泉　在滁州城西,即紫微泉也,亦名六一泉。　歐公既得釀泉,有以新茶獻者,公敕汲泉瀹之。汲者道仆覆水,偶汲他泉代,公知其非,詰之。乃得其泉於幽谷山下,因名豐樂泉。釀泉在琅琊山下。　江南之虎丘石井、丹陽井、揚州大明寺井、桐柏淮源廬江龍池山頂水、松江水,皆列品論。今按:虎丘井沉黑,竟不可飲。

參寥泉　泉在西湖上智果寺。　東坡云:僕在黄州,夢與參寥子賦詩:有"寒食清明都過了,石泉槐火一時新"之句。後七年守錢塘,而參寥子卜居智果院,有泉出石罅,甘泠宜茶。寒食之明日,自孤山來謁參寥子,汲泉鑽火烹茶,而所夢兆於七年之前,因名參寥泉。

天慶觀乳泉　蘇東坡與姜唐佐[32]秀才云:今日霽色,可喜食已,當取天慶觀乳泉,瀹茶之精者,念非君莫與其之。

六一泉　在杭州孤山。　蘇軾以歐陽名也。

金沙泉即湧金泉　泉在湖州長興啄木嶺,即唐人造茶之所,湖常二郡交界上。有境會亭,居恆無水,將造茶,二郡守畢至設牲祭之,水始發。　斯泉也,處沙之中,太守具儀注拜敕祭,泉頃之發源,其夕清溢。造貢茶畢,水即微減;供堂茶畢,已減半矣。太守茶畢,水遂涸,或還旆稽留,則示風雷之變,或見鷙獸毒蛇水魅之類。商旅造茶,則以顧渚,無沾金沙者。

餘不溪　前明太祖幸宜興,土人以餘不溪水煮顧渚茶,飲太祖而甘之,詔每歲貢茶三十觔。餘不溪屬湖州府德清縣,其水清澈宜茶,餘溪則不,故名。即孔愉放白龜處也。　浙江若杭之虎跑泉、老龍井、真珠泉、葛仙翁井、吳山第一泉,又如施公井、郭婆井,皆清洌可茶。

甘乳巖泉　屬福建延平府永安縣,有乳泉洞,中一石突出如蓮花,泉自石中送出,味甚甘洌,可茶。或以磩器盛之,泉即不流。

鳳凰泉即龍焙泉,又名御泉　在建寧府甌寧縣,宋以來,上貢茶取此泉濯之。泉從渠出,日夜不竭。

鳳栖山下泉　即蘭溪石下水,其側多蘭,故名。蘭溪在黃州府蘄水縣。　陸羽烹茶所汲,《經》謂天下第三泉,亦名陸羽泉。王禹偁元之《過陸井詩》:惟餘半夜泉中月,留得先生一片心。

西江水　屬承天府景陵縣。漢竟陵,隋復州,五代景陵。　陸羽《六羨歌》:不羨黃金罍,不羨白玉盃,不羨朝入省,不羨暮入臺。千羨萬羨西江水,曾向景陵城下來。

谷簾泉　在南康府城西,水如簾布,巖而下者三十餘泒。陸羽品此爲天下第一。　又謂康王谷水爲第一,在九江府城西南,楚康王嘗憩此,故名。水簾高三百五十丈。　王禹偁云:康王谷爲天下第一水簾,汲之逾月,其味不敗。　王元之序谷簾泉云:泉爲石崖所束,湍怒噴湧,散落紛紜數千百縷,班布如瓊簾,懸注三百五十丈。志謂谷中有水簾洞,云廬山之泉多，循崖而瀉，此則由五峯北崖口懸注而下，凡三級。上級落大盤山上，裊裊如飄雲垂練；中級如碎玉摧冰；下級如玉龍翔舞，又名三疊泉，又名三級泉。

醴泉　屬臨江新喻。　黃庭堅嘗飲此歎曰：惜陸鴻漸輩不及知也。題曰"醴泉"。

杜康泉　山東濟南府城內舜祠東廡下，世傳康汲此釀酒。　中泠水及慧山泉稱之一升重二十四銖，是泉較輕一銖。

趵突泉　濟南府城西，名泉七十二以趵突爲上。　趙孟頫詩：濼水發源天下無，平地湧出白玉壺。谷虛久恐元氣泄，歲旱不知東海枯。雲霧潤蒸華不注，波濤聲震大明湖。時來泉上濯塵土，冰雪滿懷清興孤。

硤石渠水　李約，字存博，曾奉使行至陝州硤石縣[33]東，愛渠水清流，竟旬忘發。

玉女洞泉　屬西安盩屋縣。　洞有飛泉，甘且冽。蘇軾過此汲兩瓶去，恐後復取爲從者所紿，乃破竹作券，使寺僧藏之，以爲往來之信，戲曰調水符。

惠通泉　瓊州府城東三山菴之下有泉，東坡過此，品之曰：味頗類惠山。因名惠通泉。

噴霧崖泉　屬四川夔州府梁山縣[34]，蟠龍山中崖高數十丈，飛濤噴薄如霧。張商英[35]游此，題云：泉味甘冽，非陸羽莫能辨。　范成大謂天下瀑布第一。

靈泉　屬貴州貴陽府城西北。　泉穴寬可六尺許，不盈不涸，清且甘。

飛泉　新添衛城東北。　其水清且甘。

古今名家品水

陸羽品天下二十水，以廬山谷簾泉爲第一，以慧山泉居第二，蘄水之鳳棲山下泉居第三，楊子中泠水第七，睦州釣臺下泉第十九。全載歐陽修《大明水記》中，所稱康王谷水第一，不同。　陸羽又云：楚水第一，晉水最下。

陳眉公云：余嘗酌中泠，劣於惠山，殊不可解。後考之，乃知，陸羽原以廬山谷簾泉爲第一。《山疏》云：陸羽《茶經》言：瀑瀉湍急者勿食，今此水瀑瀉湍急無如矣，乃以爲第一，何也？又雲液泉，在谷簾泉側。山多雲母，泉其液也，洪纖如指，清洌甘寒，遠出谷簾之上，乃不得第一，何也？

《經》言瀑瀉湍急者，皆不可食，而廬山水簾、洪州天台瀑布，皆入《水品》，又與其《經》背。故張曲江《廬山瀑布》詩：吾聞山下蒙，今乃林巒表。物性有詭激，坤元曷紛矯。默然置此去，變化誰能了。則有識者，固不食也。

《煎茶水記》云：李季卿刺湖州，至維揚，逢陸處士，即有傾蓋之雅。因過楊子驛，曰：陸君茶，天下莫不聞，楊子南零水，又殊絕；今者二妙千載一遇，何可輕失？因問歷處之水，陸因命筆口授而次第之。

井之美者，天下知鍾泠泉矣。然焦山一泉，亦不減鍾泠。

歐陽修論水，以洪州瀑布水爲第八。　瀑布在開先寺。李白詩：掛流三百丈，噴壑數十里。劉伯芻論水，以楊子江水爲第一，惠山石泉爲第二，虎丘石井爲第三，丹陽井第四，揚州大明寺井第五，松江第六，淮水第七。松江一名吳淞江，爲青蒲地。淮水，潁上壽州懷遠界。

李季卿品天下泉，以廬山康王谷水爲第一，無錫惠山泉第二，蘭溪石下泉第三，虎丘泉第五，楊子江第七，松江水第十六，雪水二十。

歐陽修大明水記

張又新爲《煎茶水記》……疑羽不當二説以自異。得非又新妄附益之耶？羽之論水，惡渟浸而喜泉源，故井取汲多者。江雖長流，然衆水雜聚，故次山水。惟此説近物理云。羽所品天下第一水：一作谷簾泉，一作康王谷。據《輿誌》自是二地：非谷簾泉，即康王谷也。[36]

歐陽修浮槎山水記

余嘗讀《茶經》……因以其水遺余於京師。[37]

葉清臣述煮茶泉品

吳楚山谷間，氣清地靈，多孕茶荈。大率右於武夷者……無忘真賞云爾。[38]

貯水 附濾水惜水

貯水甕須置陰庭中，覆以紗帛，使承星露之氣，絕不可曬於日下。

飲茶惟貴茶鮮水靈。失鮮失靈，與溝渠何異？

取白石子甕中，能養味，亦可澄水。㉗

擇水中潔凈白石，帶泉煮之，尤妙。

取水必用磁甌，輕輕出甕，緩傾銚中，勿令淋漓甕內，以致敗水。按：好泉放久色味變，以新水洗之其法甚妙。

蓄水忌新器，火氣未退，易敗水，亦易生蟲。

甕口蓋宜謹固，防渴鼠竊水而溺。

泉中有蝦蟹子蟲，極能腥味，亟宜於淘凈。

又有一等極微細之蟲，凡眼視不能見，宜用極細夏布製如杓樣，以瓷幫從缸中取水濾之，再用細帛製一小樣如杓，就銚口流水，濾後仍振入缸中水內。

僧家以羅水而飲，雖恐傷生，亦取其潔。此不惟僧家戒律，修道者亦所當爾。

僧簡長詩：花壺濾水添。

于鵠[39]詩：濾水夜澆花。以上五則濾水。

凡臨佳泉，不可輕易漱濯。犯者爲山林所憎。　佳泉不易得，惜之亦作福事也。

章孝標《松泉》詩[40]：注瓶雲母滑，漱齒茯苓香。野客偷煎茗，山僧惜凈床。言偷則誠貴，言惜則不賤用。以上惜水。

湯候

李南金約，字存博，沂公子也。雅度簡遠，有山林之致。一生不近粉黛，性嗜茶。嘗曰：茶須緩火炙，活火煎。又云：《茶經》以魚目、湧泉、連珠爲煮水之節，然近世淪茶，鮮以鼎鑊，用瓶煮水難以候視，則嘗以聲辨一沸、二沸、三沸之節。始則魚目散佈，微微有聲爲一沸；中則四邊泉湧，纍纍連珠爲二沸；終則騰波鼓浪，奔濤濺沫爲三沸。三沸之法，非活火不成。

炭火之有焰者謂活火，以其去餘薪之煙、雜穢之氣也。[41]

　　煎茶嘗使湯無妄沸，水氣全消如三火之法，庶可以言茶矣。茶欲養，如此候視，始可養茶。

　　屠緯真云[42]：薪火方交，水釜纔熾，急取旋傾，水氣未消謂之嫩。若人過百息，水踰十沸，或以話阻事廢，始取用之，湯已失性，謂之老。老與嫩皆非也。如坡翁云：蟹眼已過魚眼生，颼颼欲作松風聲，盡之矣。

　　顧況號逋翁，《論煎茶》云：煎茶文火細煙，小鼎長泉。

　　坡翁茶歌：李生好客手自煎，貴從活火發新泉[43]。又云活水仍將活火煎。

　　坡詩：銀瓶瀉湯誇第二[44]。又云：雪乳已翻煎去腳，松風忽作瀉時聲。

　　朱子詩“地爐茶鼎烹活火”。

　　黃魯直詩：（風爐小鼎不須催）

　　黃魯直《茶賦》云：洶洶乎如澗松之發清吹，浩浩乎如春空之行白雲。可謂得煎茶三味。

　　謝宗《論茶錄》云：候蟾背之芬香，三沸成於活火，觀蝦目之奔湧，一壺吸於石城。

　　煎茶有三火三沸法。如李南金“砌蟲唧唧萬蟬催，忽有千車捆載來；聽得松風並澗水，急呼縹色綠磁杯”；則過老矣。何如羅景綸之“松風檜雨到來初，急引銅瓶離竹爐；待得聲聞俱寂後，一甌春雪勝醍醐”爲得火候也。

　　羅景綸云：瀹茶之法，湯欲嫩而不欲老，蓋湯嫩則茶味甘，老則過苦矣。若聲如松風，澗水而遠瀹之，豈不過於苦而老哉。惟移瓶去火，少待其沸止而瀹之，然後湯適中而茶味甘。因補以松風檜雨一詩。

　　陸氏烹茶之法，以末就茶鑊，故以第二沸爲合量。而下末，若以今湯就茶甌瀹之，則當用背二涉三[28]之際合量。乃爲辨聲之詩，其詩即砌蟲唧唧詩也。

　　趙紫芝詩：竹爐湯沸火初紅。

　　蔡君謨湯取嫩而不取老，蓋爲團餅茶發耳。今旗芽槍甲，湯候不足，則茶神不透，茶色不明，故茗戰之捷，尤在五沸。

古人制茶，必碾磨羅，恐爲飛粉，於是和劑印作龍鳳團，見湯而茶神便浮；此蔡君謨湯用嫩而不用老。今則不假羅碾，元體全具，湯須純熟，故曰湯須五沸，茶奏三奇。

蝦眼、蟹眼、魚眼連珠，皆爲萌湯，直至騰波鼓浪，水氣全消，方是純熟。如初聲、轉聲、振聲、驟聲，皆爲萌湯，直至無聲，方是純熟。如氣浮一縷、二縷、三四縷，及縷不分，氤氳亂縷，皆爲萌湯，直氣至沖貫，方是純熟。

湯純熟，便取起。先注少許壺中，祛湯冷氣，然後投茶。茶多寡宜酌，兩壺後又用冷水蕩滌，使壺涼潔，不則減茶香矣。

凡茶少湯多，則雲腳散，湯少茶多，則乳面浮。此茶之多寡，宜酌也。

茶以火候爲先。過於文，則水性柔，柔則水爲茶降；過於武，則火性烈，烈則茶爲水制。

蔡君謨曰：候湯最難，未熟則沫浮，過熟則茶沉。前世謂之蟹眼者，過熟湯也。況瓶中煮之不可辨㉒，故曰候湯最難。

《茶寮記》煎用活火，湯眼鱗鱗起，沫餑鼓泛，投茗器中。初入湯少許候湯茗相投，即滿注。雲腳漸開，乳花浮面則味全。蓋古茶用團餅碾，屑味易出，葉茶驟，則乏味，過熟則味昏底滯。

陸鴻漸曰：凡酌茶，置諸碗，令餑沫均和。餑沫者，湯之華也。華之薄者曰沫，厚者爲餑，輕細者曰華。

晉杜毓《荈賦》：惟茲初成，沫沉華浮，煥若積雪，燁若春蔽。喻湯之華也。

陶學士云：湯者，茶之司命。故湯最重。

先茶後湯，曰下投；湯半下茶，曰中投；先湯後茶，曰上投。春秋中投，夏上投，冬下投。

水火已備，旋滌茶具，令必潔必净。俟湯净沸，先以熱水少許盪壺，令熱壺。蓋可置甌內，或仰置几上。覆案上，恐侵漆氣、食氣也。

投茶用硬背紙作半竹樣，先握手中，以湯之多寡酌茶之多寡。俟湯入壺未滿，即投茶，旋以蓋覆。呼吸頃，滿傾一甌，重投壺內，以動盪其香韻，再呼吸頃，可瀉以供用矣。

一壺之茶，止可再巡。初巡則豐韻色嫩，再則醇美甘冽，三巡則意況盡矣。武林許次紓常與馮開之戲論茶候[45]，以初巡爲婷婷嫋嫋十三餘，再巡爲碧玉破瓜年，三巡以來綠葉成陰矣。開之大以爲然。

凡飲茶，壺欲小。小則再巡已終，寧使餘芬剩馥尚留葉中，無令意況盡也。餘葉旋歸滓碗，以俟別用。

蘇廙《作湯十六法》：以老嫩言者凡三品，以緩急言者凡三品，以器標者共五品，以薪論者共五品。

蘇廙十六湯品

第一得一湯……所以爲大魔。[46]

茶具[47]

商象　古石鼎也，用以煎茶。

鳴泉　煮茶鐺也。

苦節君　湘竹風爐，用以承鐺煎茶。

烏府　竹籃，盛炭爲煎茶之資。

降紅　銅火筯，不用連索。

團風　湘竹扇也，用以發火。

水曹　即磁矼、瓦缶，用以貯泉，以供火鼎。

雲屯　屠注：泉缶疑即水曹。

分盈　杓也，用以量水。　坡詩：大瓢貯月歸春甕，小杓分江入夜瓶。皆曲盡烹茶之妙。

漉塵　茶洗也，用以洗茶。　屠《茶箋》云：凡烹茶，先以熟湯洗茶，去其塵垢泠氣，烹之則美。

注春　瓷瓦壺也，用以注茶。

啜香　瓷甌也，用以啜茶。

受污　拭抹布也，用以潔甌。　拭以細麻布，他皆穢，不宜用。

歸潔　竹筅箒也，用以滌壺。

納敬　湘竹茶橐，用以放盞。

撩雲　竹茶匙也，用以取果。

又録茶經四事

具列　或作床,或作架,或水或竹,悉飲諸器物,悉以陳列也。

湘筦焙　焙茶箱。蓋其上,以收火氣也,隔其中,以有容也;納火其下,去茶尺許,所以養茶色、香、味也。

豹革囊　豹革爲囊,風神呼吸之具也。煮茶啜之,可以滌滯思而起清風,每引此義,稱茶爲水豹囊。

茶瓢　山谷云:相茶瓢,與相邛竹同法。不欲肥而欲瘦,但須飽風霜耳。

陸源漸《茶經・四之器》外,復有茶具二十四事,其標名如韋鴻臚、水待制、漆雕秘閣之類。　陸鴻漸茶具二十四事,以都統籠貯之,遠近傾慕,好事者家藏一具。

高深甫[48]茶具十六事,又有茶器七具。

屠《茶箋》茶具二十七,其立名同異相彷。

茶事

屠赤水園居敞小寮……非眠雲跂石人,未易領略。余方遠俗雅意禪棲,安知不因是,遂悟入趙州耶?[49]

茶寮,側室一斗,相傍書齋,内設茶竈一,茶盞六,茶注二,餘一以注熟水,茶臼一,拂刷净布各一,炭箱一,火鉗一,火箸一,火扇一,火斗一,茶盤一,茶橐二。當教童子專主茶役,以供長日清談,寒宵兀坐。

煮湯,最忌柴煙燻。《清異録》云:五賊,六魔湯也。

《茶經》云:其火用炭,次用勁薪。其炭曾經燔炙,爲膻膩所侵,及膏木敗器,勿用也。

李南金所云"活火",正炭之有燄者。

凡木可以煮湯……亦非湯友。[50]以上四則擇薪皆蘇廙《十六湯品》所言。此又揭人所易蹈者而切言之也。

策功見湯業者,金銀爲優……惡氣纏口而不得去。[51]

茶瓶、茶盞、茶匙生鉎,致損茶味,必先時洗潔則美。

銀瓢，惟宜於朱樓華屋；若山齋茅舍，錫與磁俱無損於茶味。

壺古用金銀，以金爲水母也。然未可多得，囊如趙良璧比之黄元吉所造，欵式素雅，敲之作金石聲。又如龔春、時大彬所製，黄質而堅，光華若玉，價至二三十千錢，俱爲難得。迨今徐友泉、陳用卿、惠孟臣諸名手，大爲時人寶惜，皆以粗砂細做，殊無土氣，隨手造作，頗極精工。至若歸壺，人皆以爲貴，第置之案頭，形質怪異，俗氣侵人，不可用也。以上滌器。

凡點茶，先熁盞，熱則茶面聚乳，冷則茶色不浮。

盞以雪白爲上。

茶有真香，有佳味，有正色，烹點之際，不以珍果香草雜之。奪其香者，松子、柑橙、茉莉、薔薇、木樨之類是也。奪其味者，荔枝、圓眼、牛乳之類是也。奪其色者，柿餅、膠棗、楊梅之類是也。若用，則宜核桃、榛子、瓜杏、欖仁、雞頭、銀杏、栗子之類。然飲真茶，去果方覺清絶，雜之則無辨矣。以上擇果。

茶之雋賞

茶之妙有三：一曰色，二曰香，三曰味。

茶以青翠爲勝，濤以藍白爲佳。

蔡君謨云：善別茶者，正如相工之視人氣色也。隱然察之於内，以肉理潤者爲上。

表裏如一，曰純香；雨前神具，曰真香；火候均停，曰蘭香。

蔡君謨曰：茶有真香，而入貢者微以龍腦和膏，欲助其香。建安民間試茶，皆不入香，恐奪其真。若烹點之際，又雜珍果香草，其奪益甚，正當不用。

味以甘潤爲上，苦澀下之。

蔡君謨云：茶味主於甘滑，唯北苑鳳凰山連屬諸焙所産者味佳。隔谿諸山，雖及時加意製作，色、味皆重，莫能及也。又有水泉不甘，能損茶味，前世之論水品者以此。

《茶録》：品茶，一人得神，二人得趣，三人得味，七八人是名施茶。

茶之爲飲……俗莫甚焉。[52]

司馬公曰：茶欲白，墨欲黑。茶欲重，墨欲輕。茶欲新，墨欲陳，二者正相反。蘇曰：上茶妙墨皆香，其德同也；皆堅，其操同也；譬如賢人君子，黔晳美惡之不同，其德操一也。

建人鬥茶爲茗戰，著盞無水痕者絕佳。

許雲村[53]曰：挹雪烹茶，調弦度曲，此乃寒夜齋頭清致也。

茶之辨論

唐子西《茶説》：茶不問團銙，要之貴新。歐陽少師得內賜小龍團，更閱三朝賜茶尚在，此豈復有茶也哉。

沈括，字存中，《夢溪筆談》云：茶芽謂雀舌、麥顆，言至嫩也。茶之美者，其質素良，而所植之土又美，新芽一發便長寸餘，其細如針，如雀舌、麥顆者，極下材爾，乃北人不識誤爲品題。予山居有《茶論》，復口占一絕：“誰把嫩香名雀舌，定來北客未曾嘗。不知靈草天然異，一夜風吹一寸長。”

《潛確書》[54]：茶千類萬狀，略而言之，有如胡人靴者，蹙縮然；犎牛臆者，廉襜然；浮雲出山者，輪囷然；輕飇拂水者，涵澹然；此皆茶之精腴者。有如竹籜者，枝幹堅實，艱於蒸搗其形籭簁然，有如霜荷者，莖葉凋沮，易其狀貌，厥狀萎萃然；此皆茶之瘠者也。自胡靴至於霜荷凡八等。有如陶家子，又如新治地者，二則刪。

以光黑平正言嘉者……存於口訣。[55]

唐人以對花啜茶爲殺風景。故王介甫詩云：金谷花前莫漫煎，其意在花非在茶也。金谷花前泡不宜矣，若把一甌，對山花啜之，嘗更助風景。

試茶、辨茶，必須知茶之病。

茶有九難……非飲也。[56]

茶之高致

唐盧仝七碗歌[57]云：柴門反關無俗客，紗帽籠頭自煎吃。

溫公與范景仁共登高嶺，由轘轅道至龍門，涉伊水坐香山，憩臨八節灘，多有詩什，各攜茶登覽。

楊東山[58]致仕家居,年八十,曾雲巢年尤高,攜茶看東山。其詩云:知道華山方睡覺,打門聊伴茗奴來。東山和詩有云:錦心繡口垂金薤,月露天漿貯玉杯。月露天漿,茶之精好也。

古人高致每攜茶尋友,如趙紫芝[59]詩云:"一瓶茶外無祇待,同上西樓看晚山。"

和凝[60]在朝,率同列遞日以茶相飲,味劣者有罰,號爲湯社。

錢起,字仲文,與趙莒爲茶宴,又嘗過長孫宅與朗上人作茶會[61]。

周韶好蓄奇茗,嘗與蔡君謨鬥勝,品題風味,君謨屈焉。

陸龜蒙字魯望,嗜茶荈,置小園顧渚山下,歲取租茶,自判品第。

唐肅宗賜張志和奴婢各一人,張志和配爲夫婦,號漁童、樵青。漁童捧釣收綸,蘆中鼓枻。樵青蘇蘭薪桂,竹裏煎茶。

梅聖俞,名堯臣。在《楚硯茶磨》題詩有"吐雪誇新茗,堆雲憶舊溪。北歸惟此急,藥白不須齎。"可謂嗜茶之極矣。聖俞茶詩甚多,沙門穀公遺碧霄峯茗,俱有吟詠。

學士陶穀,得黨太尉家姬,取雪水煎茶,曰:黨家應不識此。姬曰:彼粗人,但於銷金帳下,飲羊羔兒酒爾。[62]

嘉興《南湖誌》:蘇軾與文長老嘗三過湖上汲水煮茶,後人建煮茶亭以識其勝。

陸贄,字敬輿,張益餉錢百萬,茶一串。陸止受茶一串,曰:敢不承公之賜。

仙人石室,石高三十餘丈,室外蔓藤聯絡,登者攀緣而入,即泐溪福地,有陸羽題名。屬廣東韶州府樂昌縣。

饒州府餘干縣冠山,羽嘗鑿石爲竈,取越溪水煎茶於此。迄今名陸羽竈。

懷慶府濟源,内有盧仝別業,有烹茶館。

僧文瑩[63],堂前種竹數竿,蓄鶴一隻。每月白風清,則倚竹調鶴,瀹茗孤吟。

馮開之[64],精於茶政,手自料滌,客有笑者,吳寧野[64]戲解之曰:此政美人,猶如古法書、名畫,度可著欲漢之手否?

倪雲林[65],性嗜茶。在惠山中,用核桃、松子肉和粉與糖霜共成小塊,如石子，置茶中，出以啖客，名曰清泉白石。

趙行恕，宋宗室也。慕雲林清致，訪之。坐定，童子供茶。行恕連啜如常，雲林悒然曰：吾以子爲王孫，故出此品，乃略，不知風味，真俗物也。

高濂曰：西湖之泉，以虎跑爲貴㉚。兩山之茶，以龍井爲佳。穀雨前採茶旋焙時，汲虎跑泉烹啜，香清味冽，凉沁詩脾。每春當高臥山中，沉酣新茗一月。

李約，唐司徒，汧公子，雅度玄機，蕭蕭沖遠，有山林之致。在湖州嘗得古鐵一片，擊之清越。又養猿，名山，公嘗以隨逐。月夜泛江登金山，擊鐵鼓琴，猿必嘯和，傾壺達旦，不俟外賞。

茶癖

瑯琊王肅，喜茗，一飲一斗，人號爲漏卮。

劉縞㉛慕王肅之風，專習茗飲。彭城王謂之曰：卿不慕王侯八珍，而好蒼頭水厄。

《世說》云：王濛好茶，人至輒飲之。士大夫甚以爲苦，每欲候濛，必云今日有水厄。

李約性嗜茶，客至不限甌數，竟日爇火，執器不倦。

皮光業：通最〔耽〕茗事。中表請嘗新柑，筵具殊豐，簪紱叢集。纔至，未顧尊罍而呼茶甚急，徑進一巨甌。詩曰："未見甘心氏，先迎苦口師。"衆噱曰："此師固清高，難以療饑也。"

唐大中一僧，年一百三十歲，曰："臣少也賤，不知服藥。性本好茶，至處惟茶是求，飲百碗不厭。"因賜茶五十斤。

茶欲其白，常患其黑。墨則反是。然墨磨隔宿則色暗，茶碾過日則香減，頗相似也。茶以新爲貴，墨以古爲佳，又相反也。茶可於口，墨可於目。蔡君謨老病不能飲，則烹而玩之。呂行甫好藏墨而不能書，則時磨而小啜之，皆可發來者一笑。

茶效

《茶經》：茶味至寒，最宜精行。至熱渴、凝悶、腦痛、目注、四支煩、百節不舒,聊四五啜,與醍醐、甘露抗衡也。

《本草拾遺》:人飲真茶,能止渴消食,除痰少睡,利水道明目益思。

坡公云:人固不可一日無茶,每食已,以濃茶嗽口,煩膩既去,而脾胃自清。凡肉之在齒間者,得茶滌之,乃盡消縮不覺脱去,不煩刺挑也。而齒性便苦,緣此益堅密,蠹毒自已矣。然率用中茶。

唐裴汶《茶述》云:其性精清,其味淡潔,其用滌煩,其功致和。參百品而不混,越衆飲而獨高。烹之鼎水,和以虎形,人人服之,永永不厭。得之則安,不得則病。彼芝术、黄精,徒云上藥,致效在數十年後,且多禁忌,非此倫也。或曰多飲令人體虚病風。予曰不然。夫物能祛邪,必能輔正,安有蠲逐叢病而靡保太和哉。

李白詩:破睡見茶功。

《玉露》云:茶之爲物,滌昏雪滯,於務學勤政,未必無助也。

閩廣嶺南茶,穀雨、清明採者,能治痰嗽,療百病。

巴東有真香茗,其花白色如薔薇,煎服令人不眠,能誦無忘。

蒙山上有清峯茶,最爲難得。多購人力,俟雷發聲,併步採摘,三日而止。若獲一兩,以本處水煎飲,即驅宿疾;二兩輕身,三兩換骨,四兩成地仙矣。

今青州蒙山茶,乃山頂石苔。採去其内外皮膜,揉製極勞,其味極寒。清痰第一,又與蜀茶異品者。

茶之别者,有枳殼芽、枸杞芽、枇杷芽,皆治風痰。

凡飲茶,少則醒神思,多亦致疾。

《唐新語》:右補闕毋景云,釋滯消壅,一日之利暫佳;瘠氣侵精,終身之累斯大。獲益則功歸茶力[12]。貽患則不謂茶災,豈非福近易知,禍遠難見?

古今名家茶詠 凡列各類者不重載

日高五丈睡正濃……盧仝《謝孟諫議新茶》,豪放不減李翰林,終篇規諷不忘憂民,又如杜工部。

皮日休《茶詠序》云:國朝茶事,竟陵陸季疵始爲《經》三卷。後又有

太原溫從雲武威礪之,各補茶事十數節,並存方冊。昔晉杜毓有《荈賦》,
季疵有《茶歌》,遂爲茶具十詠,寄天隨子。天隨子,陸龜蒙別號。

（香泉一合乳）煮茶

（哀然三五寸）茶筍

（南山茶事勤）茶灶

（左右搗凝膏）茶焙㉝

初能燥金餅,漸見乾瓊液。九里共杉松,相望在山側。同上

（金刀劈翠雲）茶籯㉞

（旋取山上林）茶舍㉟

圓似月魂墮,輕如雲魄起。棗花勢旋眼,蘋末香沾齒。茶甌

立作菌蠢勢,煎爲潺湲聲。[66]茶鼎　以上皮日休十詠詩內

無突抱輕風,有煙映初旭。盈鍋下泉沸,滿甌雲芽熟。奇香籠春桂,
嫩色凌秋菊。煬者若吾徒,年年看不足。陸龜蒙《茶灶》

（新泉氣味良）陸龜蒙《茶鼎》

（婆娑綠陰樹）白樂天《膳後煎茶詩》。楊慕巢,亦當時善茶者。

（芳叢翳湘竹）柳宗元《竹間自煎茶》詩

（山僧後檐茶數叢）劉禹錫《西山蘭若試茶詩》

（空門少年初行堅）李咸用《謝僧寄茶》詩

（敲石取鮮火）劉言史《與孟郊洛北泉上煎茶》詩

（流華淨肌骨）顏魯公《月夜啜茶》詩

（簇簇新英摘露光）鄭谷《州煎茶》詩

（氓輟農桑業）俯視彌傷神。唐袁高《茶山》詩

碧沈霞腳碎,香泛乳花輕。曹鄴句

雲出玉甌,霞傾寶鼎。

赤泥開方印,紫餅截圓玉。

雪梅含笑綻開香唇。皆茶詩句

偷嫌曼倩桃無味,搗覺嫦娥藥不香。薛能句

睡魔從此退三舍,欣伯直須輸一籌。唐詩句。欣伯,酒也。

誰分金掌露,來作玉溪涼。茶山詩句

含露紫茸肥。_{韋處厚句}

歲晚每經寒如柝。_{茶詩句}

山家春早擷旗槍，別有千苞護絳房。_{羅隱詩句}

顧蘭露而慚芳，豈蔗漿而齊味。_{武元衡謝表句}

樣標龍鳳號題新，賜得還因作近臣。烹處豈期商嶺水，碾時空想建溪春。香於九畹芳蘭氣，圓似三秋皓月輪。愛惜不嘗惟恐盡，除將供養白頭親。_{王禹偁《龍鳳茶》詩}

（勤王修歲貢）_{王禹偁《茶園》}

（建安三千里）

（人間風月不到處）_{黃庭堅《雙井茶送子瞻》}

（喬雲從龍小蒼璧）_{黃庭堅《謝送碾源揀芽》}

（平生心賞建溪春）_{黃庭堅《謝王煙之惠茶》}

大哉天宇內，植物知幾族。靈品獨標奇，迥超凡草木。名從姬旦始，漸播《桐君錄》。賦詠誰最先，厥傳惟杜毓。唐人未知好，論著始於陸。常李亦清流，當年慕高躅。遂使天下士，嗜此偶於俗。豈但中土珍，兼之異邦鬻。鹿門有佳士，博覽無不矚，邂逅天隨翁，篇章互賡續。開園顧山下，屏跡松江曲。有興即揮毫，燦然存簡牘。伊予素寡愛，嗜好本不篤。越自少年時，低回客京轂。雖非曳裾者，庇陰或華屋。頗見綺紈中，齒牙厭粱肉。小龍得屢試，糞土視珠玉。團鳳與葵花，砆砆雜魚目。貴人自矜惜，捧玩且緘櫝。未數日注卑，定知雙井辱。於茲自研討，至味識五六。自爾入江湖，尋僧訪幽獨。高人固多暇，探究亦頗熟。聞道早春時，攜籯赴初旭。驚雷未破蕾，採採不盈掬。旋洗玉泉蒸，芳馨豈停宿。須臾布輕縷，火候護盈縮。不憚頃開勞，經時廢藏蓄。髹筒淨無染，箬籠勻且複。苦畏梅潤侵，暖須人氣燠。有如剛耿性，不受纖芥觸。又若廉夫心，難將微穢瀆。晴天敞虛府，石碾破輕綠。水日遇閑賓，乳泉發新馥。香濃奪蘭露，色嫩欺秋菊。閩俗竟傳誇，豐腴面如粥。自云葉家白，頗勝中山醁。好是一杯深，午窗春睡足。清風擊兩腋，去欲凌鴻鵠。嗟我樂何深，水經亦屢讀。陸子咤中泠，次乃康王谷。蟆培頃曾嘗，瓶罌走僮僕。如今老且懶，細事百不欲。美惡兩俱忘，誰能強追逐。昨日散幽步，偶上天峯麓。山圍

正春風,蒙茸萬旗簇。呼兒爲佳客,採製聊亦復。地僻誰我從,包藏置廚
篋。幽人無一事,午飯飽蔬菽。困臥北窗風,風微動窗竹。乳甌十分滿,
人世真局促。意爽飄欲仙,頭輕快如沐。昔人固多癖,我癖良可贖。爲問
劉伯倫,胡然枕糟麴。蘇軾《寄周安孺茶》　按:此詩茶之出處,優劣,水火侯驗可謂隱括無
遺,如讀一部《茶經》。

（蟹眼已過魚眼生）蘇軾《試院煎茶》

（吳綾縫囊染菊水）楊萬里《謝木韞之舍人分送講筵賜茶》

（春陰養芽鍼鋒芒）呂居仁《茶詩》。

（夫其滌煩療渴）吳淑《茶賦》

羅玳筵……此茶下被於幽人也。[67]

（紅紗綠篛春風餅）党懷英,號竹溪。茶詠調奇《青玉案》

（天上賜金奩）蔡伯堅《詠茶詞》

（誰扣玉川門）高仕談和前詞。仕談,字季默。仕金爲翰林學士,以詞賦擅長。

雜録

《鄴侯家傳》:唐德宗好煎茶加酥椒之類,李泌戲爲詩云:旋沫翻成碧
玉池,添酥散作琉璃眼。

《唐書》黨魯使西番[㊱],烹茶帳中,謂番人曰:"滌煩療渴,所謂茶也。"
番使曰:我亦有之,命取出指曰:此壽州者,此顧渚者,此蘄門者。

左思《嬌女詩》（吾家有好女）

陸羽著《茶經》,天下益知茶飲。鬻茶者,陶羽形置煬突間,祀爲茶神。
因李季卿召羽不爲禮,更著《毀茶論》。

《後魏録》:齊王蕭初入魏,不食羊肉酥漿,常飯鯽魚羹,渴飲茗汁。
京師士子見蕭一飲一斗,號爲漏巵。後與高祖會,食羊肉酪粥,高祖怪問
之,對曰:"羊是陸產之宗,魚是水族之長,所好不同,並各稱珍。羊比齊魯
大邦,魚比邾莒小國,唯茗不中與酪作奴。"高祖大笑,因號茗飲爲酪奴。
他日彭城王勰戲謂蕭曰:卿不重齊魯大邦,而好邾莒小國,卿明日顧我,爲
卿設邾莒之食,亦有酪奴。

蕭正德歸降,元叉欲爲設茗,先問:"卿於水厄多少?"正德不曉叉意,

答曰："下官生於水鄉，立身以來，未遭陽侯之難。"坐客大笑。

任瞻，字育長，少有令名。自過江失志，既下飲，問人云："此爲荈爲茗？"覺人有怪色，乃自分明曰："向問飲爲熱爲冷。"

劉曄與劉筠飲茶。問左右："湯滾也未？"衆曰："滾。"筠曰："僉曰鮌哉。"曄應聲曰："吾與點也。"

胡嵩有《茶詩》：沾牙舊姓余甘氏，破睡當封不夜侯。陶穀愛其新奇，令猶子彝倣作。彝曰：生涼好換雞蘇佛，回味宜稱橄欖仙。時彝年十一耳。雞蘇，一名水蘇，紫蘇類也。

誌地

茶陵州，屬湖廣長沙府。漢縣，以居茶山之陰故名。

茶王城，屬長沙府今攸縣。漢茶陵城，今呼爲茶王。

平茶洞，《禹貢》荆、梁二州之界，戰國楚黔中地，漢屬武陵。宋置平茶洞，國朝爲平茶洞長官司。

納樓茶甸，雲南臨安府納樓茶甸長官司。

和茶山，屬楚雄府廣通縣。

全茗州，屬廣西太平府，古連國，宋置。

茗盈州，屬廣西太平府，宋置。

隴茗驛，屬廣西太平府，羅陽縣。

茶山，屬江西廣信府城北，陸鴻漸嘗居此。

茶坂，屬福建建寧府建陽之雲谷。朱文公[68]搆草堂於此。一名茶坡。

茶洋驛，屬延平府南平縣，即劍浦。

茶巖，屬浙江台州府寧海縣，瀕大海，即今蓋蒼山也。陶弘景嘗居此，石上刻"真逸"二字，即弘景別號也。

茶磨嶼，屬蘇州府吳山東北，一名楞伽山，一名上方山。其北爲吳王郊台，其東北爲茶磨嶼。

茶坡，屬淮陰山陽縣，南二十里。《茶經》所載茶陵者，所謂生茶茗者也。臨遂縣有茶溪，永嘉縣東有白茶山。辰州漵浦縣西北無射山，蠻俗當吉慶時，集親族歌舞於山。山多茶樹。

後序^㉛

史内所載,茶宜精行修德之人,非謂精行修德之人始茶,而精行修德之人,領略有不同,寄興略別也。先君子過四十,即無心仕進;至耄,惟日把一編,各家書史無不覽。倦則熟眠一覺,起呼童子,問苦節君濾水,視候烹點,啜兩三甌,習習清風又讀書,日如是者再。嘗曰:人一日不了過,吾過兩日也。間仿行白香山社事,必攜茶具諸老父議論風生,先君子則左持册,右執素瓷,下一榻,且臥且聽之。又嘗謂黃卷、黑甜、清泉是吾三癖。貯水罋滿屋,客有知味者,不憚躬親,煙隱隱從竹外來,輒誦"紗帽籠頭自煎吃"之句。是編也,亦言其大凡而已。山水卉木,時有變化,而臧否因之,即耳目有未逮,寧闕勿疑此史之所由名也。嗟乎! 天下之靈木瑞草名泉大川,幸而爲篤學好古者所賞識;而不幸以堙没不傳者,又何可勝道哉!不孝世務漸靡,憂從中來,每得先君子一杯茶,則神融氣平,如坐松風竹月之下,亦可以見先君子之釃煩滌慮,別有得於性情也。手抄廿一史,略古今要言,箋釋《華嚴》《金剛》各經,每種約尺許,《茶史》特其片臠耳。讀父之書,而手澤存焉,唏噓不能竟篇。偶取其斷簡殘紙,亦皆有關於風化性命之言,又以是知先正之學問不苟如此。同年陸君咸一,每過從論茗政,遂寧夫子,亦稍稍益以所見,因先謀殺青,其他書次第梓行,庶幾使觀覽者,想見先君子之爲人焉。劉謙吉⁶⁹識。

跋^㉜

《茶史》上下二卷,先曾王父介祉先生手輯。先生弱冠時,萬里省親,懷集歸行深山叢箐中,涉洞庭之險,遭虎豹風濤,感以誠孝,皆不爲害,故至今人稱爲孝子。先生生平篤嗜茗飲,水火烹瀹諸法,評品不遺餘力。更搜討古今茶案,凡一語一事,必掌録之。久乃成帙,遂輯爲《史》。朝夕校訂,愈老不輟。先王父刻之家塾,歲久殘蝕,藏者絶少。乃大近南遊黔粵,所過山川林麓,皆先生隻身親歷處。扣之鄉三老,猶有能道及往事者。因出行笈中《茶史》。讀之,覺先生性情嗜好,儼嶽嶽於蒼梧嶺海間。歸理先澤,深懼泯滅,因急修補校刻,俾成完書,以無忘吾先人之美。曾孫乃大敬跋。

注 釋

1 此序前,日本享和香祖齋翻刻本,還冠有一篇日人梅厓居士序,本文
收編時删。但此序對本文在日本流傳的影響和翻刻、緣由等還有一
定史料價值,故這裏附收於注以供需者參考:
《序》 亡友水世肅,素有茶癖。居常好讀劉介祉《茶史》,服其精核,
以其同好故,贈所藏之善本於尾裴内田蘭渚,且令翻刻焉。享和壬戌
之春,余助祭千長鳴泮宫,歸途訪蘭渚偶,《茶史》刻成矣。目而出其
刻本,以視余,請就世肅副本而校之,且命序。余即一諾,攜而歸。此
時世肅已没,墓未有宿草,因逡巡不果,余亦罹疾,遂到於今日。比
者,得小閒,於是自就世肅家手校以返之,柳茶事之傳與功諸序已艷
稱,故不復贅焉。噫,如世肅、蘭渚雅好,固不減劉子,不然何以鄭重
翻刻於萬里外而傳之也哉。但寸卷而蒙聖天子之眷遇,斯其異於彼
者耶然,然時有遇不遇亦不可謂必無也,故余拭目以待之。
　　　　　　　享和癸亥之春　梅厓居士時賜題於浪華清夢軒

2 張廷玉(1672—1755):字衡臣,號研齋,清安徽桐城人。康熙三十九
年(1700)進士,任内閣學士。雍正時,權禮部尚書,入南書房,任《賢
祖實録》總裁。世宗時,與鄂爾泰同受顧命,乾隆初爲總理大臣輔政,
後因遭朝中大臣參劾,自請致仕。卒,按世宗遺詔,配享太廟,是清代
漢大臣唯一的配享太廟者。

3 李仙根(1621—1690):字南津,號子静,清四川遂寧人。順治十八年
(1661),進士一甲第三名。康熙七年(1668),以内秘書院侍讀加一品
服出使安南,還備述宣諭,安南事實,編爲《安南使事記》一卷。官至
户部侍郎,工書法,另有《安南雜記》《國朝耆獻類證初稿》。

4 陸求可(1617—1679):字咸一,號密庵,與劉源長同鄉,淮安人。順
治十二年(1655)進士,授(裕)州(今河南方城縣)知州,入爲刑部員
外郎,升福建提學僉事。有《陸密庵文集》二十卷,《録餘》兩卷,《詩
集》八卷,《詩餘》四卷。

5 張芝芸叟《唐茶品》:張芝芸叟,即張舜民,"芝"字疑衍。舜民字芸

　　叟,號無休居士,(丁)齋,北宋郊州人。英宗治平二年(1065)進士,爲
　　襄樂令,曾上書反對王安石新政。《唐茶品》指張舜民所撰《畫墁録》
　　中有關陽羡貢茶事等。繼壕《畫墁録》按"有唐茶品"之語。

6　承天府沔陽:承天府,明世宗升安陸州改,清又改安陸府。沔陽,明代
　　改府爲州,歸承天府,民國後改爲縣。

7　本條和下條内容,撮摘自陸羽《茶經‧一之原》。

8　此處刪節,見本書明代陳繼儒《茶董補‧製法沿革》。

9　《茶賦》:此指宋吳淑《茶賦》。

10　一名蘭雪茶:另名指"日鑄茶"。據《會稽志》載,日鑄茶的出現,"殆
　　在吳越國除之後",至北宋仁宗時如歐陽修《歸田録》所反映,其名已
　　著。蘭雪茶大概是"會稽"繼日鑄而又考的茶名。查萬曆三年(1575)
　　《會稽縣志‧物産》,還材是及蘭雪茶;但至康熙十一年(1672)《會稽
　　縣志‧物産》中,就不言"日鑄",只言蘭雪了。其載:"茶近多采已,名
　　曰蘭雪。"表明日鑄與蘭雪茶的交替,大抵是在明末和清初。

11　孫樵:《送茶與焦刑部書》:孫樵,唐關東人,字可之,一作"隱之",大
　　中九年(855)進士,授中書舍人。僖宗時遷職方郎中,上柱國賜紫金
　　魚袋。散文家,有《孫可之集》十卷。

12　此處引録,部分詩句被略去。

13　顓臾:春秋時國名,是魯國境内的一個小國名字。

14　唐襃:疑即後魏唐契(伊吾王)子。字元達,曾官後魏華州(地位今陜
　　西省)刺史,封晉昌公。

15　羅艾茶:此傳説見《山川異産記》。

16　秦觀《記》:即秦觀書《龍井記》。

17　六安:此指六安山,在霍山縣西。《爾雅‧釋山》:"霍山爲南嶽,即天
　　柱山。"六安山,也即霍山或天柱山,秦漢前,曾被封爲南嶽。

18　黄儒《茶論》:《茶論》,此似指黄儒《品茶要録》,因其下録第一句,即
　　《品茶要録‧總論》首句。

19　原字模糊不清,不能辨認。

20　《文子》:《漢書‧藝文志》録《文子》九篇注云:老子弟子和孔子爲同

時代人。一稱即辛研,字文子,號計然。葵丘濮上人,爲范蠡師,有《文子》九篇。

21　本條至"山厚者泉厚"三條,摘抄自田藝蘅《煮泉小品・源泉》。

22　本條至"梅堯臣"《碧霄峯茗》五條,全摘抄自《煮泉小品・石流》。

23　洞庚張山人云:此條下録內容,見於明張源《茶録》。　張源,蘇州洞庭西山人,號樵海人。

24　本條至"井水取汲多者"三條,全摘抄自《煮泉小品》"江水"和"井水"。

25　此條至"龍行所暴而霪者"四條,全摘抄自《煮泉小品・靈水》。

26　李虛己:宋建州建安(今福建建甌)人。字公受,太平興國三年(978)進士,累官殿中丞,出知遂州。真宗時,歷權御史中丞,給事中,知河中府、洪州,遷工部侍郎,知池州,分司南京。喜爲詩,精於格律。

27　吴瑞:此吴瑞,疑非明成化十一年(1475)進士崑山的吴瑞,而是元杭州海寧的醫生,字瑞卿。《千頃堂書目》稱其曾撰有《日用本草》。

28　謝康樂:即謝靈運(385—433),南朝劉宋著名詩人。東晉名將謝玄孫,襲封康樂公,世稱"謝康樂"。

29　此《茶譜》不知何人所作,查閱毛文錫、朱權、錢椿年和顧元慶《茶譜》,均不見其所録內容。

30　本條至"凡泉上有惡木"四條,分別抄録自《煮泉小品》"清寒"和"甘香"兩部分內容。

31　慧山:下輯頭條內容,出自龍膺《蒙史・泉品述》。此以下三條有關慧山、二泉資料,分別輯集他書。這是本條與《名泉》各篇一致體例。但所輯內容,文字大多都有出入,故亦只能存不作刪。

32　姜唐佐:字公弼,瓊州瓊山人。徽宗崇寧二年(1103)鄉貢,從蘇軾學,爲軾所重,有中州士人之風。

33　陜州硤石縣:故治在今河南陜縣東南峽石鎮。

34　梁山縣:西魏置,宋改梁山軍,之升爲州,明廢州爲縣,約今重慶梁平縣。

35　張商英(1043—1122):字天覺,號無盡居士,宋蜀州新津人。英宗治平二年(1065)進士,哲宗初爲開封府推官,後召右政言,遷左司諫,力反權臣司馬光、呂公著等。徽宗即位，遷中書舍人，崇寧初爲翰林學士，尋拜尚書右丞，轉左政。與蔡京政見不合，罷知亳州。卒謚文忠。有《神宗正典》《無盡居士集》等。

36　此處刪節，見宋代歐陽修《大明水記》。

37　此處刪節，見宋代歐陽修《大明水記》。

38　本段收録《述煮茶泉品》，"多孕茶荈"以上，爲選摘，故未闡也不適合刪。此以下，除個别字有差異外，基本上是全文照抄，故刪。

39　于鵠：唐詩人。初隱居漢陽，年三十猶未成名。代宗大曆時，嘗爲謝府從事，有集。

40　章孝標《松泉》詩：章孝標，唐睦州桐廬（一稱杭州）人，元和十四年（819）進士，文宗太和中試大理評事。工詩。

41　本段内容，主要輯自羅大經《鶴林玉露》，但也非據之一篇文獻，其前後即由劉長源雜摘其他有關内容組成。如"三沸之法，非活火不成"，即出屠隆《茶箋》。

42　屠緯真云：緯真，屠隆的字。此條所録，摘自屠隆《茶箋・候湯》的内容，但前後次序有顛倒。

43　"李生好客手自煎，貴從活火發新泉"，句出蘇軾《試院煎茶》。下句"活水仍將活火煎"，蘇軾《汲江煎茶》作"活水還須活火煎"。

44　"銀瓶瀉湯誇第二"，句出蘇軾《試院煎茶》。下句"雪乳已翻煎去腳，松風忽作瀉時聲"，句出《汲江煎茶》，但原詩"雪乳"作"茶雨"。

45　許次紓常與馮開之戲論茶候，此據許次紓《茶疏・飲啜》改寫。馮開之，即馮夢楨（1546—1605），開之是其字，浙江秀水（今嘉興）人，萬曆五年（1577）進士，仕南京國子監祭酒被劾歸。因家藏有《快雪時晴帖》，因名其堂爲"快雪堂"。有《歷代貢舉志》《快雪堂集》《快雪堂漫録》。

46　此處刪節，見五代蜀蘇廙《十六湯品》。

47　下録茶具，選録自屠隆《茶箋》，但多數注釋比《茶箋》稍詳。

48　高深甫：即高濂。

49　此處刪節，見明代陸樹聲《茶寮記》。

50 此處删節,見明代屠隆《茶箋·擇薪》。

51 此處删節,見明代屠隆《茶箋·擇器》。

52 此處删節,見明代屠隆《茶箋·人品》。

53 許雲村(1479—1557):即許相卿,字伯台,晚年號雲村老人,明海寧人。正德十二年(1517)進士,世宗時授兵科給事中,因上疏言事屢屢不聽,謝病歸。嘉靖八年(1529)詔養病三年以上不復職落職閑住,遂廢。有《雲村文集》《許相卿全集》《史漢方駕》等。

54 《潛確書》:全名應作《潛確類書》,明陳仁錫崇禎初年前後撰。本段內容《潛確類書》摘自《陸羽茶經·三之造》,但不僅如劉源長注所說,在"涵澹然"之後,删有"陶家子"等兩則,其他各句,文字大多也有更删。

55 此處删節,見唐代陸羽《茶經·三之造》。

56 此處删節,見唐代陸羽《茶經·六之飲》。

57 盧仝七碗歌:此當是指盧仝《走筆謝孟諫議寄新茶》詩。

58 楊東山:生卒年月不詳。據《鶴林玉露》載:宋理宗端平初,楊東山累辭召命,以集英殿修撰致仕,家居年八十。

59 趙紫芝,即趙師秀(1170—1219),字紫芝,號靈秀,溫州永嘉人。趙匡胤八世孫。紹熙元年(1190)進士,沉浮州縣,仕終高安推官。詩學賈島、姚合一派,反對江西詩派的艱澀生硬。與徐照、徐璣、翁卷合稱"永嘉四靈"。有《清苑齋集》。

60 和凝(898—955):五代詞人,字成績,鄆州須昌(今山東東平西北)人。後梁貞明二年(916)進士。後晉有天下,歷端明殿學士,中書侍郎,同中書門下平章事。後漢時,授太子太傅,封魯國公。文章以多爲富,長於短歌艷曲,有"曲子相公"之稱,詩有《宮詞》百首。

61 錢起"茶宴""茶會":主要述錢起曾遺有《與趙莒茶宴》《過長孫宅與朗上人茶會》兩詩。

62 此則疑據夏樹芳《茶董·黨家應不識》摘錄,但文字有删略和少數改動。

63 僧文瑩:宋錢塘(今浙江杭州)人。字道溫,一字如晦。嘗居西湖之菩提寺,後隱荆州之金鑾寺。工詩,喜藏書,尤潜心野史,注意世務,多與士大夫交游。有《湘山野録》《玉壺清話》等。

64 吴寧野:明延陵(今江蘇丹陽)人。

65 倪雲林:即倪瓚,初名廷,字元鎮,號雲林子,荆蠻氏,元常州無錫人。家境富裕,築雲林堂"閟閣",收藏圖書文玩和吟詩作畫。工詩、書、畫。其水墨山水畫風,對明清文人山水畫有較大影響。與王蒙、黄公望、吴鎮并稱"元季四大家"。

66 劉源長注"以上皮日休十詠詩"内,本書在前校記中已指出,《茶焙》第一首和《茶籝》《茶舍》三首,實非皮日休而是陸龜蒙作。前九首詩中,皮日休連後面兩則詩句在内,也只占六首。

67 此處删程宣子《茶夾銘》全文,見明代程百二《品茶要録補》。

68 朱文公:即朱熹(1130—1200),字元晦,一字仲晦,號晦庵、遯翁、滄州病叟、雲谷老人、朱松子等,宋徽州婺源(今江西婺源)人。高宗紹興十八年(1148)進士。卒諡文。有《朱文公文集》《四書章句集注》等。

69 劉謙吉:字六皆,號訒弁。康熙甲辰(三年,1664)進士,官中樞,出參撫遠大將軍幕,入補刑部主事,出守司南府,升山東提學僉事。期滿,以老乞歸,卒年八十七歲。

校　記

① 《茶史》:英國倫敦大學亞非學院收藏的日本享和癸亥香祖軒據雍正翻刻本(簡稱日本香祖軒本),題名作《介翁茶史》,并在作者"劉源長著"的署名之上還特意冠以"清八十老人"五字。

② 底本爲雍正劉乃大補修本,可能這一原因,將張廷玉雍正新序置於康熙李仙根叙和陸求可序之前爲首篇。至於康熙刻本的序言,陸序撰於康熙乙卯年(十四年,1675),李叙撰於丁巳年(十六年,1677),但不知雍正本爲甚麼把先寫的序排於後,把後寫的序刊於前,是否康熙本原本如此? 未進一步查。康熙本除李叙、陸序外,還有源長子劉謙吉寫的序。其落款雖然未署時間,但可以肯定,當是康熙時而不是雍正

梓印時所書。但他寫的是"後序",所以雍正本從康熙本,將謙吉的後序刊印在本文的卷末。

③ "敘":底本在"敘"字前,原文還冠有書名《茶史》兩字,本書删。值得注意的是,在李仙根"茶史敘"的魚尾處,在"茶史敘"的三字間,還加一"原"字,稱"茶史原敘";而在陸求可序的二頁魚尾,又改"原"爲"陸",作"茶史陸序",莫非比李叙早兩年寫的"陸序",在康熙本中没有梓刊? 作爲疑點,也暫記於此。

④ 在本序陸求可序前,日本香祖軒本,將劉謙吉後序,由書尾移置於此改爲前序。昭代叢書別編與日本香祖軒本不謀而合,也將劉謙吉後序改爲前序,不同的是它不是將劉序排在陸序之前,而是在其後,這就是我們現在看到的雍正、昭代叢書和日本香祖軒三個不同版本幾序排列差亂的情況。

⑤ 温太真嶠上《貢茶條列》:底本作"温太真嶠真上茶條列",據其他引文逕改。

⑥ 鮑昭妹令暉著《香茗賦》:底本作"鮑照姊令暉茶香茗賦",據陸羽《茶經·七之事》逕改。

⑦ 陶穀《十六湯》:"湯"字下似脱一"品"字。

⑧ 《本草·菜部》,一名茶,一名選,一名游冬:底本,茶字作"茶";游冬,劉源長斷句破斷作"一名游",脱一"冬"字。據陸羽《茶經》引文和前後文義改。

⑨ 三弋五卯:弋,底本作"戈",《茶經》不同版本,如説郛本、百川學海本等作"戈";但也有的版本作"弋",據文義,本書改作"弋"。卯,不同版本也不一,如鄭熜本、四庫本等,就作"卯"。

⑩ 宋裴汶《茶述》:宋,應是"唐"之誤。裴汶,唐德宗、憲宗時投身仕途,元和時一度出刺澧、湖、常州。將裴汶安定爲宋人,不知始於何人,但明陳繼儒《茶董補》中即作如是説,劉源長很多内容摘自《茶董補》,可能也傳訛於此。

⑪ 《北苑》詩:此句查爲北宋丁謂詩句。《北苑》,《苕溪漁隱叢話》題作《北苑焙新茶》并序。

⑫ 《杜陽編》：原題作《杜陽雜編》，唐蘇鶚撰。

⑬ 弘君舉《食檄》：君，底本原作"若"，據陸羽《茶經》引改。

⑭ 可以相給：可，底本脫，不通，據陸羽《茶經・七之事》逕補。

⑮ 不止味同露液，白况霜華：本文"謝氏　謝茶啟"，其他各書引録，大多作"謝宗論茶"。此句夏樹芳《茶董・丹丘仙品》作"首閲碧澗明月，醉向霜華"。

⑯ 龍坡山子：山，底本原據明清傳抄本引録作"仙"，據宋陶穀《清異録・荈茗》原文改。

⑰ 上天竺白雲峯者：峯，底本作"岸"，據萬曆三十七年(1609)《錢塘縣志・物産》改。

⑱ 京挺：挺，底本作"斑"。爲上下一致，逕改。

⑲ 唐宋曰雅州：宋，底本和日本香祖軒本均作"米"，顯誤。《中國茶文化經典》不解擅删。查雅州，隋置，以雅安山名，後改爲臨邛郡。唐復爲雅州，又改盧山郡，尋復曰雅州。宋改雅州盧山郡。由此建州演變，"米"字顯爲"宋"字。

⑳ 一旗二槍：當是"一槍二旗"之誤。此訛首現吳淑《事類賦》卷17毛文錫《茶譜》注。明清文獻中以訛傳訛愈來愈多。

㉑ 澧州："澧"字，底本和日本香祖軒本均作"澧"。澧水在陝西，歷史上也無此州，顯爲"澧"字之誤，逕改。

㉒ 采石楠芽爲茶飲：楠，底本和日本香祖軒本均作"南"，據毛文錫《茶譜》逕改。

㉓ 岕茶非花非木：木，近刊有的茶書作"水"，附正。

㉔ 又有一槍二旗之號，言一芽二葉也：底本和其他各本均作"一旗二槍""一葉二芽"，逕改，下不再出校。

㉕ 水則岷方之注：方，底本作"山"，據《太平御覽》卷867引文改。

㉖ 山泉：山，底本作"水"，據《博物志》原文改。

㉗ 亦可澄水：亦，底本爲空白，據日本香祖軒本補。

㉘ 涉三：三，底本作"二"，據《鶴林玉露》逕改。

㉙ 况瓶中煮之不可辨：本條内容全録自蔡襄《茶録・候湯》。况，喻政

茶書、四庫本等大多作"沉"，唯《端明集》《忠惠集》等原文作"况"。

㉚ 西湖之泉，以虎跑爲貴：跑，日本香祖軒本與底本同。跑：方言，(水)往上涌。近見有的茶書和引文皆改作"跑"，似無必要。

㉛ 劉縞：縞，《洛陽伽藍記》作"鎬"。

㉜ 功歸茶力：功，底本和近出有些茶書作"印"，疑誤。《大唐新語》原文"功歸"作"歸功"。

㉝ 此《茶焙》詩，爲陸龜蒙作。底本劉源長將之誤作爲皮日休所奉。

㉞ 雲：《全唐詩》作"筠"。本首《茶籯》詩，也非皮日休而是陸龜蒙所作，係劉源長誤録或誤編。

㉟ 本詩"林"字、架爲山上屋的"上屋"，《全唐詩》作"材"字和"下屋"。此詩亦非皮日休而是陸龜蒙和。底本誤。

㊱ 黨魯使西番：黨，唐李肇《國史補》作"常"。

㊲ 後序：此序是劉源長子謙吉爲康熙本刊印時所寫，該"後序"雖没寫明"後序"，但刻印在文後，所以雍正補修本重刊時，按照康熙本原貌，仍排在文後，并特地在邊框之外，注明爲"後序"。日本享和癸亥年香祖軒翻刻時，提置到文前也改作爲前序。《中國古代茶葉全書》效之，正式將之排作爲序四。本書編校時，認爲日本香祖軒本和《中國古代茶葉全書》本這樣改動欠妥，所以仍將此移至文後，并前加上"後"字，正式作"後序"處理。

㊳ 跋：此頁刻印在《茶史》《茶史補》雍正合訂本最後，行文前無題無名，只最後落款"曾孫乃大敬跋"，才提及一個名字。另外，在魚尾處注明爲"茶史跋"。現在《茶史》和《茶史補》一般都分作兩書而不再合爲一書，既然合訂本排在《茶史補》後面的跋，魚尾部還將特别寫明是"茶史跋"，所以本書編校時根據上説將此跋由《茶史補》後提至《茶史》尾部，正式作爲《茶史》之跋；另外原文無題，文前再補加一"跋"字。

岕茶彙鈔

◇清　冒襄　輯①

　　冒襄(1611—1693)，字辟疆，號巢民、樸庵、樸巢、水繪庵老人等，如皋（今江蘇如皋）人。十歲能詩，明崇禎十五年(1642)副貢，授台州推官，不就；後來史可法薦爲監軍，也未就。與時人方以智、陳慧貞、侯方域被稱爲"復社四公子"，襄尤才高氣盛。明亡後，屢拒清吏推薦，隱居不仕。性孝喜客，家有水繪園、樸巢、深翠山房諸勝，四方名士招致無虛日。又常恣游山水，或與才人、學士、名妓爲文酒宴游之歡，風流文采，映照一時。晚年結匡峯廬，以著書自娛。工詩文，善書法。著有《水繪園詩文集》《樸巢詩文集》《影梅庵憶語》及自己輯印的《同人集》等。

　　關於《岕茶彙鈔》的編寫年代，萬國鼎據書中冒襄所寫"憶四十七年前"托人入岕購茶，爲"衰年稱心樂事"，及冒襄八十三歲卒於康熙三十二年(1693)這兩點，推定此文大概撰於他"晚年"七十三歲即"1683 年前後"。萬氏對《岕茶彙鈔》的評價："全篇約 1 500 多字。記述岕茶的產地、採製、鑒別、烹飲和故事等，頗爲切實。大概有一半是抄來的，但沒有注明出處。"其實冒襄於此文，只有最後三段不到四百字是摘自他所寫的《影梅庵憶語》，抄來部分多達近四之三，反映了當時對岕茶的一般看法。

　　本文除上說有張潮序跋的《昭代叢書》外，還有光緒乙酉《冒氏小品》四種和己亥《冒氏叢書》等兩種舊本。此以《昭代叢書》本作底本，以光緒和所引原書等各本作校。

小引②

茶之爲類不一，岕茶爲最；岕之爲類亦不一，廟後爲佳。其採擷之宜，烹啜之政，巢民已詳之矣，予復何言。然有所不可解者，不在今之茶，而在古之茶也。古人屑茶爲末，蒸而範之成餅，已失其本來之味矣。至其烹也，又復點之以鹽，亦何鄙俗乃爾耶。夫茶之妙在香，苟製而爲餅，其香定不復存；茶之妙在淡，點之以鹽，是且與淡相反；吾不知玉川之所歌，鴻漸之所嗜，其妙果安在也？善著飲者，每度率不過三四甌，徐徐啜之，始盡其妙。玉川子于俄頃之間，頓傾七碗，此其鯨吞虹吸之狀，與壯夫飲酒，夫復何殊？陸氏《茶經》所載，與今人異者，不一而足，使陸羽當時茶已如今世之製，吾知其沉酣傾倒於此中者，當更加十百於前矣。昔人謂飲茶爲水厄，元魏人[1]至以爲恥，甚且謂不堪與酪作奴，苟得羅岕飲之，有不自悔其言之謬耶。吾鄉三天子都，有抹山茶；茶生石間，非人力所能培植；味淡香清，足稱仙品；採之甚難，不可多得。惜巢民已歿，不能與之共賞也。心齋張潮[2]撰。

環長興境産茶者曰羅嶰，曰白巖，曰烏瞻，曰青東，曰顧渚，曰篠浦，不可指數；獨羅嶰最勝。環嶰境十里而遙，爲嶰者亦不可指數。嶰而曰岕，兩山之介也。羅氏居之，在小秦王廟後，所以稱廟後羅岕也。洞山之岕，南面陽光朝旭夕暉，雲瀫霧渟，所以味迥別也。

產茶處，山之夕陽，勝於朝陽。廟後山西向，故稱佳；總不如洞山南向，受陽氣特專，稱仙品。

茶産平地，受土氣多，故其質濁。岕茗産於高山，渾是風露清虛之氣，故爲可尚。

茶以初出雨前者佳。惟羅岕立夏開園，吳中所貴；梗粗葉厚，有蕭箬之氣；還是夏前六七日，如雀舌者佳，最不易得。

江南之茶……全與岕別矣。[3]

岕中之人，非夏前不摘。初試摘者，謂之開園。採自正夏，謂之春茶。其地稍寒，故須待時，此又不當以太遲病之。往日無有秋摘，近七八月重摘一番，謂之早春，其品甚佳，不嫌稍薄也。

岕茶不炒，甑中蒸熟，然後烘焙。緣其摘遲，枝葉微老，炒不能軟，徒枯碎耳。亦有一種細炒岕，乃他山炒焙，以欺好奇。岕中惜茶，決不忍嫩採以傷樹本。余意他山亦當如岕③，似無不可。但未試嘗，不敢漫作。

岕茶雨前精神未足④，夏後則梗葉太粗，然以細嫩爲妙，須當交夏時，時看風日晴和⑤，月露初收，親自監採入籃。如烈日之下，又防籃內鬱蒸，須傘蓋至舍，速傾净篚薄攤，細揀枯枝、病葉、蛸絲、青牛之類，一一剔去，方爲精潔也。

蒸茶，須看葉之老嫩，定蒸之遲速，以皮梗碎而色帶赤爲度；若太熟則失鮮。其鍋内湯須頻換新水，蓋熟湯能奪茶味也。

茶雖均出於岕，有如蘭花香而味甘，過霉歷秋，開罎烹之，其香愈烈，味若新沃，以湯色尚白者，真洞山也。若他嶰初時亦香，秋則索然，與真品相去霄壤。⑥又有香而味澀，色淡黄而微香者，有色青而毫無香味，極細嫩而香濁味苦者，皆非道地。品茶者辨色聞香，更時察味，百不失矣。

茶色貴白，白亦不難。泉清瓶潔，葉少水洗，旋烹旋啜，其色自白。然真味抑鬱，徒爲目食耳。若取青綠，天池、松蘿及下岕。雖冬月，色亦如苔衣，何足稱妙。莫若真洞山，自穀雨後五日者，以湯薄瀹，貯壺良久，其色如玉，冬猶嫩綠，味甘色淡，韻清氣醇，如虎丘茶，作嬰兒肉香⑦，而芝芬浮蕩，則虎丘所無也。

烹時先以上品泉水滌烹器，務鮮務潔。次以熱水滌茶葉。水太滚，恐一滌味損。以竹筯夾茶於滌器中，反復滌蕩，去塵土、黄葉、老梗盡，以手搦乾，置滌器內蓋定，少刻開視，色青香烈，急取沸水瀹之。夏先貯水入茶，冬先貯茶入水。

茶花味濁無香，香凝葉内。

洞山茶之下者，香清葉嫩，着水香消。

棋盤頂、紗帽頂、雄鵝頭、茗嶺，皆産茶地。諸地有老柯、嫩柯，惟老廟後無二，梗葉叢密，香不外散，稱爲上品也。

茶壺以小爲貴。每一客一壺，任獨斟飲，方得茶趣。何也？壺小香不涣散，味不耽遲，况茶中香味，不先不後，恰有一時，太早未足，稍遲已過。個中之妙，清心自飲⑧，化而裁之，存乎其人。

憶四十七年前，有吳人柯姓者，熟於陽羨茶山，每桐初露白之際，爲余入岕，篝籠攜來十餘種。其最精妙不過斛許數兩，味老香深，具芝蘭金石之性，十五年以爲恆。後宛姬⁴從吳門歸余，則岕片必需半塘⁵顧子兼，黄熟香[6]必金平叔，茶香雙妙，更入精微。然顧、金茶香之供，每歲必先虞山柳夫人[7]，吾邑隴西之蒨姬與余共宛姬，而後他及。

金沙于象明攜岕茶來，絕妙。金沙之於精鑒賞，甲於江南，而岕山之棋盤頂，久歸於家，每歲其尊人必躬往採製。今夏攜來廟後、棋頂、漲沙、本山諸種，各有差等，然道地之極，真極妙；二十年所無。又辨水候火，與手自洗，烹之細潔，使茶之色香性情，從文人之奇嗜異好，一一淋漓而出。誠如丹邱羽人所謂飲茶生羽翼者，真衰年稱心樂事也。

又有吳門七十四老人朱汝圭攜茶過訪，茶與象明頗同，多花香一種。汝圭之嗜茶自幼，如世人之結齋於胎，年十四入岕，迄今春夏不渝者百二十番，奪食色以好之。有子孫爲名諸生，老不受其養，謂不嗜茶爲不似阿翁。每辣骨入山，臥遊虎虺，負籠入肆，嘯傲甌香，晨夕滌瓷洗葉，啜弄無休，指爪齒頰與語言激揚，讚頌之津津，恆有喜神妙氣，與茶相長養，真奇癖。

跋

吾鄉既富茗柯[8]，復饒泉水，以泉烹茶，其味尤勝，計可與羅岕敵者，唯松蘿耳。予曾以詩寄巢民云：“君爲羅岕傳神，我代松蘿叫屈。同此一樣清芬，忍令獨向隅曲。”迄今思之，殊深我以黃公酒壚[9]之感也。心齋居士題。

注　釋

1　元魏人：指東晉、南北朝的北魏拓跋族人。拓拔氏是鮮卑族的一支，以部爲氏。東漢後期，散居中國北方的鮮卑人，分爲東、中、西三部，拓拔氏爲西部的一支，居上谷（即上谷郡，秦時治所在今河北懷來東南）以西至敦煌一帶。386年，其首領建立北魏政權。至471年孝文帝即位後，遷都洛陽，改姓元，推行漢化，使北魏更加强大，統一了整個長江以北廣袤之地。

2　張潮(1659—?)：字山來,號心齋或心齋居士,清康熙時皖南歙縣人。
　以歲貢考選,授翰林院孔目。任孔目時,曾綜合輯録清初各家著述刊
　爲《昭代叢書》,後又與王晫同輯《檀几叢書》,并以此兩書著名於時。
　工詞,有《心齋雜俎》《心齋詩鈔》《花影詞》等。

3　此處刪節,見明代許次紓《茶疏·産茶》。

4　宛姬：指明末南京秦淮名妓董小宛(1624—1651),善書畫,通詩史,
　明崇禎十五年(1642)歸冒襄爲妾。清兵南下,與冒襄輾轉亂離九年,
　患難中早卒,冒襄撰《影梅庵憶語》憶其生平。

5　半塘：地名,位於今江蘇蘇州。董小宛寓吳門時住過。

6　黃熟香：茶名。

7　虞山柳夫人：虞山位於江蘇常熟縣城。此指明末清初常熟人錢謙益
　(1582—1664)之妾柳如是。柳如是(1618—1664),原名楊愛,後改姓
　柳,名是,字如是,號我聞室主,人稱河東君。明末吳江名妓,能詩善
　畫,多與名士往來,崇禎十四年(1641)嫁謙益。南明亡,勸謙益殉國,
　未從。入清,謙益死,族人要挾索舍,自縊死。著有《柳如是詩》等。

8　茗柯：柯通"棵",指茶株或茶樹。

9　黃公酒壚：指晋時一酒店名。言晋王戎與嵇康、阮籍曾同飲於黃公酒
　店。嵇、阮被殺後,王再過黃公酒店,思念亡友,深感孤淒。後以"黃
　公舊酒壚"爲悼念亡友之典故。

校　記

①　底本在本文題前兩行,分別署以"新安張潮山來輯""黃岡杜濬于皇
　校"等十四字。在後書名《岕茶彙鈔》另行,又署"雉皋冒襄巢民著"。
　雉皋即"如皋"。本文冒襄自題即稱《彙抄》,故本書作編時在刪去輯
　校者同時,題署也特簡改爲"(清)冒襄輯"。

②　小引前,底本和其他各本還冠有《岕茶彙鈔》書名,本書省。

③　余意他山亦當如岕：許次紓《茶疏》原文作："余意他山所産,亦稍遲
　採之,待其長大,如岕中之法蒸之。"

④　此"岕茶雨前……爲清潔也""蒸茶,須看……奪茶味也"以及"茶雖
　　均出……百不失矣"三段,全部抄自馮可賓《岕茶箋》"論採茶""論蒸
　　茶""辨眞贋"三節,蒸茶内容無差异,其他兩段特別是"辨眞贋"改删
　　大處,作校。

⑤　須當交夏時,時看風日晴和:《岕茶箋》作"須當交夏時,看風日晴
　　和",無後面一個"時"字,疑冒襄抄或底本刊時衍。

⑥　初時亦香,秋則索然,與眞品相去霄壤:《岕茶箋》作"初時亦有香味,
　　至秋香氣索然,便覺與眞品相去天壤"。

⑦　冬猶嫩緑,味甘色淡,韻清氣醇,如虎丘茶,作嬰兒肉香:《羅岕茶記》
　　作"至冬則嫩緑,味甘色淡,韻清氣醇,亦作嬰兒肉香"。

⑧　恰有一時,太早未足,稍遲已過。個中之妙,清心自飲:《岕茶箋》作
　　"只有一時,太早則未足,太遲則已過,的見得恰好一瀉而盡"。

茶史補

◇清　余懷　補①

余懷(1616—?)，字澹心，一字無懷，號曼翁，明末清初莆田人。因長期居住南京，寫有《板橋雜記》《東山談苑》等有關南京的地志和筆記，詩也爲王士禎所推重。晚年移居蘇州，有《味外軒文稿》《研山草堂文集》等。

據劉謙吉爲本書所作序推測，余懷編定此書，當在康熙戊午年(十七年，1678)六月二十一日或稍前。它補的是劉源長的《茶史》，但萬國鼎《茶書總目提要》却對它評價不高，説它"大抵雜引古書，無甚精彩"。

本書有康熙戊午劉謙吉刻本、雍正六年(1728)劉乃大據戊午本重刻本、楊復吉《昭代叢書·辛集別編》本等，前兩種均與劉源長《茶史》合刊，《昭代叢書》本增加有《沙苑侯傳》《茶讚》和跋等附録。此次排印，即以雍正本爲底本，以康熙本、《昭代叢書》本作校，正文後所綴"附録"，則以《昭代叢書》爲據。

序②

曼叟曰："余嗜茶成癖，向著有《茶苑》一書，爲人竊稿，幾爲譚峭化書。今見淮陰劉介祉先生《茶史》，風雅詳贍，迥出《茶語》《茶顛》之上，余不揣樗昧，爰取《茶苑》雜紙，删史中所已載者，存史中所未備者，名曰《茶史補》，亦庶幾褚少孫¹補《史記》；李肇補唐史²之意云爾"。不孝讀曼叟之言而有感已。先輩苟有著於當世，必竭其心力所至，而人多率意讀之已耳。其有能告以闕失者，則細心以讀其書，而又博聞強識以爲助也。使曼叟與先大人少同里閈，壯同遊學，其爲《茶史》《茶苑》合爲一書矣。曼叟詩賦古文詞最富，而《茶史補》內有《採茶記》《沙苑侯傳》及他著録，皆大有闡發。

予先刻其摭古者凡六十有三則。

康熙戊午季夏望有六日山陽劉謙吉訒菴敬題

《神農本草經》云：茶，味苦。飲之使人益思少臥，輕身明目。

王褒《僮約》云：牽犬販鵝，武陽買茶。

張華《博物志》云：飲真茶，令人少眠。

唐貞元中，常袞爲建州刺史，始焙茶而研之，謂研膏茶。其後稍爲餅樣，〔貫〕其中③，故謂之一串。陸宣公受張鎰餽茶一串是也。

玉壘關外寶唐山，有茶樹産於懸崖，筍長三寸④五寸，方有一葉兩葉。

《荊州土地記》：武陵七縣通出茶⑤，最好。

宋宣和間，始取茶之精者爲銙茶。

焦坑産嶺下，味苦硬，久方回甘。東坡《南還至章貢顯聖寺》⑥詩云：“浮石已甘霜後水，焦坑新試雨前茶。”

宋僧梵英曰：茶新舊交，則香復。

唐制，吏察主院中茶，必擇蜀茶之佳者，貯於陶器，以防暑濕。御史躬親緘啟，謂之“茶瓶廳”。

明昇在重慶府³取涪江青蟆石爲茶磨，令宮人以武隆雪錦茶碾之，焙以大足縣香霏亭海棠花，香味倍常。

東坡云：時雨降，多置器廣庭中，所得甘滑，不可名。以瀹茶，美而有益。

玉女泉，在丹陽。有人污之，則水黑，潔清，則水又變白。蓋靈泉也。

盧山三疊泉，從來未以瀹茗。紹興丁巳年，湯制幹仲能主白鹿教席⁴，始品題以爲不讓谷簾。以泉水寄張宗瑞，侑之以詩，有云“幾人競賞飛流勝，今日方知至味全”。

《抱朴子》云：“水性絶冷，而有温谷之湯泉；火體宜炎，而有蕭丘之寒燄。”

呂申公貯茶有三種器具：一種用金，一種銀，一種名棕櫚。客至呼棕櫚，家人知爲上客。

博陵崔氏，贈元徽之文竹茶碾子一枚。

范蜀公與司馬溫公[5]同遊嵩山，各携茶以行。溫公以紙爲裹，蜀公用小木盒子盛之。溫公驚曰："景仁乃有茶具耶？"蜀公慚，因留盒與寺僧而去。

《世説》云：劉尹茗柯有妙理。

蘇舜欽[6]《答韓維書》云：渚茶野醸，足以銷憂。

李竹懶[7]曰：人家好子弟爲庸師教壞，好書畫爲俗子題壞，世間好茶爲惡手焙壞，皆可惜也。

唐德宗納户部侍郎趙贊議，税天下茶、漆、竹、木，十取一以爲常平本錢。

右拾遺李羗疏曰：茗飲，人之所資，重税則價必增，貧弱益困。

武宗時，諸道置邸收茶税，謂之"搨地錢"。私販大起。

諸道鹽鐵使于悰，每斤增税錢五，謂之"剩茶錢"。

宋榷茶有六務。

茶馬御史之制，始於宋神宗。遣三司幹當公事入蜀，經畫買茶與西夏市馬，於是蜀茶盡榷，民始病焉。李溥爲江淮發運使，奏曰："自來進御惟建州餅茶，而浙茶未嘗修貢。本司以羡餘錢買到數千斤，乞進入内。"自國門挽船而入，稱進奉茶綱。

宋許啓仲官蘇沙⑦，得《北苑修貢録》，序以刊行。

建州龍焙面北，謂之北苑。有一泉，極清淡，謂之御泉，用其水造茶。

蔡襄爲福建漕，改造小龍團入貢。東坡怪之曰："君謨士人，何亦爲此？"

杜子美詩云："茶瓜留客遲。"又云："薰風啜茗時。"又云："柴荆具茶茗，徑路通林丘。"

黃山谷有《煎茶賦》，茶詞最多。有云："碾破春風，香疑午帳，銀瓶雪滚翻匙浪。"

又云："金渠體净，隻輪碾破⑧，玉塵光瑩。湯響松風，早解了、二分酒病。"⑨

又云："樽酒風流戰勝⑩，降春睡，開拓愁邊。纖纖捧，熬波濺乳⑪，金縷鷓鴣班。"

又云："香引春風在手，似粤嶺閩溪，初采盈掬。"

又有《謝公擇舅分賜茶》詩,中有云:"拚洗一春湯餅睡,亦知清夜起蛟龍。"

又有《答黃冕仲索煎雙井茶》詩。雙井在分寧縣,茶屬魯直家,亦以充貢。

白香山有《琴茶》詩。

白香山《草堂記》云:又有飛泉,植茗就以烹燀。

裴晉公[8]詩曰:飽食緩行初睡覺,一甌新茗侍兒煎。脫巾斜倚繩床坐,風送水聲來耳邊[12]。

王元之詩云:春殘葉密花枝少,睡起茶親酒盞疏。

唐路德延[9]《孩兒》詩云:養茶懸竈壁,曬艾曝簷椽。

宋僧贊寧[10]詩云:拂石雲離簪,嘗茶月入鐺[13]。

東坡《建茶》詩[14]云:糠粃團鳳友小龍,奴隸日鑄臣雙井。

放翁《跋程正伯藏山谷帖》云:此卷不應攜在長安逆旅中,亦非貴人席帽金絡馬傳呼入省時所觀。程子他日幅巾筇杖渡青衣江,相羊喚魚潭、瑞草橋、清泉翠樾之間,與山中人共小巢龍鶴菜飯;掃石置風爐,煮蒙頂紫苗,出此卷其讀乃稱爾。

桓溫督將有茶病,名斛茗瘕。

吳孫皓每饗宴,坐席無能否,率以七升爲限。韋曜飲酒不過二升,初見禮異,密賜茶茗當酒。

劉琨《與兄子兗州刺史演書》曰:前得安州乾茶二斤[15],薑一斤,桂一斤。吾體中煩悶,恆假真茶,汝可信致之。

晉元帝時,有老母每旦擎一器茗,往市鬻之。市人競買,自朝至暮,其茶不減。所得錢即散路傍孤貧人。或怪之,繫之於獄,夜持茶器自獄中飛去。

吳僧文了善烹茶,游荊南,高季興延置紫雲菴。日試之,奏授華亭水大師,目之曰"乳妖"。

趙州從諗禪師,見人即喚"喫茶去",故世稱趙州茶。

棋稱木野狐,茶名草大蟲。

趙明誠與妻李易安,"每飯罷,坐歸來堂烹茶,指堆積書史,言某事在某書某卷第幾葉第幾行,以中否勝負[16],爲飲茶先後。中則舉杯大笑,或至茶覆懷中,不得飲而起"。[17]

劉貢父知長安,與妓茶嬌者狎。及歸朝,歐陽文忠迓之,以宿酒未醒起遲。公曰:"何故起遲。"貢父曰:"自長安來親識留飲,病酒,故起遲。"公笑曰:"非獨酒能病人,茶亦能病人也。"

王荆公爲小學士時,嘗訪蔡君謨。君謨聞公至,甚喜。自取絶品茶,親滌注器以待公。公稱賞,乃於夾袋中取清風散一撮投茶甌中,並啜之。君謨失色,公徐曰:大好茶味。君謨大笑,歎公真率。

鼎州北百里有甘泉寺,在道左。其泉清美,最宜瀹茗。寇萊公謫守雷州經此,酌泉烹茗,誌壁而去。未幾,丁謂竄朱崖復經此,禮佛留題以行。

蘇丞相頌嘗云:吾生平薦舉不知幾何人,惟孟安序朝奉,歲以雙井茶一罌爲餉。

王梅溪[11]《臥龍遊紀》云:寺有茶藤[18],羅絡松上如積雪。東榮牡丹,大叢雨前已開。飲罷縱步泉上,汲泉瀹茗賦詩而歸。

李石[12]《續博物》[19]云:北人以鍼敲冰,南人以綫解茶。

柳宗元《代武中丞謝賜新茶表》有云:"照臨而甲坼惟新,煦嫗而芬芳可襲。調六氣而成美,扶萬壽以效珍。"劉禹錫《代武中丞謝賜新茶表》有云:捧而觀妙,飲以滌煩。顧蘭露而慚芳,豈蔗漿而齊味。既榮凡口,倍切丹心。

韓翃《謝茶表代田神玉作》[20]中有云:榮分紫筍,寵降朱宫。味足觸邪[21],助其正直。香堪愈病,沃以勤勞。飲德相歡,撫心是荷。

又云:吳主禮賢,方聞置茗。晉臣愛客,纔有分茶。

附録[22]

沙苑侯傳

壺執,字雙清,晉陵義興人也。其先,帝堯土德之後,後微弗顯,散處江湖之濱,遷至義興者爲巨族,然世無仕宦,故姓氏不傳。

迨至南唐李後主造澄心堂,羅置四方玩好,以供左右。惟陸羽、盧仝之器粗不稱旨,鬱鬱不樂。騎省舍人徐鉉搢笏奏曰:"義興人壺執,中通外堅,發香知味。蒙山妙藥,顧渚名芽,非執不足以稱任。使臣謹昧死以聞。”後主大悦,爰具元纁束帛,安車蒲輪,加以商山之金,蜀澤之銀,命鉉充行人正使,入義興山中,聘執入朝。執乃率其昆弟子姓,方圓大小,舉族以行。陛見之日,整服修容,潤澤光美,雖有熱中之誚,實多消渴之功。後主嘉之,授太子賓客,昭拜侍中,日與遊處。每當曲宴詠歌之際,杯斝具備,必與執偕。執亦謹身自愛,以媚天子,由是君臣之間,歡若魚水,恨相見之晚也。

開寶五年,論功行賞,執以水衡勞績,封爲沙苑侯,食邑三百户,世世勿絶。一日,後主坐凉風亭,召執侍食。執因免冠頓首曰:“臣以泥沙陋質,緣徐鉉之薦,謬膺睿賞,爵爲通侯,苟幸無罪。但犬馬之年已及耄耋,誠恐一旦有所玷缺,辜負上恩,臣願乞骸骨歸田里,留子姓之願樸端正者,供上指麾,臣死且不朽。”後主曰:“吁!四時之序,成功者退,知足不辱,知止不殆。嘉侯之志,依侯所請,加特進光禄大夫,予告馳驛還鄉。”於是騎省鉉及弟鍇、中書侍郎歐陽遥契等,設供帳祖道都門外。

侯歸,結廬義興山中以居。吴越之間,高人韻士、山僧野老,莫不願交於侯。侯亦坦中空洞,不擇貴賤親疏,傾心結友,百餘歲以壽終。

外史氏曰:吾觀古人,如漢之飛將軍李廣,束髮百戰,卒不封侯。今壺執以一藝之工,輒徼萬户之賞,豈不與羊頭、羊胃同類共譏哉。然侯固帝堯之苗裔,封於陶之别派,而又功濟於水火,德敷於草木,其膺侯爵不虚也。侯之師有翁氏、時氏者,實雕琢而刮磨之,以玉侯於成,並宜俎豆不衰云。今侯之子孫感鉉之知,世受業於徐氏之父子,稱老徐、小徐者,咸以寡過,不失國士。壺氏之名重於江南者,徐氏之功居多,嗚呼,盛哉!

茶讚

滌煩蕩穢,清心助德,永建湯勳。峽川之月,曾阬之雨,蒙頂之雲。色勝雪白,味比露甘,香逸蘭薰。附膚剔髓,含泉吐石,抱樸霏文。吁嗟猗兮,柯有妙理,善則歸君。

跋

《茶史補》者,補劉介祉《茶史》所遺也。搜奇抉秘,無能不新。惜兹刻鑱削不全，即序中所載傳記二篇，亦闕而未備。客歲，余購得研山草堂文集殘本，《沙苑侯傳》儼然在焉，因取以著録。而《採茶記》則竟作廣陵散矣。

癸酉季秋震澤楊復吉[13]識。

注　釋

1　褚少孫：西漢潁川人，漢元帝、成帝時，任博士。曾補司馬遷《史記》。

2　李肇補唐史：指李肇作《國史補》。

3　明昇在重慶府：此則内容，出自孔邇《雲蕉館紀談》。昇爲元末紅巾軍起義首領徐壽輝子，壽輝於至正十一年（1351）起事，以“彌勒佛下生爲世主”作號名，據蘄水後即改國號爲天完，自稱皇帝達十年之久，故文中有“令宫人”之語。

4　湯制幹仲能：制幹，爲官職，即制置司幹官。仲能是湯中的字，號晦靜，宋饒州安仁人，主陸九淵之學。　白鹿：爲廬山白鹿洞書院。

5　范蜀公：即范鎮（1008—1089），字景仁，宋成都華陽人。哲宗時，起爲端明殿學士，提舉崇福宫，累封蜀郡公。　司馬温公，即司馬光。

6　蘇舜欽（1008—1049）：字子美，號滄浪翁。仁宗景祐元年（1034）進士，工詩文，善草書，卒於湖州長史任。

7　李竹懶：即李日華（1565—1635），字君實，竹懶是其號。

8　裴晉公：即裴度（765—839），字中立，河東聞喜（今屬山西）人，爲唐代名臣，兩《唐書》有傳。

9　路德延：字昌遠，唐魏州冠氏（今山東冠縣）人，昭宗光化元年（898）進士，歷官左（一作右）拾遺，不久爲河中節度使朱友謙所重，任該鎮書記。後因作《小兒詩》五十韵諷朱，而被沉殺黄河。

10　宋僧贊寧：俗姓高，出家杭州祥符寺。受具足戒後博涉三藏，尤精南山律，辭辯宏放，時人譽其爲“筆虎”。復旁通儒道兩家典籍，備受當時王公名士敬佩，吴越錢弘俶慕其德，命其爲兩浙僧統，復賜“明義宗文大師"之號。後宋太宗亦禮遇有加,太平興國時賜"通慧大師"之號。有《大宋僧史略》《内典籍》《外學集》等。

11　王梅溪:即王十朋(1112—1171),字龜齡,號梅溪,南宋温州人。紹興七年(1137)進士第一,歷任秘書郎、侍御史等職,後出知饒州、湖州,頗有政績,官至龍圖閣學士。有《梅溪集》。

12　李石(1108—?):字知幾,號方舟,資州資陽人。紹興二十一年(1151)進士,乾道中任太學博士,因不附權貴,出主石室。有《方舟集》《續博物志》等。

13　楊復吉(1747—1820):字列歐,一字列侯,號夢蘭,蘇州吳江人。書室名慧樓、鄉月樓、藝芳閣、運南堂、觀慧樓等。乾隆三十七年(1772)進士。家富藏書,博學廣聞,文行爲時所重。有《鄉學樓學古文》《夢蘭瑣筆》《元文選》《昭代叢書五編題跋》《昭代叢書》等。

校　記

① 底本署"莆陽余懷澹心父補""山陽劉謙吉六皆(字)父訂"。

② 底本作"茶史補序"。

③ 貫其中:貫,底本無,據宋吳曾《能改齋漫録・方物》引文補。

④ 三寸:底本作"三尺",據毛文錫《茶譜》原文改。

⑤ 通出茶:通,底本作"道",據《北堂書鈔》卷144引文改。

⑥ 《南還至章貢顯聖寺》:《蘇軾詩集》題作《留題顯聖寺》。

⑦ 蘇沙:蘇,宋周輝《清波雜志》卷4作"麻"。麻沙在建陽。"蘇"字疑或"麻"字之誤。

⑧ 隻輪碾破:碾破,《全宋詞》作"慢碾"。這幾句,出自黄庭堅《品令・茶詞》。

⑨ 早解了、二分酒病:解,《全宋詞》作"減"。

⑩ 樽酒風流戰勝:樽酒,《全宋詞》作"尊俎"。此這幾句,出自黄庭堅《滿庭芳・茶》。

⑪ 熬波濺乳:熬波,《全宋詞》作"研膏"。

⑫　耳邊：耳，宋周密《齊東野語》卷 18 作"枕"。

⑬　拂石雲離箒，嘗茶月入鐺：《宋詩紀事》《青箱雜記》《詩話總龜》等，俱云爲宋僧惠崇所作《嗣上人》之句。本篇所説"宋僧贊寧詩"可能有誤。

⑭　《建茶》詩：《蘇軾詩集》題作《和錢安道寄惠建茶》詩。

⑮　前得安州乾茶二斤：斤，底本作"升"，據各引文徑改。

⑯　以中否勝負：據李清照《金石録後序》，"否"字下脱一"角"字。

⑰　或至茶覆懷中，不得飲而起：《金石録後序》作"至茶傾覆懷中，反不得飲而起"。

⑱　寺有茶藦：茶，底本作"茶"，徑改。王十朋原文、曹學佺《蜀中廣記》、周復俊《全蜀藝文志》等引作"茶"。

⑲　《續博物》："物"字下似脱一"志"字，應作《續博物志》。

⑳　《謝茶表代田神玉作》：《全唐文》題作《爲田神玉謝茶表》。

㉑　味足觸邪：觸，《全唐文》作"躅"。

㉒　附録：劉謙吉康熙刻本、劉乃大雍正六年(1728)重刻本無以下内容，此據昭代叢書本增補。

茶苑

◇明　黄履道　輯
　清　佚名　增補

　　黄履道，號坦齋，明毗陵（今江蘇常州）人，生活在成化、弘治年間，即15世紀後半葉，其餘事迹不詳。按其友人張楫琴在弘治二年（1489）爲書稿所作前序，可知黄履道編纂《茶苑》成書之時，"年逾中境"。序中還提到，履道少時"病而廢業"，顯然是舉業未成，功名未就，是個不得志的書生。他嗜茶如命，又搜集與茶相關的資料，補陸羽《茶經》以來之闕。

　　細閲本書，可見許多資料是後人增補，不但有大量明末的材料，還有若干清代文獻輯入。我們推測，現存清鈔本是在黄履道《茶苑》基礎上增補而成，時間當在清初。此書所搜集的材料，涉及茶的名稱、産地、采作、品水、用器、飲事、詩文，包羅極廣，只要與茶有關便分類輯入，并注明出處，是相當完備的茶事類書，有較高的學術價值。

　　《茶苑》現存北京國家圖書館，是海内外孤本。國家圖書館書目及《中國古籍善本書目》都標明"《茶苑》二十卷，明黄履道輯，清鈔本"。爲抄校此書，我們請過三位不同助理，先後校録清鈔本，再對校所輯原文，發現黄履道的編輯法是大量抄書，保存材料。因此，我們也大量删削，以免重複，但儘量保存此鈔本的編輯結構及按語。

序[①]

　　張子曰："凡物之英華卓絶者，必秉至清之質。在天爲湛露，在地爲醴泉；在人倫爲賢哲，在草木爲茗荈，皆感造化沖和清粹之氣孕毓而成。故露之能濡，泉之能潤，賢哲之能掄才康濟，茗荈之能蠲渴除煩，是皆有功於造物,非徒生者也。”客曰:“不然。草木之類,動以萬計,毛舉實繁。昔人云:'適口者,莫過於芻豢;果腹者,莫過於稻粱。'今黃子墮口腹而事純漓,廢甘肥而趨雋永,獨譜茗荈,何哉?”張子曰:“否。夫黃子者,目窮萬卷,氣概千秋,其品流才調,誠可用世匡時。惜其棲遲不偶,落拓善愁,故其胸次牢騷,心懷塊壘,但以飲量不勝蕉葉,日借茗汁澆之。吾知其非所深嗜也;不爾,則干霄壯氣何以消? 而《茶苑》之輯,有自來矣。昔者洛花以永叔譜之而傳[1],建茗以君謨錄之而著。二公皆宋高士,勳名碩望,俱足儀型百代,猶復假柔翰以寓閒情,士林傳爲佳事。而黃子《茶苑》,亦何不可追蹤先哲耶?”黃子聞之,囅然笑曰:“有是哉! 皆非所知也。吾少也賤,病而廢業,抱皇甫之書,潛嬰、相如之消渴。及壯,復耽茗事,名品必搜,左泉右灶,惟日不足。鄉閭誚爲漏卮,親朋畏其水厄,尚漫徵求探討,篤嗜不休。及今年逾中境,衰疾日增,襟懷牢落,棲托鮮歡,每聞泉響爐鳴,輒躍躍自喜。又以疳癩作楚,甌蟻懼沾,欲罷未能,徒增抑鬱。偶讀陸子《茶經》,有會於心者,恨其未備,亟取篋中羣籍,輯錄一通,聊以寄志。昔呂行甫嗜茶,老而病不飲,烹而把玩。余之譜茶,亦此意也,何敢與歐蔡較優劣哉!”張子曰:“雖然吾子之志余知之矣,吾子具清流之望,有湛露之濡,醴泉之潤,康濟之用,蠲渴之才,不妨尚友古人,與玉川、桑苧諸公共挹清芬也。凡讀斯編者,宜以蕤香薰袂薇露瀚手,然後開帙,庶幾不穢斯編耳。”

時弘治二年新秋邗江年友弟張榢琴題於蘭陵[2]舟次

卷一②

目次③

釋名　瓜蘆木_{出廣州}　茶字從草　檟_{苦茶}　茶者南方嘉木　初採者爲之茶　茶_{宅加切}　茗_{莫迥切}　茶即古荼字　六經無茶字　春秋書齊荼　檟_{苦茶,葉似梔子}　蜀人謂曰蔎　檟_{古馬切}　茶老葉謂之荈

茶別名　皋蘆　石盆煎皋蘆　瑞草魁　酪奴　酪蒼頭酒從事　丹丘仙茶　滌煩子　餘甘子不夜侯④　雞蘇佛橄欖仙　苦口師　晚甘侯　森伯　玉蟬膏　清風使　清人樹　冷面草　水豹囊　火前春　不遷　登

釋名

茶者南方之嘉木也,一尺、貳尺迺至數十尺。其巴山峽川,有兩人合抱者,伐而掇之⑤。其樹如瓜蘆,葉如梔子,花如白薔薇,實如栟櫚,〔莖〕⑥如丁香,根如胡桃。其字或從草,或從木,或草木並。其名一曰茶,二曰檟,三曰蔎,四曰茗,五曰荈。《茶經》

《茶經·註》⑦曰:瓜蘆木,出廣州,似茶,至苦澀,栟櫚、蒲葵之屬,其子似茶。胡桃與茶,〔根〕⑧皆下孕,兆至瓦礫,苗木上抽。

《茶經·註》云:茶字從草,當作"茶"⑨,其字《開元文字》³所載,從木當作"槚",其字出《本草》。草木並者,其字出《爾雅》。

《茶經·註》云:周公云:檟,苦茶。揚執戟云⑩:西蜀人謂茶曰蔎。郭弘農云:早取爲茶,晚取爲茗。或一名曰蔎耳。

茶者,南方之嘉木。早採者爲茶,晚採者爲茗。郭璞註《爾雅》

茶初採者謂之茶,老則謂之茗。今人將茶無論早晚概稱春茗,是爲錯用。《正字編》

茶,宅加切,茗也。葉可煎飲,能消渴下痰清頭目,久服不寐。《唐韻會》

茗,莫迥切,茶晚取者。《韻林》

茶即古荼字,《周詩》謂⑪ "荼苦,其甘如薺"是也。《茶志》

六經無茶字,惟《周禮》有荼字,即茶字也。古人不尚茗飲,故無此字。後人省□文,往往未究,深爲可笑。《九清齋雜誌》

《春秋》書"齊荼",《漢志》書"荼陵",至唐陸羽遂以茶易荼。故羽有《茶經》,玉川子有《茶歌》,趙贊有茶禁,遂奕世相承不改焉。《茶説》⑫

檟,苦茶,葉似梔子,今呼早採者爲茶,晚採者爲茗,蜀人名爲苦茶。《爾雅》

周公曰:檟,苦茶。蜀人曰葭蔎音設。高似孫《緯略》

檟,古馬切,一作榎,楸也。楸小而散曰檟,一曰苦茶,亦作夏記,夏楚貳物。《韻林》

茶,老葉謂之荈,細葉謂之茗⑬。《魏王花木志》

履道按:《茶經》及諸家《茶譜》《茶論》等書,惟有茶、荈、茗、蔎、檟字,而無所謂荈者,當是荈字之訛耳。須俟博雅正之。

茶別名

皋蘆　皋蘆，茶之別名，大葉而澀，南人以之爲茗飲。《廣州志》

《酉平縣志》云：廣州酉平縣，有皋蘆樹，採葉可爲茗飲。

《松林唱和集》云：皮日休詩云："石盆煎皋蘆"云云，因知皋蘆之名，在唐時已著。

瑞草魁　（山實東南秀）　杜牧《茶山詩》

酪奴　瑯琊王肅，字恭懿，齊雍州刺史奐之子也，贍學多通，才辭茂美。于太和十八年入魏，高祖甚重之，常呼王生而不名，尋以公主尚之。肅在魏，不食羊肉及酪漿等，常飯鯽魚羹，渴飲茗汁。京邑士子見肅一飲一斗，號爲漏卮。經數年已後，肅與高祖殿中會，食羊肉酪粥甚多。高祖怪之，謂肅曰："卿中國之味也，羊肉何如魚羹，茗飲何如酪漿？"肅對曰："羊者是陸産之珍，魚者乃水族之最，所産不同，並各稱佳。茗以味言之，似□有優劣。羊比齊魯大邦，魚比邾莒小國，惟茗不中與酪作奴。"高祖大笑。後彭城王謂肅曰："卿不重齊魯大邦，而愛邾莒小國？"肅對曰："鄉曲所美，不得不好。"彭城王重謂肅曰："明日卿顧我，爲卿設邾莒之食，亦有酪奴。"《洛陽伽藍記》

酪蒼頭酒從事　魏給事劉鎬，慕王肅之風，專習尚茗飲。彭城王謂鎬曰："卿不慕王侯八珍，而愛蒼頭水厄。海上有逐臭之夫，里内有效顰之婦，以卿言之，即是也。"《洛陽伽藍記》

焦氏《説楛》[4]云："此丹丘之仙茶，勝烏程之御荈。不止味同露液，白況霜華[⑭]，豈可爲酪蒼頭，便應代酒從事。"

滌煩子　"茶爲滌煩子，酒是忘憂君。"施肩吾詩

餘甘子不夜侯[⑮]　胡嶠《飛龍硐飲茶詩》云："沾牙舊姓餘甘氏，破睡宜封不夜侯"，新奇哉！嶠宿學雄才，爲耶律德光所虜，後間道復歸。《清異録》

雞蘇佛橄欖仙　猶子彝，年十二歲，余讀胡嶠茶詩，愛其清拔，因命傚□之，近晚成篇有云："生涼好喚雞蘇佛，回味宜稱橄欖仙。"然彝者亦文詞之有基址也。《清異録》

苦口師　皮光業最耽茗事。一日中表請嘗新柑，筵具殊豐，簪紱萃

集。光業至,未顧尊罍而呼茶甚急,徑進一巨甌。題詩曰:"未見甘心氏,先迎苦口師。"衆噱曰：此師固清高,而難以療飢也。《清異録》

晚甘侯　孫樵送茶與焦刑部書云:晚甘侯,十五人遣侍齋閣,此徒皆請雷而摘,拜水而和。蓋建陽丹山碧水之鄉,月澗雲龕之侶,慎勿賤用之。《清異録》

森伯　湯悦有《森伯頌》,蓋茶也,方飲而森然嚴乎齒牙,既久而四肢森然。二義一名,非熟夫湯甌境界者,誰能目之?《清異録》

玉蟬膏清風使　顯德中,大理徐恪以鄉信鋌子貽余茶,茶面印文曰"玉蟬膏"。一種曰"清風使"。恪,建安人也。《清異録》

清人樹　僞蜀甘露堂前兩株茶,鬱茂婆娑,宮人呼爲清人樹。每春初,嬪嬙戲摘新芽,設傾筐會。《清異録》

冷面草　符昭遠不喜茶,常爲[16]御史同列會茶,嘆曰:"此物面目嚴冷,了無和氣之美,可謂冷面草也。飯餘嚼佛眼芎,以甘菊湯下之,亦可爽神。"《清異録》

水豹囊　豹革爲囊,風神呼吸之具也。煮茶者啜之,可以滌滯導引而起清風。每引此義,故稱茶爲水豹囊。《清異録》

火前春　"紅帋裹封書後信,綠芽十片火前春。湯添勺水煎魚目,未下刀圭攪麴塵。"白樂天《謝送茶詩》[17]

不遷　凡藝茶必以子種,若移植它所,則不能復生。故俗聘親,必以茶爲禮,義固有所取也。故名茶曰"不遷"[18]。《天中記》

登　交趾茶,如綠苔,味辛烈,名之曰登。《研北雜志》[5]

卷二

目次

種類

茶有千萬狀……葉舒者下。[6]《茶經》

北苑貢茶，凡芽茶數品，最上曰小芽，如雀舌鷹爪，以其勁直纖挺，故號芽茶焉。次曰揀芽，乃一芽帶一葉者，號一旗一鎗[19]。《北苑貢茶録》

《北苑茶録》芽茶註云[20]：芽茶早春極少，景德中，建守周絳爲《補茶經》，言"芽茶只作早春，馳奉萬乘嘗之可矣。如一旗一槍，可謂奇茶也"，故一槍一旗號揀茶，最爲挺特光正。舒王送人入閩詩云"新茗齋中試一旗"，謂揀芽也。

顧渚山茶　有一鎗二旗之號，言有一芽二葉也。《顧渚山茶譜》[21]

北苑貢茶　亦有二旗一鎗之號乃一芽帶兩葉者，號曰中芽。其帶三葉、四葉者，皆漸老矣。《宣和北苑貢茶録》

蘄門團黃　有一鎗二旗之號，言一芽二葉也。《蘄門志》

洪州西山出羅漢茶[22]，葉如豆苗，因靈觀尊者自西山持至，故名。《洪都志》

余聞荆州玉泉寺……知仙人掌茶發於中孚衲子及青蓮居士李白也。《李白全集》

《李太白集》有詠《玉泉仙人掌茶答族僧中孚》詩云：（常聞玉泉山）

茶芽名雀舌、麥顆[23]，言至嫩也。今茶之美者，其質素良而所植之土又美，則新芽一夜便長寸許，其細如針。如雀舌、麥顆者，極下材耳，北人不知，誤爲品題。予山居有《茶論》，復口占一絕句云云。《夢溪筆談》

《夢溪筆談》有《山中論茶》詩云："誰把嫩香名雀舌，定知北客未曾嘗[24]。不知靈草天然異，一夜風吹一寸長。"

玉壘關外寶唐山，有茶樹產於懸崖。筍長三寸五寸，方有一葉二葉；奇品也。《玉壘志》

昌化茶，大葉如桃，枝柳梗，乃極香。余逆旅偶得手，摩其焙甑，龍麝氣三日不斷。《紫桃軒雜綴》

普陀老僧貽余小白巖茶一裹，葉有白茸，瀹之無色。徐引，覺涼透心腑。僧云：本巖歲止產茶五六斤，專供大士，僧得啜者鮮矣。《紫桃軒雜綴》

擇地

上者生爛石，中者生礫壤，下者生黃土。野者上，園者次。山坡谷下者，不堪採掇。《茶經》

《紫桃軒又綴》㉕云：茶生爛石者上，砂壤雜土者次。程宣子茶夾銘云"石筋山脈，鍾異於茶"云云。今地產天池僅一石壁㉖，其下種茶成畦。陽羨亦耕而殖之，甚則以牛退作肥，豈復有妙種乎？

建安之東三十里，有山曰鳳凰，其下直北苑，旁聯諸焙，厥土赤壤，厥茶惟上上。《北苑別錄》

石乳茶，出建安壑源斷崖缺石之間，故其味清香妙絕。《品茶要錄》㉗

產茶處，山之夕陽勝於朝陽，廟後山西向，故稱佳，總不如洞山南向，受陽氣特尚，故稱仙品。熊明遇《羅岕茶記》㉘

茶地南向爲佳，陰向者爲劣。故一山之中，美惡相殊。《茶解》

茶產平地，受土氣多，故其質濁。惟岕茶產於高山，渾是風露清虛之氣，故爲可尚。《羅岕茶記》

明月峽，在顧渚山側，二山相對，石壁峭立，大澗中流，乳石飛走。茶生其間，尤爲絶品，張文規所謂"明月峽前茶始生"是也。文規好學，有文藻，蘇子由、孔武仲、何正臣皆與之遊。《茶董》

茶地固不宜雜以惡木，惟桂、梅、辛夷、玉蘭、蒼松、翠竹與之間植，足以蔽覆霜雪，掩映秋陽。其下可殖幽蘭菊卉清芬之物。最忌與菜畦相逼，不免滲漉糞滓，穢厥清真。《茶解》

《北苑別錄》云：草木至夏益盛……理或然也。[7]

《花木考》云：茶畏夏日，凡新植者，最忌；宜桑下竹陰净地，去惡木，貳年外方芸治云云。

卷三

目次

山茶　吳人十月採小春茶

茶候

採茶在二月、三月、四月之間。茶之筍者,生爛石沃土,長四五寸,若薇蕨然始抽,凌露採焉。茶之牙者,發於藂薄之上,有三枝、四枝、五枝者,選其中枝穎拔者採焉。《茶經》

太和七年正月,吳蜀貢新茶,皆於冬中設法爲之。上務恭儉,不欲逆其物性,詔所貢新茶,宜於立春後作。《唐史》㉙

浙西產茶以湖州爲上,常州次之。造茶在禁火之前。故事湖州紫筍茶例于清明日到闕,先獻宗廟,然後分賜近臣。《重修茶舍記》㉚

驚蟄節,萬物始萌,每歲常以前三日開焙。遇閏則後之,以其氣候少遲故也。《北苑別錄》㉛

北苑官焙分十餘綱㉜,惟白茶與勝雪自驚蟄前興役,浹日乃成,飛騎疾馳,不出仲春,已至京師,號爲頭綱。玉芽以下,即先後以次發遣。逮貢足時,夏過半矣。歐陽文忠公詩云:"建安三千五百里,京師三月嘗新茶。"蓋異時如此,以今較昔,又爲最早耳。《北苑別錄》㉝

北苑貢茶起於驚蟄前㉞……過時之病矣。《品茶要錄》8

茶之佳者,造在社前。其次禁火,謂造在寒食前。其下雨前,謂穀雨前也。《學林新編》9

龍安有騎火茶,最上。製造不在火前,不在火後,屆乎中旬也。清明節謂之改火,未過清明,數日前曰火前,後曰火後。故齊己有詩云:"高人愛惜藏巖裏,白甌雙□寄火前。"《茶錄》

蜀雅州蒙頂茶,出於蒙山頂上,有火前茶,乃禁火前所造者。《隨錄記珠》

《茶錄》云:蜀雅州蒙頂產茶最佳,其生頗晚,常在春夏之交方造。茶生時常有雲覆其上,故名雲霧茶。㉟

採茶不必太細㊱,細則茶初萌而味欠足。不必太青,青則茶已老而味欠嫩。須在穀雨前後,覓成梗帶紫嫩綠色而團且厚者爲上,更須天色晴明,採之方妙。若閩廣嶺南,多瘴癘之氣,必待霧開,瘴嵐收盡,採之可也。穀雨日或晴明日採者,能治痰病,療百藥疾。《考槃餘事》

　　茶以初出雨前者佳,惟羅岕以立夏開園,吳中所貴。梗柟老、葉肥厚,有蕭箬之氣。還是夏前六七日,如雀舌者佳,最不易得。《羅岕茶記》

　　《茶疏》云:清明太早,立夏太遲,穀雨前後,其時適中;若再遲一二日,得其氣力完足㊲,香烈尤倍,易於收藏。

　　《茶疏》云:清明穀雨,摘茶之候也。梅時不蒸,雖稍長大,故是嫩枝柔葉也。杭俗喜於盂中百點,故貴極細;理煩散鬱,未可遽非。吳淞人極貴吾鄉龍井,肯於重價購雨前細者,狃於故常,未解妙理。岕中之人,非夏前不摘。初試摘者,謂之開園,採自正夏,謂之春茶。其地稍寒,故須待夏,此又不當以太遲病之。往日無有於秋日摘茶者,近乃有之,秋七八月重摘一番,謂之早春。其品甚佳,不嫌少薄。他山射利,多摘梅茶。梅茶苦澀,止堪作下食,且傷秋摘,佳産戒之。《茶疏·採摘》

　　建溪茶,比他郡最先,北苑、壑源者尤早。歲多暖,則先驚蟄十日即芽;歲多寒,則後驚蟄五日始發。先芽者,氣味俱不佳,唯過驚蟄者最爲第一。民間常以驚蟄爲候。諸焙後北苑者半月,去遠則益晚。《東溪試茶錄》

　　茶工作於驚蟄,尤以得天時爲急。輕寒,英華漸長,條達而不迫,茶工從容致力,故其色味兩全。若或時暘鬱燠,芽奮甲暴,促工暴力,隨膏昬刻所迫,有蒸而未及壓,壓而未及研,研而未及製,茶黃留漬,其色味所失已半。故焙人得茶時,天氣適佳爲慶㊳。《大觀茶論》

　　清源山茶,青翠芳馨,超軼天池之上。南安縣英山茶,精者可亞虎丘,惜所産不若清源之多也。閩地氣暖,桃李冬花,故茶於驚蟄前後已上焙,較吳中爲最早㊴。《泉南雜志》[10]

　　穀雨日採茶炒藏,能治嗽及痰疾,療百病及熱疾。《居家事宜》

　　吳人十月採小春茶,此時不特逗漏花枝,而喜日光晴暖㊵,從此蹉過霜淒雁凍,不可復堪。《巖棲幽事》[11]

卷四

目次

之產於天下

　　序海內產茶名地　江南省常州陽羨茶　羅岕　岕片　浙西產茶　懸腳嶺　長興縣啄木嶺　宜興縣均山鄉、岕片梗茶　蘇州虎丘茶　茶之色重味重　蘇州天池茶　天池茶通俗之材　蘇州陽山茶　揚州蜀岡茶　宣州橫紋茶　舒州霍山天柱茶　六安州小霍山茶　廣德州鴉山茶　六安茶四種　池州寶巖茶　池州九華山華池茶　壽州壽春茶　歙州北源茶　歙州先春茶　歙人閔汶水　松蘿茶

茶品

山南以峽州上……其味極佳。《茶經》[12]

按：唐時產茶，僅僅如季疵所稱。而今之虎丘、羅岕、天池、顧渚、松蘿、龍井、雁宕、武彝、靈山、大盤、日鑄、朱溪諸名山茶，無一與焉。乃知靈草在在有之，但焙植不嘉或疏採製耳。

吳楚山谷間……毛舉實繁。葉清臣《煮茶泉品》[13]

劍南有蒙頂石花……而浮梁商賈不在焉。《國史補》[14]

建州之北苑先春龍焙……岳陽之含膏。《茶論》《臆乘》《茶譜通考》[15]

凡茶有二類……總十一名。《文獻通考》[16]

　　茶之產於天下多矣，若劍南有蒙頂石花，湖州有顧渚紫筍，峽州有碧澗明月，邛州有火井思安，有渠江又有薄片，巴東有真香茗，福州有柏巖，洪州有白露。常州之陽羨，婺州之舉巖，丫山之陽坡，龍安之騎火，黔陽之都濡高株，瀘州之納溪梅嶺。已上數種，其名皆著[41]。《遵生八牋》

　　序海內產茶名地　茗荈夙稱仙草，故能滌濁除煩，清神益志。各境所產，不勝指屈，因閱《茶經》《國史補》暨《文獻通考》《茶論》諸書，所述出產之地，殊覺寥寥，疑有未盡，亟取篋中羣籍，參考異同，記其所得益饒，較視前錄，才十一耳。因知佳品所在有之，第或毓植幽荒，未經名流品隲，不與凡卉同槁者幾稀矣。遂次第詳錄，題曰茶品，以俟夫博雅者正焉。

坦齋黃履道書

江南茶品

常州陽羨即今宜興縣　有唐茶品,以陽羨爲上供,建溪北苑及諸名品,俱未著也,況今岕茗焙製尤精,即尚方玉食,亦必首推,故余取弁諸茗焉。

陽羨所轄茶山已下所酺茶山,有與浙江湖州交界者,如廟後諸山是也,當與長興顧渚相

泰　羅岕　廟後　洞山　漲沙　黃龍　白石　水竹　茆山　白峴　北

川　橋亭　石門　炭灶　陳橋　犁頭尖　紗帽頂　手巾條　棋盤頂　香

袋頭　雄鵝頭　扇面方

紫筍唐書陽羨茶有紫筍之名,至宋元以降,茲種已絕,今則獨重岕茶無復有紫筍者矣

岕片產廟後及羅岕、紗帽頂、手巾條、棋盤頂者爲最

浙西產茶以湖州爲上,江南常州次之。湖州出長興縣顧渚山中,常州出義興郡懸腳嶺北崖下。蓋湖常二郡交界之地唐人《重修茶舍記》:貢茶,御史李栖筠典郡日,陸羽以爲茶味冠絕它郡,栖筠始貢茶萬里。故事陽羨紫筍茶,例以清明日到,先薦宗廟,後分賜近臣。紫筍茶生於湖常山間。茶時,兩郡太守畢至爲盛集。又玉川子《謝孟諫議寄新茶》詩云:"天子須嘗陽羨茶,百草不敢先開花"云云,則唐時獨重岕茶矣。《雲麓漫鈔》

懸腳嶺,在宜興縣南六十里,入長興忻溪界。《十道志》云"行人陟嶺多重趼"云,一名垂腳嶺,此地產絕勝,唐時充貢云。《常州府志》

湖州府長興縣啄木嶺……商賈多趨顧渚,無需金沙者。《茶録》[17]

宜興縣東南三十里均山鄉,有山名曰唐庚,即茶山也。東南臨罨畫溪,山產名茶,唐時入貢,故名;金沙泉即在其下。杜牧、袁高、張籍、白樂天、沈貞各有詩,另載。《常州府志》

唐人首推陽羨,宋人最重建溪[42],於兩地今貢茶獨多。陽羨僅有其名,建茶亦非上品,惟有武彝雨前最勝。近日所尚者,爲長興之羅岕,疑即古之顧渚紫筍。然岕亦有數處,今惟洞山產者最佳。姚伯明云[43]:"明月之峽,厥有佳茗,是名上乘,韻致清遠,滋味甘芳[44],足稱仙品。"其在顧渚[45],亦有佳者,今但以水口茶名之,全與岕別矣。許次紓《茶疏》

岕片、梗茶　岕茶所產之地非一,皆因地以著名。如產廟後者,即稱廟後茶;產洞山者,即稱洞山茶之類。而岕中之茶,稱曰岕片云,其説具

詳。《岕茶別録》《茶董》㊱

　　蘇州虎丘茶　虎丘茶所産，最爲精絶，爲天下冠，惜不能多産，皆爲豪右所據，寂寞山家，無緣獲購矣。《考槃餘事》

　　茶之色味重及香重者，俱非上品。松羅香重；六安味苦，而香與松羅同；天池有草萊氣，龍井如之。至于雲霧，則色重而味濃矣。常啜虎丘茶，色白而香，似嬰兒肉，殆爲精絶㊼。《羅岕茶記》

　　蘇州天池茶　天池茶，青翠芳馥，啜之賞心，嗅亦消暍，誠可稱仙品。諸茶尤當退舍。《考槃餘事》

　　天池茶，在穀雨前收細末焙炒得宜者，青翠芳馨，雋永非常。《遵生齋集》㊽

　　天池茶，通俗之材，無遠韻，亦不至嘔噦。寒〔月〕，諸山茶闇淡無色，而彼獨青翠媚人㊾，可念也。《紫桃軒雜綴》

　　蘇州陽山茶　蘇州陽山有龍母塚，塚下有方井，即白龍泉。産茶絶佳，號陽山茶。就泉煮茶，移至晉柏下。晉柏大四圍，每幹幹如虬龍也。《無夢園集》

　　揚州禪智寺蜀岡茶　揚州禪智寺，隋之故宮，寺枕蜀岡，有茶園，其味甘香如蒙頂。《彙苑詳註》[18]

　　宣州丫山陽坡橫紋茶宣州即今甯國府宣城縣　宣城縣有丫山，出佳茶，焙製亦精，貯以小方瓶，橫鋪茗芽裝面。丫山之東爲朝日所燭，故號曰陽坡，其茶最勝。太守常貢於朝，有宣城士子饋余茶，題曰丫山陽坡橫紋茶。《彙苑詳註》

　　舒州霍山縣天柱峯茶舒州即今廬州府　有人授舒州牧……衆皆服其廣識。《茶董》[19]

　　六安州小霍山茶六安州屬廬州府　六安茶品亦精，入藥最效。不能善炒，不得發香而味苦，然茶之本性實佳。《考槃餘事》

　　六安茶，名小峴春。《六硯齋筆記》

　　六安茶分四種，上等者，名黄芽、梅花片；其次，名茆尖、小峴春。《茶譜》[20]

　　廣德州建平縣鴉山茶　廣德州建平縣東南十五里鴉山，産茶絶佳，可

比六安、黄芽、歙之松蘿。《建平縣志》[21]

池州圓寂寺寶巖茶　圓寂寺,去邑不數里,所稱拾寶巖是也。五代時,伏虎禪師居此。昔梁武帝曾以佳茗一車賜之,主僧植之,甘美非常。《九華遊覽志》

池州九華山雙溪上下華池茶　九華山雙溪之上,有上華池。雙溪之下,有下華池。泉甘土沃,厥産名茶。陳巖詩云:"聞鐘吃飯東西寺,就水烹茶上下池。"《池州名勝志》

壽州壽春茶_{壽州屬鳳陽府}　壽州,古壽春郡。郡南有壽春山,故名。山産佳茗,冠絶他郡。《茶譜》

歙州北源茶_{歙州即今徽州府歙縣}　歙州各山産茶,以北源爲最勝。其外如牛栀嶺靈川,福州來泉等處俱産。《歙縣志》

歙縣茶品有先春、早春、華英、勝全、松蘿諸種,就中以先春爲最。《茶志》

歙州之先春、早春茶品,在宋已登貢籍。及今,松蘿之亞也。焙製片、散未詳。《茶史》[22]

歙人閔汶水善製茶,其茶必北源之精者,色白味甘香,可與岕茗並驅。自汶水歿後,十餘年來松蘿製者,雖不乏要,皆非汶水之比。《九清齋雜志》

歙人閔汶水,居桃葉渡上。予往品茶其家,見其水火自調,皆躬親從事,以小酒盞酌客,頗極烹飲之態,正如德山擔青龍鈔,高自矜許而已。閩客得閔茶,咸製羅囊,佩之而嗅,以代旃擅云。《閩小記》

松蘿茶,色香味俱濃,宜享鮮腴之後烹而漱齒。三吐之餘,徐徐引之,亦皆爽然可喜。《舒堂筆記》[23]

卷五

目次

目山茶　餘杭縣徑山茶　新城縣儜坑茶　昌化縣昌化茶　紹興府拏龍山茶　拏龍山瑞雲茶　會稽縣日注茶　日注雪芽　日注茶詩　會稽縣禹穴茶　餘姚縣瀑布儜芽　瀑布山茶　蕭山縣茗山茶　寧波府雪竇茶　温州府雁蕩山茶　台州府赤城茶　天台縣紫凝茶　天台山華頂茶　金華府舉巖茶　金華府碧貌茶　衢州府常山茶　龍游縣方山茶　嚴州府鳩坑茶　鳩坑茶詩　分水縣貢芽

浙江茶品二

湖州顧渚茶　湖州府長興縣顧渚山，産茶精美絕倫，有紫筍、懶筍、龍陂山子之名，爲浙茶之冠。《茶史》

顧渚山，在長興縣西四十七里，昔吳王夫差其渚，次原隰平衍，可爲都邑即此。旁有二山相對，號明月峽。絕壁峭立，大磵中流，亂石飛走，産茶異品，名曰紫筍。《湖州名勝志》

履道云：紫筍茶，産製與陽羨所出相同，其說見前，兹不贅述。

顧渚，前朝名品，正以採摘初芽，加之法製，所謂馨一畝之入，僅充半鐶；取精之多，自然擅妙也。今碌碌諸葉中，無殊菜瀋，何堪括目[50]。《紫桃軒雜綴》

顧渚，俗名羅岕，爲常湖二郡接界。細者，其價兩倍天池，惜乎難得，須親自採製爲佳。《考槃餘事》

懶筍茶，亦出長興顧渚山中茶品冠絕，諸種紫筍之亞也。《雲川紀行》[24]

開寶中，寶儀以新茶飲予，味極芳美。盒面標曰："龍陂山子茶"，云是顧渚別境所産者。《清異録》

湖州烏程縣温山御荈　温山在湖州府烏程縣。唐時湖守以此山茶修貢，故號稱御荈，茶品最佳，可與顧渚並驅。惜今厥産無多，才僅豪右所需，而外邑得霑餘味者鮮矣。《吾春堂暇記》

《國史補》云："烏程縣有温山出御荈，品味絕佳。外有小江園、明月簝、碧澗簝之名。"

杭州龍井茶　龍井，一名龍泓。米元章書其略曰"龍江當西湖之西，浙江之北，鳳凰嶺之上亂山怪石之間"是也。境僻景幽，香出塵外，地産佳

茗,清馥隽水,爲兩峯之冠,即俗所謂龍井茶也。《杭州名勝志》

龍井產茶不數十畝,外此有茶,似皆不及。大抵天開龍泓美泉,山靈特生佳茗以副之耳。山中僅有一二家炒法甚精。近有山僧焙者,亦妙;真者天池不能及也。

龍井茶,極腴腆,色如淡金,氣亦沉寂,而咀嚥之,久鮮腴潮舌,又必籍虎跑空寒慰齒之泉發之,然後飲者領其隽永之滋而無昏滯之恨耳。《紫桃軒雜綴》

《紫桃軒雜綴》云:“《洞冥記》[25]云:‘東方朔食玄天黃露半合始甦’,余有黑石壺貯龍井茗汁,每飯後啜之,色如淡金而快爽不可言,因銘之曰玄天黃露。”

杭州寶雲山香林洞白雲峯茶　杭州產茶不特龍井,寶雲山產者名寶雲茶,香林洞產者名香林茶。在下天竺,其產天竺。上白雲峯者,名白雲峯茶。茶性俱佳,堪與天池並驅。《古杭雜志》[26]

林和靖先生字君復,有試白雲峯茶詩曰:“白雲峯下兩鎗新,膩綠長鮮穀雨春。静試恰如湖上月,對嘗兼憶剡中人。”

杭州寶嚴院垂雲茶　杭州寶嚴院垂雲亭產茶,號垂雲茶,有僧怡然以垂雲新茶餉東坡,坡報以大龍團。戲作一律云:“妙供來香積,珍烹具上官。揀芽分雀舌,賜茗出龍團。曉日雲庵暖,春風浴殿寒。聊將試道眼,莫作等閒看。”《西湖志餘》[27]

杭州臨安縣天〔目〕山茶[51]　天目茶爲天池、龍井之次,亦佳品也。《地志》云:“天目山中寒氣早嚴,山僧至九月即不敢出。冬來多雪,三月後方通人行,茶之萌芽較晚。”《考槃餘事》

天目茶清而不醨,苦而不螫,正堪與緇流漱滌筍蕨。

杭州餘杭縣徑山茶　徑山,在杭州餘杭縣西北五十里,山有喝石巖,產茶甘香異常,常在天目寶雲之右。《徑山志》

杭州新城縣儌坑茶　儌坑山,在杭州新城縣十里。晉咸和中,有七儌人弈棋山因此得名。其山產茶特美,下爲蛻龍洞。洞門九重,其深莫測,得龍蛻骨一斛,石間鱗爪之,首尾宛然。又十七里,有魚泉洞,亦有石形如龍,其旁有地畝通天,目龍池。《新城縣志》[28]

杭州昌化縣昌化茶　昌化茶已見前種類茶下，兹不贅録。

紹興府臥龍山瑞雲茶　臥龍山舊名種山，又曰重山。《水經註》曰“文種城於越而伏劍於山陰，越人哀之，葬於重山”，即此山也。其巔產茶最佳，茶芽纖細，色紫味芳，稱瑞龍茶，云其地有清白泉，瀹茶爲宜。《紹興名勝志》

《會稽三賦註》云：瑞龍茶，一名拏龍瑞草，即府之所據之拏龍山也。

紹興府會稽縣日鑄茶一名日鑄雪芽　日鑄雪芽者，產日鑄嶺。嶺在會稽縣東南五十五里，歐冶子鑄劍之地處，產茶最佳，其芽纖白而長。歐陽公《歸田録》云：“草茶盛於兩浙，兩浙之品，以日鑄爲第一。雪芽言其白也。”《會稽志》云：“會稽產茶，極多佳品，惟臥龍一種得與日鑄相亞。”《會稽三賦注》

《會稽三賦》云：日鑄雪芽，拏龍瑞草。瀑布稱仙，茗山鬥好。顧渚爭先，建溪同早。碾塵飛玉，甌濤翻皓，生兩腋之清風，興飄飄於蓬島云云。

陸放翁詩云：海山縹渺劚零局，掃地焚香悦性靈。嫩白半甌嘗日鑄，硬黄一昏學黄庭。衰顏冉冉臨清鏡，華髮蕭蕭倚素屏。尊酒不空身現在，莫争天上少傲星。

紹興府會稽縣禹陵天章茶　禹穴，黄帝號爲宛委穴，赤帝陽明之府，於此藏書焉。大禹始於此穴得書後，復藏於山。然舊經諸書，皆以禹穴系之會稽宛委山裹。人以陽明洞外飛來石下爲禹穴，今則流傳失真，已不可考矣。其地產茶，厥品絕佳，號曰天章。賀知章纂《山紀》

紹興府餘姚縣瀑布嶺瀑布仙芽　餘姚縣瀑布嶺產茶，曰仙茗，大者殊異。《茶經》[32]

餘姚縣虞洪……屢獲大茗焉。《神異紀》[29]

紹興府蕭山縣茗山茶　茗山，在蕭山縣西二里。其上多生奇茗，山以此得名，惜不能焙製，厥產實佳。《舒堂筆記》

寧波府奉化縣雪竇茶　寧波府奉化縣沈家村雪竇山，產茶甚佳。《無夢園集》[30]

溫州府樂清縣雁蕩山茶　雁蕩山跨樂清、平陽二縣。北雁蕩在樂清縣之東，南雁蕩在平陽縣西南，各去縣乙百里，諸峯峻拔險怪，上聳千尺，皆包諸谷中。自嶺外望之,都無所見,至谷中則森然。干霄有龍池,其石光潤如砥。高五百餘丈,飛瀑之勢如傾萬斛水從天而下,及鼓吹一發則緣溜而下,五色光彩畢現。頂上有湖,方約十餘里,水常不涸,雁之春歸者留宿於此。山巔產茶,色白味甘,最稱佳品。《雁山志》

　　台州府赤城茶　茶生天台赤城山,品味與歙產相同。《茶經》⑤³

　　天台茶有三種,紫凝、魏嶺、小溪是也。今諸處并無出產,而土人所需多來自西坑、東陽、黃坑等處。石橋諸山近亦種茶,味甚清甘,不讓它郡。蓋出自名山雲霧中,宜其多液而全厚也。但山中多寒,萌發較遲,做法不嘉,以此不得取勝然,所產不多,足供山居而已。《天台山志》

　　《天台山品物志》:產茶六種,曰赤城、曰紫凝、曰魏嶺、曰小溪、曰瀑布、曰葛仙。

　　台州府天台瀑布山紫凝茶　瀑布山,一名紫凝,在縣西四十里三十〔二〕都,山有瀑布,飛流千丈⑤⁴,遙望如布。陸羽記云:天下第十七水,與國清、福聖二瀑爲三。其山產大葉茶,味甘美特異。《天台山志》³¹

　　瀑布山茶,《神異記》載虞洪遇仙人丹丘子給茗事,正與天台山瀑
　　布茶事實略同,疑必有一舛者。細較二書,當以天台瀑布茶
　　爲允。

　　《天台山志》云:華頂有葛玄茶圃,相傳爲葛仙種茶處。茶今絕
　　產,歲間發一二株,山僧偶有獲者,色味俱極佳。

　　金華府舉巖茶　婺州即金華府有舉巖茶,茶片方細。所出雖少,味
　　極甘芳,烹成碧色⑤⁵。毛文錫《茶譜》

　　《茶史》云:婺州產茗極佳,爰有三種:曰碧貌、曰東白、曰洞源,
　　以碧貌爲最勝。

　　衢州府常山茶　衢州府常山絕頂,有湖方可數畝,濱湖陂產茶,味極清永。《衢州志勝》

　　衢州府龍游縣方山茶　龍游縣西南有方山,山形方正如冠,產茶絕妙,可方天目。《龍游縣志》

　　嚴州府鳩坑茶　鳩坑,在嚴州府桐廬縣,產茶精好,可與婺之洞源茶相匹,而色香味美又欲過之,惜不能多得。《舒堂筆記》

范文正公《詠鳩坑茶》云："瀟洒桐廬郡，春山半是茶。輕雷應好事，驚起雨前芽。"

嚴州府分水縣貢芽　分水貢芽，出本不多，大葉老梗，潑之不動，入水烹成㊿，番有奇味。薦此茗，如得千年松柏根，作石鼎薰燎，乃足稱其老氣。

《紫桃軒雜綴》

卷六

目次

江西茶品三

南昌府建昌縣雲居茶　歐山在縣西南三十里，世傳歐笈先生得道之所。紆迴峻極，山頂常出雲，又名雲居山。有寺，爲唐太常博士顏雲捨宅，頗莊嚴。當時諺云："天上雲居，地下歸宗。"洪芻父有詩云："曲肱聊寄吉祥臥，緩帶來嘗安樂茶。"《建昌縣志》

雲居山產茶，乃草茶中之絕品，山有臥龍洞，宋佛印禪師了元結菴于此。《南昌名勝志》

南昌府寧州分宜縣雙井茶　南昌所屬寧州分宜縣地名雙井，在宋時屬黄魯直，產茶絕佳，可比建溪，當時草茶之上品也。《分宜縣志》

南昌府西山鶴嶺茶　西山在府城西大江之外，道書第十二洞天中有

梅嶺,即梅福修道處;有鶴嶺即王子喬跨鶴處。其最勝者,曰天寶洞。宋時常遣使投金龍玉簡於此山鶴嶺,產茶絕佳。《南昌名勝志》

盧山闒林茶雲霧茶附盧山屬九江府　林茶,鳥雀啣子食之,或有墜於茂林幽谷者,久而滋生。山僧或有入山林尋採者,所獲不過三數兩,多則不及半斤,焙而烹之,其色如月下白,其味深佳,氣若荳花香。《盧山通志》

雲霧茶　產於匡廬山絕頂,常在雲霧中,極有勝韻。而山僧拙於焙,既採,必上甑蒸過,隔宿而後焙,枯勁如稿秸,瀹之爲赤滷,豈復有茶焉!余同年楊澹中遊匡廬,有"笑談渴飲匈奴血"之誚,蓋實錄也。戊戌春,小住東林,同門人董獻可、曹不隨、萬南仲手自焙茶,有"淺碧從教如嫩柳,清芬不遣雜飛花"之句。既成,色香味殆絕,恨余焙不多,不能遠寄澹中爲匡廬解嘲也。《紫桃軒雜綴》

《盧山通志》云:雲霧茶產盧山,山中靜者,艱於日給,取諸崖壁間撮土種茶一二區。然山峻高寒,蘖極卑弱,歷冬必莇苦之,屆端陽始採焙。既成,呼爲"雲霧茶"云云。

《二酉委談》云:余性不耐冠帶,暑月尤甚,豫章喜早熱,而今歲尤甚。春三月十七日,觴客於滕王閣,日出如火,流汗接踵,頭涔涔幾不知歸而發狂大叫,媚爲具湯沐,便科頭裸身。赴之時,西山雲霧新茗初至,張右伯適以見貽;茶色白,大作荳子花香,幾與虎丘茶相等。余時浴出,露坐明月下,命侍兒汲新水烹嘗之,覺沆瀣之味入咽,兩腋風生。念此境界,都非宦路所有。琳泉藥先生,老而嗜茶甚於余,時已就寢,不可呼之共啜。晨起,乃烹遺之,已落第二義矣。追憶夜來風味,因書一通以贈先生。

南昌府西山羅漢茶　南昌府西山產羅漢茶,葉如豆苗,清香味美,郡人珍之,號羅漢茶。《茶史》

九江府德化縣茶　九江府德化縣,產茶絕佳,可方雲霧茶。《九江府志》

瑞州府芽茶　瑞州府芽茶,產鳳凰、華林二山。鳳凰山在府治後,華林山在府城西北,世傳王母第九子雲秀真人於此築壇禮斗處。山產茶芽,紫而色白,味佳。《九江名勝志》

臨江府玉津茶　玉津鎮,在縣東南五十里,地名鶴沙,約四五畝,產茶

最佳,色白味佳,香如蘭茝。《臨江府志》

　　袁州府界橋茶_{綠英、金片、雲腳附}　袁州界橋,産佳茗,其名甚著,不若湖州之含研、紫筍。惟此茶烹之有綠腳下垂,故韓文公賦云"雲垂綠腳"云云。_{毛文錫《茶譜》}

　　饒州府浮梁茶　饒州府浮梁縣産茶,葉小而穠厚,色白味甘,可稱佳品。_{《饒州名勝志》}

　　廣信府茶山茶　廣信府府城北茶山,産茶絶佳。唐陸羽常居此。_{《茶史》}

　　南安府上猶茶　南安府上猶縣石門山産茶甚佳,名上猶鳳爪。_{《茶史》}《茶録》云:上猶縣石門山,産茶磨精絶。

湖廣_{茶品四}

　　武昌府武昌縣茶　武昌山,在武昌縣五十里。晉武帝時⋯⋯負茗而歸。³²《括地志》云:山以縣名者,武昌其一也。_{《武昌名勝志》}

　　鄂州洪山茶_{鄂州即今江夏縣,屬武昌}　洪山在縣東十五里,舊名東山。《茶譜》云:"鄂州東山,出茶黑色如韭,食之已頭痛。"⁵⁷_{《江夏縣志》}

　　武昌府崇陽縣魯溪茶_{一名龍泉茶}　魯溪巖,在龍泉山下,去縣西南四十里,周迴二百里。其上有洞,持燭而入,行數十步,漸平坦如居室,可容千百人。有石渠泉流清駛,名曰魯溪。常時草木狼藉,每遇有人入禱,則淨若灑埽。山前産茶,味極甘美,名龍泉茶。_{《崇陽縣志》}

　　武昌府興國軍桃花寺桃花絶品茶_{興國軍即今興國州,屬武昌府。興國茶品曰桃花絶品,曰進寶,曰雙勝,曰寶山,曰兩府}　桃花寺,在州南五十里桃花尖之下,寺中有泉甘美,里人用以造茶,味勝他處,今號曰桃花絶品。宋知軍州事王琪有詩云"梅雪既掃地,桃花露微紅。風從北苑來,吹入茶塢中",蓋詠此也。_{《興國州名勝志》}

　　《文獻通考》云:興國軍,地産名茶,邦牧修貢,最爲精品,故有進寶、雙勝、寶山、兩府之號。

　　武昌府西山寶慶茶　西山,在武昌、興國接界。在宋歲貢御茗,名曰寶慶,乃片茶中之至精者,在進寶、雙勝之右。_{《西山遊覽志》}

黄州府黄岡縣東坡雪堂桃花茶　自黄州城南至雪堂,凡四百三十步。雪堂問曰:蘇子得廢圃,於東城之脇號,其正曰雪堂。因大雪中成之因,繪雪於四壁之間,間無容隙。其名起於此先生,又自書"東坡雪堂"四字扁,懸之堂上。堂東有細柳,有浚井,西有徴泉。堂之下,有大冶長老桃花茶,巢元修菜,何氏藂橘種秔稌、蒔棗栗,有松期爲可劉種麥,以爲奇事,作陂塘、植黄桑,皆足以供先生歲用,爲雪堂之勝景。《東坡全集》

《東坡全集》有《乞大冶長老桃花茶水調歌頭詞》云(已過幾番雨)

黄州府蘄水縣茶山松花茶　茶山在蘄水縣,産茶極佳。唐劉禹錫有詩云:"薝葉炤人呈夏簟,松花滿碗試新茶",蓋詠此也。《黄州名勝志》

蘄州蘄門團黄茶　團黄茶説,已見前一卷種類下。

荆門州當陽縣玉泉山僊人掌茶　僊人掌茶,已詳見一卷種類下。

岳州府㵑湖涵膏茶　㵑湖茶在唐時極重,見諸篇什,李肇所謂㵑湖之涵膏也。《岳州名勝志》

岳州府白鶴茶產㵑湖

㵑湖諸灘舊出茶,李肇所謂㵑湖之涵膏是也。唐人最重,多見詩詠。今不甚植,惟白鶴僧園有千餘本,頗類北苑所出茶。一歲乃不過一二十兩,土人謂之白鶴茶。茶極甘香,非他處茶可比。茶園之地土亦相類,但土人不甚植耳。《岳陽風土記》

岳州府巴陵縣巴陵茶巴陵茶品有五:曰大小巴陵、開勝、開卷、小卷、生黄翎毛共五品　巴陵縣諸山皆産名茶,如大小巴陵、開勝、開卷、小卷、生黄翔毛之類,在宋季俱登貢品。《舒堂筆記》

荆州府江陵縣茶江陵茶品有二:曰楠木、曰大柘枕　江陵縣東、西兩山俱産名茗,而以楠木及大柘枕者爲最,茶味甘香鮮白,當爲楚茶之冠。《國史補》

歸州青口峽青口茶　歸州青口峽出名茶,歲貢上方。地方數里所産,不過百兩,茶味甘香雋永,惜不能多得。《九清齋雜志》

歸州巴東縣真香茗　巴東縣有真香茗,其花白色如薔薇,煎服令人不眠,能誦無忘。《述異記》

澧州樂普山牛觚茶澧州屬岳州府與歸州巴東縣接界　東泉,在縣南三十里,

有石洞，遇旱祈禱有驗。又有白龍泉，在縣之樂普山，相傳有白龍出水中，土人呼其地爲牛觚。此山產美茶，名牛觚茶。《澧州志》

長沙府岳麓茶_{長沙茶品有九：曰岳麓、曰草子、曰楊樹、曰雨前、曰雨後、曰緑芽、曰片金、曰金巖、曰獨行靈草}　長沙西岸有麓山，蓋衡山之足，又名靈麓峯，乃岳山七十二峯之數。此山產茗特饒，名品若岳麓及獨行靈草，皆表表著名者。《湘潭遊覽志》

茶陵州茶陵茶　《史記》：炎帝葬於茶山之野。茶山即景明山也，以山谷間多生奇茗，故名。《茶陵州誌》

夷陵州明月峽茶　峽州即後周名峽州者，出名茶。昔人有云：“明月之峽，厥有佳茗”，即此。《夷陵州志》

衡州府衡山茶　衡岳產茶，昔稱名品，山僧苦於征索，多私刈去。今所產，每歲約得五六斤，所以爲難。《南岳志》

辰州府雙上緑芽又大小方　小酉山，一名辰山，又名烏速山，在西溪口。《方輿記》云：山下有石穴，中有書千卷，秦人避地隱學於此。梁湘東王云謂“訪二酉之逸典”是也。耆舊相傳堯善卷。唐張果老皆常隱此。又名爲大酉華妙洞天。或云自西溪西北行十餘里，有洞與大酉國山相通。唐瞿廷柏兒時戲躍入井，忽自華妙洞中出，已去縣四十里。山中產茶名緑芽、大小方，俱佳品也。《辰州府名勝志》

卷七

目次

福建_{茶品五}建寧府北苑茶

北苑茶品，見前《北苑茶録》。

建安之東三十里……修爲十餘類目,曰《北苑別録》。[33]

北苑所轄茶園,進御者共四十六,所見《北苑茶録》。其地廣袤三十餘里,自官平而上爲内園,官坑而下爲外園。方春靈芽萌發,先民焙十日,加九窠十二壟及龍游窠、小苦竹、張坑、西際,又爲禁園之先也。[34]

採茶,見前二卷採製。

揀茶,見前二卷採製。

開焙,見前二卷茶候。

蒸茶,見前二卷採製。

榨茶,見前二卷採製。

碾茶,見前二卷採製。

造茶,見前二卷採製。

過黄,見前二卷採製。

貢茶綱次[59]

細色第一綱

龍焙貢新水芽,十二水,十宿火正貢三十銙,創添二十銙。

細色第二綱

龍焙試新水芽,十二水,十宿火正貢一百銙,創添五十銙。

細色第三綱

龍團勝雪[60]……寸金小芽,十二水,九宿火正貢一百片。[35]

細色第四綱

龍團勝雪……新收揀芽中芽,十二水,十宿火正貢六百片。

細色第五綱

太平嘉瑞……興國巖小鳳中芽,十二水,十五宿火正貢五十片。[36]

先春兩色

太平嘉瑞小芽,十二水,十宿火正貢二百片。

長壽玉圭小芽,十二水,九宿火正貢一百片。

續入添額四色

御苑玉芽……正貢一百片。[37]

粗色第一綱^㊽

正貢

不入腦子上品揀芽小龍_{六水，十宿火}正貢一千二百片。

入腦子小龍_{四水，十五宿火}正貢七百片。

增添

不入腦子上品揀芽小龍，正貢一千二百片。

入腦子小龍，正貢七百片。

建寧府附發小龍茶，正貢八百四十片。

粗色第二綱

正貢

不入腦子上品揀芽小龍，正貢一百片^㊾。

入腦子小龍，正貢七百片^㊿。

入腦子小鳳_{四水，十五宿火}正貢一千三百四十片。^㊴

入腦子大龍_{二水，十五宿火}正貢七百二十片。

入腦子大鳳_{二水，十五宿火}正貢七百二十片。

增添

不入腦子上品揀芽小龍，增添一千二百片^㊵。

入腦子小龍，增添七百片。

建寧府附發　小鳳茶，增添一千三百片。^㊶

粗色第三綱

正貢

不入腦子上品揀芽小龍，正貢六百四十片。

入腦子小龍，正貢六百四十片^㊷。

入腦子小鳳，正貢六百七十二片。

入腦子大龍，正貢一千八百片^㊸。

入腦子大鳳，正貢一千八百片。

增添

不入腦子上品揀芽小龍，增添一千二百片。

入腦子小龍，增添七百片。

建寧府附發

大龍茶,四百片。⑲

大鳳茶,四百片。

粗色第四綱

正貢

不入腦子上品揀芽小龍,正貢六百片。

入腦子小龍,正貢三百六十片。

入腦子小鳳,正貢三百六十片。

入腦子大龍,正貢一千二百四十片。

入腦子大鳳,正貢一千二百四十片。

建寧府附發

大龍茶,四百片。⑳

大鳳茶,四百片。

粗色第五綱

正貢

入腦子大龍,正貢一千三百六十八片。

入腦子大鳳,正貢一千三百六十八片。

京鋌改造大龍,正貢一千六百片。

建寧府附發

大龍茶,八百片。

大鳳茶,八百片。

粗色第六綱

正貢

入腦子大龍,正貢一千三百六十片。

入腦子大鳳,正貢一千三百六十片。

京鋌改造大龍,正貢一千六百片㉑。

建寧府附發

大龍茶,八百片。

大鳳茶,八百片。㉒

京鋌改造大龍，一千三百片[73]。已上俱載《北苑別録》

余觀《北苑別録》所記，兩宋貢茶綱次，品目纖悉備詳矣。鈔類之次目得記其類列，凡爲綱次者十二，茶品八十有八，鈞片四萬八千五百五十有奇，而公私饋餉商賈興販不與焉。吁！可爲極盛矣。蓋維趙宋享國之日，雅重儒林，每衣冠讌會觴詠相娛，恆以酪奴首薦，於是王公貴游好尚相高，往往品題優劣□別上中，故耳佳品日彰，工製臻妙矣，雖九重之上，玉食山積，視之不啻糞土；而於團鈞獨珍，尤所愛惜，非郊祀大禮，臣僚未有輕賜者。或幸而得賜，必播之聲詩以爲榮誇，無敢妄試，家藏有傳再世者。如唐子西《鬥茶記》[74]云：歐陽公得内賜小龍團，更閲三朝，賜茶尚在。在當時已極珍賞，而色香滋味亦必卓絶。惜乎團鈞之製失傳已久，今建茗雖殊，厥品碌碌，況兼焙製欠精，品嘗意盡。即武彝偶有佳者，僅可伯仲天池，未能遠出岕片之上。以故，明季建寧府貢茶，尚供宮掖浣濯之用，不登茗飲。以今視昔，何啻霄壤哉！蓋緣歷世好尚不同，而建茶亦有隆替耳。昔先君在燕都日，有閩中周先生者，以宋小龍團茶半鋌相贈云，藏於其家已經十世，約重一鐶，有半厚五分許，面有小龍蜿蜒之狀，背勒宣和數字，已經漶滅，彷彿微可辨。嗅之無香，黝碧而堅緻，紋如犀璧，即煩博浪，一椎不至驟損。云以之摩湯，能已消渴諸疾。余兒時偶患痰喘，因以此茶摩湯，下之立效，大有龍麝旃檀之氣，味甘而涼如冰雪，真異物也。壬子歲，先君再入都門，失於旅邸，而後之好事者，未能鑒賞矣。深爲惋惜，因並志之。

卷八

目次

茶　綿州松嶺茶　犍爲郡橘社茶　天泉挐龍山茶

　　廣東　廣州府臬盧茶　吉州黄旗岡茶　潮州府石花茶　大埔縣茶山茶　德慶州茗山茶

　　廣西　柳州羅艾茶㊆　潯州府貴縣茶

　　雲南　雲南府茶　廣西府鍾秀茶　灣甸州孟通茶

　　貴州　貴陽府鳳皇茶　新添衛楊寶山茶　平越衛七盤茶

　　外夷　交趾茶

河南茶品六

河南府陝州³⁸明月澗茶　陝州屬河南府,明月澗産名茶,精美無倫。《茶史》云:明月之澗厥有佳茗,在昔其名甚著。《茶譜》

　　汝寧府信陽州羅山茶　羅山在汝寧府信陽州,産茶味甘色白,可方日鑄。《汝寧府志勝》

　　汝寧府光州光山茶　光山,在汝寧府光州,山産名茶,滋味甘香堪同北苑。《光州志》

山東茶品七

青州府蒙陰縣蒙山茶　青州府蒙陰縣蒙山,其巓産茶,味苦回甘。《蒙陰縣志》

　　《七修類稿》云:世以山東蒙陰山所生石蘚謂之蒙茶,士大夫珍貴,而味亦頗佳。殊不知形已非茶,不可煮飲,又乏香味,而《茶經》之所不載。蒙頂茶産,四川雅州,即古蒙山郡。其《圖經》云:蒙頂有茶,受陽氣之全,故茶芳香。《方輿勝覽》《一統志》土産倶載。蒙頂茶,《晁氏客話》亦言雅州也。白樂天《琴茶行》云:李丞相德裕入蜀,得蒙頂茶餅,沃於湯瓶之上,移時化盡以驗其真。而蒙山有五峯,最高者曰上清,方産此茶,且有瑞雲影相現,多虎豹龍蛇之跡,人行罕到故也。但《茶經》品之於次,若山東之蒙山,乃《論語》所謂"東蒙主"耳。

　　濟南府泰安州岱嶽茶　泰安州泰山薄産名茶,多生嵓谷間,山僧時有得之,而城市則無也。山人摘青桐芽曰女兒茶;泉崖陰趾苗如菠稜者,曰仙人茶,皆清香異南茗。黄楝芽時爲茶,亦佳;松苔尤妙。《岱岳志》

四川茶品八

成都府雀舌茶　成都府産雀舌茶,其葉纖細如雀舌。然例以清明日製造,色味甘香迫絶。《益州異物志》

重慶府都濡月兔茶　重慶府彭水縣,即都濡廢縣,産茶最佳,黄山谷稱,都濡月兔茶爲佳品。《重慶府志》

重慶府南平狼猱茶　重慶府南平縣狼猱山茶,黄黑色,渝人重之,云可已痰疾[77]。毛文錫《茶譜》

《雲蕉館紀談》[39]云:明昇在重慶府取涪江青蟆石爲茶磨,令宫人以武隆雪錦茶碾之,焙以大足縣香霏亭海棠花,味倍於常。海棠無香,惟此有香,以之焙茶尤妙。

雅州蒙頂茶　蒙山在雅州,山頂産茶,能治諸疾,茶味甘芳最勝,兩川産茶,當以蒙茶爲第一。《茶解》[40]

雅州蒙山,山有五峯。一峯最高者,曰太清,産甘茗。《禹貢》蔡蒙旅平即此。《雅州志》

《錦里新聞》[41]云:蒙山有僧病冷且久,偶遇老叟,告之曰:“仙家有雷鳴茶,候雷發聲乃苗,可併手於中頂採摘。”服之,僧病果瘥。

峽州碧潤明月茶　明月峽在夷陵州,即後周名峽州者,出茶極佳。《茶史》云:“明月之峽,厥有佳茗”即此。《茶疏》

嘉定州[42]峨眉茶　峨眉山在嘉定州,山産名茶,烹嘗之,初苦而終甘。《峨眉山志》

眉州洪雅山丹稜茶　丹稜茶,出洪雅山,屬眉州,葉有丹稜因名。其味甘芳,品同雀舌。《眉州志》

瀘州寶山茶　寶山在州城南,《郡國志》一名瀘峯山。多瘴氣,三、四月感之必死,至五月上旬則無害。山産茶,能已風疾,並治瘴毒,土人以茱萸並噉之。《瀘州志》

劍州梁山茶　劍州梁山産茶,爲蜀中絶品。《劍州名勝志》

彭州仙崐石花茶　石花茶,産彭州仙巖山。《茶史》云"仙巖石花,爲蜀州佳茗,可以比美丹稜"云云。《彭州志》

東川神泉山小團茶　神泉山産奇茗,色白味甘著名。《茶譜》所謂"神泉獸目"即此茶也。《茶錄》

夔州府香山茶　香山,在夔州府城南四十里,山産名茶,色最纖翠,亦蜀茶之冠也。《茶錄》

龍安府騎火茶　龍安府九龍山,産茶精美,例以禁火日製之,故名騎火,茶品中最著者也。《茶錄》

邛州臨安縣思安茶　臨安縣思安山産茶,其品在六安、松蘿之次。《邛州志勝》

涪州賓化茶　《茶錄》以涪州賓化茶爲蜀茶之最,地不多産,外省所得頗艱,其品可亞蒙山。《茶史》

涪州彰明縣綠昌明茶　彰明縣産綠昌明茶,香清味美,冠絶兩川諸茗,故李太白集有詩云:"渴飲一醆綠昌明"云云,即詠此茶也。《茶史》

綿州松嶺茶　松嶺茶産綿州,葉大而有白茸,瀹之無色,若月下白,香如松實,蓋奇品也。《綿州志勝》

犍爲郡安平縣橘社茶　犍爲郡安平縣有橘柚官社,出名茶。《蜀都賦》云:"社有橘柚之園"云云即此。《犍爲志勝》

天全六番招討使司臥龍山烏茶　臥龍山,因孔明征孟獲駐此故名,山在龍溪縣。巖壑幽深,人蹟罕到,産茶精好,色味絶佳。昔有樵者入山,見二人對弈。頃見二白鶴啄楊梅,墜地一枚,樵者取而食之,遂失弈者所在。抵家,遂辟穀,頗知人休咎。《茶錄》

廣東茶品九

廣州府西平縣皋盧茶　皋盧茶,已見前一卷釋名。

廣州府吉州黃旗岡西樵茶　廣州府番禺縣壁山黃旗岡産茶,因唐末詩人曹松寓此,常以顧渚茶教之種焙,土人遂以茶爲業。《廣州名勝志》

潮州府石花茶　石花茶,産潮州府大圩山,茶味清甘,爲粵茶第一。《潮陽志》

潮州府大埔縣茶山茶　大埔縣茶山産茶最佳，在石花之次。《茶錄》

德慶州茗山茶　德慶州茗山産名茶，能已風痰之疾，土人珍之。《德慶
州志》

廣西茶品十

柳州府上林縣羅艾山茶　羅艾山在上林縣，有人入山採茶遇仙於此，
遂移家居焉。《柳州府名勝志》

潯州府貴縣茶　貴縣産茶，其品同於羅艾。《茶錄》

雲南茶品十一

雲南府感通茶　感通寺山崗産茶，甘芳纖白，第滇茶第一。《咸賓錄》[43]

廣西府鍾秀茶　茶産鍾秀山。山居府城内，山形秀拔，儒學建其下。
《茶志》

灣甸州孟通茶　茶産灣甸州孟通山，茶味類陽羨，穀雨採者香甚。《茶志》

貴州茶品十二

貴陽府鳳皇山茶　山在府城南，山勢奇聳如鳳翼然，上産佳茶。《貴陽
名勝志》

新添衛楊寶山茶　衛城北山，色清翠如畫，産茶絶佳。

平越府七盤茶　七盤山，在衛城東，盤旋七里。上産佳茶，坡下有溪，
人跡罕到。《平越府名勝志》

外夷茶品十三

交趾茶　李仲賓學士云：交趾茶，如緑苔，味辛烈，名之曰登。《硯北
雜志》

卷九

目次

北京　順天府玉泉　德勝門烹茶水　永平府扶蘇泉　延慶州玉液泉

江南　應天府石頭城水　石頭城下水　應天府白乳泉　應天府泉品
崇花寺梅花水　鎮江府中泠泉　中泠泉　中泠泉　中泠泉　常州府金斗
泉　無錫縣惠泉　惠山新泉記

泉品

〔劉伯芻〕水品[78]　張又新云……淮水最下,第七。[44]

〔陸羽水品〕[79]　元和九年春……雪水第二十。[45]

序天下名泉　泉爲茶之司命,必資清泠甘冽之品,方可從事。即有佳
茗,而以苦鹹斥烹之,其色香滋味頓絶,迨爲溝壑之棄水耳,何可以登茗飲?
故爾,鑒賞名家品評甌蟻者,務擇名泉。如唐之劉伯芻、陸季疵[80]輩,夙稱精
於茗事,各著泉品。然宇宙之大,傳記之廣,泉之宜於茗者,指不勝屈,不特
如伯芻、季疵所論而已。暇日檢閱羣書,有干泉品者,輒筆録之,因第次分,
疏題曰泉品,列於茶品之後,以貽好事者,非欲與田子藝煮茶小品較優劣也。

北京順天泉品

順天府玉泉　玉泉,在順天府西北玉泉山上,泉出石罅,因鑿石爲螭
頭,泉從螭口出,鳴若雜佩,色若素練,味極甘美,瀦而爲池,廣三丈許。池
征東跨小石橋,水經橋下東流入西湖,爲京師八景之一。名曰玉泉垂虹。
《廣皇輿記》

順天府大內文華殿東大庖廚泉井　黄諫,字廷臣,臨洮蘭州人。正統
壬戌進士及第第三人,使安南卻餽,升學士,作《金城》《黄河》二賦;李賢、
列定時人皆稱美之。好品評泉水,自郊畿論之,以玉泉爲第一;自京城論
之,以文華殿東大庖廚井爲第一,作《京師水記》。每進講,退食內府,必啜
廚井水所烹茶,比眾獨多。或寒暑罷講,則連飲數杯,曰:“與汝暫辭。”眾
皆嘩然一笑。石亨敗,諫以鄉人詞連,爲謫廣東通判,評廣州諸水,以雞爬
井爲第,名學士泉。《湧幢小品》[46]

順天府德勝門外烹茶水　禁城中外海子即古燕市,積水潭也。源出
西山一畝、馬眼諸泉,繞出瓮山後,匯爲七里濼,迂迴向西南行數十里,稱

高粱河。將近城,分爲二脈:外繞都城開水門,内注潭中,入爲内海子,繞禁城;出巽方流玉河橋,合于城隍入於大通河。其水味甘,余在京三年,取汲德勝門外,烹茶水最佳,人未之知,語之亦不信。大内御用井,亦此泉所灌;真天漢第一品,陸羽所不及載。嘗且京師常用甜水,俱近西北,想亦此泉一脈所注;而其它諸泉不及遠矣。黄學士之言,真先得我心矣。《湧幢小品》

永平府灤州扶蘇泉　泉出永平府灤州,泉甚甘洌,宜於烹茗。昔秦太子扶蘇憩此,因名。《廣輿記》

延慶州玉液泉　玉液泉,在延慶州城西南,水清味淡,烹茗造酒甚佳。《輿圖備考》

江南泉品二

應天府石頭城下水　南中井泉凡數十處,余皆嘗之,俱不佳。因憶古有名石頭城水者,取之亦欠佳。乃令役自以錢僱小舟,對頭石城,棹至江心汲歸。澄之微有沙,烹茶可與慧泉等。凡在南二十一月,再月一汲,用錢三百。以此自韻,人或笑之不恤也。《湧幢小品》

《清賞録》云:李贊皇作相日,有人出使京口,贊皇囑曰:"回時幸置中泠泉一器。"使者至京口,事畢遄歸,醉而忘之。迨至金陵始憶,因以石頭城下水貯器遺之。贊皇發器揚栖曰:"異哉,此非中泠者,有似建業石頭城下水。"使者駭愕,首陳所以。

應天府白乳泉　白乳泉,在應天府攝山千佛嶺。昔人因伐木見石壁上刻隸書六字:白乳泉試茶亭。《廣輿記》

應天府泉品　萬曆甲戌季冬朔日,盛時泰、仲交踏雪過余尚白齋,偶有佳茗,遂取雪煎飲,又汲鳳皇、瓦官二泉飲之。仲交喜甚,因歷舉城内外之泉可烹茗者。余慫恿之曰:"何不紀而傳?"仲交遂取:雞鳴山泉、國學泉、城隍廟泉、府學泉、玉兔泉、鳳皇泉、驍騎衛倉泉、冶城忠孝泉、祈澤寺龍泉、攝山白乳泉、品外泉、珍珠泉、牛首山龍王泉、虎跑泉、太初泉、雨花台甘露泉、高座寺茶泉、八功德水、净名寺玉華泉、崇化寺梅花水、方山八卦泉、净海寺獅子水、上莊宫氏泉、衡陽寺龍女泉、德恩寺義井、方山葛仙翁丹井共二十六處,皆敍而讚之,名曰《金陵泉品》。余近日又訪出：謝公墩鐵庫泉　鐵塔寺倉百丈泉　鐵作坊金沙泉　武學井　石頭城下水　清涼寺對門蓮花井　鳳皇台門外_{焦婆井}留守左衛倉井_{鹿苑寺井}已上諸泉,皆一一攜茗就試,惜不得仲交讚之耳。《金陵瑣事》[47]

《戒庵漫筆》[48]云：崇化寺梅花水甃池一方,僅大如席,泉出自巖谷石間,相傳水泛起泡皆成梅花,泉甘宜茗,後爲僧人葬侵地脈,今則無矣。

鎮江府中泠泉_{一名中瀯}　《太平廣記》云：李德裕使人取金山中泠水,蘇軾、蔡肇並有中泠泉諸作。《雜記》云：石排山北謂之北瀯,釣者餘三十丈則中瀯,之外似又有南瀯、北瀯者。《潤州類集》云：江水至金山,分爲三瀯,今寺中亦有井,其水味各別,疑似三瀯之説也。《羣碎録》[49]

《遊宦記聞》云：揚子江心水,號中泠泉,在金山寺旁郭璞墓側之下,最當波流險處。汲取甚難,士大夫慕中泠之名,求以瀹茗,汲者多遭淪溺。寺僧苦之,於水陸堂中鑿井以紿遊者。往歲連州太守張順監京口鎮日,常取二水較之,味之甘冽,水之輕重,萬萬不侔。乾道初,中泠別擁一小峯,今高數丈,每歲加長,鶴巢其上,峯下水益湍急,泉之不可汲,更倍昔時矣。

《清暑筆談》云：隆慶己巳,余被召北上,滯疾淮陽,疏再上乞休未得報,移舟瓜步堖下,會天氣乍喧,運艘大集,河流淤濁,每旦舟子棹江濤中汲中瀯泉。一日舟觸罌破,索他器承餘瀝以候瀹茗。聞金山飲食盥漱皆取給於此,何異秦割十五城以易趙璧。而金山之人,用以抵鵲。

《無夢園集》云：中泠水比它泉水每甌重數錢,腹瀉者寒飲一甌頓止。煮茶無宿垢。

《九清齋雜志》云：中泠及惠山泉,一升俱重二十四銖,山東濟寧府杜康泉,重二十三銖。

常州府金斗泉　金斗泉在常州府譙樓左側。譙樓即古之金斗門也。泉味甘冽,宜於瀹茗,而釀酒尤佳,宋時充貢,稱“金斗泉”是也。《南蘭事紀》

常州府無錫縣惠泉　陸鴻漸著《茶經》,別天下之水,而惠山之品最高。山距無錫縣治之西五里，而寺據山之麓。蒼崖翠阜，水行隙間，溢流爲池，味甘寒，最宜茶。於是茗飲盛天下，而甂甀負擔之所出通四海矣。建炎末，羣盜嘯其中，洿壞之餘，龍淵泉遂涸。會今鎮潼軍節度使開府，儀同三司，信安郡王會稽尹孟公以丘墓所在，疏請於朝，追助冥福，詔從之，賜名精忠薦福，始命寺僧法皞主其院。法皞氣質不凡，以有爲法作佛事，糞除灌莽，疏治泉石，會其徒數百，築堂居之，積十年之勤，大廈穹墉，負崖四出，而一山之勝復完。泉舊有亭覆其上，歲久腐敗，又斥其贏撤而大之，廣深袤丈廓焉，四遞遂與泉稱。法皞请余文記之，余曰：一亭無足言，而余於法皞獨有感也。建炎南渡，天下州縣殘爲盜區，官吏寄民閭藏錢廩粟分寓，浮圖老子之宮市門日旰無行跡，遊客暮夜無托宿之地，藩垣缺壞，野鳥入室如逃人家，士夫如寓公寄客，屈指計歸日，襲常蹈故，相師成風，未有特立獨行，破苟且之格，奮然以功名自立於世。故積亂十六七年，視今猶視昔也。法皞者，不惟精悍過人，而寺之廢興本末與古今詩人名章後語刻留山中者，皆能歷歷爲余道之。至其追營香火奉佛齋衆，興頽起仆，潔除垢淤，於戎馬蹂踐之後，又置屋泉上，以待四方往來冠蓋之遊。凡昔所有皆具而壯麗過之，可謂不欺其意者矣。而吾黨之士，又以不耕不織訾謷其徒，姑置勿異焉。是宜淬礪其材，振飭蠱壞，以趍於成無以毀。凡畫墁，食其上，其庶矣□，故書之以寓一歎焉。《鴻慶堂集》[50]

　　獨孤及《惠山新泉記》云：此寺居吳西神山之足，山小多泉，其高可憑而上。山下有靈池異花，載在方志。山上有真僧隱客遺事故蹟，而披勝録異者淺近不書。無錫令敬澄字源深，以割雞之餘考古，按圖葺而築之，乃飾乃圬。有客竟陵陸羽，多識名山大川之名，與此峯白雲相與爲賓主，乃厥稽創始之，所以而志之談者，然後知此山之方廣勝掩它境。其泉伏湧潛泄潨瀿舍下，無沚無竇，蓄而不注。源深因地勢以順水性，始雙墾袤丈之沼，疏爲懸流，使瀑布下鍾甘溜，湍激若醴灑乳湧。及於禪床，周於僧房，灌注於德池，經營於法堂。潺潺有聆之耳，清濯其源，飲其泉使貪者、躁者静勸道道者，堅固境静故也。夫物不自美，因人美之。泉出於山，發於自然，非夫人疏之鑿之之功，則水之時用不廣，亦

猶無錫之政煩民貧。源深導之,則千室襦袴仁智之所及,功用之
所格,動若饗答,其揆一也。余飲其泉而悦之,乃志美於石。

《惠山泉記》云:泉在漪瀾堂後,甃石作池。池近内者,往來汲取,
外池僅供浣濯,不堪烹飪,二池相隔不能以寸,而泉味之不同如此。

卷十

目次

江南_{泉品三}

蘇州府虎丘山石泉　泉出虎丘山西南隅,泉上有亭,駕以飛梁,緪汲轆轤遞繼。下爲劍池,相傳闔閭於此藏湛盧之處。泉味清冽,宜於茗飲,瀹以本山茶尤佳,唐劉伯芻《水品》列之第三;陸鴻漸《水品》列之第五。山下有憨憨泉,泉味亦佳。《虎丘別志》

蘇州府楞伽第四泉　蘇州府楞伽上方山治平寺,天下第四泉,有六角石井闌,刻字於上。《戒庵漫筆》

《鎮江府丹陽玉乳泉記》云:唐劉伯芻《水品》列此泉爲第四,而陸羽又列此泉爲第十一,則楞伽泉第四之名,又誰定耶?

安慶府龍井泉　安慶府望江縣菩提寺北冬溫夏冷,其味甘冽,可以愈疾而宜烹茗。相傳常有紫沫浮井上,累日始散。識者云"此龍涎也"。《皇輿圖考》

滁州六一泉　泉在滁州瑯琊山醉翁亭側,泉味甘芳,所謂"釀泉"是也。《名勝志》

浙江_{泉品四}

杭州府孤山金沙泉　泉在孤山下,唐白居易常酌此泉,甘美可愛。視其地,沙光燦然如金,因名。《孤山志》

杭州府孤山六一泉　泉在孤山,與金沙相近,味甘冽勝之。《孤山志》

杭州府參寥泉　參寥泉在西湖上智果寺前,泉清冽甘芳,東坡有詩銘稱美之。《西湖志餘》

杭州府泉品

高子曰:"井水美者,天下知鍾泠泉矣。然而焦山一泉,余曾味過數四,不減中泠、惠山之水,味淡而清,允爲上品。吾杭之水,山泉以虎跑爲最,老龍井、真珠寺二泉亦甘,北山葛仙翁井水,食之時厚。城中之水,以吳山第一泉首稱,余品不若施公井、郭婆井;二水清冽可茶,若湖南近二橋中水,清晨取之烹茶妙甚,無俟它求。"《遵生八牋》

杭州府昌化縣[51]東坡泉　泉在昌化縣,東坡始尋溪源得之,人因鑿石爲泓。石刻東坡泉三字。《昌化縣志》

嘉興府南湖泉　泉在嘉興府南湖中,蘇軾與文長老常三過湖上汲水煮茶,後人建亭以識其勝。址尚存。《嘉興名勝志》

嘉興府景德寺幽瀾泉　嘉興府景德寺西北隅,有泉一泓,相傳有異僧入定,月下見一女子趨過,僧曰:"窗外誰家?"女即應聲曰:"堂中何處僧?"僧即持錫杖逐之。至隅而没,遂志其處。詰旦掘之,得一石刻曰"幽瀾"。啟石得泉,遂以名焉。記稱泉有三異:大旱不竭,瀹茗無滓,夏月經宿不變。余每過,輒汲取試之,其味頗似惠山泉,然"幽瀾"二字亦奇。《閑耕餘録》[52]

紹興府菲飲泉　泉在紹興府城東南大禹寺,以禹菲飲食而名。宋王十朋詩云:"梵王宮近禹王宮,一水清涵節儉風。"《紹興府名勝志》

紹興府餘姚縣清華泉　紹興府餘姚縣客星山,又名陳山,嚴子陵故里,山半有清華泉。《餘姚縣志》

紹興府餘姚縣龍泉　紹興府餘姚縣龍泉山,舊名靈緒山。山上有龍泉,宋高宗常登此,飲泉而甘,因汲以歸。《餘姚縣志》

台州府紫凝山瀑布泉　天台山瀑布水,陸羽品爲天下第十七泉。《天台山志》

嚴州府十九泉　嚴州府釣台下,陸羽品泉天下,泉味謂此泉當居十九。《釣台記》[53]

江西泉品五

南昌府西山瀑布泉　源出西山之麓,歐陽修論水品,以洪州瀑布爲第八。《南昌府名勝志》

南昌府甯州雙井泉　南昌府甯州,黄山谷所居之南,汲以造茶絶勝它處。山谷有《寄雙井茶與東坡》詩。《南昌府名勝志》

南康府谷簾泉　南康府城西,泉水如簾,布巖而下三十餘脈。陸羽品其味爲天下第一。《南康府志勝》

九江府康王谷泉　九江府城西南,楚康王常憩此。王禹偁云:康王谷爲天下第一水,簾高三百五十餘丈,其味甘美,經宿不變。《九江府名勝志》

臨江府新喻縣醴泉　泉出臨江府新喻縣,黄山谷常至此品泉。歎曰:

“惜陸羽董不及知也”，因題曰醴泉。《臨江府志》

　　贛州府廉泉　贛州府府治東南。蘇軾詩云：“水性故自清，不清或撓之。廉者謂我廉，何以此爲名。”

　　南安府大庾嶺卓錫泉　南安府大庾嶺，唐僧盧能自黃梅縣得傳衣鉢，住曹溪，五百僧追奪之。至大庾嶺渴甚，能以錫卓石，泉湧出，清甘，衆駭而退。泉之右有放鉢石。《南安府志》

湖廣泉品六

　　黃州府煮茶泉　黃州府鳳棲山，在蘄水縣，有陸羽煮茶泉。鳳棲山泉，陸羽《茶經》泉品爲天下第三泉。《黃州府志》

　　襄陽府均州參斗泉　襄陽府均州，其泉汲之，雖千人不竭不減；不汲亦不盈。相傳參、斗二星下臨，因以名之。《均州志》

　　襄陽府南漳縣一碗泉　泉出襄陽府南漳縣石坎中，僅容水一碗。味最甘冷，取之不竭。《南漳縣志》

　　安陸府沔陽縣陸子泉　泉在安陸府沔陽縣，一名文學泉。陸羽嗜茶，得泉以試茗，故名。《沔陽縣志》

　　常德府丹砂井泉　常德府府治之北，泉赤如絳，武陵廖氏譜云：廖平以丹砂三十斛填所居井中，飲是水者以祈壽。抱朴子曰：“余祖鴻臚嘗臨沅，有民家世壽考，或百歲或八九十歲。後徙去，子孫夭折”即此。《常德府志》

　　常德府萊公泉　泉在常德府甘泉寺，寇準南遷日，來此試品題於東楹曰：“平仲酌泉經此，回望北闕。”闇然而去。未幾，丁謂過之，題於西楹曰：謂之酌泉禮佛而去，後范諷留詩寺中；末句云：“煙巒翠鎖門前寺，轉使高僧厭寵榮。”南軒張栻榜曰“萊公泉”。《常德府名勝志》

　　郴州惠泉　郴州惠泉，在惠泉坊。其泉甘冷清冽甚美，舊名甘泉。人患疾者飲之立愈。唐天寶間，改名曰“愈泉”。《郴州志》

山東泉品七

　　濟南金線泉　濟南城西張意諫議園亭，有金線泉，石甃方池，廣袤丈餘，泉亂發其下，東注城濠中，澄澈見底。池心南北有金線一道，隱起水面,以油滴之即散,或滴一隅,則線紋遠去,或以紋亂之,則線輒不見,水止如故;天陰亦不見。濟南爲東南名郡,而張氏濟南盛族園池,乃郡之勝遊。泉之出百年矣,士大夫過濟南至泉上者,不可勝數,而無能究其所以然,亦無人題詠,獨蘇子瞻有詩云:"旗槍攜到齊西境,更試城南金線泉";然亦不能辨泉之所以有金線也。曾南豐亦有《金線泉》詩云:"玉甃嘗浮灝氣鮮,金絲不定路南泉。雲依美藻爭成縷,月焰寒漪巧上弦。已繞渚花紅灼灼,更縈沙竹翠娟娟。無風到底塵埃净,界破冰綃百丈天。"又范諷自給事中謫官,數年方歸。游張氏園亭,飲泉上,有"金線真珠"之目,水木環合,乃歷下之勝景。園亭主人乃張寺丞聰也,常邀范宴飲於亭上。范題一絕於壁曰:"園林再到身猶健,官職全抛夢乍醒。惟有南山與君眼,相逢不改舊時青。"《宋稗史》

兗州府東阿縣白雁泉　泉在兗州府東阿縣。相傳漢王伐楚經此,土卒渴甚,忽有白雁飛起,遂得清泉,故名。《兗州府名勝志》

青州府范公泉　青州府府城西,范仲淹知青州有惠政,溪側忽湧醴泉,遂以范公名之。今醫家取此泉丸藥,號青州白丸子藥。《青州府志》

河南泉品八

南陽府内鄉縣菊潭泉　南陽府内鄉縣岸旁,產甘菊,飲此泉者無疾而多壽。《内鄉縣志》

河南府登封縣一斗泉　河南府登封縣潁陽城西南十五里,有泉甘美,宜瀹茗,汲與不汲,泉長惟一斗,故名。《登封縣志》

陝西泉品九

西安府盩厔縣玉女洞泉　西安府盩厔縣玉女洞,洞有飛泉,清泠甘冽。蘇軾過此汲兩缾去,恐後復取爲從者所紿,乃破竹作券,使寺僧守藏之,以爲往來之信,戲名調水符。《東坡全集》

四川泉品十

重慶府江津縣金釵泉　重慶府江津縣有金釵泉。在昔天旱,水泉皆竭,有姑氏病渴,思得甘泉。其婦徬徨至周陽山下,遇一老叟曰:能與吾金釵,則泉可得。婦因拔釵與之,釵墜於地而泉出,至今磧中餘淺水一泓,周五六尺,味甘而寒冽,泉底有金釵影一雙爲異焉。《異物志》

福建泉品

建寧府龍焙泉　建寧府府城東鳳皇山下,一名御茶泉。宋時將此泉造龍鳳團茶入貢。《建寧府志》

興化府仙遊縣九仙山泉　興化府仙遊縣九仙山石穴,湧泉色白,味甘美。山因何氏兄弟得名。《仙遊縣志》

泉州府石乳泉　泉在泉州府泉山,山在府城北,一名齊雲山,巖洞奇秀,郡之鎮也。上有石乳泉,清冽甘美。《泉州府志》

漳州府天慶觀井泉　漳州府府城中,世傳漳南水土惡,初至者飲其水即病,惟此井泉極甘冽,可辟瘴癘。宦遊者入境,多汲飲之。《漳州府志》

廣東泉品十二

韶州府靈池八泉　韶州翁源縣翁源山頂石池有泉八:曰湧泉、香泉、甘泉、温泉、震泉、龍泉、乳泉、玉泉,相傳時有龎眉叟見池,因名翁源,居人飲此者多壽。《韶州府志》

韶州府大湧泉　韶州府府城南纂溪,宋余靖作亭其上。朱仲新記云:自有天地,便有此泉。振高僧之錫,而蠟騷人之屐者多矣。若據石臨流,舉白盡醉,則自我輩始。《韶州府志》

瓊州府惠通泉　瓊州府府城東三山庵下。蘇軾過此品泉曰"有似惠山泉",因名。《瓊州府志》

瓊州府臨高縣澹庵泉　泉在瓊州府臨高縣,胡澹庵謫崖州過此,遇旱覓之,味甘且冽。《瓊州府志》

南寧府永淳縣古辣泉　南寧府永淳縣志稱:古辣泉,乃賓橫間墟名,以墟中泉釀酒,既煮不煮,埋地中日足取出,色淺紅,味甘不易敗,亦可烹茗。《廣志》

雲南泉品十四

武定軍民府香水泉　香水泉在武定軍民府府城南,其泉至春時則香,

土人於二三月祭之,然後烹茗試嘗,味最甘美,或和酒而飲,能袪諸疾。《武定志》

貴州泉品十五

貴陽府靈泉　靈泉在貴陽府府城西北,泉穴通可六尺,不盈不涸,清而且甘。《貴陽府志》

鎮遠府味泉　味泉在鎮遠府府治西南,一名味井。水極甘美,尤宜瀹茗。《鎮遠府志》

畢節衛福泉　福泉在畢節衛城内,甘洌異常。《畢節衛志》

安南衛白麓泉　白麓泉在安南衛城南山中,味甘洌。《安南衛志》

遼東泉品十六

錦州府廣寧縣甘泉　甘泉在錦州府廣寧縣城北,泉有二:都御史漆昭刻其石,東曰長春,西曰泰惠,味甘如飴蜜故名。《輿圖詳考》

卷十一

目次

論泉品

山水上,江水中,井水下。山水擇乳泉石池漫流者上,其瀑湧湍漱勿食,久食令人有頸疾。又多別流於山谷者,澄浸不泄,自火天至霜郊已前,或潛龍蓄毒於其間,飲者可決之,以流其惡。使新泉涓涓然,酌之。其江水須取去人遠者。《茶經》

山頂泉輕而清,山下泉清而重。石中泉清而甘,砂中泉清而冽,土中泉淡而白。流於黃石者爲佳,瀉出青石者無用。流動愈於安靜,負陰勝於向陽。《茶錄》

田子藝曰:山下出泉爲蒙……故戒人勿食。《遵生八牋》

《遵生八牋》云:山厚者泉厚……必無佳泉。

又云:出不停處,水必不停;若停即無源矣。旱必易涸。

又云:石,山骨也……引地氣也。

又云:泉非石出者不佳……誠可謂賞鑒者矣。

又云:泉源必重……可見仙源之勝矣。[54]

論伏流瀑泉

泉往往有伏流沙土中者,挹之不竭即可食,不然則滲瀦之潦耳,雖清勿食。《煮泉小品》

《煮泉小品》云:流遠則味淡,須深潭停蓄,以復其味,乃可食。

又云:泉不流者,食之有害。《博物志》曰:"山居之民多癭腫之疾,由於飲泉之不流者。"

又曰:"泉湧者曰濆,在在所稱珍珠泉者,皆氣盛而脈湧耳,切不可食,取以釀酒或有力。"

泉懸出曰沃……誰曰不宜。《遵生八牋》[55]

論清寒泉品

清,朗也、靜也,澂水之貌。寒,冽也,凍也,覆水之貌。泉不難於清而難於寒;其瀨峻流駛而清,巖奧陰積而寒者,亦非佳品。《煮泉小品》

《茶錄》云:石少土多,沙膩泥凝者,必不清寒。[62]

又云：蒙之象曰果行，井之象曰寒泉。不果則氣滯而光，不澄寒則性燥而味必嗇。

又云：冰，堅水也，窮谷陰氣所聚不洩，則結而爲伏陰也。在地英明者惟冰，而冰則精而且冷，是固清寒之極也。謝康樂詩云：鑿冰煮朝飱。

又《拾遺記》云：蓬萊山冰水，得飲之者壽千歲⑧。

《九清齋雜志》云：鑿冰煮茗，古稱韻事；必須深山幽澗塵跡不至、清瑩如銀晶水玉方可從事。若風塵闤闠、污渠穢壑之所，凝結渾濁如魚腦、獸脂，何者可以登茗飲，非特有玷茶箴，飲者亦嬰寒厥矣，鑒家尤宜戒之。

《遵生八牋》云：下有石硫黃者，發爲溫泉，在在有之。

又有共出一壑半溫半冷者，亦在在有之，皆非食品。惟新安黃山硃砂泉可食。《圖經》云：黃山舊名黟山，東峯下有硃砂泉，可點茗。春色微紅，此則自然之丹液也。《拾遺記》云：蓬萊山沸水，飲者壽千歲，此又是仙飲矣。

又云：有黃金處，水必清；有明珠處，水必媚；有子鮒處，水必腥腐；有蛟龍處，水必洞黑微惡，不可不辨也。

論甘泉

甘，美也，香芳也。《尚書》稼穡作甘黍，甘爲香。黍惟甘香，故能養人；泉惟甘香，故亦能養人。然甘易而香難，未有香而不甘者也。《遵生八牋》味美者曰甘泉，氣芳者曰香泉，所在有之。泉上有惡木，則葉滋根潤，皆能損其甘香，甚者能釀毒液，尤宜去之。《遵生八牋》

《茶譜》云：泉不甘者，能損茶味。前代之論，水品者以此。㉘

《煮泉小品》云：甜水以甘稱也。《拾遺記》云：員嶠山北，甜水繞之，味甜如蜜。

《十洲記》云：元洲玄潤水如蜜漿，飲之與天地相畢。又曰：生洲之水，味如飴酪。

《述異記》云：甜溪之水，其味如蜜，東方朔得之，以獻武帝。帝乃投於陰井中，井水遂甜而寒，以之洗沐，則肌理柔滑。

《列子》云：壺頂有口，名曰滋穴，其水湧出，名曰神瀵，臭過椒蘭，味逾醪醴。

《長沙府名勝志》云：長沙府湘鄉縣薌泉井，在縣城內。泉香如椒蘭，釀酒瀹茶殊勝，若參以它水則變。南齊時有水貢。

《酉陽雜俎》云：石陽縣有井，井水半青半黃。黃者如灰汁，以之瀹茗烹粥，悉作金色，氣甚芳馥。

論丹泉

水中有丹者，不惟其味異常，而能延年卻疾，須名山大川諸仙翁修煉之所有之。葛玄少時爲臨沅令，此縣廖氏家世多壽，疑。其井水殊赤，乃試掘井左右，得古人埋丹砂數十斛。西湖葛井，乃稚川煉丹所在馬園，後淘井出石瓮，中有丹數粒，如芡實，啖之無味，棄之。有施漁翁者，拾一粒食之，壽一百六歲。此丹泉尤不易得。凡不淨之器，切不可汲。《遵生八牋》

《廣州府名勝志》云：廣州府番禺縣白龍山安期井，云安期生於此山修煉。井中藏丹，井泉味極甘美，烹茶有金石之氣，飲之者延年益壽[65]。

論靈泉 即雨露霜雪是也

靈，神也，天一生水而精明不淆，故上天自降之澤，實靈水也。古稱上池之水者，非歟。要之，皆仙飲也。《遵生八牋》

靈者，陽氣勝而所散也，色濃爲甘露，凝如脂，美如飴。一名膏露，一名天酒也。《遵生八牋》雨者，陰陽之和，天地之施，水從雲下，輔時生養者也。和風順雨，明雲甘雨。《拾遺記》云：香雲遍潤則成，香雨皆靈泉也，固皆可食。若夫龍所行者，暴而霆者，旱而凍者 夏月暴雨曰凍雨，腥而墨者及簷溜者，皆不可食。潮汐近地，必無佳泉，蓋斥鹵誘之也。天下潮汐，惟武林最盛，故無佳泉。惟西湖山中則有之。《遵生八牋》

《羅岕茶記》云：烹茶之水功居六：無泉則用天雨水，秋雨爲上，梅雨次之。秋雨則冽而白，梅雨則醇而白。雪水五穀之精也，色不能白，養水須置石子於甕，盛能益水。

《湧幢小品》云：俗語“芒種逢壬便是梅”，霉後積雨水，烹茶可
愛，甚香洌，可久藏。一交夏至，則水味迥別矣。

雪者……則不然矣。《遵生八牋》[56]

《述異記》云：嶄州去玉門三千里，地寒多雪，著草木土石之上，
皆凝結而甘，可以爲菓。西王母獻穆王嶄州甜雪者，即産於此
地也。

論井泉

井，清也，泉之清潔者也；通也，物之通用者也；法也、節也，法制居人，
令節飲食，無窮竭也。其清出於陰，其通入於涓，其法節由於得已脈暗而
味滯。故鴻漸曰“井水下”，其曰井取多汲者，蓋汲多則氣通而流活耳，終
非佳品。養水，取白石子數百枚，納甕中，雖養其味，亦可澄水不淆。《遵生
八牋》

《湧幢小品》云：“家居苦泉水，難得自以意。”取尋常井水煮滾，總
入大磁缸，置庭中避日色，俟夜天色皎潔，開缸受露，凡三夕，其
水即清澈，缸底積垢二三寸，亟取出，以鐔盛之烹茶，與惠泉無
二。蓋井水經火鍛煉一番，又經泡露取真氣，則返本還原，依然
可用，此亦修煉遺意，而余創爲之，未必非品泉之一助也。

收藏泉水法

甘泉旋汲用之斯良。丙舍在城，故宜多汲，貯以大甕，但忌新器，火氣
未退，易於敗水，亦易生蟲。久用貯水者益善，最嫌它用。水性忌木，松杉
爲甚，挈瓶爲佳耳。《茶疏》

《茶解》云：貯水甕須置陰庭，覆以紗帛，使承星露。若壓以木
石，封以紙箬，曝於日中，水斯敝矣。[86]

《茶譜》云：泉水初入净甕，一二日俟澄定，用燒紅櫟木勁炭一二
莖投入甕内，久之則水不淆而不易敗。[57]

《煮茶錄》云：泉水收貯上鐔，宜列於陰廊，幽廉有風露無日色處
爲佳。

《煮茶錄》云：昔人折洗惠泉法：惠泉汲久，則味澹與常水無異。

每一罈用常水半罈紗帛隔幕空缸,將惠泉從罈中傾入缸内,用寒水石一塊,夾於小竹竿上,線縛定,不住手將缸中惠泉水細攪,久之,候水澄定,然後用常水半罈攪入,露一二宿,仍入罈收之,與新汲者無異。

《今坐編》云:泉水久貯,色必敗味,用通河中流之水,與泉各半置缸中,久攪使勻,待其澄清,河水上浮,割去上半,泉性自復,無異新汲。

又云:泉貯缶中,稍近火氣或觸人手,便至生蟲,色味亦損,然未至大敗,只須以兩器騰注數十過,其泉便活。

卷十二

目次

器志

鍑　鍑音釜,以生鐵爲之。洪州以磁,萊州以石,磁與石皆雅器也,性非堅實,難可持久。用銀爲至潔,但涉於侈。《茶經》

銚　金乃水母,錫備剛柔,味不鹹澀,作銚最良。製必穿心,令火氣易透。《茶録》⑱

《遵生八牋》云:凡瓶要小,易於候茶。又點茶、注湯相應。若瓶大,啜存停久,味過則不佳矣。茶銚茶瓶,磁砂爲上,銅錫次之。磁壺注茶,砂銚煮水爲上。《清異録》云:富貴湯當以銀銚煮湯佳甚,銅銚煮水,錫壺注茶次之。

茶具圖贊序

余性不能飲酒……乃書此以博十二先生一鼓掌云。[58]

芝園主人茅一相撰[89]

十二先生題名錄

韋鴻臚……咸淳己巳五月夏至後五日審安老人書[59]

韋鴻臚　名文鼎,字景暘,別號四窗閒叟,乃貯茶焙籠也,其贊曰:祝融司夏……頗著微稱。[60]

木待制　名利濟,字忘機,別號隔竹居人,乃敲茶木碪橔也,其贊曰:上應列宿……亦莫能成厥功。

金法曹　名研古,一名轢古,字元鍇,一字仲鏗,別號雍之舊民,又號和琴先生,乃古銅茶碾也。其贊曰:柔亦不茹……豈不韙歟!

石轉運　名鑿齒,字遄行,別號香屋隱君,乃上猶石茶磨也。其贊曰:抱堅質……雖没齒無怨言。

胡員外　名惟一,字宗許,別號貯月仙翁,乃酌泉之葫蘆杓也。其贊曰:周旋中規而不踰其間……其精微不足以望圓機之士。

羅樞密　名若藥,字傳師,別號思隱寮長,乃越絹茶羅也。其贊曰:幾事不密則害成……惜之。

宗從事　名子弗,字不遺,別號掃雲溪友,乃掃茶棕帚也。其贊曰:孔門高弟……功亦善哉。

漆雕秘閣　名承之,字易持,別號古台老人,乃雕漆承盞橐也。其贊曰:危而不持……而親近君子。

陶寶文　名去越,字自厚,別號兔園上客,乃定鏤百摺茶杯也。其贊曰:出河濱而無苦窳……宜無愧焉。

湯提點,名發新,字一鳴,別號温谷遺老,乃貯茶之龔春磁壺也。其贊曰:養浩然之氣……奈何。

竺副帥　名善調,字希默,別號雪濤公子,乃洗滌茶具之竹筅刷也。

其贊曰：首陽餓夫……臨難不顧者疇見爾。

　　司職方　名成式，字如素，別號潔齋居士，乃拭摩茶具之方帛也。其贊曰：互鄉童子……此孔子之所以與潔也。已上俱出《賞心錄》

　　苦節君贊錫山盛顒作

　　貯泉磁圜瓶暨湘竹風爐也，其銘曰：肖形天地……洞然八荒。[61]

　　苦節君行省銘

　　貯藏茶具之行笥也。

　　茶具六事，分封悉貯於此……六事分封見後[62]：

　　建城　貯茶篛籠也。

　　茶宜密裹……故據地以城封之。

　　雲屯　貯泉磁瓶也。

　　泉汲於雲根……豈不清高絕俗而自貴哉！

　　烏府　貯炭籃也。

　　炭之爲物……不亦宜哉！

　　水曹　貯水滌茶具盥盤也。

　　茶之真味……豈不有關於世教也耶！

　　器局　收貯一行茶具之總笥也。

　　商象古石鼎也……受污拭抹布也

　　右茶具十六事……以其素有貞心雅操而自能守之也。

　　品司　古者，茶有品香而入貢者……不敢窺其門矣。[63]已上俱出《賞心錄》

　　茶壺　茶壺時尚龔春壺，近日時大彬所製，爲時人所重，蓋是粗砂，正以砂無土氣耳。《茶疏》

　　屠幽叟《茗笈》云[90]：吳郡周文甫嗜茶成癖，自曉至暮一日舉茗飲約至五六，而賓遊讌會不與焉。年至八十餘篤嗜不衰。而平生寶愛一龔春壺，摩挲歲久，光澤可鑒，外類紫玉，内如緑雲，愛惜不啻掌珠。後文甫歿，其子將此壺納之壙中。

　　《茶疏》云，茶壺宜小不宜大，容水半升者，量投茶五分，其餘以是增減。[91]

茶甌　茶甌以白磁爲上，藍者次之。《茶録》⑫

《遵生八牋》云：茶盞惟宣窯罈盞爲最，質厚瑩白，式樣古雅有等。宣窯印花白甌，式樣得中而瑩然如玉；次則嘉窯，醆心内有茶字。小盞爲美，欲試茶，色黄白，豈容青花亂之？注酒亦然，惟純白色器皿爲最上乘品，餘皆不取。

《遵生八牋》云：有等細白茶盞，較罈醆少低，而甕肚釜底，線足光瑩如玉，内有絶細龍鳳暗花，底有大明宣德年製暗款。隱隱橘皮紋起，雖定磁何能比方，真一代絶品佳器。惜乎外不多見。

謝在杭《五雜俎》云：宣窯不獨款式端正，色澤細潤，即其字畫亦皆精絶。余見一御用茶醆，乃畫輕羅小扇撲流螢者，其人物毫髮具備，儼然一幅李思訓畫也。外一皮函亦作醆樣，盛之小流金銅屈戌尤精，蓋人間所藏，宣窯又不及也。

蔡君謨《茶録》云：茶醆以建窯黑醆爲最，茶色白，故醆宜於黑也。醆以滴珠大者爲佳，而兔毫黄潤者爲最。㊶

《遵生八牋》云：建窯器多撇口碗盞，色黑而滋潤。有黄色兔毫滴珠，大者爲真，但體極厚而薄者少見。

茶匙　茶匙須用黄金，以其性重，擊拂有力耳。蔡君謨《茶録》

《雞林類事》云：高嚴呼茶匙曰茶戍。

茶磨　茶磨以江西上猶縣石門所出者爲最。《茶譜》

黄山谷茶磨銘云：“楚雲散盡，燕山雪飛，江湖歸夢，於此袪機。”

長沙茶具　長沙茶具妙天下，士大夫多以黄白金製之。全副須用白金三百星方就。宋時宦遊兹地者，例以此物遺中朝權貴。《退食録》

范蜀公茶器　范蜀公與司馬温公同遊嵩山，各攜茶以行。温公以紙爲帖，而蜀公用小黑木合盛之。温公見之驚曰：“景仁乃有茶器也？”蜀公聞言，留合於寺僧而去。後來士人製茶器精麗極，世間之工巧而心猶未厭。晁以道常以此語客。客曰：“使今日茶器，温公見之當復云何也？”《曲洧舊聞》⁶⁴

雜論茶器具

茶盒，以貯茶用。錫爲之，從大職中分出，若用盡時再取。《茶錄》[94]

茶爐，或瓦或竹，大小須與茶銚相稱。《茶錄》[95]

茶性畏紙，紙於水中成，受水氣多。紙裹一夕，隨紙作氣，茶味盡矣。即再焙之[96]，少頃即潤，雁蕩諸山，首坐此病。紙帖貽遠，安得復佳？故須以滇錫作器貯之。[97]《茶疏》

茶具滌畢，覆於竹架，俟其自乾爲佳。其拭巾，只宜拭外，切忌拭內。蓋巾帨雖潔，一經人手，極易作氣。縱器不乾，亦無大害。《茶箋》

飲茶人必各手一甌，毋勞傳送。再巡之後，清水滌之。《茶疏》

《遵生八牋》云：茶瓶、茶盞、茶匙生鉎音腥，致損茶味，必須先時洗滌爲佳。

卷十三

目次

藏茶

育藏茶器　以木製之，以竹編之，以紙糊之。中有隔，上有覆，下有牀，傍有門，掩一扇。中置一器，貯塘煨火，令熅熅然。江南梅雨，焚之以火。

《茶經》

《羅岕茶記》云：藏茶以箬葉……或秋分後一焙。[65]

《茶錄》[66]云：臨風易冷，近火先黃。

《茶解》云：凡貯茶之器，始終貯茶，不得移爲它用。

《遵生八牋》云：茶宜箬葉而畏香藥……不可食矣。[67]

《遵生八牋》云：以中罈盛茶，十斤一瓶，每年燒稻草灰入大桶中，以灰四面填滿桶面，瓶上覆灰築實。每用茶，撥開灰啟瓶取出些少，仍復覆灰，再無蒸壞，次年換灰重藏。

《遵生八牋》云：空樓中懸架，將茶口朝下放，不蒸。蓋潮濕蒸氣，自天而下[99]，故宜倒放。

烹點

其火用炭，曾經燔炙，爲脂膩所及，及膏木敗器不用。古人識勞薪之味信哉。[100]《茶經》

《茶疏》云：火必以堅木炭爲上，然木性未盡，尚有餘煙，煙氣入湯，湯必無用。故先燒令紅，去其煙燄，兼取性力猛熾，水乃易沸。既紅之後，方授水狀，乃急扇之，愈速愈妙，毋令停手。停過之湯，寧棄而再烹。

《茶錄》云：爐火通紅，茶銚始上。扇起要輕疾，待湯有聲，稍稍重疾，斯文武火之候也。若過乎文，則水性太柔，水爲茶降；過於武，則火性太烈，茶爲水製[101]，皆不足於中和，非茶家之要旨。

《遵生八牋》云：凡茶須緩火炙、活火煎……《清異錄》云"五賊六魔湯"。[68]見《蘇廙十六湯》，出《清異錄》

其沸如魚目……皓皓然若積雪耳。[69]《茶經》

《茶疏》云：水入銚便須急煮，候有松聲即去蓋，以消息其老嫩。蟹眼之後，水有微濤是爲當時，大濤鼎沸旋至無聲，是爲過時。過時湯老，決不堪用。

《鶴林玉露》云：余友李南金云……一甌春雪勝醍醐。[70]

《茶錄》云：投茶有序，先茶後湯，曰下投；湯半下茶，復以湯滿，曰中投。先湯後茶曰上投。春秋中投，夏上投，冬下投。

《茶疏》云：握茶手中，俟湯入壺，隨手投茶，定其浮沉然後瀉啜，則乳嫩清滑，馥鼻端，病可令起，疲可令爽。

陸樹聲《茶寮記》云：終南僧亮公從天池來……安知不因是悟入趙州耶？[71]

陸樹聲《煎茶七類》云：煎茶非漫浪……要須人品與茶相得，故其法往往傳於高流隱逸，有煙霞泉石磊塊胸次者。

《茶解》云：山堂夜坐，汲泉煮茗，至水火相戰，如聽松濤，傾瀉入杯，雲光灩瀲，此時幽趣，故難與俗人言矣。[72]

熊明遇《羅岕茶記》云[002]：蔡君謨謂"黃金碾畔綠塵飛，白玉甌中翠濤起"，二句當改綠爲玉，改碧爲素，以色貴白也。[003]然白亦不難，泉清缾淨，葉少水浣，旋烹旋啜，其色自白。然真味抑鬱徒爲耳。食若取青綠，則天池、松蘿及岕茶之最下者，雖冬月，色亦如苔衣，何足爲妙，莫若余所製。洞山自穀雨後五日以湯薄瀹貯壺良久，其色如玉，至冬則嫩綠，味甘色淡，韻清氣醇，嗅之亦虎丘嬰兒之致，而芝芬浮蕩，則虎丘所無也。有以"木蘭墜露[004]，秋菊落英"比之者。木蘭仰萼，安得墜露？秋菊傲霜，安得落英？莫若李青蓮梨花白玉香一語，則色味都在其中矣。

《岕茶疏》云：凡煮茶銀瓶爲最佳，而無儒素之致。宜以磁罐煨水，而滇錫爲注，活火煮湯，候其三沸，如坡翁云："蟹眼已過魚目生，颼颼欲作松風聲"；是火候也，取茶葉細嫩者，用熟湯微浣，粗者再浣，置片晌俟其香發，以湯沖入注中方妙。冬月茶氣内伏，須於半日前浣過以聽用。亦有以時大彬壺代錫注者，雖雅樸而茶味稍醇損風致。[005]

《遵生八牋》云：凡茶少湯多，則雲腳散，湯少茶多，則乳面聚。又云：凡點茶，先須熁盞令熱[006]，則茶面聚乳；冷則茶色不浮。

《遵生八牋》云：茶有真香……或可用也。[73]

茗飲

飲茶之始　飲茶或云始於梁天監中，事見《洛陽伽藍記》，非也。按《吳志・韋曜傳》，孫皓每宴饗，無不竟日，在席無論能否，率以飲酒七升爲限，雖不悉入口，皆浇灌取盡。曜素飲不過二升，初見禮異，或爲裁減，或賜茶荈以當酒。如此言則三國時已知飲茶，但未能如後世之盛耳。逮唐中世，榷利遂與煮酒相抗，迄今國計賴此爲多。《南窗紀談》[74]

《雲谷雜記》[75]云：飲茶不知起於何時，歐陽公《集古録》跋：茶之見於前史者，蓋自漢魏已來有之。余按：《晏子春秋》嬰相齊景公時，食脱粟之飯，炙三戈五卵茗菜而已。又漢王褒僮約有“武陽買茶”[107]之語，則魏晉之前，已有之矣。但當時雖知飲茶，未若後世之盛耳。郭璞註《爾雅》云：樹似梔子，冬生葉可煮作羹飲，然茶至冬味苦，豈復可作羹飲耶？飲之令人少睡，張華得之，以爲異聞，遂載之。《博物志》：當時非但飲茶者鮮，而識茶者亦鮮，至唐陸羽著《茶經》三卷，言茶事甚備，天下蓋知飲茶。其後尚茶成風，回紇入朝，始驅馬市茶。德宗建中間，趙贊始興茶税。興元初雖詔罷，貞元九年，張滂復奏請，歲得緡錢四十萬，今乃與鹽鐵同佐國用，所入不知幾倍於唐矣。

水厄　晉王濛好飲茶，每飲不限甌數，賓客患之，每過必候，云：今日有水厄。《世説新語》

《世説新語》云：侍中元乂爲蕭正德設茗飲，先問云：“卿於水厄多少？”正德不曉義意，答云：“下官雖生水鄉，立身已來，未遭陽侯之難。”舉座大笑。

甘露　新安王子鸞、豫章王子尚詣曇濟上人於八公山，濟設茶茗，尚味之曰：“此甘露也，何言茶茗？”《南史》

米元章有詩云：飯白雲留子，茶甘露有兄。人見詩不解，問之，米答云：只是甘露哥哥耳。

換茶醒酒　白樂天方入關，劉禹錫正病酒，禹錫乃饋菊苗虀、蘆菔鮓，換取樂天六班茶二囊，炙而飲之以醒酒。《雲仙散録》[76]

收茶三等　覺林院志崇收茶三等，待客以驚雷莢，自奉以萱草帶，供佛以紫茸香。客赴茶會者，皆以油囊盛餘瀝以歸。《茶董》[108]

《柯亭散録》云：霆林傅大士，自往蒙頂結庵種茶凡三年，得絶佳者，號聖陽花、吉祥蕊各五斤，持歸供獻謙客。

烹茶不倦　李約性嗜茶，客至不限甌數，竟日蓺火執器不倦，常奉使至蝦蟇碚，愛其泉水清激。攜茗烹泉，經旬忘發。《清事録》

茶博士　常伯熊善茶,李季卿宣慰江南至臨淮,乃召伯熊。伯熊著黃帔衫、烏紗幘,手執茶具,口通茶名,區分指授左右刮目。茶熟,李爲啜,兩杯。既到江外,復召陸羽。羽野服隨茶具而入,如伯熊故事。李心鄙之,茶畢,季卿命取錢二十文酬煎茶博士。鴻漸夙遊江介,通狎勝流,遂收茶錢、茶具,雀躍而出,旁若無人,因著《毀茶論》。《清賞録》

《茶録》云:鴻漸茶術最著,好事者陶爲茶神,利則祭之,不利輒以湯灌注,所著有《茶經》三卷行世。[109]

蕃使知茶　唐常魯使西番,烹茶帳中,謂蕃人曰:滌煩療客,所謂茶也。蕃人曰:我亦有之,命取以出指曰:此顧渚者,此壽州者,此蕲州者。《清異録》

茶社　和凝在朝率同列遞日以茶味相角,劣者有罰,號爲茶社。《清異録》

乳妖　吳僧文了善烹茶,遊荊南,高季興延致紫雲庵日試其藝,奏授華亭水大師。《清異録》

敲冰煮茗　逸人王休,居太白山下,日與僧道逸人往還。每至冬時,取溪冰清瑩者敲煮建茗,共客飲之。《清事録》

自判茶味　陸龜蒙性嗜茶,置園顧渚山下,歲收茶租,自判品味高下。《天隨子傳》

竹瀝水煎茶　蘇才翁與蔡君謨鬥茶。蔡用惠山泉,蘇茶小劣,改用竹瀝水煎茶,遂能取勝。《茗史》注:竹瀝水,天台山泉名也[110]

《西湖志餘》云:杭伎周韶有詩名,好畜奇茗,常與蔡君謨鬥勝品題風味,君謨屈焉。

飲茶致語　宋劉曄與劉筠會飲茶,問左右云"湯滾也未?"衆曰"已滾"。筠曰:僉曰鯀哉!曄應聲:"吾與點也。"《清事録》

道君親點茶賜近臣　宣和二年十一月癸巳,召執宰親王等曲宴於延福宮時,召學士承旨、李邦彥、宇文粹中以示異也。又命學士蔡絛引二臣至保和殿遊觀,上命近侍取茶具親手注湯擊拂,少頃白乳浮醆,面如疏星淡月。顧諸臣曰:此自烹茶,飲畢皆頓首謝。延禮曲宴

李師師啜茶　李師師爲京師角伎。政和間,汴都平康之盛而以師師

爲最。晁沖之叔用同諸名士，每宴會必召以侑觴，多以篇什相贈。靖康之亂，李生流來浙中，士大夫猶邀之以聽其歌，然憔悴無復向來之態矣。而李生慷慨飛揚有丈夫氣，以俠名動傾一時，號飛將軍。每客退，必焚香啜茗，蕭然自如，人彌得而窺之也。《汴都平康記》

金國宴客茶飲　金國凡婚姻宴客，佳酒則貯以烏金銀器，其次以瓦列於前，以百數賓退則分餉焉。富者以金銀器飲客，貧者以木。酒三行進大軟指、小軟指如中國，寒具又進蜜糕，人各一盤，曰茶食。宴罷，富者瀹建茗，留上客數人啜之；或以茶之粗者煎乳酪焉。《金志》

《北轅錄》[77]云：凡宋使到金，金人遣館伴延使陞廳茶酒三行。虜法先湯後茶，少頃聯轡入城，夾道甲士執兵直抵於館，旋共晚食。果飣如南方，齋筵先設茶筵一盤，若七夕乞巧。其瓦撐、桂皮、雞腸、銀鋌、金剛鐲、西施舌、聚形蜜和油煎之，類虜甚重，此茶食。酒未行先設此品；進茶一酳，謂之茶筵。

明孝宗賜茶　帝常啜茶，謂中官張羽曰："汝謂劉文泰善煮茶，何如此茶？"羽對曰："外人安得有此。"遂命以御用金壺，令茶人善煮遣羽賜文泰嘗之。臨行，帝以茶末少許著壺中曰"毋爲所笑"，其寵異如此。《明良記》[78]
文泰，時太醫院使。

卷十四

目次

茗飲二

茶性儉，不宜廣，廣則其味黯淡，且如一滿碗啜半而味寡，況其廣乎？夫珍鮮馥烈，其碗數三次之者，碗數五。若坐客數至五，行三碗；三至七，

行五碗。若六人以下,不約碗數,但闕一人而已,其雋永補所闕人。《茶經》⑫

　　按:《茶經》註云,第二沸留熱水以貯之,以備育華救沸之用者,名曰雋永。

　　茶有九難:一曰造,二曰別……夏興冬廢,非飲也。《茶經》[79]

　　《茶譜》云:茶有真香……正當不用。[80]

　　《茶錄》云:醮不宜早,飲不宜遲。醮早則茶神未發,飲遲則妙馥先消。

　　一壺之茶,只堪再巡……猶堪飯後供啜嗽之用。《茶疏》[81]

　　熊明遇《岕茶疏》云[82]:羅岕茶,人常浮慕盧、蔡諸賢嗜茶之癖。間一與好事者致東南名產而次第之,指必羅岕。云主人每於杜鵑鳴後,遣小吏微行山間購之。不以官檄致,即或採時晴雨未若,或產地陰陽未辨,甘露肉芝艱於一遘,亦往往得佳品。主人舌根多為名根所役時,於松風竹雨、暑晝清宵呼童汲水、吹爐,依依覺鴻漸之致不遠。至為邑六載,而得洞山者之產,脫盡凡茶之氣。偶泛舟苕上,偕安吉陳刺史啜之,刺史故稱鑑賞,不覺擊節曰:“半世清遊,當以今日為第一碗,名冠天下不虛也。”主人因念不及遇君謨輩一品題,而吳中豪貴人與幽士所購,又僅其中馹,主人得為知己,因緣深矣。且暮,行以瓜期代,必不能為梁溪水遞愛授之筆楮永以為好。它時雨後花明,夏前鶯老,展之几上,庶幾乎神遊明月之峽,清風兩腋生也。因為之歌,歌曰:“瑞草魁,瑯玕質,瑤蕊漿,名為羅岕。問其鄉,陽羨之陽。”

　　《茶疏》云[83]:岕有秋茶,取過秋茶,明年無茶矣,土人禁之。韻清味薄,旋採旋烹,了無意趣;置磁瓶中,旬日其臭味始發。楓落梧凋,月白露冷,之後杯中鬱然,一種先春風味,亦奇快也。諸茶惟岕茶能受衆香,先以時花宿錫注中,良久,隨浣茶入熟湯,氣韻所觸,滴滴如花上露也。梅蘭第一,茉莉、玉蘭次之,木犀則濁矣。梨花,藕花,荳花隨意置之,都自幽然。

　　《岕茶匯抄》云:茶壺以小為貴……存乎其人。[84]

　　冒辟疆《鬥茶觀菊圖記》云:憶四十七年前,有吳門柯姓者,熟於陽羨茶山。每於桐初露白之際,為余入岕,箬籠攜來十餘種,其最精妙不過斤許數兩。味老香清,具芝蘭金石之氣,十五年以爲恆。後宛姬從吴門歸,余則岕片必需半塘顧子兼,黄熟香必金平叔,茶香雙妙,更入精微。然顧金茶香之供,每歲必先虞山柳夫人,吾邑隴西之蒨姬與余共宛姬而後它。及滄桑後,隴西出亡及難蒨去,宛姬以辛卯殁,平叔亦死,子兼貧病,雖不精茶如前,然挾茶而過我者,二十餘年曾兩至,追往悼亡飲茶如茶矣。客秋,世友金沙張無放秉鐸來皋,其令坦名士於象明攜茶來絶妙,金沙之於精鑒甲於江南,而岕茶之棋盤頂久歸君家。每歲,其尊人必躬往採製。今夏攜來廟後、棋頂、漲沙、本山諸種,各有差等,然道地之極;真極妙者二十年所無。又辨水候火,與手自洗,烹之細潔,使茶之色香,性情,從文人之奇嗜異好,一一淋漓而出。誠如丹丘羽人所謂"飲茶生羽翼"者,真衰年稱心樂事也。秋間,又有吴門七十四老人朱汝圭攜茶過訪。茶與象明頗同,多花香一種。汝圭之嗜茶,自幼如世人之結齋於胎,年十四入岕迄今,春夏不渝者百二十番,奪食色以好之。有子孫爲名諸生,老不受養供,謂不嗜茶不似阿翁。每竦骨入山,臥遊虎虺,負籠入肆,嘯傲甌香,晨夕滌磁、洗葉、啜美,無休指爪齒牙,與語言激揚讚頌之,津津恆有喜色,與茶相長養直,奇癖也。余深爲歎服。自宛姬亡後,二十餘年疏節於此,雖歲不乏茶,然心情意味兩不沁入。即日把盧仝之碗,轉益文園之渴,今喜得臭味同心如兩君者,時陶滿籬移植數百株於懸霤山之上下,陳鄒愚谷先生所用龔春寶鼎壺,及宛姬九年手拭旃檀,美人六觚處士二小壺,雜置名磁,延兩君與水繪庵詩畫,諸友門茶觀菊於枕煙亭。汝圭出虞山老人《茶供説》,開卷共讀,恰具茶菊二義,而行文典雅流連,證據意度波瀾,足爲汝圭祖孫世隱增重,乃於斯集復如虎符合也。異哉!異哉!文章嗜好相感召,有不知其所以然而然。誠如是哉。陳菊裳爲圖於册,余手書虞山文並述其事。識諸末簡人生有幾?四十七年,歷歷茶事,略具於此。象明之爲人,芝蘭金石,惟茶是視。汝圭尚日能健走六七十里,與余先爲十年茶約。余笑謂隨年而飲,未容豫計,但存此一段佳話,以貽後之好茶友生,雖百千年有澆劉伶泉下土者,當以岕香一醆代之,安知天上茶星,人間茶神,非吾輩精靈所託也!壬子冬至後識。

水繪庵冒襄辟疆撰

好尚

唐宋兩朝所尚茶品

有唐茶品,以陽羨爲上供,建溪北苑未著也。貞元中,常袞爲建州刺史始蒸焙而碾之,謂之碾膏茶。其後稍爲餅樣其中,故謂之一串。陸羽所烹惟是草茗爾。迨至本朝,建溪獨尚[113],採焙製作,前世未有也。士大夫之珍尚鑒別,亦過古先。丁晉公爲福建轉運司,始製鳳團,〔後〕又爲龍團[114],貢不過四十餅,專擬上貢,雖近臣之家,徒聞之而未常見也。天聖中,又爲小團,其品又加於大團之上,賜兩府,然止於一觔,惟上大宿齋八人,兩府共賜小團一餅;縷之以金,八人折歸以侈非常之賜,親知瞻玩,賡倡以詩。故歐陽永叔有《龍茶小録》。或以大團問者,輒方斷刲方寸,以供佛仙家廟。已而,奉親待客,烹享子孫之用。熙寧末,神宗有旨製密雲龍[115],其品又加於小團之上矣。然密雲龍之出,二團少粗,以不能兩好故也[116]。余元祐中詳定殿試,是年秋,爲制舉、考第官各蒙賜三餅,然親知誅責殆盡[117],宣仁后一日歎曰:"指揮建州,今後更不許造密雲龍,亦不要團茶;揀好茶吃,生甚得好意智?"熙寧中,蘇子容使虜,姚麟爲副,曰:"蓋載些小團茶乎?"子容曰:"此乃供上之物,儔敢與虜人?"未幾,有貴公子使虜,廣貯團茶,自爾虜人非團茶不納也,非小團不貴也。彼以二茶易蕃羅一匹,此以一羅易茶四餅[118]。少不滿意,則形諸言語。近有貴貂到邊,常言宮中以團爲常供,密雲龍爲好茶[119]。《畫墁録》

《歸田録》云:茶之品莫貴於龍鳳……其貴重如此。[85]

《甲申雜記》[86]云:初貢團茶及白羊酒,惟現任兩府方賜之,仁宗朝及前宰臣歲賜茶一斤,酒二觔觔一作壺,歲以爲常例焉[120]。

《續聞見録》云:蔡君謨始作小團入貢,意仁宗皇嗣未立而悦上心也。又作曾坑小團,歲貢一斤。歐陽文忠所謂兩府共賜一餅者是也。元豐中,取揀芽不入香料作密雲龍茶,小於小團,而厚實過之。終元豐之世,外臣未始識之。宣仁垂簾始賜兩府。及裕陵宿殿夜賜,碾成末茶,二府兩指許二小黃袋,其白如玉,上題曰揀芽,亦神宗所藏。至元祐末,福建轉運使又取北旗槍,建人所作團茶者也,以爲"瑞雲龍"請進,不納。紹聖初,方入貢不過八餅,其製與密雲龍等而及小,蓋茶之絕品也。

《甲申雜記》云：仁宗朝春試進士集英殿，后妃御太清樓觀之。慈聖先獻，出餅角子團茶以賜進士，出七寶小團茶⑩，以賜考試官。

《玉堂雜記》[87]云：凡非時宣召院官，紫窄衫絲絇行入殿廊。有小黃門來導至便坐，上服紅半臂忌前用黃，黃門贊拜揖，升殿奏對訖，上曰：且坐，已先設小兀子。得旨則側身虛揖而坐。將退，黃門贊云：宣坐賜茶。於是中官進御前團茶，茶畢謝退。

《畫墁録》云：永洛之役，一日喪馬七千匹。城下灰燼中，大小龍團纍纍可拾，當時好尚可知矣。

《武林舊事》云：仲春上旬，福建漕司進第一綱茶，名北苑試新，方寸小夸，進御止百夸。護以黃羅軟盝，藉以青篛，裹以黃羅，夾複臣封朱印，用朱漆小匣鍍金鎖，又以細竹絲織笈貯之，凡數重。此乃雀舌水芽所造，一夸之直四十萬，僅可供數甌之啜耳。或以一二賜外邸，則以生線分解轉遺好事以爲奇玩。茶之初進御也，翰林司例有品嘗之費，皆漕司邸吏略之，間不滿欲，則入鹽少許，茗花爲之散亂，而味亦漓矣。禁中大慶會，則用大鍍金爀，以五色韻果簇釘龍鳳，謂之繡茶，不過悅目，亦有專工其事者。外人罕知，因附見於此。

卷十五

目次

鑒賞

竟陵禪師精鑒　竟陵大師積公嗜茶……出羽相見。[88]偶畬痕《羽煎茶圖》

《唐書・陸羽傳》云[⑫]：羽復州人，其先不知所出，竟陵大師積公於水次得嬰兒，攜歸育之。及長，聰明好學，博通經史，以《周易》自筮得漸，因象辭有“鴻漸於陸，其羽可用爲儀”之義，遂以陸爲姓，而羽字鴻漸。又按：《廣信府流寓志》云：陸羽一名疾，字季疵，詔拜太常不就，寓居郡北茶山中，號東岡子。嗜茶，環植數畝。刺史姚驥，每微服訪之。後隱居苕上，稱桑苧翁，又號竟陵子，杜門著書或行吟曠野，或慟哭而歸。性癖嗜茶，有《茶經》三卷行世。

《十二代隱逸傳》云：陸羽之藝茶，比之后稷之樹穀。

《續博物志》云：楚人陸鴻漸爲《茶經》，兼煎炙之法，造茶具二十四事，以都統籠貯之。常伯熊者，因廣鴻漸之法。伯熊飲茶過度，遂患風氣。或云北人未有茶多黃病，後飲茶致疾，多腰脅偏廢之症。

《博物續志》云：南人好飲茶，孫皓以茶與韋昭代酒，謝安詣陸納設茶果而已。北人初不識，開元中，泰山靈巖寺[⑫]有降魔禪師者，教人以不寐，多作茶飲，因以成俗。

李文饒精鑒　唐李德裕，謚文饒，精於茶理，能辨天柱峯茶，識中泠泉水，真僞不能逃。其玄鑒已見前《茶品》《泉品》中，茲不贅録。

蔡君謨精鑒　建安能仁院有茶……始服。[89]《類林》

李卓吾《疑曜》云：古人冬則飲湯，夏則飲水，未有茶也。李文正《資暇録》云：茶始於唐崔寧，黃伯思已辨其非。伯思常見北齊楊子華作邢子才、魏收勘書圖，已有煎茶者。《南碉紀譚》謂飲茶始於梁天監中事，見《洛陽伽藍記》。及閲《吳紀・韋曜傳》賜茶荈以當酒，則茶又非始於梁矣。余謂飲茶亦非始於吳也。《爾雅》曰：“檟，苦茶”，郭璞註曰：以爲羹飲，早採爲茶，晚採爲茗，一名荈，則吳之前亦以茶作飲矣。第不如後世之日用不離也，蓋自陸羽出，而茶之法始備。自吕惠卿、蔡君謨輩出，而茶法始精，且茶之利國家已籍之矣。此古人所不及詳也。

《仇池筆記》云：滕達道、吕行甫暇日晴暖，研墨水數合弄筆之餘，乃啜飲之。蔡君謨嗜茶，老病不能飲，但烹而把玩耳。看茶啜墨，亦事之可笑也。

《漫笑録》云：司馬溫公與蘇子瞻論茶墨俱香云，茶與墨正相反，茶欲白，墨欲黑；茶欲重，墨欲輕；茶欲新，墨曰陳。蘇曰："奇茶妙墨俱香，是其德同也；皆堅，是其操同也。譬如賢人君子，黔皙美惡不同，其德操一也。"公笑以爲然。

《朵頤録》云：好茶妙墨，俱不可見日，一見日則色味俱變不堪用矣。語云："茶見日而味奪，墨見日而色灰。"

《清賞録》云：茶如佳人……無俗我泉石。[90]

論茶泉優劣　嚴子瀨……水功其半者耶。[91]《煮泉小品》

陽羨貢茶　唐李棲筠守常州時，有僧獻陽羨佳茗，陸羽以爲芬芳冠絕它境，可供尚方，遂置茶舍，歲供萬兩，蓋陽羨茶製貢始於陸羽一言，而今不替矣。《常州府志》

《岕茶彙鈔》云：茶雖均出於岕……百不失一矣。[92]

論活水烹茶法　東坡《汲江烹茶》[124]詩云："活水還須活火烹，自臨釣石取深清。大瓢注月歸春瓮，小杓分泉入夜瓶。[125]"此詩奇甚，道盡烹茶之要，且茶非活水則不能發其鮮馥，東坡深知此理矣。余頃在富沙，常汲溪水，烹茶色香味俱成三絶。又況其地產茶爲天下第一，宜其水異於它處，用以烹茶，功力倍之。至於浣衣，更尤潔白，則水之輕清益可知矣。近城山間有陸羽井，水亦清甘，實好事者爲之。羽著《茶經》，言建州茶未得詳，則知羽了不曾至富沙也。《苕溪漁隱》

清韻

茗飲譚經史　四月上巳，上幸司農少卿王光輔莊。駕還朝後，中書侍郎南陽岑羲設茗飲葡萄漿與學士等討論經史。《景龍館記》

翰林賜茶　凡正旦冬至不受朝，朝臣俱入名奉賀，大進名奉慰。其日尚食供素饌，並賜茶十串。《唐翰林志》

《金鑾密記》[93]云：金鑾故例，翰林當直學士，值春晚困倦，則賜成象殿茶果。

《鳳翔退耕録》云：元和時，館閣湯飲待學士，煎麒麟草。

纖手烹　白太傅詩云："茶教纖手侍兒烹。"《釵小志》

酒鐺茶臼　王摩詰得宋之問藍田別墅,在輞口輞水,周於舍下竹洲花塢,與道友裴迪浮舟往來,彈琴賦詩,終日嘯詠在京師,以玄譚爲樂。齋中惟有茶鐺酒臼經案繩床而已,退朝之後,焚香獨坐,以禪誦爲事。《玉壺冰》

《林下清録》云：陸龜蒙置園顧渚山下,歲取茶租,自判品第。日升小舟,設蓬席、齎束書、茶灶、筆牀、釣具,往來江湖,人造其門罕見。

名士運石護茶　唐僧劉彥範精戒律,所交皆知名之士,所居有小圃植茶,常云茶爲鹿所損。眾勸作短垣隔之,諸名士悉爲運石。《灌園史》[94]

玉茸　僞唐徐履,掌建陽茶局,弟復治海陵鹽政,復檢烹鍊之亭,榜曰金鹵。履聞之,潔敞焙舍,命名曰玉茸。《清異録》

生成盞　饌茶而幻出物象於湯面者,茶匠通神之藝。沙門福全,生於金鄉,長於茶海,能注湯幻茶成一句詩,共點四甌成一絶句,泛乎湯表。表物品類,唾手辦耳。《清異録》

《清異録》云：茶至唐始盛,近世有下湯運匕別施妙訣,使湯紋水脈成物象者,若禽獸蟲魚花草之屬,纖巧如畫,但須臾即就散滅；此茶之變幻也,時人謂之茶百戲。

《清異録》云：漏影春法,用鏤紙貼醆糝茶,去紙僞爲花身,別以荔肉爲葉,松實鴨腳之類珍物爲蕊,沸湯點服。

《清賢紀》云,倪元鎮好飲茶,在惠山中用核桃、松子、肉和真粉成小塊石狀,置茶中,名曰清泉白石茶。有趙行恕者,宋宗室也,慕元鎮清致,訪之,坐定,童子供茶行恕,連啜如常,元鎮艴然曰："吾以子爲淹雅王孫,故出此品,乃略不知風味,真俗物也。"自是絶交。

前桶泉煎茶　光禄徐達,左構養賢樓於鄧尉山中,一時名士多集於此,雲林爲猶數焉。常使童子擔七寶泉,以前桶煎茶,後桶濯足。人不解其義,或問之,曰："前者無觸,故用煎茶；後或爲洩氣所穢,故以爲濯足之用耳。"《雲林遺事》

傾筐會　僞閩甘露堂前兩株茶,鬱茂婆娑,宮人呼爲清人樹。每春初嬪嬙戲摘新芽,堂中設傾筐會。《清異録》

茗戰　建人目鬥茶爲茗戰。《林下清録》

品茶人數　品茶一人得神,二人得趣,三人得味,七八人者是名施茶。
《嚴棲幽事》

烹茗伴嫦娥　長安有好事者,於唐候家睹一彩箋,曰一輪初滿,萬户皆清。若乃狎處,衾帷不惟,辜負蟾光。竊恐嫦娥生妒,消於十五、十六二宵,聯女伴同志者,一茗一爐相從卜夜,名曰伴嫦娥。凡有冰心佇垂玉見朱門龍氏啟。《黎館瀋餘》

茶盂留贈　坡公東歸贈許珏茶盂曰:"無以爲清風明月之贈,茶盂聊見意耳。"後爲樞密折彦質所得,有詩謝許云:"東坡遺物來歸我,兩手摩挲思不窮。舉取吾家阿堵物,愧無青玉案酬公。"《清鑒録》

拜茶具　明盧廷璧嗜茶成癖,號茶菴。常得元僧詎可庭茶具十事時具衣冠拜之。《奇癖録》

硯山齋清供　文博士壽承云:在長安時,過顧舍人汝由硯山齋。見其窗明几净,折松枝梅花作供,鑿玉河水烹茗啜之,又新得鼎奇古,目所未睹,炙内府龍涎香,恍然如在世外,不復知有京華塵土。《筆記》

卷十六

目次

詩文

茶山貢焙歌　唐李郢(使君愛客情無已)《三唐詩海》

石園蘭若試茶歌　唐劉禹錫(山僧後園草數藂)

顧渚行寄裴方舟　唐釋清晝

我有雲泉鄰渚山，山中茶事頗相關。鵓鳩鳴時芳草死，山家漸欲收茶子。伯勞飛日芳草滋，山僧又是採草時。由來慣採無近遠，陰嶺長分陽崖淺。大寒山下葉未生，小寒山中葉初捲。吳婉攜籠上翠微，蒙蒙香刺冒春衣。迷山乍被落花亂，度水時驚啼鳥飛。家園不遠乘露摘，歸時露彩猶滴瀝。初看怕出欺玉英，更取煎來勝金液。昨夜西風雨色過，朝尋新茗復如何。女宮露澀青芽老，堯市人稀紫筍多。紫筍青芽誰得識，日暮採之長太息。清泠真人待子元，貯此芳香思何極。

採紫筍茶歌　唐秦韜玉（天柱香芽露芽發）

盧仝茶歌，語俗句俚，茲不入選。

試茶歌　唐無名氏[129]
聞道早春時，攜籯赴初旭。驚雷未破蕾，采采不盈掬。旋洗玉泉蒸，芳馨豈停宿。須臾布輕縷，火候謹盈縮。髹筒淨無染，箬籠勻且複。苦畏梅潤浸，暖須人氣燠。有如廉夫心，難將微機觸。晴天敞虛府，石碾破輕綠。永日遇閒賓，乳泉發新馥。香濃奪蘭露，色嫩欺秋菊。雪花雨腳何足道，啜過始知真味永。縱復苦硬終可錄，汲黯少戇寬饒猛。草茶無賴空有名，高者妖邪次頑礦。其間絕品無不佳，張禹縱賢非骨鯁。《詩海》

送陸鴻漸山人採茶迴　唐皇甫曾（千峯待遍客）《唐詩類苑》

題茶嶺　唐張籍
紫芽連白蕊，初向嶺頭生。自看佳人摘，尋常觸露行。《文昌集》

春日茶山病酒呈賓客　唐杜牧
笙歌盡畫船，十日清明前。山秀白雲膩，溪光紅粉鮮。欲開未開花，半陰半晴天。誰知病太守，猶得作茶仙。《杜樊川集》

茶山下作　唐杜牧

春風最窈窕,日曉柳村西。嬌雲光占岫,健水鳴分溪。燎巖野花發,曳愁幽鳥啼。把酒坐芳草,亦有佳人攜。《杜樊川集》

入茶山下題水口草市　唐杜牧

倚溪侵嶺多高樹,誇酒書旗有小樓。驚起鴛鴦豈無恨,一雙飛去卻回頭。《杜樊川集》

唐陸龜蒙⑰

茶塢(茗地曲隈)

茶人(天賦)

茶筍(所孕和氣深)

茶籝(金刀劈翠筠)

茶舍(旋取山上材)

茶灶經云：灶無煙突(無突抱輕嵐)

茶焙(左右搗疑膏)

茶鼎(新泉氣味良)

茶甌(昔人謝塸㙔)

煮茶(閒來松間坐)⁹⁵

唐皮日休⑱

茶塢(閑尋堯市山)

茶人(生於顧渚山)

茶筍(褒然三五寸)

茶籝(筤篣曉攜去)

茶舍(陽崖枕白屋)

茶灶(南山茶事起)

茶焙(鑿彼碧巖下)

茶鼎(龍舒有良匠)

茶甌（邢客與越人）
煮茶（香泉一合乳）[96]

桃花塢看採茶　唐韋齡
西山最深處，滿谷種桃花。暖逐飄紅雨，寒泉浸彩霞。塵埃無處着，
雞犬有人家。時復尋幽客，春來看採茶。

九日與陸處士羽飲茶　唐釋清晝（九日山僧院）

與崔子向泛舟自招橘，經箬里，宿天居寺，憶李侍御蕚渚山採茶春遊
後期不及，聯一十六韻詩以寄之　釋清晝
晴日春態深，寄遊恣所適。晝寧妨花木亂，轉學心耳寂。子向取性憐鶴
高，謀間任山僻。晝倚舷息空曲，捨屐行淺磧。子向渚箬入里逢，野梅到村
摘。晝碑殘飛雉嶺，井翳潛龍宅子向。壞寺鄰壽陵，古苔留劫石。晝穿階筍
節露，拂瓦松梢碧。子向天界細雲還，牆陰雜英積。晝懸燈繼前燄，遥月升
圓魄。子向何意清夜期，坐爲高峯隔。晝茗園可交袂，藤澗好停錫。子向微
雨聽濕巾，迸流從點席。晝戲猿隔枝透，驚鹿逢人擲。子向睹物賞已奇，感
時思彌極。晝芳菲如馳箭，望望共君惜。子向

茶亭　唐朱景元[97]
靜得塵埃外，茶芳小華山。此亭真寂寞，世路少人閒。《詩海》

卷十七

目次

茶　閒拏聞碾茶　茶煙　茶筅　雪溪即事　和儲貫夫韻　寄梅雪包公
謐　贈倪元鎮　詠茶摘句五言六聯、七言十二聯

詩詞
烹茶　宋呂居仁[98]（春陰養芽鍼鋒芒）《宋名家詩》

烹茶　宋丁謂
開緘試火煎[120]，須汲遠山泉。自繞風爐立，誰聽石碾眠。細微緣入麝，
猛沸拾如蟬。羅細烹還好，鐺新味更全。花隨僧箸破，雲逐客甌圓。痛惜
藏書篋，堅留待雪天。睡醒思滿啜，吟困憶重煎。只此消塵慮，何須問醉
仙。《宋名家詩》

試院煎茶　宋蘇軾（蟹眼已過魚眼生）

種茶　宋蘇軾（松間旅生茶）

問大冶長老乞桃花茶栽　宋蘇軾（周詩記茶苦）

到官病倦未常會客，毛正仲惠茶，乃以端午日小集石塔[130]戲作一首爲
謝　宋蘇軾（我生亦何須）

汲江煎茶　宋蘇軾（活水仍須活火烹）

遊諸佛寺一日飲釅茶七碗戲書勤師壁上[131]　宋蘇軾（示病維摩元
不病）

元翰少卿寵惠谷簾泉一器龍團二餅仍以新詩爲覬歎味不已次韻奉
答[132]　宋蘇軾
巖乘匹練千絲落，雷起蒼龍萬物春。此水此茶俱第一，共成三絶景中人。

次韻周種惠石茶銚　宋蘇軾

銅腥鐵澀不宜泉，愛此蒼然深且寬。蟹眼翻波湯已作，龍頭拒火柄猶寒。薑新鹽少茶初熟，水漬雲蒸蘚未乾。自古函牛多折足，要知無腳是輕安。

已上俱出《東坡集》

以小龍團半鋌贈晁無咎[133]　宋黃庭堅

曲几蒲團聽煮湯，煎成車聲遶羊腸。雞蘇胡麻留渴羌，不應亂我官焙香。《山谷集》

襄陽時同官李友諒仲益贈張子齋思仲家歌人團茶余題其封云
宋趙德鄰

色映宮姝粉，香傳漢殿春。團團明月魄，卻贈月中人。《侯鯖錄》

建安雪　宋陸游

建安官茶天下絕，香味欲全須小雪。雪飛一片茶不憂，何況蔽空如舞鷗。銀瓶銅碾春風裏，不枉年來行萬里。從渠荔子腴玉膚，自古難兼熊掌魚。

烹茶　宋陸游

麴生可論交，正自畏中聖。年來衰可笑，茶亦能作病。噎嘔廢晨飧，支離失宵瞑。是身如芭蕉，寧可與物競。兔甌試玉塵，香色兩超勝。把玩一欣然，爲汝烹茶竟。

午睡覺飲茶[134]　宋陸游

風霜踐殘歲，我乃羈旅人。如何得一室，酮敷暖如春。午枕挾小醉，鼻息撼四鄰。心安了無夢，一掃想與因。逡巡起螺面，覽鏡正幅巾。聊呼蟹眼湯，瀹我玉色塵。

堂中以大盆漬白蓮花、石菖蒲,翛然無復暑意,睡起烹茶戲書　宋陸游

海東銅盆面五尺,中貯澗泉涵淺碧。豈惟冷浸玉芙蓉⑬,青青菖蒲絡奇
石。長安火雲行日車,此間暑氣一點無。紗廚竹簟睡正美,鼻端雷起驚僮奴。
覺來隱几日初午,碾就壑源分細乳。卻拈燥筆寫新圖,八幅冰綃瘦蛟舞。

龜堂即事⑭
心已忘斯世,天猶活此翁。嫩湯茶乳白,軟地火爐紅⑮。課婢耘蔬甲,
呼兒下釣筒。生涯君勿笑,聊足慰途窮。

秋懷
心常凝不動,形要小勞之。活火閒煎茗,殘枰静拾棋。曬書朝日出,
丸藥午蔭移。適意還休去⑯,悠然到睡時。

伏中官舍極涼戲作
盡障東西日,洞開南北堂。漏從閒處永,風自遠來涼。客愛炊菰美,
僧誇瀹茗香。曉來秋色起,蕭蕭滿筠床。

晚晴至索笑亭
中年苦肺熱,騰喜見新霜。登覽江山美,經行草樹荒。堂空響棋子,
醆小聚茶香。具盡扶藜去,斜陽滿畫廊。

效蜀人煎茶戲作長句
午枕初回夢蝶床,紅絲小磑破旗槍。正須山石龍頭鼎,一試風爐蟹眼
湯。巖電已能開倦眼,春雷不許殷枯腸。飯囊酒甕紛紛是,誰賞蒙山紫筍香。

入梅
微雨輕雲已入梅⑲,石榴萱草一時開。碑償宿諾淮僧去,卷録新詩蜀
使回。墨試小螺看斗硯,茶分細乳玩毫杯。客來莫誚兒嬉事,九陌紅塵更
可哀。

午枕

茆簷一杯澹藜粥，有底工夫希鼎餗。書中至味人不知，雋永無窮勝粱肉。老夫享此七十年，每愧天公賦予偏。清泉洗濯煎山茗，滿榻松風清晝眠。

五月十一睡起

病眼慵於世事開，虛堂高臥謝塵埃[14]。簾櫳無影覺雲起，草樹有聲知雨來。茶碗嫩湯初得乳，香篝微火未成灰。翛然自適君知否，一枕清風又過梅。

閒詠

莫笑結廬魚稻鄉，風流殊未減華堂。茶分正焙新開篛，水挹中泠自候湯。小儿碾朱晨點易，重簾掃地晝焚香。個中富貴君知否，不必金貂侍紫皇。

到家旬餘意味甚適戲書

天恐紅塵著腳深，不教經歲去山林。欲酬清净三生願，先洗功名萬里心。石鼎颼颼閒煮茗[14]，玉徽零落自修琴。晚來膡有華胥具，臥看西窗一炷沉。

親舊或見嘲終歲杜門戲作解嘲

十年蕭散住林間，只是幽居不是閒。續得《茶經》新絕筆，補成僧史可藏山。詩題紫閣憑雲寄，藥報青城附鶴還。自笑何曾總無事，枉教人道閉柴關。

試茶

北窗高臥鼾如雷，誰遣香茶挽夢回。綠地毫甌雪花乳，不妨也道入閩來。

畫臥聞碾茶

小醉初消日未晡,幽窗推破紫雲腴。玉川七盞何須爾[142],銅碾聲中睡已無。

已上俱出《劍南集》

茶煙　元謝宗可[99][143]（玉川爐畔影沉沉）

茶筅　元謝宗可（此君一節瑩無瑕）

雪溪即事爲高理問賦　元劉秩[100][144]

一道清溪遶屋斜,朔風吹雪正交加。九天夜凍銀河水,大地春回玉樹花。寒透竹簾欺酒力,冰消石鼎煮茶芽。高人風致清如許,未遜山陰處士家。《勝國詩選》

和韻儲貫夫見寄　元湯濟民

草堂酒醒夜初長,滿地桐蔭月色涼。靖節優遊松菊徑,龜蒙笑傲水雲鄉。竹爐茶煮仙人掌,瓦鉢煙浮柏子香。卻怪壯年心未泯,燈前重拂舊干將。《勝國詩選》

寄梅雪包公諡　元何澄

孤山謾説六橋邊,別有文林萼綠仙。適興每吟東閣句,乘閒還放剡溪舡。香凝書幌琴裁譜,冷沁茶鐺雀舞煙,遐想有家高致在,欲抛尊俎話歸田。

贈倪元鎮　明高啟

名落人間四十年,綠簑細雨自江天。寒池蕉雪詩人卷,午榻茶煙病叟禪。四面青山高閣外,數株楊柳舊莊前。相思不及鷗飛去,空恨風波滯酒舡。《清賢録》

詠茶摘句

藥杵聲中搗殘夢，茶鐺影裏煮孤燈。唐李洞

茶教纖手侍兒煎。唐白居易

嫩白半甌嘗日鑄，硬黃一紙搨蘭亭。宋陸游

璚花浮細盞，雪乳豔輕甌。雲開未成縷，雪練半垂花。夜臼和煙搗，寒爐對雪烹。碧流霞腳碎，香液雪花輕。碾細香塵起，烹新玉乳凝。輕煙浮綠乳，孤灶散青煙。

香遠美人歌後夢，涼侵詩士醉中禪。和蕊摘殘雙井露，帶香分破建溪春。射眼色隨雲腳亂，上眉甘作乳花繁。煙橫竹塢煎冰液，日焟松窗碾玉塵。瀑雨已隨煎處腳，松風猶作瀉時聲。

蒙茸出磨細珠落，銜轉繞甌飛雪輕。碧玉甌中素濤起，黃金碾畔玉塵飛。已是先春經雨露，宜教百草避英華。

已上俱出《詩苑類雋》

卷十八

目次

詩餘

詩餘

詠茶好事近調⑭　宋黄庭堅

歌罷酒闌時,瀟灑座中風色。主禮到君須盡,奈賓朋南北。　暫時分散總尋常,難堪久離拆。不似建溪春草,解留連佳客。

詠餘甘湯更漏子調⑭　宋黄庭堅

菴摩勒,西土果,霜後明珠顆顆。憑玉兔,搗香塵,稱爲席上珍。　號餘甘,無奈苦,臨上馬時分付。管回味,卻思量,忠言君但嘗。

詠茶阮郎歸調效唐人獨木橋體共四首⑭　宋黄庭堅

烹茶留客駐雕鞍,有人愁遠山。別郎容易見郎難,月斜窗外山。　歸去後,憶前歡,畫屏金博山。一杯春露莫留殘,與郎扶玉山。

又　（歌停檀板舞停鸞）

又　（摘山初製小龍團）

又　（黔中桃李可尋芳）

茶詞西江月調　宋黄庭堅（龍焙頭綱春早）

詠茶踏莎行調⑭　宋黄庭堅

畫鼓催春,蠻歌走餉,火前一焙爭春長。高株摘盡到低株⑭,高株別是閩溪樣。　碾破春風,香凝午帳,銀瓶雪滾匙翻浪。今宵無夢酒醒時,摩圍影在秋江上。

客有兩新鬟善歌者請作送茶詞定風波調⑭　宋黄庭堅

歌舞闌珊退晚妝,主人情重更留湯。冠帽斜欹辭醉去,邀定,玉人纖手自摩湯⑭。　又得尊前聊笑語,如許,短歌宜舞小紅裳。寶馬促歸朱户閉,人睡,夜來應恨月侵床。

詠茶_{滿庭芳調}　宋黃庭堅

詠茶<small>滿庭芳調</small>　宋黃庭堅

北苑龍團，江南鷹爪^⑫，萬里名動京關。碾深羅細^⑬，瓊蕊暖生煙。一種風流氣味。如甘露、不染塵凡。纖纖捧，冰瓷瑩玉，金縷鷓鴣斑。　相如方病酒，銀瓶蟹眼，波怒濤翻。爲扶起尊前，醉玉顏山。飲罷風生兩腋，醒魂到，明月輪邊。歸來晚，文君未寢，相對小窗前。

茶詞<small>看花回調</small>　宋黃庭堅

夜永闌堂，醼飲半倚頹玉。爛熳墮鈿墜履，是醉時風景，花暗燭殘。歡意未闌，舞燕歌珠成斷續。催茗飲，漸煮寒泉，露井瓶竇響飛瀑。　纖指緩，連環動觸，漸泛起、滿瓶銀粟。秀引春風在手，似粵嶺閩溪，初採盈掬。暗想當時，探春連雲尋篁竹。怎歸得，鬢將老，付與杯中綠。

茶詞<small>惜餘歡調</small>　宋黃庭堅

四時樂事，正年少賞心。頻啟東閣，芳酒載盈車，喜朋侶簪合，杯觴交飛，勸酬〔互〕獻^⑭，正酣飲、醉主公陳榻。坐來爭奈，玉山未頹，興尋巫峽。　歌闌旋燒絳蠟，況漏轉銅壺，烟斷香鴨，猶整醉中花，借纖手重插。相將扶上，金鞍腰裏。碾春焙、願少延歡洽。未須歸去，重尋豔歌，更留時霎。

已上俱出《山谷詞集》

鑒止宴坐嘗新茶<small>浣溪沙調</small>　宋趙師俠

雪絮飄池點綠漪，舞風游漾燕交飛，蔭蔭庭院日遲遲。　一縷水沉香散後，半甌新茗味回時，翛閒萬事總忘機。《坦菴詞集》

茶詞<small>行香子調</small>　宋蘇軾

綺席才終，歡意猶濃。酒闌時、高興無窮。共捧君賜^⑮，初拆臣封。看分鳳餅，黃金縷，密雲龍。　斗贏一水，功敵千鍾。覺涼生、兩腋清風。暫留紅袖，少卻紗籠。放笙歌散，庭院静，略從容。《東坡詞集》：密雲龍，茶之極品。

茶詞朝中措調⑭　宋程垓[101]

華筵飲散撤芳尊，人影亂紛紛。且約玉驄留住，細將團鳳平分。　一甌看取，招回酒興，爽徹詩魂。歌罷清風兩腋，歸來明月千門。

茶詞朝中措調　宋程垓

龍團分罷覺芳滋，歌徹碧雲詞。翠袖且留纖玉，沉香載捧冰甌。　一聲清唱，半甌輕啜，愁緒如絲。記取臨分餘味，圖教歸後相思。《書舟詞集》

避暑烹茶調金門調　宋謝逸

簾外雨，洗盡楚鄉殘暑。白露影邊霞一縷，紺碧江天暮。　沉水煙橫香霧，茗碗淺浮瓊乳。臥聽鷗鴣啼竹塢，竹風清院宇。《溪堂詞集》

詠茶武陵春調　宋謝逸

畫燭籠紗紅影亂，門外紫驄嘶。分破雲團月影虧，雪浪皺清漪。　捧碗纖纖春筍瘦，乳霧泛冰瓷。兩袖清風拂拂飛，歸去酒醒時。《溪堂詞集》

臨川新茶望江南調⑮　宋謝逸

臨川好，柳岸轉平沙，門外澄江丞相宅，壇前喬木列仙家，春到滿城花。　行樂處，舞袖捲輕紗。謾摘青梅嘗煮酒，旋煎白雪試新茶，明月上簾牙。《溪堂詞集》

茶詞好事近調　金蔡伯堅[102]（天上賜金盒）出《詞品》

茶詞好事近調和伯堅韻　金高士談[103]（誰叩玉川門）出《詞品》

藝文

茶賦　唐顧況（稽天地之不平兮）《文苑英華》

茶宴序⑬　唐吕温

三月三日上巳，禊飲之日也。諸子議以茶酌而代焉。迺撥花砌愛庭蔭，清風逐人，日色留興，臥揹青靄，坐攀香枝，聞鶯近席，而未飛紅蕊，拂衣而不散。迺命酌香沫浮素，杯殷凝瑰珀之色，不令人醉，微覺清思，雖五雲仙漿無復加也。座有才子⑩，南陽鄒子，高陽許侯，與二三子頃爲塵外之賞，而曷不言詩矣。《唐文粹》

送道士宋茗舍歸江西序　宋黄震[104]

道士宋從璟，生江西山水窟，復東遊會稽，取四明、天台之勝⑩，盡以彈琴賦詩，而歸隱所謂茗舍者乎。問："天下名山大川，皆君之居，何必茗舍哉？"答謂："茗舍實從璟所生，去臨川城北六十里，其山以蠱秀，其水以清泚，其地幽絶闃寂，不惟富貴者足跡所不到，凡奇花異卉，可悦富貴人耳者。一不生之惟茗生焉，不特蒔植此扶輿，清淑之所鍾。蓋天産也。而俗文莫之識，往往與凡草俱老於春風曉露間。及過時而或取之，尚爲絶品，苦過而微甘，其味悠然，以長與世之所修，事而品題者，變異使其得所如建溪殘春，先發攪取造化其遇於世。尚何如哉？從璟爲之，惜故願歸，脩茗事以成其清耳。"余聞而異之，夫苦者，求道之切。甘者，得道之趣也。其味悠然。以長者樂道之，深也。於君修茗事，得君修道法，君真奇士哉！然謹勿破茗之天真，如建溪俗子，攪取造化萬一，香味落富貴齒牙，即與奇花異卉，悦富貴人者同一俗。況余常持節江西官之徵茗，殊急余切切，愛護之。不敢行，此語又可使趙贊王涯輩得剿聞哉！玉川子於此，最得趣乘，兩腋清風之生，尚欲問巔，崖蒼生之苦，江西吾赤子，今皆無恙否？它有便幸報平安。咸淳十年正月十二日，雲台散吏黄震序。《黄氏日抄》

赤牘

答惠茶　明曹司直

天池佳品，仰承損惠。即令博士煎之，渴吻長啜，兩腋風飄飄然便仙去，侯鯖禁臠，都不屑斷齶矣。《詞林片玉》

與友人　明李攀龍[105]

先民曰不復知,有我安知?物爲貴,吾儕解得此意,則雖山居環堵,未必不愈於畫省蘭台。瀹茗烹泉,未必不清於黄封禁臠也。具隻眼者,有明識耳。《詞林片玉》

與孫公素　明張藻

喜次公已歸,急索煙頭七碗。遲之,次公其弗過吸之耶。聞有登樓長歌,既欲請示我,教我復恐,驚我也。業已聞之成叔輩,拍手懸望矣。《詞林片玉》

與張春塘　明葉世洽

土宜宜種,深愧鮮薄。然芝蘭室中,瀹虎丘茗對,月啜之未必,不助清於詩脾也,一笑。《詞林片玉》

與許君信　明蔡毅中

連日有懷足下,正欲邀飲,山房爲風雨所妒,乃承雅惠僕當,煮龍團,開九醖,遥對足下一賞佳節耳。見包明英來奉,請以罄,二妙。《詞林片玉》

邀吉生白　明許以忠

仲蔚蓬蒿無恙,欲屈德星光炤之幸。枉革履下,顧已煮爐頭,七碗相遲矣。《詞林片玉》

清語

千載奇逢,無如好書良友;一生清福,只在茗碗爐煙。

臨風美篹闌干上,桂影一輪;掃雪烹茶籬落邊,梅花數點。

穀雨前後爲和凝湯社,雙井白芽,湖州紫筍。掃㿻滌鐺,微泉選火,以王濛爲品司,盧仝爲機權,李贊皇爲博士,陸鴻漸爲都統,聊消渴吻,敢諱水淫。

新燒玉片,不負尋師,自註仙芽,時留壓卷。

白雲在天,明月在地,焚香煮茗,閱偈翻經,俗念都捐,塵心頓盡。

佳人半醉,美女新妝,月下彈琴,石邊侍酒,烹雪之茶。果然臍有寒香,爭春之館,自是堪來花笑。

淨几明窗,好香苦茗,有時與高衲談禪;果棚菜圃,暖日和風,無事聽閒人説鬼。

風階拾葉山人茶灶,勞薪月徑聚花素,土吟壇綺席。

藥杵搗殘疏月上,茶鐺煮破碧煙浮。

雲水中載酒,松篁裏煎茶,何必鑾坡侍宴。山林下著書,花鳥中得句,不須鳳沼揮毫。已上俱出《塵談》

卷十九

目次

雜志

茗飲愈腦疾　隋文帝微時,夢神易其腦骨。自爾腦痛,忽遇一僧曰,山中有茗,煮而飲之當愈。帝服之有效,由是天下競採而飲之。《隋史》

《茶譜》云:蒙山有五頂……製作尤精。[106]

《本草微要》[107]云:茶葉味甘苦,微寒無毒,入心肺二經。畏威靈仙、土茯苓、惡樓子,能消食下痰氣,止渴醒睡眠,解炙煿之毒,消痔瘻之瘡,善利小便,頗療頭疼。

《徵要注》:叔明云:茶稟土之清氣,兼得春初發生之意,故其所主,皆以清肅爲功,然以味甘不澀,氣芬如蘭,色白如玉者良。蓋茶稟天地至清之氣,産於瘠砂之間,專感雲露之滋培,不受纖塵之滓穢,故能清心滌腸胃,爲清貴之品。昔人多言其苦寒,不利脾胃及多食發黃消瘦之説。此皆語其粗惡苦澀者耳。凡入藥,須擇上品方有利益。

《夢餘録》云:東坡以茶性寒,故平生不飲,惟飯後濃煎滌漱畢小啜而已。然唐大中年,三都進一僧,年一百三十歲。宣宗召入問:"服何藥能致?"此僧答云:"性惟好茶,每飲至百碗,少猶四五十碗。"宣宗異之,因賜蜀茶百斤,放還。以坡律言之,必且損壽,反得長年則又何也?

《霞外雜爼》[108]云:切忌空心茶、飯後酒、黃昏飯。

《物類相感志》:吃茶多,令人色黃。

《物類相感志》:吃茶多腹脹,以醋解之。

《物類相感志》:末茶可結水銀。

《物類相感志》:江茶入水池,菱枯。

《物類相感志》:芽茶得鹽,不苦而甜。

《雞肋編》:衣有蟣虱,置茶焙中火逼令出,則以熨斗烙殺之,永不生矣。

《雞肋編》:陳茶末燒煙,蠅即去。

綠華紫英　唐懿宗賜同昌公主諸玩物,飲食莫不珍異。其所賜茶,有

綠華、紫英之號。《杜陽雜編》

《類林》云：白乳、頭金、臘面，北苑焙茶之精者。

《茶錄》云：蟬翼、雀舌、鳥嘴、麥顆皆蜀茶之最佳者。

寶鋳　寶鋳，末茶也，以茶之式似帶具故名，即宋之龍團鳳餅之製也。《茶話》

曾茶山詩云："寶鋳自不乏，山芽安可無。"山芽，今之芽茶也。

毛文錫《茶譜》云：團鋳之外，又有片甲、早春、黃茶。[161] 芽葉相把如片甲也。

唐子西云[109]："茶不問團鋳，要之貴新，水不問江井，要之貴活。"又云："提瓶走龍塘無數千步，此水宜茶不減清遠峽，而海道趨建安，不數日可至，故新茶不過三月至矣。"今據所稱，已非嘉賞，蓋建安皆碾磑茶，且必三月而始得，不若今之芽茶於清明穀雨之前陟採而降煮也。數千步取塘水，較之石泉新汲，左杓右鐺又何如哉？田子藝謂：二難具享，誠山居之福也。

茶王　茶王城在攸縣，即漢之茶陵城也，今呼爲茶王。《寰宇志》

《興地志》云：攸縣在湖廣長沙府，陳曰攸水。

《興地志》云：茶陵，漢縣，今改爲州，在湖廣。以地居茶山之陰，故名茶陵。

《安南志》云：有茶偈縣，順化領州二、縣十壹。順州化州二州是也；其縣名曰利調、石蘭、巴閬、安仁、茶偈、利蓬、乍令、思蓉、蒲答、蒲艮、士榮。

《安南志》云：有茶清縣。演州領縣三：曰璖林，曰茶清，曰芙薗。

醡茶獲報　胡生以釘鉸爲業……柳當是柳輝也。《異林》[110]

《異苑》云，剡縣陳務妻，少寡……惟貫新耳。[111]

神僧獻茶　宋二帝北狩獨到一寺中，有二石金剛並拱手而立，神像高大，首觸桁棟，別無供器，止石盂、香爐而已。有一胡僧出入其中，僧揖坐問何來？帝以南來爲對。僧呼童子點茶，茶味甚香美，再欲索之，僧與童子皆趁堂後，移時不出；求之寂然空舍，惟竹林小石中有石刻胡僧並二童子侍立，視之儼然獻茶者。《北轅雜記》

《切忿後録》云：二帝北狩，至一寺，寺僧夢伽藍神告云：“明日此地有天羅王過，宜獻茶。”僧夢中詢以形狀，神告云：“着青袍者是也。”明早果有十餘騎入寺，而淵聖適衣青袍，寺僧獻茶，因告以夢，歎息而去。

仙姥鬻茶　晉元帝時……自牖間飛去。[112]《述異記》

斛二瘕　桓宣武有一督將……此病名“斛二瘕”。[113]《續搜神記》

木野狐草大蟲　葉濤好弈棋，王介甫作詩切責之，終不肯已。弈者多廢事不以貴賤，嗜之率皆失業，故人目棋枰爲木野狐，言其媚惑人如狐也。熙寧後茶禁日嚴，被責罪者甚衆，乃目茶籠爲草大蟲，言其傷人如虎也。《拊掌録》[114]

《子真詩話》云：葉濤詩極工而喜賦詠，常有試茶詩云：“碾成天上龍和鳳，煮出人間蟹與蝦。”好事者戲云：“此非試茶，乃碾玉匠人嘗南食也”，聞者絕倒。

　　山家清供茶　茶即藥也,煎服去滯而化食,以湯點之,則及滯膈而損脾胃,蓋市利者多取它樹葉雜以爲末,人多怠於煎服,宜有此害也。今法採芽,或用碎擘,以溪水煎之,飲後必少頃乃服。坡公詩云"活火須將活水烹",又云"飯後茶甌手自拈",此煎之法也。陸羽亦以江水爲上,山水與井俱次。今世不惟不擇水,且又入鹽及菓,殊失正味。茶之爲用,雪昏去倦,如不昏倦,亦何必用。古嗜茶者,無如玉川子,未聞煎歟,如以湯點,安能及七碗乎? 山谷詞云: 湯響松風早,減了七分酒,病倘知此味,口不能言,心下快活,自省之禪遠矣。《山家清供》

　　《煮泉小品》云: 人但知湯候而不知火候……火爲之紀。[115]

　　《清事錄》云: 活火謂炭之有燄者……蓄爲煮茶之具更雅。

　　《清事錄》云: 湯嫩則茶味不出……乃得點瀹之候耳。

　　《清事錄》云: 去泉遠者……經營者是也。

　　《清事錄》云: 泉稍遠……亦接竹之意也。[116]

　　北苑妝　建陽進茶油花子,大小形製各別,極可愛,宮嬪縷金於面,皆以淡妝,以此花餅施於鬢上,時號北苑妝。《清異錄》

　　《清異錄》云: 有將建州茶膏,取作耐重兒八枚,膠以金縷,獻於閩王曦,遇文通之禍,爲内侍所盜,轉遺貴臣。

　　茶變乳花　潘中散適爲處州守,一日作醮,其茶一百二十盞,皆成乳花,内惟一盞如墨。詰之,則酌酒人誤酌酒盞中,潘因焚香再拜謝過,其茶

即成乳花,僚吏皆爲歎服。《隨手雜録》[117]

蓮花茶　倪元鎮好飲茶,常作蓮花茶。其法就池沼中早飯前日初出時,擇取蓮花蕊略開者,以手指拨開入茶滿其中,用麻絲紥定,經一宿,明日連花摘下,取茶,紙包曬乾,錫罐盛,紥口收藏。《雲林遺事》

顧元慶《茶譜》云：製橙茶法……仍以被篋焙乾收用。

顧元慶《茶譜》云：製諸花茶法……諸花茶仿此。[118]

五香飲　隋煬帝時,有籌禪師者,仁壽間常在内供養,造五香飲：第一沉香飲,次檀香飲,次都梁飲,次澤蘭飲,次甘松飲。皆有製法。以香爲主,尚食直長謝諷造。淮南王《食經》,有四時飲。《大業雜記》

《輟耕録》云：句曲山房熟水,用沉香削釘數個,插入林禽中,置瓶内,沃以沸湯,密封瓶口,久之乃飲,其妙莫量。

茶家三要　採茶欲精,藏茶欲燥,烹茶欲潔。《巌棲幽事》

相茶瓢法　相茶瓢與相邛竹杖同法,不欲肥而欲瘦,但須飽風霜耳。《巌棲幽事》

卷二十

目次

泉詩　惠泉煮茶　謝寄泉詩　陸羽茶泉　張商英惠泉詩　惠泉燕客　上
巳游惠泉　惠麓小隱　詠茶摘句　煮茶夢記補茶文　雪水烹茶　茶湯
貢茗稱薄夾　光業煎茶　不如茗車　蘇子由論茶租

補遺

白茶補種類

白茶自爲一種,與常茶不同,其條敷闡,其葉瑩薄,崖石之間偶然生出
不過一二株,在北苑諸茶之上。崇寧以後,上獨愛白茶,加龍鳳之上。其
價與黃金相等,蓋一時之□也。《文苑類雋》

《瑞草總論》云：白茶之外,茶之極品者,有建州北苑先春龍焙。

唐子《隨錄記珠》云：蜀雅州蒙頂山,有火前茶,謂禁火以前採者；後
曰火後茶,又名五花茶。

雲桑茶補茶品　雲桑茶,出滁州瑯琊山,茶類桑葉而小,山僧焙而藏之,
其味甘美特甚。《筆記》

搴林茶湖廣均州　搴林茶,産太和山,每歲修貢茶,葉初泡極苦澀；至三
四泡,其味清香,甘美異常,人皆以爲茶寶也。《湧幢小品》

英山茶福建泉州　泉州府南安縣英山産茶最精美,號英山茶。《泉州府名
勝志》

《韓無咎記》云：建安其地不富於田,物産瘠甚,而茶利通天下,每歲
方春,摘山之夫十倍耕者。南唐保大間,命建州製的乳茶,號曰京鋌蠟面；
建茶之貢自此始,而茶或出不廣,往往以泉州製茶而充貢焉。

紫清香城茶江西南昌府　洪州西山白鶴嶺茶,號爲絶品,産於紫清香城

者爲最。歐陽文忠公詩云："西江水清江石老,石上生茶如鳳爪"云云。
《茶譜》

　　秘水_{補茶泉}　唐時秘書省中有水極佳,清甘異常,尤宜瀹茗,時稱秘水。
《茶録》

　　樂音泉　強村有水方寸許,人欲飲者,唱浪淘沙一曲即得一杯,味大
甘泠,村人名曰樂音泉。《玄山記》

　　白泉　泉色白如乳,自出山澤,王者得禮制,則澤谷之白泉出。人得
飲之,無疾長年。《玉符瑞圖》

　　墨竹茶泉　黃州府蘄水縣鳳棲山下,有王羲之洗筆池,崖邊小竹俱成
墨色。又有茶泉,唐陸羽烹茶所汲,李季卿品天下泉,以蘭溪石下泉爲第
三,謂得陸羽口授即此泉也。《名勝志》

　　七絃泉　武彝山有石如立,壁顛隱一泉,分七脈,味極清甘,山僧顛堅
名爲七絃水。《清異録》

　　雙井茶_{補藏茶法}　臘茶出於劍建,草茶盛於兩浙,兩浙之品,日注爲第
一。自景祐已後,洪州雙井白芽漸盛,近歲製作尤精,囊以紅紗,不過三
兩,以常茶十數斤養之,用辟暑濕之氣,其品遠出日注上,遂爲草茶第一。
《歸田録》

　　藏茶法　徐茂吳云:藏茶之法,以茶實大甕,底口俱用箬封固,倒放潔
净空樓板上,則過夏色不黃,以其氣不外洩也。子晉云:將茶甕倒放有蓋
缸內,宜砂底,則不生水而常燥,常時封固,不宜見日。見日則生翳損茶
矣。藏茶不宜置熱處,新茶不宜驟用,過黃梅其味始足。《快雪堂漫録》[119]

醫陳茶法補烹點　茶品高而年多者，必稍陳。遇有茶處，春初取新芽輕
炙，雜陳茶而烹之，氣味自復。在襄陽試作甚佳，余常以此法語蔡君謨，君
謨亦以爲然。《王氏談録》

御史茶瓶補茶具　察院諸廳各有謂也，如禮察謂之松廳，廳南有古松
也；刑察廳謂之魘廳，寢者多魘；兵察謂之茶甌廳，以其主院中茶，茶必以
陶器置之，躬自緘啟，謂之御史茶瓶也。吏察主朝官名籍，謂之"朝簿廳"。
《因話録》

茶氃　韻書無氃字，今人呼茶酒器爲之氃，邵康節詩："大氃子中消白
日，小車兒上看青天"，即此氃字也。《水南翰記》[120]

水晶茶盂　劉貢父爲中書舍人，一日朝會，幕次與三衙相鄰時，諸帥
貳人出軍伍，有一水晶茶盂，傳玩良久。一帥曰：不知何物所成，瑩潔如
此！貢父隔幕曰："諸公豈不識，此乃多年老冰耳。"《東皐雜録》

宋時茶品所尚補好尚　宋時草茶尚尚洪之雙井、越之日注。《後山談苑》

明初貢茶　天下茶之貢，歲額止四千二十二斤，而福建則貢二千三百
五十斤，則福建爲多。天下貢茶以芽稱，而建寧有探春、先春、次春、紫筍
及薦新等號，則建寧爲上。國初，建寧所進，必碾而揉之，壓以銀板，爲大
小龍團，如宋蔡襄所貢茶例。太祖以爲勞民，罷造龍團，一照各處，揀芽以
進，復其户五百，俾專事焉。責於有司，遣人督之，茶户不堪。洪武二十四
年，又有上供茶聽民採進之，詔只此一事，知祖宗愛民之盛心矣。《餘冬序録》

《七修類稿》云：洪武二十四年，詔天下產茶之地歲有定，以建寧爲
上，聽茶户採進，勿預有司。茶名有四：曰採春、先春、次春、紫筍，不得碾
揉爲大小龍團。此《聖政記》所載，恐今不然矣。不預有司，亦無稽考，此
真聖政較宋之以茶擾民者天壤矣。

《妮古録》云,太祖高皇帝喜顧渚茶,定額歲三十二斤,以爲常。

茶蓴爲奠_{補清韻}　杜子美祭房相國,九月用茶、藕、蓴、鯽之奠。蓴生於春,至秋則不可食,不知何謂而晉張翰亦以"秋風動而思蓴美、菰菜、鱸膾"。鱸固秋時物也,而蓴不可曉矣。《墨莊漫録》[121]

茗戰　建安鬥茶,以水痕先退者爲負,耐久者爲勝。較勝負之説謂之茗戰。《茶録》

貌瘠嗜茶　宋江參字貫道,善畫江南人形。貌清臞,嗜香茶以爲生。《逸人傳》

天柱峯茶詩_{補詩詞}　唐薛能
兩串春團敵夜光,名題天柱印維揚。偷嫌曼倩桃無味,搗覺嫦娥藥不香。惜恐被分緣利市,盡因難覓謂供堂。粗官寄與真抛卻,賴有詩情合得嘗。《唐詩紀事》

詠茶_{一字至七字}　唐元稹
茶。香葉,嫩芽。慕詩客,愛僧家。碾雕白玉,羅織紅紗。銚煎黄蕊色,盌轉麴塵花。夜後邀陪明月,晨前命對朝霞。洗浄古今人不倦,將知醉後豈堪誇。《唐詩紀事》

〔遊惠山敘　宋蘇軾〕[162]
余昔爲錢塘倅,往來無錫,未嘗不至惠山。既去,五年復爲湖州與高郵秦太虛、杭僧參寥同至,覽唐人王武陵竇羣、朱宿所賦詩,愛其語清簡蕭然有出羣之姿,用其韻,各賦三首選一。
宋蘇軾(敲火發山泉)

和子瞻韻[163]　宋秦觀

樓觀相複重,邈然閟深樾。九龍吐清冷,滮滮曾不絶[164]。罌味馳千里,真朱猶未滅[165]。況復從茶仙,兹焉試葬月。岸巾塵想消,散策佳興發。何以慰嬉遊,操瓢繼前轍。

惠山謁錢道人烹小龍團登絶頂望太湖　宋蘇軾(踏遍江南南岸山)

寄伯強知縣求惠山泉[166]　宋蘇軾

兹山定中空,乳水滿其腹。遇隙則發見,臭味實一族。淺深各有值,方圓隨所蓄。或爲雲洶湧,或作線斷續。或流蒼石縫,宛轉龍鸞戲。或鳴深洞中,雜佩間琴筑[167]。瓶罌走千里[168],真僞半相瀆。貴人高宴罷,醉眼亂紅緑。赤泥開方印,紫餅截團玉。傾甌共歎賞,竊語笑僮僕。豈知泉下僧,盥灑自挹掬。故人憐我病,篛籠寄新馥。欠伸北窗下,晝睡美方熟。精品厭凡泉,願子致一斛。

注　釋

1　昔者洛花以永叔譜之而傳:此指歐陽修的《洛陽牡丹記》。

2　蘭陵:漢置縣,故治在今山東棗莊,晉時南遷僑置今江蘇常州。此蘭陵,疑指常州舊名。

3　《開元文字》:即《開元文字音義》,三十卷。辭書,約成書於唐開元十八年(730)。

4　焦氏《説楛》:焦竑(1540—1620)撰。字弱侯,號澹園,明應天府江寧人。萬曆十七年(1589)殿試第一,授翰林修撰,未幾弃官歸,博覽群書,卓然成名家,有《澹園集》《焦氏筆乘》等。

5　《研北雜志》:又作《硯北雜志》兩卷,元代陸友撰。字友仁,號硯北生,平江路(治所在今蘇州)人。善詩,尤長五律,兼工隸楷,又博鑒古物,除《研北雜志》外,還有《硯史》《墨史》等。

6 此處删節,見明代屠本畯《茗笈》。

7 此處删節,見宋代趙汝礪《北苑别録·開畬》,除個别字眼外全同。

8 此處删節,見明代黄儒《品茶要録·採造過時》。

9 《學林新編》:一名《學林》,十卷,宋王觀國撰。該書以辨别字體、字義、字音爲主。對《六經》和有關史書注釋精詳,爲宋代重要的考據專著。

10 《泉南雜志》:筆記,陳懋仁撰,約成書於順治七年(1650)。

11 《巖棲幽事》:一卷,明陳繼儒撰,所載皆山居瑣事,如接木藝花、焚香點茶之類。

12 此處删節,見唐代陸羽《茶經·八之出》。

13 此處删節,見宋代葉清臣《煮茶泉品》。

14 此處删節,見宋代陳繼儒《茶董補·山川異産》。

15 此處删節,見宋代陳繼儒《茶董補·山川異産·又》。

16 此處删節,見宋代陳繼儒《茶董補·片散二類》。

17 此處删節,見五代蜀毛文錫《茶譜》。云引自《茶録》,應誤。

18 《彙苑詳註》:一名《類苑詳》,三十六卷,舊本題名王世貞撰,鄒善長重訂。成書於萬曆乙亥(三年,1575)。部首所列引用書目似乎浩博,其實就唐專諸類書采掇而成,疑亦托名世貞而已。

19 此處删節,見明代夏樹芳《茶董·天柱峯數角》。

20 《茶譜》:本條所録内容,不見現存諸《茶譜》。

21 《建平縣志》:建平縣,治所在今安徽郎溪縣,端拱元年(988),以廣德縣郎步鎮置。

22 《茶史》:考無定論。校者查閲多種文獻後,初步認爲有可能爲明代人姚伯道所撰。

23 《舒堂筆記》:查未見,疑宋元間鄭鉞撰。鉞,一名少偉,字彝白,號舒堂。閩之莆田人,咸淳時被薦爲興化軍陳文龍署衙門客,入元,不仕,隱以著述。《舒堂筆記》很可能是其元初所作筆記。

24 《雲川紀行》:查未見,疑明鍾復撰。復,字彦彰,號雲川,永豐人。宣德癸丑(八年,1433)進士,官至翰林院侍講。有《雲川文集》六卷。

25　《洞冥記》：共四卷，舊本作後漢郭憲撰，字子橫，官至光禄勳。是書
　　序稱，漢東方朔滑稽浮誕，以匡諫洞心於邊教，使冥迹之奧昭然顯著，
　　故曰"洞冥"。《四庫全書簡明目録》稱其爲唐以前的僞書。

26　《古杭雜志》：也作《古杭雜記》，四卷，不著撰人姓名。俱載宋人小詩
　　之有關史事本末。元時江西書賈據宋舊本和續本新刊一書，所記凡
　　四十九條，多理宗、度宗時嘲笑之詞。

27　《西湖志餘》：明田汝成撰，二十六卷。

28　《新城縣志》：新城縣，三國吴置，治所在今浙江富陽縣西南。

29　此處刪節，見唐代陸羽《茶經・七之事》。

30　《無夢園集》：陳仁錫（1581—1636）撰，四十卷。字明卿，號芝荃，蘇
　　州府長洲（今蘇州）人。十九歲中舉，天啟二年（1622）進士一甲第三
　　人，官至南京國子祭酒。性好學，喜著作，有《四書備考》《經濟八編類
　　纂》等。

31　《天台山志》：此似應作《天台山方外志》，萬曆二十九年（1601）釋無
　　盡撰。内容出自《形勝考》。

32　此處刪節，見唐代陸羽《茶經・七之事》。

33　此處刪節，見宋代趙汝礪《北苑别録》。

34　此段内容，由本文輯者據《北苑别録・御園》内容組寫而成。底本下
　　略采茶、揀茶等内容，也是按《北苑别録》序次略。

35　此處刪節，見宋代趙汝礪《北苑别録》。底本脱漏"金錢"和"寸金"之
　　間的"玉葉"整條内容，所刪實際只是十五種。

36　此處刪節，見宋代趙汝礪《北苑别録》。

37　此處刪節，見宋代趙汝礪《北苑别録》該四種茶。

38　河南府陝州：河南府，開元元年（713）改洛州置，放治位於今洛陽市，
　　民國初廢。陝州，太和十一年（487）置，治所舊陝縣今入河南三門峽
　　市。歷代時廢時復，1913年改縣。

39　《雲蕉館紀談》：作者和原書未見，筆記，約成書於明代初年。

40　查本條上録《茶解》内容，不見於今羅廪《茶解》。

41　《錦里新聞》：三卷，段成式撰。内容多爲游蜀記事。

42　嘉定州：南宋升嘉州爲嘉定府，洪武九年（1376）降府爲州，雍正（1723—1735）年間復改爲府。原治在今四川樂山。

43　《咸賓錄》：八卷，明羅曰褧撰。曰褧，字尚之，江西人。本書成書於萬曆（1573—1620）年間，分述各國之事，以誇耀明代聲教之遠，故曰《咸賓》。其實多非朝貢之國。

44　此處刪節，見唐代張又新《煎茶水記》。

45　此處刪節，見唐代張又新《煎茶水記》。

46　《湧幢小品》：明朱國楨撰，三十二卷。朱國楨（？—1632），一作“國禎”，湖州府烏程人。字文寧，萬曆十七年（1589）進士，天啟三年（1623）拜禮部尚書兼東閣大學士，改文淵閣。後爲魏忠賢逆黨所劾，辭歸。

47　《金陵瑣事》：明周暉撰，約成書於萬曆三十八年（1610）。筆記。

48　《戒庵漫筆》：明李詡撰，雜記，八卷。詡，字厚德，江陰人，少爲諸生，坎坷不第，年八十而卒。晚年自號戒庵老人，因以爲書名。他書如《名山大川記》等均佚。

49　《羣碎錄》：明陳繼儒撰，其書隨軍記錄，不暇考辨，故以“羣碎”名。

50　《鴻慶堂集》：宋晉陵（今江蘇常州）孫覿（1081—1169）撰。孫覿，字仲益，號鴻慶居士，大觀三年（1109）進士，官至戶部尚書，出知溫州、平江、臨安，擾民媚奸，爲人不耻。但工詩文。《鴻慶堂集》，一名《鴻慶居士集》，四十二卷。

51　杭州府昌化縣：太平興國三年（978）以吳昌縣改名，治所在今浙江杭州臨安區武隆。

52　《閒耕餘錄》：明張所望撰。所望，字叔翹，上海人，萬曆辛丑（二十九年，1601）進士，官至廣東按察使副使。此爲隨筆劄記，共六卷。

53　《釣台記》：崔儒撰，字元立，唐滑州靈昌人。代宗時任起居舍人，官至戶部郎中。德宗興元元年（784），撰《嚴陵釣台記》，一稱《嚴先生釣台記》。

54　此處刪節，見明代田藝蘅《煮泉小品·源泉》《石流》各條。

55　此處刪節，見明代田藝蘅《煮泉小品·石流》。

56　此處删節,見明代田藝蘅《煮泉小品・靈水》。

57　本條内容,不見所收各《茶譜》,不知所出。

58　此處删節,見宋代審安老人《茶具圖贊》附録。

59　此處删節,見宋代審安老人《茶具圖贊》。

60　以下删節,見宋代審安老人《茶具圖贊》各條。

61　以下删節,見明代顧元慶、錢椿年《茶譜・附竹爐並分封六事》。

62　此處删節,見明代顧元慶、錢椿年《茶譜・附竹爐並分封六事》。

63　此處删節,見明代顧元慶、錢椿年《茶譜》所載盛顒《苦節銘》。

64　《曲洧舊聞》:即《曲洧間舊聞》,十卷。宋朱弁撰,蓋其使金被扣留時
　　所作,主要追述北宋軼事,無一字涉於金朝,故曰舊聞。《文獻通考》
　　以之劃爲"小説家",《四庫全書簡明目録》改爲"雜家類"。

65　此處删節,見明代熊明遇《羅岕茶記》。"焙"字後,底本還多"亦可"
　　兩字。

66　此録爲蔡襄《茶録》。

67　此處删節,見明代高濂《茶箋》。下兩條按《茶箋・藏茶》改寫,略爲不
　　同,存。

68　此處删節,見明代高濂《茶箋・煎茶四要》。

69　此處删節,見唐代陸羽《茶經・五之煮》。

70　此處删節,見明代屠本畯《茗笈・第八定湯章》。雖云引自《鶴林玉
　　露》,字眼所見應據《茗笈》抄録。

71　此處删節,見明代屠本畯《茗笈・點瀹第九章》。雖云引自陸書,字眼
　　所見應據《茗笈》抄録。

72　此處删節,見明代屠本畯《茗笈・第十四相宜章》。雖云引自《茶解》,
　　字眼所見應據《茗笈》抄録。

73　此處删節,見明代高濂《茶箋・試茶三要》。

74　《南窗紀談》:不著撰者,一卷。筆記。

75　《雲谷雜記》:宋張昊撰。原本已佚,此後從《永樂大典》録撮成四卷,
　　對諸家著述析疑正誤多所釐訂。

76　《雲仙散録》:一卷,舊稱唐馮贄撰,《直齋書録解題》稱"所引書名皆

古今所不聞,且其記事造語如出一手",提出是一本僞托的"子虚烏
有"之書。

77　《北轅録》:宋周煇撰,煇一作"輝",字昭禮,海陵(今江蘇泰州)人,僑
　　　寓錢塘(今浙江杭州)。嗜學工文,隱居不仕。藏書萬卷,淳熙三年
　　　(1176),曾隨信使至金國。《北轅録》即記金國見聞。

78　《明良記》:楊儀撰,四卷。前有李鶚翀引言,稱其與《保孤記》合爲
　　　《二記》秘本。這時佚其一種,故附於李鶚翀所撰《洹詞記事抄》一卷
　　　之後。鶚翀,字如一,明常州府(今無錫)江陰人。實際《洹詞》本崔銑
　　　所著,鶚翀補《洹詞》未録之宋及明初記事三十六則,自題《洹詞記
　　　事抄》。

79　此處删節,見唐代陸羽《茶經·六之飲》。

80　此處删節,見宋代蔡襄《茶録·香》。此言引自《茶譜》,應誤,可能轉
　　　抄明代屠本畯《茗笈》而以訛傳訛。

81　此處删節,見明代許次紓《茶疏·飲啜》。

82　下録内容,查對現見各"岕茶"茶書,俱未見,不知所出。

83　本段内容底本注爲出自《茶疏》,查非出自《茶疏》,疑可能同上條,出
　　　自《岕茶疏》。

84　此處删節,見清代冒襄《岕茶匯鈔》。

85　此處删節,見明代徐爌《蔡端明别紀·茶癖》。

86　《甲申雜記》:宋王鞏撰,鞏字定國,自號清虚先生。所紀皆東都舊
　　　聞,本各自爲書,後其曾孫合爲一編。全編共二十二條。甲申,崇寧
　　　三年(1104)也,故所記上起仁宗,下迄崇寧。

87　《玉堂雜記》:三卷。宋周必大撰。必大,字子充,一字洪道。廬陵
　　　人,紹興二年(1132)進士。此書皆記翰林故事,後編入《必大文集》,
　　　此爲别本。

88　此處删節,見明代屠本畯《茗笈·第十六玄賞章》。

89　此處删節,見明代屠本畯《茗笈·第十六玄賞章》。

90　此處删節,見明代田藝蘅《煮泉小品·宜茶》。

91　此處删節,見明代田藝蘅《煮泉小品·宜茶》。

92　此處刪節，見明代馮可賓《岕茶牋》和冒襄《岕茶彙鈔》原文。

93　《金鑾密記》：唐韓偓撰，一卷，一作三卷。本篇爲偓任翰林學士承旨京兆時記翰苑事。

94　《灌園史》：四卷，陳詩教撰。詩教字四可，秀水（今浙江嘉興）人。

95　此處刪節，見明代喻政《茶書・詩類》。

96　此處刪節，見明代喻政《茶書・詩類》。

97　唐朱景元：吳郡（今江蘇蘇州）人。景元，一作"景玄"。

98　吕居仁：即吕本中（1084—1145），宋壽州人。居仁是其字，郡望東萊，人稱東萊先生。高宗時賜進士及第。官中書舍人兼侍講，權直學士院。秦檜爲相，忤檜，被劾罷。工詩，有《紫微詩話》《東萊先生詩集》等。

99　谢宗可：金陵人，有咏物詩百篇傳於世。

100　劉秩：字伯序，豐城人，有《秋南集》。本詩一般題作《雲溪爲高理問賦》。

101　程垓：南宋詞人。字正伯，號書舟，眉山（今屬四川）人。生卒年不詳。蘇軾中表程正輔之孫。孝宗淳熙間曾游臨安。光宗時尚未仕宦。工詩文，詞風凄婉錦麗。有《書舟詞》。

102　蔡伯堅：即蔡松年（1107—1159），伯堅是其字，號蕭閑老人，真定（今河北正定）人。金代文學家，以宋人而隨父降金，官至右丞相，加儀同三司，封衛國公。工詩，風格清俊，部分作品流露仕金之悔恨，表達歸隱心志。亦能詞，與吳激齊名，時號吳蔡體。有詞集《明秀集》，魏道明注。

103　高士談（？—1146）：金詩人。字子文，一字季默。先世爲燕人。宋宣和末任忻州（今屬山西）户曹參軍，入金官至翰林直學士。後因宇文虚中案被捕，遭殺害。《中州集》選錄其詩。

104　黄震（1213—1280）：南宋末思想家。字東發，慈溪（今屬浙江）人，學者稱於越先生。寶祐進士，曾任史館檢閲、提點刑獄等官。宋亡後不仕，隱於寶幢山，餓死。學宗程朱，但也有不滿和修正。有《東發日鈔》傳世。

105 李攀龍(1514—1570)：明代文學家。字于鱗，號滄溟，山東歷城（今屬濟南）人。嘉靖進士，官至河南按察使。與王世充爲“後七子”首領。提倡摹擬、復古，認爲文自西漢、詩自盛唐以後俱無足觀。其詩作多摹擬古人，只少數作品揭露時弊，較具感染力。有《滄溟集》傳世。

106 此處删節，見明代毛文錫《茶譜》。

107 《本草徵要》：明代李中梓撰於崇禎十年（1637）。此書主要取材於《本草綱目》，删繁去複，采擇常用藥 361 種，分屬草、木、果、穀、菜、金石、土、獸、禽、蟲魚等 11 部。各藥均參引前代論述，并附作者用藥心得。李中梓爲明末著名醫學家，所著本草書還有《本草通玄》。

108 《霞外雜俎》：一卷，舊本題鐵脚道人撰，有敖英序，存疑。所言皆養生術大旨。

109 唐子西云：所録内容，只有前四句是正式摘自唐庚的《鬥茶記》，“又引云”以下，部分雜摘《鬥茶記》和其他文獻的記述。

110 此處删節，見五代蜀毛文錫《茶譜》。除個别字句外，基本相同。

111 此處删節，見唐代陸羽《茶經·七之事》。除個别字句外，基本相同。

112 此處删節，見唐代陸羽《茶經·七之事》。

113 此處删節，見明代萬邦寧《茗史》。斛二痕，《茗史》作斛茗痕。

114 《拊掌録》：一卷，舊本題元人撰，不著名氏，後有至正丙戌華亭孫道明跋，亦不言作者爲誰。《説郛》載此書題爲元宋懷，前有自序，稱延祐改元立春日黜然子書，蓋元懷自號也。此本見曹溶《學海類編》中失去前序，遂以爲無名氏耳。書中所記皆一時可笑之事，自序謂補東萊吕居仁《軒渠録》之遺，故目之曰《拊掌録》。

115 此處删節，見明代田藝蘅《煮泉小品·宜茶》。

116 以上删節，見明代田藝蘅《煮泉小品·宜茶》《緒談》各條。云引自《清事録》，誤。

117 《隨手雜録》：一卷，宋代王鞏撰。全書凡三十三條，所記惟周及南唐吴越各一條，餘皆宋事止。於英宗之初雖皆稍涉神怪，而朝廷大事爲多。

118 以上删節,見明代顧元慶、錢椿年《茶譜·製茶諸法》。

119 《快雪堂漫録》:一卷,明代馮夢禎撰。夢禎有《歷代貢舉志》已著録是編,爲陸烜奇晋齋所刻,皆記見聞异事,語怪者十之三,語因果者十之六。記翰林舊例、大同米價、回回人、義僕節婦、虞長孺漢印、吳茂昭品龍井茶、李于鱗弃岕茶以及栽蘭、藏茶、炒茶、茉莉酒、造印色、鑄鏡、造糊、造色紙諸法,爲雜家言者十之一,故從其多者入之小説家焉。

120 《水南翰記》:其撰作者於諸書所説有异,《千頃堂書目》謂張衮,《御定佩文齋書畫譜》《纂輯書籍》作李如一,《元明事類鈔》云李恕。

121 《墨莊漫録》:十卷,宋代張邦基撰。所記軼事多參以神怪,頗闌入小説家言。至於辨定杜甫、韓愈、蘇軾、黃庭堅諸詩,皆爲典核考證名物,亦資博識。

校　記

① 序:底本"序"字前還冠有書名,作《茶苑序》,本書校時删。

② 卷一:底本在此之前多書名"茶苑"兩字,在同行下端有"毗陵黄履道輯"六字,本書校時删,下面各卷均同。

③ 目次:本文《茶苑》每卷卷首都書有目録,但目録與文題往往不一,有的有目無題,有的有題無目,較混亂。此次校編也一仍其舊,不作改動。

④ 餘甘子不夜侯:底本作"不侯夜",徑改。

⑤ 伐而掇之:底本作"代",徑改。

⑥ 莖:底本闕,據唐陸羽《茶經》補。

⑦ 《茶經·注》曰:此注,原均爲《茶經》正文雙行小字夾注。本文從引文中分別輯出,低一字集中編録於後,以與正文區別。

⑧ 根:底本闕,據唐陸羽《茶經》補。

⑨ 茶字從草當作"茶":《茶經》此夾注前正文爲"其字或從草,或從木,或草木并"。

⑩ 揚：底本作"陽"，誤，徑改。

⑪ 《周詩》謂：底本"謂"前有"誰"，疑衍，徑刪。

⑫ 《茶説》：查不知所據，但與程百二《品茶要録補》內容相類。

⑬ 老葉謂之葝，細葉謂之茗：《淵鑒類函》《圖書集成》作"其老葉謂之葝，嫩葉謂之茗"。

⑭ 不止味同露液，白況霜華：夏樹芳《茶董》作"首閱碧潤明月，醉向霜華"。

⑮ 以下三條"餘甘氏不夜侯""雞蘇佛橄欖仙"及"玉蟬膏清風使"，六名俱爲茶別名，在有關文獻記載和茶書中，將二名合作一題，除本文外甚是罕見。

⑯ 常焉：宋代陶穀《茗荈録》作"嘗焉"。

⑰ 此詩《全唐詩》等題作《謝李六郎中寄新蜀茶》。目，一作"眼"。麴底本作"麵"，徑改。

⑱ 《天中記》原文作"凡藝茶必種以子"和"凡種茶樹必下子，移植則不復生"。"不遷""不移"等名爲本文後加。

⑲ 號一旗一鎗：《宣和北苑貢茶録》原文作"一鎗一旗"。

⑳ 《北苑茶録》芽茶註云：《北苑茶録》，即《宣和北苑貢茶録》簡稱。芽茶註云，《北苑貢茶録》原文無，作者編時亦將正文寫作"注"，誤。

㉑ 《顧渚山茶譜》：應作《顧渚山茶記》，一般也作《顧渚山記》。"一鎗二旗""一芽二葉"，底本作"一旗二鎗""一葉二芽"，誤，徑改。蘄門團黄下同，不出校。

㉒ 洪州西山出羅漢茶：茶，底本疑脱，校時補。

㉓ 茶芽名雀舌、麥顆：《夢溪筆談》原文作"茶芽，古人謂之雀舌、麥顆"。

㉔ 定知北客未曾嘗：知，《夢溪筆談》原文作"來"。

㉕ 《紫桃軒又綴》：又，底本作"雜"，下録內容非出自《紫桃軒雜綴》，而是《紫桃軒又綴》卷3，徑改。

㉖ "石筋山脈，鍾異於茶"云云。今地產天池僅一石壁：《紫桃軒又綴》原文"石筋山脈，鍾異於茶，今天池僅一石壁"。

㉗ 本條內容不見於《品茶要録》，疑據《東溪試茶録》首段內容改寫而成。

㉘　《羅岕茶記》：底本作《岕茶記》。校時加添一"羅"字，以免與他書混。下同。

㉙　《唐史》：此應作《唐書》。本條用詞與《天中記》《續茶經》等全同。

㉚　上録兩條《重修茶舍記》内容，與《雲麓漫抄》所記相近。

㉛　此條内容，不見《北苑別録》，疑據陳繼儒《茶董補·湖常爲冠》内容摘抄而成。

㉜　北苑官焙分十餘綱：《宣和北苑貢茶録》原文作"每歲分十餘綱"。

㉝　本條下録内容，《北苑別録》不見，經查，實録自《宣和北苑貢茶録》。

㉞　北苑貢茶起於驚蟄前：黄儒《品茶要録》原文爲"茶事"，此句作"茶事起於驚蟄前"。

㉟　此條疑據《東齋紀事》摘成。

㊱　採茶不必太細：採茶，《考槃餘事》原文爲文題，"茶"字作"芽"。

㊲　若再遲一二日，得其氣力完足：《茶疏》原文作"若肯再遲一二日，待其氣力完足"。

㊳　天氣適佳爲慶：《大觀茶論》原文作"故焙人得茶天爲慶"。

㊴　故茶於驚蟄前後已上焙，較吴中爲最早：《泉南雜志》原文無前句"於驚蟄前後已上焙"八字，僅存這兩句前後"故茶較吴中差早"七字。

㊵　而喜日光晴暖：日，底本作"月"，疑誤，徑改。

㊶　已上數種，其名皆著：《遵生八牋》原文作"之數者，其名皆著"。

㊷　唐人首推陽羨，宋人最重建溪："推"字、"溪"字，許次紓《茶疏》原文作"稱"字和"州"字。底本此録與《茶疏》原文差誤較多，故這裏雖與前録《茶疏》内容有重，亦只得留不作删。

㊸　今惟洞山産者最佳。姚伯明云：《茶疏》原文無"産者"兩字。明，《茶疏》原文作"道"。

㊹　滋味甘芳：芳，《茶疏》原文作"香"。

㊺　足爲仙品。若在顧渚：在這兩句"品"字和"若"字之間，《茶疏》原文還多"此自一種也"一句。

㊻　《岕茶別録》《茶董》：經查，《茶董》無此内容，誤署。《岕茶別録》，原書佚，疑即《續茶經》等書中所引的《岕茶别論》。

㊼ 殆爲精絶：《羅岕茶記》原文作“真精絶”。

㊽ 《遵生齋集》：查不見諸書目，疑即明高濂《遵生八牋》之誤。本條基本相同，僅最後一句作“雋永非常”，《遵生八牋》作“嗅有消渴”。

㊾ 此句中，月，底本原無，據《紫桃軒雜綴》補。山，《紫桃軒雜綴》原文無。青翠，《紫桃軒雜綴》原文作“翠緑”。

㊿ 何堪括目：括，《紫桃軒雜綴》原文作“翠緑”。

(51) 杭州臨安縣天〔目〕山茶：目，底本原脱，據《考槃餘事》原文補。

(52) 《茶經·八之出》原文作“餘姚縣生瀑布泉嶺，曰仙茗，大者殊異”。

(53) 《茶經·八之出·注》原文作“台州豐縣生赤城者，與歙州同”。豐縣，因作“始豐縣”。

(54) 三十二都的“二”字，底本原糊闕，校時據原志補。

(55) 烹成碧色：此句《事類賦注》引作“煎如碧乳”也。

(56) 入水烹成：“烹”字，《紫桃軒雜綴》作“煎”字。

(57) 鄂州東山，出茶黑色如韭，食之已頭痛：《太平寰宇記》引毛文錫《茶譜》文作：“鄂州之東山蒲圻、唐年縣皆産茶，黑色如韭葉，極軟，治頭痛。”

(58) 先春兩色：底本作“雨色”，誤，徑改。

(59) 貢茶綱次：宛委山堂説郛及喻政茶書本等，俱無“貢茶”兩字，此“貢茶”顯爲黄履道編時加。《四庫全書》本無“綱次”之目。

(60) 龍團勝雪：團，趙汝礪《北苑别録》各本作“園”。底本除此，如下面細色第四綱等，“龍園勝雪”俱作“龍團勝雪”。

(61) 粗色第一綱：本文先前刻本，一般皆接排不分段分行，細芽各綱，底本除芽形、水火次數改排雙行小字外，内容增加、改變不多。粗色各綱所含内容較多，本文分别又細，與《北苑别録》原稿相异較多。如本段，《北苑别録》原稿爲：“粗色第一綱　正貢　不入腦子上品揀芽小龍一千二百片，六水十六火。入腦子小龍七百片。　增添　不入腦子上品揀芽小龍一千二百片，入腦子小龍七百片。　建寧府附發小龍茶八百四十片。”底本、近現代刊本與本文所據原書原稿還是有一定差别的，故這裏特保存第一綱以之對比説明。

㉒　正貢一百片:《北苑別録》原文,"正貢"寫在文題"粗色第二綱"下,底本在每種貢額前所加的"正貢"兩字,原文一律没寫,爲本文輯者或抄録者添加。一百片,原文作"六百四十片"。

㉓　正貢七百片:《北苑別録》原文,每種貢額前,均無"正貢"兩字。下同,不出校。七百片,原文作"六百七十二片";七,宛委山堂説郛本作"四"。

㉔　入腦子小鳳四水,十五宿火正貢一千三百四十片:《北苑別録》原文,水火次數,均排在貢額數字之後,把此移至貢額之前并改作雙行小字注,是底本所抄。同,也不校。另貢額一般作"一千三百四十四片",底本同宛委山堂説郛本,作"一千三百四十片"。

㉕　增添一千二百片:上面"增添"既單列作目,本文《北苑別録》原文在增添下刊各條數額前,就俱無"增添"兩字。下同,不出校。

㉖　建寧府附發　小鳳茶,增添一千三百片:"發"字和"小"字之間,原接排無空格,本書校時加,下同。茶,底本原無,據原文加。三,喻政茶書本等俱作"二",宛委山堂説郛本等和繼豪按作"三"。

㉗　六百四十片:底本同宛委山堂説郛本等作"六百四十片",但其他有些版本,也作"六百四十四片"。

㉘　一千八百片:底本與宛委山堂及涵芳樓説郛本等同,本茶及下面入腦子大鳳,同作"一千八百片",但是其他各本也有作"一千八片"者。

㉙　本條及下一條,底本原作"建寧府附發大龍茶,附發四百片";"建寧府附發大鳳茶,附發四百片"。内容重複,也與以上"正貢""增添"體例不合。本書校時,將上一行"建寧府附發"存作"小目",下行"建寧府附發"及數額前加"附發"等字全删。按體例和原書内容實際,校改如上。下同。

㉚　大龍茶,四百片:"四百",宛委山堂説郛本、五朝小説大觀等本,均作"四十"。下條"大鳳茶四百片",情況亦與之同。

㉛　一千六百片:底本誤抄粗色第七綱京挺改造大龍數,作"二千三百二十片",據《北苑別録》原文改。

㉜　大龍茶,八百片;大鳳茶,八百片:底本原誤抄粗色第七綱之附發數,

作“二百四十片”。“八百片”爲本文校時徑改。但本文《四庫全書》本,無此兩種附發數。

(73) 一千三百片：底本原誤抄粗色第七綱附發數,作“四百八十片”,“一千三百片”爲本文校時據原文改。但“三百片”之“三”字,宛委山堂説郛、五朝小説大觀本等作“二”。

(74) 記：底本作“説”,誤,徑改。

(75) 南平狼猱茶：猱,底本作“細”,據毛文錫《茶譜》改。

(76) 羅艾茶：底本作“羅文茶”,誤,徑改。

(77) 渝人重之,云可已痰疾：云可已痰疾,《太平御覽》引文作“十月採貢”。

(78) 劉伯芻水品：劉伯芻,底本無。本卷目次首目爲“泉品”,次目爲“劉伯芻水品”,本文題作“水品”,與文前目次矛盾,校時故加。

(79) 陸羽水品：底本無,據目次校補。

(80) 陸季疵：疵,底本作“紕”,本書校時改。下同。

(81) 論泉品：底本作“論茶泉”,徑改。

(82) 此條及以下兩條内容,不見現存諸《茶録》,經查俱轉録自明田藝蘅《煮泉小品》。

(83) 得飲之者壽千歲：《煮泉小品》引《拾遺記》簡作“飲者千歲”。

(84) 《茶譜》作“水泉不甘者,能損茶味,前世之論,必以惠山泉宜之”。

(85) 壽：底本作“箕”,誤,徑改。

(86) 底本稱出自《茶解》,誤,疑是據張源《茶録》摘抄。

(87) 將“韋鴻臚贊”“苦節君行省略銘”用括號并刊於“十二先生題名録”之下,是本書校時所整合。

(88) 本條實非出《茶録》,而是摘自許次紓《茶疏·煮水器》。本文輯者轉抄屠本畯《茗笈·辨器章》,以訛傳訛。

(89) 芝園主人茅一相撰：原序落款詳作“庚辰秋七月既望花溪裏芝園主人茅一相撰並書”。

(90) 本條所録内容,輯者坦言據自《茗笈》,其實《茗笈》注明摘自聞龍《茶箋》。

(91) 此稱據自《茶疏》,但疑據自《茗笈》。

(92) 此稱輯自《茶録》,疑轉抄自《茗笈》。

(93) 這段内容不知所據,或本文輯者擅改。

(94) 張源《茶録》作"以錫爲之,從大掹中分用,用盡再取"。

(95) 羅廩《茶解》作:"爐,用以烹泉,或瓦或竹,大小要與湯壺稱。"

(96) 隨紙作氣,茶味盡矣。即再焙之:《茶疏》作"隨紙作氣盡矣,雖火中焙出"。本文增改得當。

(97) 紙帖貽遠,安得復佳? 故須以滇錫作器貯之:《茶疏》作"每以紙帖寄遠,安得復佳",無後一句。

(98) 藏茶:本文目次原作"藏茶法",但文題又作"藏法"兩字。"藏法"不明確,爲使目次和文題一致,本書作校時統改作《藏茶》。

(99) 自天而下:《遵生八牋》作"原蒸自天而下"。

(100) 此據《茗笈》轉録。

(101) 本文所據經核對,疑參考《茗笈》。

(102) 熊明遇《羅岕茶記》:記,底本作"疏"。本條内容雖然前後幾句都是本文輯者摘自他書,但中段超過半數内容,儘管文字有出入,但還是據《羅岕茶記》。

(103) 改碧爲素,以色貴白也:此以上内容,非《羅岕茶記》而是由本文輯者從他書摘附。

(104) 則虎丘所無也。有以木蘭墜露:這兩句,前句"則虎丘所無也",是《羅岕茶記》的最後一句,第二句"有以木蘭墜露"及其以下各句,又爲本文輯自他書。

(105) 本條《岕茶疏》内容,未查到出處,也暫不知何人所撰,下同。疑可能是又一種失佚的茶書。

(106) 此實際出自《遵生八牋》也即本書《茶箋》"煎茶四要""試茶三要"的兩條内容。"又云"以下,爲"試茶三要"之"熁盞"。

(107) 武陽買茶:武,底本作"五",音誤,徑改。

(108) 此條言引自《茶董》,誤。

(109) 此條不見現存諸本《茶録》,不知所據。

⑩　此注有疑。底本上録内容與《茶董》不同,與《茗史》全同,但《茗史》
　　也并無此注文。

⑪　好尚:底本無,校時據文題增。

⑫　本條《茶經》引文,實際分摘自五之煮和六之飲二部分。"況其廣乎"
　　以上,爲五之煮的内容;"夫珍鮮馥烈",爲所録"六之飲"的内容。

⑬　尚:張舜民《畫墁録》有的版本一作"盛";在"前"字和"未"字間,有
　　的版本還多一"所"字。

⑭　後又爲龍團:後,底本無,徑加。

⑮　神宗有旨製密雲龍:"製"字前,《畫墁録》有的版本還多"建州"兩字。

⑯　然密雲龍之出,二團少粗,以不能兩好故也:此句,有版本一作"然密
　　雲之出,則二團少粗,以不能兩好也"。

⑰　殆盡:《畫墁録》有的版本也引作"殆將不勝"。

⑱　彼以二茶易蕃羅一四,此以一羅易茶四餅:《畫墁録》有版本也作"彼
　　以二團易蕃羅一四,此以一羅酬四團"。

⑲　到邊:一作"使邊"。"常言官中以團爲常供",有的版本無"常言官
　　中"等字,簡作"以大團爲常供"。另後一句,無"龍"字。

⑳　歲以爲常例焉:《甲申雜記》作"後以爲例"。

㉑　出餅角子團茶以賜進士,出七寶小團茶:《甲申雜記》無"團"字和"小
　　團"兩字。

㉒　經查對,本文下録所謂《唐書·陸羽傳》,與原文均有明顯增删改動,
　　非完全照抄。

㉓　泰山靈巖寺:泰,底本作"太",據原文徑改。

㉔　烹:《蘇軾詩集》作"煎"。亦有題作《月夜汲水煎茶》者。

㉕　大瓢注月歸春甕,小杓分泉入夜瓶:"注"字、"泉"字,《蘇軾詩集》作
　　"貯"字、"江"字。

㉖　詩名、作者均爲妄題。此詩實是從宋蘇軾《寄周安孺茶》與《和錢安道
　　寄惠建茶》兩詩各摘一段湊合而成。

㉗　以下十首詩,《全唐詩》等有的在"茶塢"一類詩題前,往往都加"奉和
　　襲美茶具十詠"八字入題。下同。底本在十咏最後一首《煮茶》末句

下注明"已上十首,共出《陸魯望集》"。

⑫ "茶塢"及此下另九首茶詩,皮日休總稱《茶中十詠》并作序。在序尾指明"爲十詠,寄天隨子"。這點,底本在十詩最後一首《煮茶》末句下面的小字注亦注明"已上十首,共出《松陵倡和集》"。

⑫ 火煎:《宋詩紀事》等一些版本作"雨前"。另,本文題《烹茶》,《瀛奎律髓》等一作《煎茶》。

⑬ 乃以端午日小集石塔:《東坡全集》作"端午小集石塔",無"日"字。此題各本擅改很多,如有的稱《毛正仲惠茶》,有的稱《紫玉玦》等。

⑬ 此題,《東坡全集》《東坡詩集注》作"遊諸佛舍一日飲釀茶七琖戲書勤師殿"。

⑬ 底本詩題,與別本有數字之异。此題《東坡詩集注》,簡作《爲覔歉味不已次韻奉和》。

⑬ 《山谷集》題作《以小團龍及半鋌無咎並詩用前韻爲戲》,下録非全文,爲摘抄。鋌,底本作"鍵",徑改。

⑭ 《劍南詩稿》等題簡作《午睡》。

⑬ 蓉:《劍南詩稿》原詩作"渠"。

⑬ 《劍南詩稿》題爲《寓歎》。

⑬ 地火:《劍南詩稿》原詩作"火地","軟火地爐紅"。

⑬ 午:《劍南詩稿》作"晝"字;適意:《劍南詩稿》作"意適"。

⑬ 雲:底本作"陰",據《劍南詩稿》改。

⑭ 塵:《劍南詩稿》作"氛"。

⑭ 颼颼:《劍南詩稿》作"飀飀"。

⑭ 幽窗推破紫雲腴。玉川七盞何須爾:"推"字、"盞"字,《劍南詩稿》作"催"字、"碗"字。

⑭ 可:底本作"少",徑改。

⑭ 秩:底本作"秋",徑改。

⑭ 詠茶好事近調:《山谷集·山谷詞》在"好事近"之上無"詠茶"之題;在其下無"調"字,下同。但有雙行小字"湯詞"兩字。

⑭ 詠餘甘湯更漏子調:《山谷詞》作"更漏子詠餘甘湯"。

⑭⑦ 詠茶阮郎歸調效唐人獨木橋體共四首:《山谷詞》作"又劾福唐獨木橋體作茶詞"。又,指繼前題"阮郎歸",雙行小字注爲"效福唐獨木橋體作茶詞"十字。這裏所指"茶詞",本文收錄此以下還有另三首。"詠茶"是本文抄本所書。

⑭⑧ 詠茶踏莎行調:《山谷詞》作"踏莎行茶詞"。

⑭⑨ 高株摘盡到低株:《山谷詞》作"低株摘盡到高株"。

⑮⓪ 客有兩新鬟善歌者請作送茶詞定風波調:此題按《山谷詞》,應作"定風波客有兩新鬟善歌者,請作送湯曲,因戲前二物"。

⑮① 摩湯:《山谷詞》作"磨香"。

⑮② 鷹:底本作"鳳",《山谷詞》作"鷹",徑改。

⑮③ 深:底本作"輕",據《山谷詞》改。

⑮④ 互:底本闕,據《御定詞譜》補。

⑮⑤ 捧:《東坡詞》作"誇"。

⑮⑥ 茶詞朝中措調:《書中詞》作"朝中措湯詞"。

⑮⑦ 臨川新茶望江南調:《溪堂詞集》只書《望江南》詞牌,其他據本文抄本加。

⑮⑧ 茶宴序《文苑英華》作《三月三日茶宴序》。

⑮⑨ 有:《文苑英華》作"右"。

⑯⓪ "取"字前,《黃氏日抄》還多一"羅"字,作"羅取四明、天台之勝"。

⑯① 團銙之外:毛文錫《茶譜》現存輯佚記載,無"團銙之外"之句。在附加的"團銙之外"的下錄內容,與《太平寰宇記》引錄的內容,也有不同。本句《太平寰宇記》引作"又有片甲者,即是早春黃茶,芽葉相抱,如片甲也"。

⑯② 〔遊惠山敍　宋蘇軾〕:此題和作者,本文抄本原無,校時據《東坡全集》補。

⑯③ 和子瞻韻:秦觀《淮海集》作"《同子瞻賦遊惠山》三首其一·王武陵韻　其二竇羣韻　其三朱宿韻",單據底本題,看不出本詩和上面蘇軾《遊惠山敍》的關係,在補錄《淮海集》原題後,對蘇軾和本首游惠山詩序就較易理解。

⑯　不:《淮海集》秦觀原詩作"未"。

⑯　罌味馳千里,真朱猶未滅:"味"字、"朱"字、"未"字,《淮海集》原詩爲
　　"缶"字、"珠"字、"不"字;兩句作"罌缶馳千里,真珠猶不滅"。

⑯　寄伯強知縣求惠山泉:本題《東坡全集》作《焦千之求惠山泉詩》。

⑯　或流蒼石縫,宛轉龍鸞戲。或鳴深洞中,雜佩間琴筑:"戲"字、"深"
　　字,《東坡全集》作"蟄"字、"空"字。另,底本此前兩句詩與後兩句
　　詩,適和《東坡全集》相倒。是四句東坡原詩作:"或鳴空洞中,雜佩間
　　琴筑。或流蒼石縫,宛轉龍鸞蟄。"

⑯　千里:《東坡全集》作"四海"。

茶社便覽

◇清　程作舟　撰

　　程作舟，字希庵，號星槎、星槎居士。清初人。生平事迹餘不詳。查《江西通志》，僅知其爲鄱陽人，康熙壬子（十一年，1672）鄉試第十五名。可能對編纂和刻書較有興趣，"勇園"大致是他的書室名，因其現存的《聞書》十五種和《程氏叢書》二十三種，均署明爲"清康熙勇園刻本"。這二十三種書，大都是程作舟自己編撰，所以所謂《程氏叢書》，我們初步考定是自撰自刻本。

　　《茶社便覽》，是程作舟所刊《程氏叢書》中的一種。《程氏叢書》，鄭振鐸《西諦書目》有著録，但《茶社便覽》，查各舊目未見有載，以前當然也更無人在農書或茶書書目中提及。本文之作爲茶書，首先是《中國古代茶葉全書》將之輯出收録的。因内容均輯之各書，這類茶書在明清部分已見之太多，本書編校時曾考慮收還是不收。緣因既是有書將之收作茶書，本書按凡例所定，這裏也就姑加收録。上面說及，在現存《聞書》十五種和《程氏叢書》二十三種中，均收有本文。但需要指出，這二種書實際上只是一個版本。《聞書》十五種，是近年北京圖書館（今國家圖書館）編輯出版的《北京圖書館古籍珍本叢刊》收刻，是該館據館藏的程作舟所編《聞書》影印的。我們據之與《程氏叢書》對照，發現《聞書》所收十五種，不但全部見之《程氏叢書》，且版式、字體兩書也同。故我們推測，《程氏叢書》或是在《聞書》之後加刻八書而成，或《聞書》爲《程氏叢書》原版所選的重印本。本書據清康熙勇園本《程氏叢書》作録。這裏也需指出，《茶社便覽》内容雖大都摘自他書，且還多重複，但因程作舟所摘都頗扼要，字數也不多；這是它的優點或特點。因此，本書在處理這類内容時，也只好一律留不作删。

　　居士何嗜？嗜酒不能一斗，嗜詩不過百篇，而於茶獨勝。每日以盧玉川爲式，早起可以清夢，飯後可以清塵，上午可以濟勝，小晝可以導和，下午可以袪倦，傍晚可以待月，挑燈讀罷可以足睡①。其故人過訪，促坐談心，則烹茶細酌不在此數。然個中火候，非樵青所能知也。爰集前人之言，爲《社中便覽》¹：一曰紀茶名，二曰辨茶性，三曰生茶地，四曰採茶時，五曰煮茶水，六曰煎茶火，七曰收茶法，八曰酌茶器，九曰投茶候，十曰飲茶人，十一曰理茶具，十二曰傳茶事。山居岑寂，雖乏佳茗，然按譜遵行，嚴於令甲，倘遇李季卿其人乎，急擲三十文以償夙債，毋使桑苧翁貽愧千古也。

紀茶名

未考其實，先志其名，蒙莊有言，名者實賓。

一曰茶，二曰檟，三曰蔎，四曰茗，五曰荈。見《茶經》

又早採者爲茶，晚採者爲茗②。見《爾雅》

僧志崇，收茶有三等：待客以驚雷莢③，自奉以萱草帶，供佛以紫茸香。見《蠻甌志》

胡嶠曰"不夜侯"；光業曰"苦口師"；田子藝曰"如佳人"；楊粹仲曰"甘草癖"；杜牧曰"瑞草魁"；謝宗曰"酪蒼奴"。見《雜志》

名茶十種：顧渚嫩筍，方山露芽，陽羨春池，西山白露，北苑先春，碧澗明月，霍山黃芽，宜興紫筍，東川獸目，蒙頂石花④。見《文苑》

御用十八品²：上林第一，乙夜清供，承平雅玩⑤，宜年寶玉，萬春銀葉，延年石乳⑥，瓊林毓瑞⑦，從品呈祥⑧，清白可鑑，風韻甚高，暘谷先春，價倍南金，雪英⑨、雲葉⑩，金錢，玉華，玉葉長春，蜀葵，寸金，政和曰"太平佳瑞⑪"，紹聖曰"南山應瑞"。

辨茶性

或純或駁，受命於天。性相近也，物亦有然。

茶者，南方之佳木，其樹如瓜蘆，葉如梔子，花如白薔薇，實如栟櫚⑫，

蕊如丁香[13]，根如胡桃。其性儉，不宜廣，廣則其味暗淡。[3]見《茶經》

茶性淫，易於染著，無論腥穢及有氣息之物，即名香亦不宜近[14]。見《茶解》

又茶酒性不相入[15]，故製茶者，切忌沾腥。見《茶解》

茶性畏紙。紙於水中成，受水氣多，紙包一夕，隨紙作氣[16]。見《茶疏》

茶與墨二者相反。茶欲白，墨欲黑；茶欲重，墨欲輕；茶欲新，墨欲陳。見《溫公論》[17]

茶猶人也，習於善則善，習於惡則惡。見《茶評》

茶之精者，清亦白，濃亦白，初發亦白，久貯亦白。味甘色白[18]，其香自溢。見《茶解》

芽紫者爲上，面皺者次之，團葉者又次之，光面如篠葉者則下矣。見《韻書》

生茶地

惟木有茶，得土以麗，豈曰徇名，地靈人傑。

上者生爛石，中者生礫壤，下者生黃土。野者上，園者次。陰山坡谷者，不堪採掇[19]。見《茶經》。

吳楚間，氣清地靈，草木穎異，多產茶荈。右於武夷者爲白乳，甲於吳興者爲紫筍，產禹穴者以天章顯，茂錢塘者以徑山希。見《煮茶泉品》

唐人首稱陽羨，宋人最重建州。陽羨僅有其名，建州亦非佳品，惟武夷雨前者最勝。見《茶疏》

茶產平地受土氣者，其質便濁。岕茶產於高山，渾是風露清虛之氣，其味最佳。見《岕茶記》[20]

茶地南向爲佳，陰向遂劣[21]。又曰茶地不宜雜以惡木，惟桂、梅、辛夷、玉蘭、玫瑰、梧、竹間之。見《茶解》

採茶時

雖毋過早，亦無過遲。非曰同流，物生有時。

採茶在二三月之間[22]。茶之筍者，長四五寸，若薇蕨初抽，凌露採焉。

茶之芽者，其上有三枝四枝，擇其中穎拔者採焉。又云：有雨不採，有雲不採。見《茶經》

清明太早，立夏太遲，穀雨前後，其時適中。再遲一二日，香力完足，易於改藏。見《茶疏》

又云：岕茶非夏前不摘。初摘者謂之開園，茶摘自正夏，謂之春茶；又七八月間，重摘一番謂之早春；其品甚佳。見《茶疏》

採茶以甲不以指，以甲則速斷不柔，以指則多濕易損。見《試茶錄》

茶，以初出雨前者爲佳。惟岕茶立夏開園，吳中所貴，梗粗葉厚，有蕭箬之氣。見《岕茶記》

凌露無雲，採候之上；霽日融和，採候之次；積雨重陰，不知其可。見《茶說》

茶初摘時，須揀去枝梗老葉，又須去尖與梗，恐其易焦，此松蘿法也。見《茶箋》

煮茶水

酌彼流泉，留清去濁，水清茶善，水濁茶惡。

山水上，江水中，井水下。山水擇乳泉石池漫流者上，其瀑湧湍漱者不可食。見《茶經》

山厚者泉厚，山奇者泉奇，山清者泉清，山幽者泉幽。見《煮泉小品》

山頂泉清而輕，山下泉清而重。石中泉清而甘，沙中泉清而冽，土中泉清而白。瀉黃石者爲佳，出青石者無用。見《茶錄》

烹茶，水之功居多。無泉則用天水，秋雨爲上，梅雨次之。秋雨冽而白，梅雨醇而白。見《岕茶記》

貯水以大甕，甕中宜置一小石，忌新器，亦忌他用。見《茶疏》

煎茶火

水取其清，火取其燥，不疾不徐，從容中道。

其火用炭。凡經燔炙爲脂膩所及，及膏木敗器，不用。古人識勞薪之味，信哉。見《茶經》

火以堅木炭爲上。然木性未盡,必有餘煙,煙氣入湯,湯必無用。必先燒令紅,去其煙焰,兼取性力猛熾,水乃易沸。見《茶疏》

又火紅之後,方投木器,乃急扇之,愈急愈妙,毋令手停,若過之後,不如棄之。見《茶疏》

爐火通紅,茶銚始上,扇起要輕疾,待水有聲,稍重疾,乃文武火也。過乎文,則水性柔,柔則水爲茶降;過乎武,則水性烈,烈則茶爲水降。見《茶錄》

調茶在湯之淑慝,然柴一枝,濃煙滿室,安有湯耶,又安有茶耶?見《仙芽傳》[4]

收茶法

收而藏之,爲久遠計,半是天工,半是人力。

採之、蒸之、擣之、拍之、焙之、穿之、封之,茶之乾矣。見《茶經》

其茶初摘,香氣未秀,必藉火力,以發其香性。然不耐勞,炒不宜久。多取入鐺,則手力不匀,久於鐺中,過熟而香散矣。炒茶之鐺,最忌新鐵,須預取一鐺,毋得更作他用。炒茶之薪,僅可樹枝,不用乾葉。乾則火力猛熾,葉則易焰滅。見《茶疏》

炒時須一人從旁扇之,以去熱氣,否則色黃,香味俱減。炒起出鐺時,置大瓷盆中,仍須急扇,令熱氣稍退,以手重揉之,再散入鐺,文火炒乾入焙。見《茶箋》

火烈香滑,鐺寒神倦。火猛生焦,柴疏失翠。久延則過熟,速起卻還生。熟則犯黃,生則著黑。帶白點者無妨,絶焦點者最勝。見《茶錄》

藏茶宜箬葉,畏香藥,喜溫燥,忌冷濕。藏時先取青箬,以竹編之,焙茶候冷,貯其中,可以耐久。見《岕茶記》

凡貯茶之器,始終貯茶,不得移爲他用,又切勿臨風近火。臨風易冷,近火先黃。見《茶錄》

酌茶器

一壺一盞,不宜妄置,雖有美食,不如美器。

鍑以生鐵爲之。洪州以瓷，萊州以石。瓷與石皆雅器也。見《茶經》

貴欠金銀，賤惡銅鐵，則瓷瓶有足取焉。幽人逸士，品色尤宜。見《仙芽傳》

金乃水母，錫備剛柔，味不鹹澀，作銚最良。製必穿心，令火氣易透。見《茶錄》

茶壺往時尚龔春，近日時大彬所製，大爲時人所重，蓋是粗砂，正取砂無土氣耳。又云：茶注宜小不宜大，小則香氣氤氳，大則易於散漫。見《茶疏》

茶具洗滌，覆於竹案，俟其自乾。其拭巾只宜拭外，不宜拭內。蓋布巾雖潔，一經人手，便易作氣。見《茶箋》

投茶候

茶與湯和，無過不及，發其真香，如爐點雪。

其沸如魚目，微有聲，爲一沸；緣邊如湧泉連珠，爲二沸；騰波鼓浪，爲三沸。已上水老，不堪食。見《茶經》

投茶有敘，無失其宜。先茶後湯，曰下投；湯半下茶，復以湯滿，曰中投；先湯後茶，曰上投。春秋中投，夏上投，冬下投。見《茶錄》

又醮不宜早，飲不宜遲。醮早則茶神未發，飲遲則妙馥已消。見《茶錄》

一壺之茶，止宜再巡。初巡鮮美，再巡甘醇，三巡則意味盡矣。見《茶疏》

飲茶人

佳哉茗香，何關毀譽，可者與之，不可者拒。

茶之爲用，味至寒。爲飲，宜精行儉德之人。見《茶經》

飲茶以客少爲貴，客多則喧。獨啜曰幽，二客曰勝，三四曰趣，五六曰泛，七八曰施。見《茶錄》

煮茶而飲非其人，猶汲乳泉以灌蒿藋。飲者一吸而盡，不暇辨味，俗莫甚焉。見《煮泉小品》

巨器屢巡，滿鍾傾瀉，待停少溫，或求濃苦，不異農匠作勞，但貪口腹，何論品賞？何論風味？見《茶疏》

茶侶,翰卿墨客、緇衣羽士、逸老散人,或軒冕中超軼世味者[23]。見《煎茶七類》

理茶具

天下之物,獨力難成,矧兹佳具,以友輔仁。

陸鴻漸造茶具二十四事,以都統籠貯之。竹爐曰苦節君,筥籠曰建城,焙茶箱曰湘君[24],焙泉缶曰雲屯,炭籃曰烏府,滌器桶曰水曹,收貯茶葉並各器者曰品司,煮茶罐曰鳴泉,古茶洗曰沉垢,水勺曰盆盈[25],準茶秤曰執權,藏曰支茶[26]並司品者曰合香,竹帚曰歸潔,洗茶籃曰瀝塵,古石鼎曰商象,銅火斗[27]曰遞火,銅火箸曰降紅,湘竹扇曰團風[28],茶壺曰注春,支腹竹架曰静沸,鑔果刀[29]曰運鋒,茶甌曰啜香,拭抹布曰受污。見《四紀》

傳茶事

事亦何常,知各長價,一日雅懷,千古佳話。

鬥茶(唐子西)[5]　水厄(王濛)　茶會(錢起)　一甌月露(黨懷英)　四瓶遺蔡(能仁僧)[6]　七碗清風(盧全)　苦茗益意(華元)　流華净脱(顔魯公)　剪筥助香(聞龍)　茶中著果(邢士襄)　心爲茶荈(左氏女)[7]　傾甌及睡(蘇東坡)　烹而玩之(蔡君謨)　毀茶作論(陸羽)　掃雪烹茶(黨家姬)　六班解醒(劉禹錫)　茶如佳人(東坡)　茗戰(建人)　湯社(魯成績)　茶社(和凝)　再巡破瓜(許次紓)[30]　日凡六舉(周文甫)　久服悦志(神農)　芳茶換骨(黃山君)　一啜滌煩(丁晉公)　芒屬易茗(朱桃推)　五載絶味(竟陵生)[8]　載茗一車(權杼)　活火三沸(李存博)[9]　茗花點茶(屠緯真)[10]　竹裏煎茶(張志和)　檀越觀湯(魯福全)　啜茗忘喧(田崇衡)[11]　茶通仙靈(羅廩)

注　釋

1　社中便覽:社中,指茶社中。明袁宏道《夏日雨不止》詩句"野客團茶社，山僧訪芋田”所説的“社”，就不是别的社而專指“茶社”。茶社，唐宋時亦稱“湯社”。如陶穀《茗荈録》載“和凝在朝率同列遞日以茶相飲，味劣者有罰，號爲‘湯社’”即是。

2　御用十八品：此“御用”指宋北貢茶。所録“十八品”，宋《宣和北苑貢茶録》《北苑别録》均載。此條無書出處，上面所提兩書，也可算作出處。

3　本條内容，非《茶經》原文，是前後摘合《茶經》一之源、五之煮各幾句而成。

4　《仙芽傳》唐蘇廙撰，原書早佚，陶穀將其“十六湯品”短文收入其《清異録》卷4。此條所引内容，選摘自《十六湯品》第十六條，但删略甚多。引用請參考本書《十六湯品》。

5　唐子西：即宋唐庚。本節所謂“茶事”，下輯各典故，俱出夏樹芳《茶董》，此處擇要稍注，請徑見《茶董》。

6　能仁僧：指建安能仁寺僧人，將院中石縫中所生茶，采製成名茶“石巖白”，蔡襄“捧甌未嘗”即能知的故事。

7　左氏女：“左氏”指左思，其女一名“惠芳”，一名“紈素”。此指左思所寫《嬌女》詩中，形容上兩女兒在園中玩渴後“心爲茶荈劇，吹嘘對鼎鑼”待茶解渴之句。

8　竟陵生：竟陵寺僧，收育陸羽的師父，嗜茶，非陸羽煎侍不飲。相傳代宗時，“羽出遊江湖，師絶茶味”幾年。

9　李存博：即唐李約。

10　屠緯真：即屠隆。

11　田崇衡：即田藝蘅。

校　記

① 挑燈讀罷可以足睡：在“罷”字前，近見有些茶書印本，還添一“書”字，作“挑燈讀書罷可以足睡”。不知所據。

② 早採者爲茶，晚採者爲茗：此句非《爾雅》原文，係郭璞注。“晚採”的

"採"字,原注作"取"。

③　待客以驚雷莢:《蠻甌志》作"驚雷莢",近出有些茶書,"莢"字印作"筴"。"筴"同"策",似誤。

④　蒙頂石花:花,近出有些茶書作"茶",與底本異。

⑤　承平雅玩:雅,底本作"雜",據《宣和北苑貢茶錄》《北苑別錄》改。

⑥　延年石乳:年,《宣和北苑貢茶錄》作"平"。石乳,有的版本作"乳石"。

⑦　瓊林毓瑞:瑞,《宣和北苑貢茶錄》作"粹"。

⑧　從品呈祥:從品,《宣和北苑貢茶錄》作"浴雪"。

⑨　雪英:雪,底本作"雲",據《宣和北苑貢茶錄》《北苑茶錄》改。

⑩　雲葉:雲,底本作"雪",據《宣和北苑貢茶錄》《北苑茶錄》改。

⑪　太平佳瑞:佳,《宣和北苑貢茶錄》作"嘉"。

⑫　實如栟櫚:栟,康熙刻本作"栚",據陸羽《茶經》改。

⑬　蕊如丁香:蕊,陸羽《茶經》作"莖"。

⑭　有氣息之物,即名香亦不宜近:《茶解·禁》作"有氣之物,不得與之近,即名香亦不宜相雜"。

⑮　又茶酒性不相入:此條與《茶解·禁》原文不一。《茶解》作"茶酒性不相入,故茶最忌酒氣,製茶之人,不宜佔醉"。是縮寫而成,請見原書。

⑯　紙包一夕,隨紙作氣:《茶疏·包裹》在"紙包"兩字前,上句還多一"也"字。包,《茶疏》作"裹",全句作"紙裹一夕,隨紙作氣盡矣"。

⑰　《溫公論》:文見張舜民《畫墁錄》,載:"司馬溫公云,茶墨正相反,茶欲白,墨欲黑;茶欲新,墨欲陳;茶欲重,墨欲輕。"

⑱　茶之精者,清亦白,濃亦白,初發亦白,久貯亦白。味甘色白:《茶解·品》在"茶"字前還多一"盞"字,原文作"盞茶之精者,淡固白,濃亦白,初潑白,久貯亦白,味足而色白"。本文與所引原文,差異之處較多。

⑲　陰山坡谷者,不堪採掇:本條所摘《茶經》,雖全摘自《茶經·一之原》,但非原文直錄,而和上節一樣,所錄茶書和他書內容,程作舟大

都有刪節。故本條以下，不再一一作校。如欲引用，請參考所引原文。

⑳　見《岕茶記》："岕"字前，底本少一"羅"字。本則上引文字，與原文有較大出入。《羅岕茶記》作："産茶平地，受土氣多，故其質獨。岕茗産於高山，渾至風露清虛之氣，故爲可尚。"

㉑　茶地南向爲佳，陰向遂劣：《茶解》作"茶地斜坡爲佳，聚水向陰之處，茶品遂劣"。經查，本文底本實際是據《茗笈》轉引。此處改動，非本文而是《茗笈》所爲。

㉒　採茶在二三月之間：此爲程作舟據《茶經》節録。《茶經》作"凡採茶，在二月、三月、四月之間"。本文所録諸茶書内容，大多非照録原文而是選摘或改寫，故留不作删，也不一一詳校，請參見引書原文。

㉓　或軒冕中超軼世味者：本條程作舟也有幾處删改。上引九字，《煎茶七類》作"或軒冕之徒超軼世味者"。軼，本文康熙刊本原文不清，有的新出茶書作"然"，誤。本書按字形據《煎茶七類》改。

㉔　焙茶箱曰湘君：君，屠隆《茶箋》作"筠"。

㉕　水勺曰盆盈：盆，《考槃餘事》作"分"。

㉖　藏日支茶：日，康熙原刻本作"曰"，本書校時徑改。

㉗　銅火斗：銅，底本作"相"，據《考槃餘事》改。

㉘　湘竹扇曰團風：團，底本作"國"，據《考槃餘事》改。

㉙　鑱果刀：果，底本作"火"，據《考槃餘事》改。

㉚　許次紓：紓，底本作"杼"，編者校時徑改。

續茶經

◇清　陸廷燦　輯①

陸廷燦,字秩昭,一字慢亭,清太倉州嘉定縣(今屬上海)人。少時曾從學王士禛(1634—1711)、宋犖(1634—1713),"深得作詩之趣",以諸生貢例,先選任宿松縣教諭,後遷福建崇安縣知縣,官聲頗佳。因病退隱定居,以"壽椿堂"顏其藏書,并刊印書籍。有《南村隨筆》《藝菊法》《續茶經》。

陸廷燦輯編《續茶經》,在《凡例》中説:"余性嗜茶,承乏崇安,適係武夷產茶之地。值制府滿公,鄭重進獻,究悉源流,每以茶事下詢。查閱諸書,於武夷之外,每多見聞,因思採集爲《續茶經》之舉。"《四庫全書總目提要》稱讚此書對歷代茶事做了訂定補輯的工作,而且"徵引繁富""頗切實用"。但此書也有問題,如資料輾轉引用,來歷不明,又如將毛文錫《茶譜》的文字內容,誤作出於陸羽《茶經》,等等。

《續茶經》的成書時間,應在雍正十三年(1735)前後,因爲此書《附錄》之末有"雍正十二年七月既望陸廷燦識",但由《凡例》可知,他輯集成書之後,又做了訂補工作,然後付梓,即是壽椿堂刻本。除了壽椿堂本之外,本書還有四庫全書本,抄本則有山東省圖書館所藏清抄本《茶書七種》所收。這裏以壽椿堂本爲底本,以文淵閣四庫全書本和引錄資料的原文作校。

凡例②

《茶經》著自唐桑苧翁,迄今千有餘載,不獨製作各殊而烹飲迥異,即出產之處,亦多不同。余性嗜茶,承乏崇安,適係武夷產茶之地。值制府滿公,鄭重進獻,究悉源流,每以茶事下詢,查閱諸書,於武夷之外,每多見

聞，因思採集爲《續茶經》之舉。曩以簿書靮掌，有志未遑。及蒙量移，奉
文赴部，以多病家居，翻閱舊稿，不忍委棄，爰爲序次第。恐學術久荒，見
聞疏漏，爲識者所鄙，謹質之高明，幸有以教之，幸甚。

《茶經》之後，有《茶記》及《茶譜》《茶錄》《茶論》《茶疏》《茶解》等書，
不可枚舉，而其書亦多湮没無傳。兹特採所見各書，依《茶經》之例，分之
源、之具、之造、之器、之煮、之飲、之事、之出、之略。至其圖，無傳不敢臆
補，以茶具、茶器圖足之。

《茶經》所載，皆初唐以前之書，今自唐、宋、元、明以至本朝，凡有緒
論，皆行採録。有其書在前而《茶經》未録者，亦行補入。

《茶經》原本止三卷，恐續者太繁，是以諸書所見，止摘要分録。

各書所引相同者，不取重複。偶有議論各殊者，姑兩存之，以俟論定。
至歷代詩文暨當代名公鉅卿著述甚多，因仿《茶經》之例，不敢備録，容俟
另編以爲外集。

原本《茶經》，另列卷首。

歷代茶法附後。

卷上③

一之源

許慎《説文》：茗、茶芽也。

王褒《僮約》：前云“烹荼盡具”，後云“武陽買茶”④。注：前爲苦菜，後
爲茗。

張華《博物志》：飲真茶，令人少眠。

《詩疏》：椒，樹似茱萸。蜀人作茶，吴人作茗，皆合。煮其葉以爲香。

《唐書·陸羽傳》：羽嗜茶，著《經》三篇，言茶之源、之具、之造、之器、
之煮、之飲、之事、之出、之略、之圖尤備，天下益知飲茶矣。

《唐六典》：金英、綠片，皆茶名也。

《李太白集·贈族姪僧中孚玉泉仙人掌茶序》：（余聞荆州玉泉寺）

《皮日休集·茶中雜詠詩序》：自周以降……竟無纖遺矣。[1]

《封氏聞見記》：茶，南人好飲之，北人初不多飲。開元中，太山靈巖

寺有降魔師,大興禪教。學禪,務於不寐,又不夕食,皆許飲茶,人自懷挾,到處煮飲。從此轉相倣傚,遂成風俗。起自鄒、齊、滄、棣,漸至京邑城市,多開店舖,煎茶賣之,不問道俗,投錢取飲。其茶自江淮而來,色額甚多。

《唐韻》[2]:茶字,自中唐始變作茶。

裴汶《茶述》:茶起於東晉……因作茶述。[3]

宋徽宗《大觀茶論》:茶之爲物……莫不盛造其極。嗚呼,至治之世,豈惟人得以盡其材,而草木之靈者,亦得以盡其用矣。偶因暇日,研究精微,所得之妙,後人有不知爲利害者,敘本末二十篇,號曰《茶論》。一曰地產,二曰天時,三曰採擇,四曰蒸壓,五曰製造,六曰鑒別,七曰白茶,八曰羅碾,九曰盞,十曰筅,十一曰瓶,十二曰杓,十三曰水,十四曰點,十五曰味,十六曰香,十七曰色,十八曰藏焙,十九曰品名,二十曰外焙。[4]

名茶……不可概舉。焙人之茶,固有前優後劣,昔負今勝者,是以園地之不常也。[5]

丁謂《進新茶表》:右件物產異金沙,名非紫筍。江邊地暖,方呈彼苗之形,闕下春寒,已發其甘之味。有以少爲貴者,焉敢韞而藏諸。見謂新茶,實遵舊例。

蔡襄《進茶錄表》:臣前因奏事……臣不勝榮幸。[6]

歐陽修《歸田錄》:茶之品莫重於龍鳳……蓋其貴重如此。[7]

趙汝礪《北苑別錄》:草木至夜益盛……理亦然也。[8]

王闢之[9]《澠水燕談》:建茶盛於江南……何至如此多貴。[10]

周輝《清波雜志》[11]:自熙寧後,始貢密雲龍。每歲頭綱修貢,奉宗廟及供玉食外,賚及臣下無幾;戚里貴近,丐賜尤繁。宣仁太后,令建州不許造密雲龍,受他人煎炒不得也。此語既傳播於縉紳間,由是密雲龍之名益著。淳熙間,親黨許仲啟官麻沙⑤,得《北苑修貢錄》,序以刊行。其間載歲貢十有二綱,凡三等四十有一。名第一綱,曰龍焙貢新,止五十餘胯,貴重如此,獨無所謂密雲龍者,豈以貢新易其名耶,抑或別爲一種又居密雲龍之上耶?

沈存中《夢溪筆談》:古人論茶,唯言陽羨、顧渚、天柱、蒙頂之類,都未言建溪。然唐人重串茶粘黑者,則已近乎建餅矣。建茶皆喬木,吳、蜀唯叢䔲而已⑥，品自居下。建茶勝處，曰郝源、曾坑，其間又有垱根、山頂二品尤勝。李氏號爲北苑，置使領之。

胡仔[12]《苕溪漁隱叢話》：建安北苑，始於太宗太平興國三年，遣使造之。取象於龍鳳，以別入貢。至道間，仍添造石乳、蠟面，其後大小龍又起於丁謂，而成於蔡君謨。至宣政間，鄭可簡以貢茶進用，久領漕添續入，其數浸廣，今猶因之。細色茶五綱，凡四十三品，形製各異，共七千餘餅。其間貢新、試新、龍團勝雪、白茶、御苑玉芽此五品，乃水揀爲第一，餘乃生揀次之。又有粗色茶七綱，凡五品。大小龍鳳並揀芽，悉入龍腦，和膏爲團餅茶，共四萬餘餅。蓋水揀茶，即社前者；生揀茶，即火前者；粗色茶，即雨前者。閩中地暖，雨前茶已老而味加重矣。又有石門、乳吉、香口三外焙，亦隸於北苑，皆採摘茶芽，送官焙添造。每歲縻金共二萬餘緡，日役千夫，凡兩月方能迄事。第所造之茶，不許過數，入貢之後，市無貨者，人所罕得。惟壑源諸處私焙茶，其絕品亦可敵官焙；自昔至今，亦皆入貢。其流販四方者，悉私焙茶耳。

北苑在富沙之北，隸建安縣，去城二十五里，乃龍焙造貢茶之處。亦名鳳皇山，自有一溪南流至富沙城下，方與西來水合而東。

車清臣[13]《腳氣集》：毛詩云："誰謂茶苦，其甘如薺。"注：茶，苦菜也。《周禮》："掌茶以供喪事，取其苦也。"蘇東坡詩云："周詩記苦茶，茗飲出近世"，乃以今之茶爲茶。夫茶，今人以清頭目，自唐以來，上下好之，細民亦日數碗，豈是茶也。茶之粗者，是爲茗。

宋子安《東溪試茶錄序》："茶宜高山之陰……皆曰北苑"云。[14]

黃儒《品茶要錄序》：說者……況於人乎。[15]

蘇軾《書黃道輔品茶要錄後》：黃君道輔，諱儒，建安人。博學能文，淡然精深，有道之士也。作《品茶要錄》十篇，委曲微妙，皆陸鴻漸以來論茶者所未及。非至靜無求，虛中不留，烏能察物之情如此其詳哉！

《茶錄》：茶，古不聞食，自晉宋已降，吳人採葉煮之，名爲茗粥。

葉清臣《煮茶泉品》：吳楚山谷間，氣清地靈，草木穎挺，多孕茶荈。大率右於武夷者，爲"白乳"；甲於吳興者，爲"紫筍"；產禹穴者，以"天章"顯；茂錢塘者，以"徑山"稱。至於續廬之巖，雲衢之麓，雅山著於宣歙，蒙頂傳於岷蜀,角立差勝,毛舉實繁。

周絳《補茶經》：芽茶,只作早茶,馳奉萬乘嘗之可矣。如一旗一槍,可謂奇茶也。

胡致堂曰：茶者,生人之所日用也,其急甚於酒。

陳師道[16]《後山叢談》：茶,洪之雙井,越之日注,莫能相先後。而強爲之第者,皆勝心耳。

陳師道《茶經序》：夫茶之著書……皆不廢也。[17]

吳淑《茶賦・注》：五花茶者,其片作五出花也。

姚氏《殘語》：紹興進茶,自高文虎始。

王楙[18]《野客叢書》：世謂古之茶,即今之茶⑦,不知茶有數種,非一端也。《詩》曰："誰謂荼苦,其甘如薺"者,乃苦菜之荼,如今苦苣之類。《周禮》"掌荼",毛詩"有女如荼"者,乃莠荼之荼也,正萑葦之屬。惟茶檟之荼,乃今之茶也,世莫知辨。

《魏王花木志》[19]：茶,葉似梔〔子〕⑧,可煮爲飲。其老葉謂之荈,嫩葉謂之茗。

《瑞草總論》：唐宋以來,有貢茶、有榷茶。夫貢茶,猶知斯人有愛君之心;若夫榷茶,則利歸於官,擾及於民,其爲害又不一端矣。

元熊禾《勿齋集・北苑茶焙記》[20]：貢,古也;茶貢,不列《禹貢》、周《職方》,而昉於唐。北苑又其最著者也。苑在建城東二十五里,唐末里民張暉始表而上之。宋初丁謂漕閩,貢額驟益,勑至數萬。慶曆承平日久,蔡公襄繼之,製益精巧,建茶遂爲天下最。公名在四諫官列,君子惜之。歐陽公修雖實不與然,猶誇侈歌詠之;蘇公軾則直指其過矣。君子創法可繼,焉得不重慎也。

《説郛・臆乘》[21]：茶之所產,六經載之詳矣,獨異美之名未備。唐宋以來,見於詩文者尤夥,頗多疑似,若蟾背、蝦鬚、雀舌、蟹眼、瑟瑟瀝瀝、霏霏靄靄⑨、鼓浪湧泉、琉璃眼、碧玉池,又皆茶事中天然偶字也。

《茶譜》：衡州之衡山,封州之西鄉茶,研膏爲之,皆片團如月。又彭州蒲村堋口,其園有仙芽、石花等號。

高啟[22]《月團茶歌序》：唐人製茶,碾末以酥潯爲團。宋世尤精,元時其法遂絕。予效而爲之，蓋得其似，始悟古人《詠茶》詩所謂“膏油首面”，所謂“佳茗似佳人”，所謂“綠雲輕綰湘娥鬟”之句。飲啜之餘，因作詩記之，並傳好事。

屠本畯《茗笈・評》：人論茶葉之香……足助玄賞云。[23]

《茗笈》贊十六章：一曰溯源，二曰得地，三曰乘時，四曰揆制，五曰藏茗，六曰品泉，七曰候火，八曰定湯，九曰點瀹，十曰辨器，十一曰申忌，十二曰防濫，十三曰戒淆，十四曰相宜，十五曰衡鑒，十六曰玄賞。

謝肇淛[24]《五雜俎》[⑩]：今茶品之上者，松蘿也，虎邱也，羅岕也，龍井也，陽羨也，天池也。而吾閩武夷、清源、鼓山三種，可與角勝。六安、雁宕、蒙山三種，袪滯有功，而色香不稱，當是藥籠中物，非文房佳品也。

謝肇淛《西吳枝乘》[25][⑪]：湖人於茗，不數顧渚而數羅岕，然顧渚之佳者，其風味已遠出龍井。下岕稍清雋，然葉粗而作草氣。丁長儒嘗以半角見餉，且教余烹煎之法，迨試之，殊類羊公鶴，此余有解有未解也。余嘗品茗，以武夷、虎邱第一，淡而遠也；松蘿、龍井次之，香而艷也；天池又次之，常而不厭也。餘子瑣瑣，勿置齒喙。

屠長卿《考槃餘事》：虎邱茶，最號精絕，爲天下冠，惜不多産，皆爲豪右所據，寂寞山家，無由獲購矣。天池，青翠芳馨，噉之賞心，嗅亦消渴，可稱仙品。諸山之茶，當爲退舍。陽羨，俗名羅岕。浙之長興者佳，荊溪稍下。細者，其價兩倍天池，惜乎難得，須親自收採方妙。六安，品亦精，入藥最效，但不善炒，不能發香而味苦，茶之本性實佳。龍井之山，不過十數畝，外此有茶，似皆不及。大抵天開龍泓美泉，山靈特生佳茗以副之耳。山中僅有一二家炒法甚精，近有山僧焙者亦妙，真者天池不能及也。天目，爲天池、龍井之次，亦佳品也。地志云：山中寒氣早嚴，山僧至九月即不敢出，冬來多雪，三月後方通行，其萌芽較他茶獨晚。

包衡《清賞錄》[26]：昔人以陸羽飲茶比於后稷樹穀，及觀韓翃《謝賜茶啟》云：“吳主禮賢，方聞置茗；晉人愛客，纔有分茶”，則知開創之功，非關桑苧老翁也。若云在昔茶勳未普，則比時賜茶已一千五百串矣。

陳仁錫[27]《潛確類書》：紫琳腴、雲腴，皆茶名也。

茗花，白色，冬開似梅，亦清香。按：冒巢民《岕茶彙鈔》云：茶花味濁無香，香凝葉內。二説不同，豈峽與他茶獨異歟？

《農政全書》：六經中無茶，荼即茶也。毛詩云："誰謂荼苦，其甘如薺。"以其苦而甘味也。

夫茶，靈草也，種之則利博，飲之則神清，上而王公貴人之所尚，下而小夫賤隸之所不可闕，誠民生食用之所資，國家課利之一助也。

羅廩《茶解》：茶園[12]不宜雜以惡木，惟古梅、叢桂、辛夷、玉蘭、玫瑰、蒼松、翠竹與之間植，足以蔽覆霜雪，掩映秋陽。其下可植芳蘭、幽菊清芬之品；最忌菜畦相逼，不免滲瀝，瀋厥清真。

茶地南向爲佳，向陰者遂劣，故一山之中，美惡相懸。[13]

李日華《六研齋筆記》[28]：茶事於唐末未甚興，不過幽人雅士，手擷於荒園雜穢中，拔其精英，以薦靈爽，所以饒雲露自然之味。至宋設茗綱，充天家玉食，士大夫益復貴之，民間服習寖廣，以爲不可缺之物，於是營殖者擁漑孳糞，等於蔬蕨，而茶亦隳其品味矣。人知鴻漸到處品泉，不知亦到處搜茶。皇甫冉《送羽攝山採茶》詩數言，僅存公案而已[14]。

徐巖泉《六安州茶居士傳》：居士姓茶，族氏衆多，枝葉繁衍遍天下。其在六安一枝最著，爲大宗；陽羨、羅岕、武夷、匡廬之類，皆小宗；蒙山又其別枝也。

樂思白[29]《雪庵清史》：夫輕身換骨，消渴滌煩，茶荈之功至妙至神。昔在有唐，吾閩茗事未興，草木仙骨，尚閟其靈。五代之季，南唐採茶北苑，而茗事興。迨宋至道初，有詔奉造，而茶品日廣。及咸平、慶曆中，丁謂、蔡襄造茶進奉，而製作益精。至徽宗大觀、宣和間，而茶品極矣。斷崖缺石之上，木秀雲腴，往往於此露靈。倘微丁、蔡來自吾閩，則種種佳品，不幾於委翳消腐哉？雖然，患無佳品耳。其品果佳，倘微丁、蔡來自吾閩[15]，而靈芽真筍，豈終於委翳消腐乎？吾閩之能輕身換骨，消渴滌煩者，寧獨一茶乎？茲將發其靈矣。

馮時可《茶録》[16]：茶全貴採造……實非松蘿所出也。[30]

胡文煥《茶集》：茶，至清至美物也，世不皆味之[17]，而食煙火者，又不足以語此。醫家論茶性寒，能傷人，獨予有諸疾，則必藉茶爲藥石，每深得其功效。噫！非緣之有自而何契之若是耶？

《羣芳譜》：蘄州蘄門團黄,有一旗一槍之號,言一葉一芽也。歐陽公詩有"共約試新茶,旗槍幾時緑"之句。王荆公《送元厚之》詩云："新茗齋中試一旗。"世謂茶始生而嫩者爲一槍,寖大而開者爲一旗。

魯彭《刻茶經序》[31]：夫茶之爲經,要矣,兹復刻者,便覽爾。刻之竟陵者,表羽之爲竟陵人也。按：羽生甚異,類令尹子文。人謂子文賢而仕,羽雖賢,卒以不仕。今觀《茶經》三篇,固具體用之學者。其曰伊公羹、陸氏茶,取而比之,實以自況,所謂易地皆然者,非歟? 厥後茗飲之風,行於中外;而回紇亦以馬易茶,由宋迄今,大爲邊助,則羽之功固在萬世,仕不仕奚足論也。

沈石田[32]《書岕茶別論後》：昔人詠梅花云："香中別有韻,清極不知寒。"此惟岕茶足當之。若閩之清源、武夷,吳郡之天池、虎邱,武林之龍井,新安之松蘿,匡廬之雲霧,其名雖大噪,不能與岕相抗也[18]。顧渚每歲貢茶三十二觔,則岕於國初,已受知遇;施於今,漸遠漸傳,漸覺聲價轉重。既得聖人之清,又得聖人之時,第蒸採烹洗,悉與古法不同。

李維楨《茶經序》：羽所著《君臣契》三卷,《源解》三十卷,《江表四姓譜》十卷,《占夢》三卷,不盡傳而獨傳《茶經》。豈他書人所時有,此爲觭長,易於取名耶? 太史公曰："富貴而名磨滅不可勝數,惟俶儻非常之人稱焉。"鴻漸窮阨終身,而遺書遺跡,百世下寶愛之,以爲山川邑里重,其風足以廉頑立懦,胡可少哉!

楊慎《丹鉛總録》[33]：茶即古荼字也,周《詩》記"荼苦",《春秋》書"齊茶",《漢志》書"荼陵",顔師古、陸德明雖已轉入茶音,而未易字文也。至陸羽《茶經》,玉川《茶歌》,趙贊《茶禁》以後,遂以茶易荼。

董其昌《茶董》題詞：荀子曰……茂卿猶能以同味諒吾耶。[34]

童承敘《題陸羽傳後》：余嘗過竟陵……羽亦以是夫。[35]

《穀山筆塵》[36]：茶自漢以前,不見於書,想所謂"檟"者,即是矣。

李贄《疑耀》[37]：古人冬則飲湯,夏則飲水,未有茶也。李文正《資暇録》[38]謂：茶始於唐,崔寧、黄伯思[39]已辨其非。伯思嘗見北齊楊子華作《邢子才魏收勘書圖》[40]已有煎茶者。《南窗記談》[41]謂飲茶始於梁天監中,事見《洛陽伽藍記》。及閱《吳志・韋曜傳》[19]"賜茶荈以當酒",則茶又非始於梁矣。余謂飲茶亦非始於吳也，《爾雅》曰：“檟，苦茶。”郭璞注：可以爲羹飲，早採爲茶，晚採爲茗，一名荈。則吳之前，亦以茶作飲矣，第未如後世之日用不離也。蓋自陸羽出，茶之法始講；自吕惠卿、蔡君謨輩出，茶之法始精，而茶之利，國家且藉之矣。此古人所不及詳者也。

王象晉《茶譜小序》[42]：茶，喜木也。一植不再移，故婚禮用茶，從一之義也。雖兆自《食經》，飲自隋帝，而好者尚寡；至後興於唐，盛於宋，始爲世重矣。仁宗，賢君也，頒賜兩府，四人僅得兩餅，一人分數錢耳。宰相家至不敢碾試，藏以爲寶，其貴重如此。近世蜀之蒙山，每歲僅以兩計。蘇之虎邱，至官府預爲封識，公爲採製，所得不過數觔，豈天地間尤物，生固不數數然耶；甌泛翠濤，碾飛綠屑，不藉雲腴，孰驅睡魔？作《茶譜》。

陳繼儒《茶董·小序》：范希文云“萬象森羅中，安知無茶星”。余以茶星名館，每與客茗戰，旗槍標格，天然色香映發。若陸季疵復生，忍作《毀茶論》乎？夏子茂卿[20]敘酒，其言甚豪。予曰，何如隱囊紗帽，翛然林澗之間，摘露芽，煮雲腴，一洗百年塵土胃耶？熱腸如沸，茶不勝酒；幽韻如雲，酒不勝茶。酒類俠，茶類隱；酒固道廣，茶亦德素。茂卿，茶之董狐也，因作《茶董》。東每陳繼儒書於素濤軒。

夏茂卿《茶董序》：自晉唐而下……冰蓮道人識。[43]

《本草》：石蕊，一名雲茶。

卜萬祺《松寮茗政》：虎邱茶，色味香韻無可比擬，必親詣茶所手摘監製，乃得真産；且難久貯，即百端珍護，稍過時，即全失其初矣。殆如彩雲易散，故不入供御耶？但山巖隙地，所産無幾，又爲官司禁據，寺僧慣雜贋種，非精鑑家卒莫能辨。明萬曆中，寺僧苦大吏需索，薙除殆盡。文文肅公震孟[44]，作《薙茶説》以譏之；至今真産，尤不易得。

袁了凡《羣書備考》[45]：茶之名，始見於王褒《僮約》。

許次紓[21]《茶疏》：唐人首稱陽羨……故不及論。[46]

李詡《戒庵漫筆》[47]：昔人論茶，以槍旗爲美，而不取雀舌、麥顆，蓋芽細，則易雜他樹之葉而難辨耳。槍旗者，猶今稱壼蜂翅是也。

《四時類要》：茶子於寒露候收，曬乾以濕沙土拌匀，盛筐籠內，穰草蓋之。不爾，即凍不生。至二月中取出，用糠與焦土種之。於樹下或背陰之地，開坎圓三尺，深一尺，熟劚，著糞和土，每阬下子六七十顆。覆土厚一寸許，相離二尺種一叢。性惡濕，又畏日，大概宜山中斜坡峻坂走水處。若平地，須深開溝壟以洩水。三年後方可收茶。

張大復《梅花筆談》[48]：趙長白作《茶史》，考訂頗詳，要以識其事而已矣。龍團、鳳餅、紫茸、驚芽，決不可用於今之世。予嘗論今之世，筆貴而愈失其傳，茶貴而愈出其味。天下事，未有不身試而出之者也。

文震亨[49]《長物志》：古今論茶事者，無慮數十家，若鴻漸之《經》，君謨之《錄》，可爲盡善。然其時法用熟碾，爲丸爲鋌，故所稱有龍鳳團、小龍團、密雲龍、瑞雲翔龍。至宣和間，始以茶色白者爲貴，漕臣鄭可簡[22]始創爲銀絲水芽，以茶剔葉取心，清泉漬之，去龍腦諸香，惟新胯小龍蜿蜒其上，稱龍園勝雪，當時以爲不更之法。而吾朝所尚又不同，其烹試之法，亦與前人異，然簡便異常，天趣悉備，可謂盡茶之真味矣。至於洗茶、候湯、擇器，皆各有法，寧特侈言烏府、雲屯等目而已哉！

《虎邱志》馮夢楨[50]云：徐茂吳品茶，以虎邱爲第一。

周高起《洞山茶系》：岕茶之尚……今已絕種。[51]

徐𤊺《茶考》：按《茶錄》諸書，閩中所產茶，以建安北苑爲第一，壑源諸處次之，武夷之名，未有聞也。然范文正公《鬥茶歌》云：“溪邊奇茗冠天下，武夷仙人從古栽。”蘇文忠公云：“武夷溪邊粟粒芽，前丁後蔡相寵嘉。”則武夷之茶，在北宋已經著名，第未盛耳。但宋元製造團餅，似失正味，今則靈芽、仙萼，香色尤清，爲閩中第一。至於北苑壑源，又泯然無稱，豈山川靈秀之氣，造物生殖之美，或有時變易而然乎？

勞大與[52]《甌江逸志》：按茶非甌產也，而甌亦產茶，故舊制以之充貢，及今不廢。張羅峯當國，凡甌中所貢方物，悉與題蠲，而茶獨留，將毋以先春之採，可薦馨香，且歲費物力無多，姑存之以稍備芹獻之義耶？乃後世因採辦[23]之際，不無恣取。上爲一，下爲十，而藝茶之圃，遂爲怨叢。唯願爲官於此地者，不濫取於數外，庶不致大爲民病耳。

《天中記》：凡種茶樹，必下子，移植則不復生，故俗聘婦，必以茶爲禮，義固有所取也。

《事物紀原》：榷茶起於唐建中、貞元之間[24]，趙贊、張滂建議，稅其什一。

《枕譚》古傳注[53]：茶樹初採爲茶，老爲茗，再老爲荈。今概稱茗，當是錯用事也。

熊明遇《羅岕[25]茶記》：產茶處，山之夕陽，勝於朝陽。廟後山西向，故稱佳；總不如洞山南向，受陽氣特專，足稱仙品云。

冒襄《岕茶彙鈔》：茶產平地，受土氣多，故其質濁。岕茗產於高山，潭是風露清虛之氣，故爲可尚。

吳拭[54]云：武夷茶，賞自蔡君謨始，謂其味過於北苑龍團，周右文極抑之。蓋緣山中不諳製焙法，一味計多狗利之過也。余試採少許，製以松蘿法，汲虎嘯巖下語兒泉烹之，三德俱備，帶雲石而復有甘軟氣；乃分數百葉寄右文，令茶吐氣，復酹一杯，報君謨於地下耳。

釋超全《武夷茶歌注》：建州一老人，始獻山茶。死後傳爲山神，喊山之茶始此。

《中原市語》：茶曰渲老。

陳詩教《灌園史》[55]：予嘗聞之山僧言，茶子數顆，落地一莖而生，有似連理，故婚嫁用茶，蓋取一本之義。舊傳茶樹不可移，竟有移之而生者，乃知晁采寄茶，徒襲影響耳。唐李義山以對花啜茶爲殺風景。予苦渴疾，何啻七碗，花神有知，當不我罪。

《金陵瑣事》[56]：茶有肥瘦，雲泉道人[26]云：凡茶肥者甘，甘則不香；茶瘦者苦，苦則香。此又《茶經》《茶訣》《茶品》《茶譜》之所未發。

野航道人朱存理云：飲之用，必先茶，而茶不見於《禹貢》，蓋全民用而不爲利。後世榷茶，立爲制，非古聖意也。陸鴻漸著《茶經》，蔡君謨著《茶錄》[27]，孟諫議寄盧玉川三百月團，後侈至龍鳳之飾，責當備於君謨；然清逸高遠，上通王公，下逮林野，亦雅道也。

《佩文齋廣羣芳譜》[57]：茗花即食茶之花，色月白而黃心，清香隱然，瓶之高齋，可爲清供佳品。且蕊在枝條，無不開遍。

王新城《居易錄》[58]：廣南人以荳爲茶，予頃著之《皇華紀聞》，閱《道鄉集》，有張糾《送吳洞荳》絕句云：“茶選脩仁方破碾，荳分吳洞忽當筵。君謨遠矣知難作，試取一瓢江水煎。”蓋志完遷昭平時作也。

《分甘餘話》[59]：宋丁謂爲福建轉運使，始造龍鳳團茶，上供不過四十餅。天聖中，又造小團，其品過於大團。神宗時，命造密雲龍，其品又過於小團。元祐初，宣仁皇太后曰："指揮建州，今後更不許造密雲龍，亦不要團茶。揀好茶喫了，生得甚好意智。"宣仁改熙寧之政，此其小者，顧其言，實可爲萬世法。士大夫家，膏粱子弟，尤不可不知也。謹備録之。

《百夷語》：茶曰芽，以粗茶曰芽以結，細茶曰芽以完。緬甸夷語：茶曰臘扒，喫茶曰臈扒儀索。

徐葆光《中山傳信録》：琉球呼茶曰札。

《武夷茶考》：按，丁謂製龍團，蔡忠惠製小龍團，皆北苑事。其武夷修貢，自元時浙省平章高興始，而談者輒稱丁、蔡。蘇文忠公詩云："武夷溪邊粟粒芽，前丁後蔡相寵嘉"，則北苑貢時，武夷已爲二公賞識矣。至高興武夷貢後，而北苑漸至無聞。昔人云：茶之爲物，滌昏雪滯，於務學勤政，未必無助；其與進荔枝、桃花者不同。然充類至義，則亦宦官、宮姜之愛君也。忠惠直道高名，與范、歐相亞，而進茶一事，乃儕晉公。君子舉措，可不慎歟？

《隨見録》：按沈存中《筆談》云，建茶皆喬木，吳、蜀唯叢茭而已。以余所見，武夷茶樹俱係叢茭，初無喬木，豈存中未至建安歟？抑當時北苑與此日武夷有不同歟？《茶經》云："巴山、峽川有兩人合抱者"，又與吳、蜀叢茭之説互異，姑識之以俟參考。

《萬姓統譜》[60]載：漢時人有茶恬，出《江都易王傳》。按：《漢書》茶恬蘇林曰：茶食邪反則茶本兩音，至唐而茶、茶始分耳。

焦氏《説楛》[61]：茶曰玉茸。補㉓

二之具

《陸龜蒙集》和《茶具十詠》：

茶塢　茶人　茶筍　茶籯　茶舍

茶竈經云茶竈無突　茶焙　茶鼎　茶甌　煮茶[62]

《皮日休集》茶中雜詠。茶具

茶籯　茶竈　茶焙　茶鼎　茶甌[63]

《江西志》：餘干縣冠山，有陸羽茶竈。羽嘗鑿石爲竈，取越溪水煎茶於此。

陶穀《清異錄》：豹革爲囊，風神呼吸之具也。煮茶啜之，可以滌滯思而起清風。每引此義，稱之爲水豹囊。

《曲洧舊聞》[64]：范蜀公與司馬溫公同遊嵩山，各攜茶以行。溫公取紙爲帖，蜀公用小木合子盛之。溫公見而驚曰，景仁乃有茶具也！蜀公聞其言，留合與寺僧而去。後來士大夫茶具，精麗極世間之工巧，而心猶未厭。晁以道[65]嘗以此語客。客曰：使溫公見今日之茶具，又不知云如何也。

《北苑貢茶別錄》[29]：茶具有銀模、銀圈、竹圈、銅圈等。

梅堯臣《宛陵集·茶竈詩》：山寺碧溪頭，幽人綠巖畔。夜火竹聲乾，春甌茗花亂。茲無雅趣兼，薪桂煩燃爨。

又《茶磨詩》云：楚匠斲山骨，折檀爲轉臍。乾坤人力內，日月蟻行迷。

又有《謝晏太祝遺雙井茶五品茶具四枚》詩。

《武夷志》：五曲朱文公書院前溪中有茶竈。文公詩[66]云：仙翁遺石竈，宛在水中央。飲罷方舟去，茶煙裊細香。

《羣芳譜》黃山谷云：相茶瓢與相筇竹同法，不欲肥而欲瘦，但須飽風霜耳。

樂純《雪庵清史》：陸叟溺於茗事，嘗爲茶論並煎炙之法，造茶具二十四事，以都統籠貯之。時好事者家藏一副，於是若韋鴻臚、木待制、金法曹、石轉運、胡員外、羅樞密、宗從事、漆雕秘閣、陶寶文、湯提點、竺副帥、司職方輩，皆入吾籝中矣。

許次紓《茶疏》：凡士人登山臨水，必命壺觴。若茗碗薰爐，置而不問，是徒豪舉耳。余特置游裝，精茗名香，同行異室；茶罌、銚、注、甌、洗、盆、巾諸具畢備，而附以香匳、小爐、香囊、匙箸。

未曾汲水，先備茶具。必潔必燥，瀹時壺蓋必仰置磁盂，勿覆案上。漆氣食氣，皆能敗茶。

朱存理《茶具圖贊序》[30]：飲之用，必先茶，而製茶必有其具。錫具姓而繫名，寵以爵，加以號。季宋之彌文，然清逸高遠，上通王公，下逮林野，亦雅道也。願與十二先生周旋,嘗山泉極品以終身,此閒富貴也,天豈靳乎哉[31]?

審安老人茶具十二先生姓名:

韋鴻臚文鼎　景暘　四窗閒叟……司職方成式　如素　潔齋居士。[67]

高濂《遵生八箋》:茶具十六事,收貯於器局內,供役於苦節君者,故立名管之。蓋欲歸統於一,以其素有貞心雅操而自能守之也。

商象……甘鈍[68]

王友石《譜》[69],竹爐並分封茶具六事:

苦節君湘竹風爐也,用以煎茶,更有行省收藏之。

建城以箬為籠,封茶以貯庋閣。

雲屯磁瓦瓶,用以杓泉,以供煮水。

水曹即磁缸瓦缶,用以貯泉,以供火鼎。

鳥府以竹為籃,用以盛炭,為煎茶之資。

器局編竹為方箱,用以總收以上諸茶具者。

品司編竹為圓撞提盒,用以收貯各品茶葉,以待烹品者也。

屠赤水《茶箋》茶具:

湘筠焙焙茶箱也。

鳴泉煮茶磁罐。

沉垢古茶洗。

合香藏日支茶瓶,以貯司品者。

易持用以納茶,即漆雕秘閣。

屠隆《考槃餘事》[70]:構一斗室,相傍書齋,內設茶具,教一童子專主茶役,以供長日清談,寒宵兀坐。此幽人首務,不可少廢者。

《灌園史》:盧廷璧嗜茶成癖,號茶庵。嘗蓄元僧詎可庭茶具十事,具衣冠拜之。

周亮工《閩小紀》[71][32]:閩人以粗瓷膽瓶貯茶,近鼓山支提新茗出,一時盡學新安,製為方圓錫具,遂覺神采奕奕不同。

馮可賓《岕茶箋・論茶具》:茶壺,以窯器為上,錫次之。茶杯,汝、官、哥、定如未可多得,則適意者為佳耳。

李日華《紫桃軒雜綴》：昌化茶，大葉如桃枝柳梗，乃極香。余過逆旅，偶得手摩其焙甑，三日龍麝氣不斷。

朦仙[72]云：古之所有茶竈，但聞其名，未嘗見其物，想必無如此清氣也。予乃陶土粉以爲瓦器，不用泥土爲之。大能耐火，雖猛焰不裂。徑不過尺五，高不過二尺餘，上下皆鏤銘頌箴戒之。又置湯壺於上，其座皆空，下有陽谷之穴，可以藏瓢、甌之具，清氣倍常。

《重慶府志》：涪江青蟆石爲茶磨，極佳。

《南安府志》：崇義縣出茶磨，以上猶縣石門山石爲之，尤佳。蒼翳縝密，鐫琢堪施。

聞龍《茶箋》：茶具滌畢……亦無大害。[73]

三之造

《唐書》：太和七年正月，吳、蜀貢新茶，皆於冬中作法爲之。上務恭儉，不欲逆物性，詔所在貢茶，宜於立春後造。

《北堂書鈔》：《茶譜》續補[74]云：龍安造騎火茶，最爲上品。騎火者，言不在火前，不在火後作也。清明改火，故曰火。

《大觀茶論》：茶工作於驚蟄，尤以得天時爲急。輕寒，英華漸長，條達而不迫，茶工從容致力，故其色、味兩全。故焙人得茶天爲度。

擷茶以黎明……則害色味。[75]

茶之範度不同，如人之有首面也。其首面之異同，難以概論。要之色瑩徹而不駁，質縝繹而不浮，舉之凝結，碾之則鏗，然可驗其爲精品也。有得於言意之表者。

白茶自爲一種，與常茶不同。其條敷闡，其葉瑩薄。崖林之間，偶然生出，有者不過四五家，生者不過一二株，所造止於二三胯而已。須製造精微，運度得宜，則表裏昭澈，如玉之在璞，他無與倫也。

蔡襄《茶錄》：茶味主於甘滑……前世之論水品者以此。[76]

《東溪試茶錄》：建溪茶……俱爲茶病。[77]

芽擇肥乳……此皆茶之病也。[78]

《北苑別錄》：御園四十六所……又爲禁園之先也。而石門、乳吉、香口三外焙,常後北苑五七日興工。每日採茶蒸榨,以其黃,悉送北苑併造。造茶舊分四局……故隨綱繫之於貢茶云。[79]

採茶之法……而於採摘亦知其指要耳。

茶有小芽……色濁而味重也。

驚蟄節,萬物始萌,每歲常以前三日開焙,遇閏則後之,以其氣候少遲故也。

蒸芽再四洗滌……故唯以得中爲當。

茶既蒸熟爲茶黃……則色味重濁矣。

茶之過黃……則色澤自然光瑩矣。

研茶之具……詎不信然?

姚寬[80]《西溪叢語》:建州龍焙面北,謂之北苑。有一泉,極清澹,謂之御泉。用其池水造茶,即壞茶味;惟龍園[33]勝雪、白茶二種,謂之水芽。先蒸後揀。每一芽,先去外兩小葉,謂之烏蒂。又次取兩嫩葉,謂之白合。留小心芽,置於水中,呼爲水芽。聚之稍多,即研焙爲二品,即龍園勝雪、白茶也。茶之極精好者,無出於此,每胯計工價近二十千。其他皆先揀而後蒸研,其味次第減也。茶有十綱,第一綱、第二綱太嫩,第三綱最妙,自六綱至十綱,小團至大團而止。

黃儒《品茶要錄》:茶事起於驚蟄……過時之病也。[81]

茶芽初採,不過盈筐而已,趨時争新之勢然也。既採而蒸,既蒸而研,蒸或不熟,雖精芽而所損已多。試時味作桃仁氣者,不熟之病也。唯正熟者,味甘香。

蒸芽,以氣爲候,視之不可以不謹也……則以黃白勝青白。

茶,蒸不可以逾久……建人謂之熱鍋氣。

夫茶……傷焙之病也。

茶餅先黃……漬膏之病也。

茶色清潔鮮明,則香與味亦如之。故採佳品者,常於半曉間衝蒙雲霧而出,或以瓷罐汲新泉懸胸臆間,採得即投於中,蓋欲其鮮也。如或日氣烘爍,茶芽暴長,工力不給,其採芽已陳而不及蒸,蒸而不及研,研或出宿而後製,試時色不鮮明,薄如壞卵氣者,乃壓黃之病也。

茶之精絶者曰鬥……間白合盜葉之病也。

物固不可以容僞……亦或勾使。[82]

《萬花谷》[83]：龍焙泉，在建安城東鳳凰山，一名御泉。北苑造貢茶，社前芽細如針，用此水研造，每片計工直錢四萬，分試其色如乳，乃最精也。

《文獻通考》：宋人造茶有二類，曰片、曰散。片者即龍團舊法，散者則不蒸而乾之，如今時之茶也。始知南渡之後，茶漸以不蒸爲貴矣。

《學林新編》[84]：茶之佳者，造在社前，其次火前，謂寒食前也。其下則雨前，謂穀雨前也。唐僧齊己詩曰：“高人愛惜藏巖裏，白甄封題寄火前。”其言火前，蓋未知社前之爲佳也。唐人於茶，雖有陸羽《茶經》，而持論未精。至本朝蔡君謨《茶錄》，則持論精矣。

《茗溪詩話》：北苑，官焙也。漕司歲貢爲上。壑源，私焙也。土人亦以入貢，爲次。二焙相去三四里間。若沙溪，外焙也，與二焙絶遠，爲下。故魯直詩：“莫遣沙溪來亂真”是也。官焙造茶，嘗在驚蟄後。

朱翌《猗覺寮記》[85]：唐造茶與今不同。今採茶者，得芽即蒸熟焙乾；唐則旋摘旋炒。劉夢得《試茶歌》：“自傍芳叢摘鷹嘴，斯須炒成滿室香”，又云：“陽崖陰嶺各不同，未若竹下莓苔地”。竹間茶最佳。

《武夷志》：通仙井，在御茶園。水極甘冽，每當造茶之候，則井自溢，以供取用。

《金史》：泰和五年春，罷造茶之坊。

張源《茶錄》：茶之妙……絶焦點者最勝。[86]

藏茶切勿臨風近火，臨風易冷，近火先黃。其置頓之所[34]，須在時時坐臥之處。逼近人氣，則常溫而不寒。必須板房，不宜土室。板房溫燥，土室潮蒸。又要透風，勿置幽隱之處，不惟易生濕潤，兼恐有失檢點。

謝肇淛《五雜組》：古人造茶，多舂令細末而蒸之。唐詩“家僮隔竹敲茶臼”是也。至宋始用碾，若揉而焙之，則本朝始也。但揉者恐不及細末之耐藏耳。

今造團之法皆不傳，而建茶之品亦遠出吳會諸品下，其武夷、清源二種，雖與上國爭衡，而所産不多，十九贗鼎，故遂令聲價靡復不振。

閩之方山、太姥、支提俱産佳茗，而製造不如法，故名不出里閈。予嘗過松蘿，遇一製茶僧，詢其法。曰：茶之香，原不甚相遠，惟焙之者火候極難調耳。茶葉尖者太嫩，而蒂多老。至火候勻時，尖者已焦，而蒂尚未熟。二者雜之，茶安得佳？製松蘿者，每葉皆剪去其尖蒂，但留中段，故茶皆一色。而工力煩矣，宜其價之高也。閩人急於售利，每觔不過百錢，安得費工如許？若價高即無市者矣。故近來建茶，所以不振也。

羅廩《茶解》：採茶、製茶，最忌手汗、體膻、口臭、多涕、不潔之人及月信婦人，更忌酒氣。蓋茶、酒性不相入，故採茶製茶，切忌沾醉。

茶性淫，易於染着。無論腥穢及有氣息之物，不宜近；即名香亦不宜近。

許次紓《茶疏》：岕茶非夏前不摘，初試摘者，謂之開園；採自正夏，謂之春茶。其地稍寒，故須待時，此又不當以太遲病之。往時無秋日摘者，近乃有之。七八月重摘一番，謂之早春。其品甚佳，不嫌少薄。他山射利，多摘梅茶。以梅雨時採故名。梅茶苦澀，且傷秋摘，佳産戒之。

茶初摘時，香氣未透，必借火力以發其香。然茶性不耐勞，炒不宜久。多取入鐺，則手力不勻，久於鐺中，過熟而香散矣。炒茶之鐺，最忌新鐵。須預取一鐺以備炒，毋得別作他用。一說惟常煮飯者佳，既無鐵鉎，亦無脂膩。炒茶之薪，僅可樹枝，勿用榦葉。榦則火力猛熾，葉則易焰易滅，鐺必磨洗瑩潔，旋摘旋炒。一鐺之內，僅可四兩，先用文火炒軟，次加武火催之。手加木指，急急鈔轉，以半熟爲度，微俟香發，是其候也。

清明太早，立夏太遲，穀雨前後，其時適中。若再遲一二日，待其氣力完足，香烈尤倍，易於收藏。

藏茶於庋閣其方，宜磚底數層，四圍磚砌。形若火爐，愈大愈善，勿近土牆，頓甕其上。隨時取竈下火灰，候冷，簇於甕傍。半尺以外，仍隨時取火灰簇之，令裏灰常燥，以避風濕。卻忌火氣入甕，蓋能黃茶耳[35]。日用所須，貯於小甕瓶中者，亦當箬包苧紮，勿令見風。且宜置於案頭，勿近有氣味之物，亦不可用紙包蓋。茶性畏紙，紙成於水中，受水氣多也。紙裹一夕，即隨紙作氣而茶味盡矣。雖再焙之，少頃即潤。雁宕諸山之茶，首坐此病，紙帖貽遠，安得復佳。

茶之味清而性易移，藏法喜溫燥而惡冷濕，喜清涼而惡鬱蒸，宜清觸而忌香惹。藏用火焙，不可日曬。世人多用竹器貯茶，雖加箬葉擁護，然箬性峭勁，不甚伏帖，風濕易侵；至於地爐中頓放，萬萬不可。人有以竹器盛茶置被籠中，用火即黃，除火即潤，忌之忌之。

聞龍《茶箋》：嘗考《經》言茶焙甚詳，愚謂今人不必全用此法……猶不致大減。[87]

諸名茶法……則所從來遠矣。[88]

吳人絕重岕茶，往往雜以黃黑箬，大是闕事。余每藏茶，必令樵青入山採竹箭箬，拭淨烘乾，護罋四週，半用剪碎，拌入茶中。經年發覆，青翠如新。

吳興姚叔度言，茶若多焙一次，則香味隨減一次，予驗之，良然。但於始焙時烘令極燥，多用炭箬，如法封固，即梅雨連旬，燥仍自若。惟開罈頻取，所以生潤，不得不再焙耳。自四月至八月，極宜致謹；九月以後，天氣漸蕭，便可解嚴矣。雖然，能不弛懈，尤妙。

炒茶時，須用一人從傍扇之，以祛熱氣；否則茶之色香味俱減，此予所親試。扇者色翠，不扇者色黃。炒起出鐺時，置大磁盆中，仍須急扇，令熱氣稍退。以手重揉之，再散入鐺，以文火炒乾之。蓋揉則其津上浮，點時香味易出。田子藝以生曬不炒、不揉者爲佳，其法亦未之試耳。

《羣芳譜》[89]：以花拌茶，頗有別致。凡梅花、木樨、茉莉、玫瑰、薔薇、蘭蕙、金橘、梔子、木香之屬，皆與茶宜。當於諸花香氣全時摘拌。三停茶，一停花，收於磁罐中。一層茶，一層花，相間填滿，以紙箬封固，入淨鍋中重湯煮之。取出待冷，再以紙封裹，於火上焙乾貯用。但上好細芽茶忌用，花香反奪其真味；惟平等茶宜之。

《雲林遺事》[90]：蓮花茶，就池沼中於早飯前日初出時，擇取蓮花蕊略綻者，以手指撥開，入茶滿其中，用麻絲縛紮定。經一宿，次早連花摘之，取茶紙包曬。如此三次，錫罐盛貯，紮口收藏。

邢士襄《茶說》：凌露無雲，採候之上；霽日融和，採候之次；積日重陰，不知其可。

田藝蘅《煮泉小品》：芽茶以火作者爲次，生曬者爲上，亦更近自然，且斷煙火氣耳。況作人手器不潔，火候失宜，皆能損其香色也。生曬茶瀹之甌中,則旗槍舒暢,清翠鮮明,香潔勝於火炒,尤爲可愛。

《洞山茶系》:岕茶採焙……每誦姚合《乞茶》詩一過。[91]

《月令廣義》[92]:炒茶,每鍋不過半觔。先用乾炒,後微灑水,以布捲起揉做。

茶,擇净微蒸,候變色,攤開扇去濕熱氣,揉做畢,用火焙乾,以箬葉包之。語曰"善蒸不若善炒,善曬不若善焙",蓋茶以炒而焙者爲佳耳。

《農政全書》:採茶在四月,嫩則益人,粗則損人。茶之爲道,釋滯去垢,破睡除煩,功則著矣。其或採造藏貯之無法,碾焙煎試之失宜,則雖建芽、浙茗,只爲常品耳。此製作之法,宜亟講也。

馮夢禎《快雪堂漫録》:炒茶,鍋令極净。茶要少,火要猛,以手拌炒令軟净,取出攤於甌中,略用手揉之,揉去焦梗。冷定復炒,極燥而止。不得便入瓶,置於净處,不可近濕。一二日後,再入鍋炒令極燥,攤冷,然後收藏。藏茶之罌,先用湯煮過,烘燥,乃燒栗炭透紅,投罌中,覆之令黑。去炭及灰,入茶五分,投入冷炭,再入茶。將滿,又以宿箬葉實之,用厚紙封固罌口,更包燥净無氣味磚石壓之,置於高燥透風處。不得傍牆壁及泥地方得。

屠長卿《考槃餘事》:茶宜箬葉而畏香藥……雖久不浥。

又一法……次年另換新灰。

又一法……緣蒸氣自天而下也。

採茶時……方貯罌中。

採茶不必太細……採之可也。[93]

馮可賓《岕茶箋》採茶　雨前精神未足[36],夏後則梗葉太粗。然〔茶〕以細嫩爲妙,須當交夏時[37],看風日晴和,月露初收,親自監採入籃。如烈日之下,應防籃内鬱蒸,又須傘蓋。至舍,速傾於净籃内,薄攤[38],細揀枯枝、病葉、蛸絲、青牛之類,一一剔去,方爲精潔也。

蒸茶須看葉之老嫩……蓋熟湯能奪茶味也。[94]

陳眉公《太平清話》[95]:吳人於十月中採小春茶,此時不獨逗漏花枝,而尤喜日光晴暖。從此蹉過,霜淒鴈凍,不復可堪矣。

眉公云:採茶欲精,藏茶欲燥,烹茶欲潔。

吳拭云：山中採茶歌，淒清哀婉，韻態悠長，一聲從雲際飄來，未嘗不潸然墮淚。吳歌未便能動人如此也。

熊明遇《岕山茶記》：貯茶器中，先以生炭火煅過，於烈日中暴之令火滅，乃亂插茶中。封固罌口，覆以新磚，置於高爽近人處。霉天雨候，切忌發覆，須於晴燥日開取。其空缺處，即當以箬填滿，封閟如故，方爲可久。

《雲蕉館紀談》[96]：明玉珍子昇[39]，在重慶取涪江青蟆石爲茶磨，令宮人以武隆雪錦茶碾，焙以大足縣香霏亭海棠花，味倍於常。海棠無香，獨此地有香，焙茶尤妙。

《詩話》[97]：顧渚湧金泉，每歲造茶時，太守先祭拜，然後水稍出；造貢茶畢，水漸減，至供堂茶畢，已減半矣；太守茶畢，遂涸。北苑龍焙泉亦然。

《紫桃軒雜綴》[98]：天下有好茶，爲凡手焙壞；有好山水，爲俗子粧點壞；有好子弟，爲庸師教壞，真無可奈何耳。

匡廬絶頂，産茶在雲霧蒸蔚中，極有勝韻。而僧拙於焙，瀹之爲赤滷[40]，豈復有茶哉！戊戌春，小住東林，同門人董獻可、曹不隨、萬南仲手自焙茶，有"淺碧從教如凍柳，清芬不遣雜花飛"之句。既成，色香味殆絶。

顧渚，前朝名品。正以採摘初芽，加之法製，所謂馨一畝之入，僅充半環，取精之多，自然擅妙也。今碌碌諸葉茶中，無殊菜瀋，何勝括目。金華仙洞，與閩中武夷，俱良材，而厄於焙手。埭頭本草市溪庵施濟之品，近有蘇焙者，以色稍青，遂混常價。

《岕茶彙鈔》：岕茶不炒……不敢漫作。[99]

茶以初出雨前者佳，惟羅岕立夏開園，吳中所貴。梗粗葉厚者，有蕭箬之氣。還是夏前六七日如雀舌者〔佳〕[41]，最不易得。

《檀几叢書》[100]：南岳貢茶，天子所嘗，不敢置品。縣官修貢，期以清明日入山肅祭，乃始開園。採造視松蘿、虎邱，而色香豐美，自是天家清供，名曰片茶。初亦如岕茶製法，萬曆丙辰，僧稠蔭遊松蘿，乃仿製爲片。

馮時可《滇行記略》：滇南城外石馬井泉，無異惠泉。感通寺茶，不下天池、伏龍，特此中人不善焙製耳。徽州松蘿〔茶〕[42]，舊亦無聞，偶虎邱一僧往松蘿庵，如虎邱法焙製，遂見嗜於天下。恨此泉不逢陸鴻漸，此茶不逢虎邱僧也。

《湖州志》：長興縣啄木嶺金沙泉……或見鷙獸、毒蛇、木魅、陽睒之類焉。商旅多以顧渚水造之，無沾金沙者。今之紫筍，即用顧渚造者，亦甚佳矣。[101]

高濂《八箋》：藏茶之法，以箬葉封裹入茶焙中，兩三日一次。用火當如人體之溫溫然，而濕潤自去。若火多則茶焦，不可食矣。

周亮工《閩小紀》：武夷、屴崱、紫帽、龍山，皆產茶。僧拙於焙，既採則先蒸而後焙，故色多紫赤，只堪供宮中澣濯用耳。近有以松蘿法製之者，即試之，色香亦具足。經旬月，則紫赤如故。蓋製茶者，不過土著數僧耳，語三吳之法，轉轉相效，舊態畢露。此須如昔人論琵琶法，使數年不近，盡忘其故調而後，以三吳之法行之，或有當也。

徐茂吳[102]云：實茶，大甕底置箬，甕口封閟，倒放，則過夏不黃；以其氣不外洩也。子晉云：當倒放有蓋缸內，缸宜砂底，則不生水而常燥。加謹封貯，不宜見日；見日則生翳，而味損矣。藏又不宜於熱處。新茶不宜驟用，貯過黃梅，其味始足。

張大復《梅花筆談》：松蘿之香馥馥，廟後之味閑閑；顧渚撲人鼻孔，齒頰都異，久而不忘。然其妙在造，凡宇內道地之產，性相近也，習相遠也。吾深夜被酒發，張震封所遺顧渚，連啜而醒。

宗室文昭《古瓻集》[103]：桐花頗有清味，因收花以熏茶，命之曰桐茶。有"長泉細火夜煎茶，覺有桐香入齒牙"之句。

王草堂《茶說》：武夷茶，自穀雨採至立夏，謂之頭春；約隔二旬復採，謂之二春；又隔又採，謂之三春。頭春葉粗味濃，二春、三春，葉漸細，味漸薄，且帶苦矣。夏末秋初，又採一次，名爲秋露；香更濃，味亦佳，但爲來年計，惜之不能多採耳。茶採後，以竹筐勻鋪，架於風日中，名曰曬青。俟其青色漸收，然後再加炒焙。陽羨岕片，祇蒸不炒，火焙以成。松蘿、龍井，皆炒而不焙，故其色純。獨武夷炒焙兼施，烹出之時，半青半紅，青者乃炒色，紅者乃焙色也。茶採而攤，攤而摝，香氣發越即炒，過時、不及皆不可。既炒既焙，復揀去其中老葉、枝蒂，使之一色。釋超全詩云："如梅斯馥蘭斯馨，心閑手敏工夫細"，形容殆盡矣。

王草堂《節物出典》：《養生仁術》云：穀雨日採茶，炒藏合法，能治痰及百病。

《隨見録》：凡茶見日則味奪，惟武夷茶喜日曬。

武夷造茶，其巖茶以僧家所製者，最爲得法。至洲茶中，採回時，逐片擇其背上有白毛者，另炒另焙，謂之白毫，又名壽星眉；摘初發之芽一旗未展者，謂之蓮子心；連枝二寸剪下烘焙者，謂之鳳尾龍鬚。要皆異其製造，以欺人射利，實無足取焉。

卷中

四之器

《御史臺記》[104]：唐制，御史有三院：一曰臺院，其僚爲侍御史；二曰殿院，其僚爲殿中侍御史；三曰察院，其僚爲監察御史。察院廳居南，會昌初，監察御史鄭路所葺。禮察廳，謂之松廳，以其南有古松也。刑察廳，謂之魘廳，以寢於此者，多夢魘也。兵察廳主掌院中茶，其茶必市蜀之佳者，貯於陶器，以防暑濕。御史輒躬親緘啟，故謂之茶瓶廳。

《資暇集》：茶托子，始建中蜀相崔寧之女。以茶杯無襯，病其熨指，取碟子承之。既啜而杯傾，乃以蠟環碟子之央，其杯遂定，即命工匠以漆代蠟環，進於蜀相。蜀相奇之，爲製名而話於賓親，人人爲便，用於當代。是後，傳者更環其底，愈新其製，以至百狀焉。

貞元初，青鄆油繢爲荷葉形，以襯茶碗，別爲一家之碟。今人多云托子始此，非也。蜀相即今昇平[105]崔家，訊則知矣。

《大觀茶論》：茶器　羅碾　碾以銀爲上，熟鐵次之。槽欲深而峻，輪欲銳而薄，羅欲細而面緊，碾必力而速。惟再羅則入湯輕泛，粥面尤凝，盡茶之色。

盞須度茶之多少，用盞之大小。盞高茶少，則掩蔽茶色；茶多盞小，則受湯不盡。惟盞熱，則茶發立耐久。

筅

瓶[106]

杓　杓之大小，當以可受一盞茶爲量。有餘不足，傾杓煩數，茶必冰矣。

蔡襄《茶錄·茶器》

茶焙

茶籠

砧椎

茶鈐

茶碾

茶羅

茶盞

茶匙[107][43]

湯瓶[44]　茶瓶要小者,易於候湯,且點茶、注湯有準。黃金爲上,若人間以銀、鐵或瓷石爲之[45]。若瓶大,啜存停久,味過則不佳矣。

孫穆《雞林類事》[108]:高麗方言,茶匙曰茶戍。

《清波雜志》:長沙匠者,造茶器極精緻,工直之厚,等所用白金之數。士大夫家多有之,置几案間,但知以侈靡相夸,初不常用也。凡茶宜錫,竊意以錫爲合適,用而不侈。貼以紙,則茶味易損。

張芸叟[109]云:呂申公家有茶羅子,一金飾,一棕欄。方接客,索銀羅子,常客也;金羅子,禁近也;棕欄,則公輔必矣。家人常挨排於屏間以候之。

《黃庭堅集·同公擇詠茶碾》詩:(要及新香碾一杯)

陶穀《清異錄》:富貴湯,當以銀銚煮之,佳甚。銅銚煮水,錫壺注茶次之。

《蘇東坡集·揚州石塔試茶》詩:坐客皆可人,鼎器手自潔。

《秦少游集·茶臼》詩:幽人耽茗飲,剜木事擣撞。巧製合臼形,雅音伴枅栱。

《文與可[110]集·謝許判官惠茶器圖》詩:成圖畫茶器,滿幅寫茶詩。會說工全妙,深諳句特奇。

謝宗可《詠物詩·茶筅》:(此君一節瑩無瑕)

《乾淳歲時記》[111]:禁中大慶會,用大鍍金䥱,以五色果簇釘龍鳳,謂之繡茶。

《演繁露》[112]：東坡後集二，《從駕景靈宮》詩云：病貪賜茗浮銅葉。按：今御前賜茶，皆不用建盞，用大湯氅，色正白，但其制樣似銅葉湯氅耳。銅葉，色黄褐色也。

周密《癸辛雜志》：宋時，長沙茶具精妙甲天下，每副用白金三百星或五百星。凡茶之具悉備，外則以大縷銀合貯之，趙南仲丞相帥潭[46]，以黄金千兩爲之，以進尚方。穆陵大喜，蓋内院之工所不能爲也。

楊基[113]《眉庵集·詠木茶爐》詩：紺綠仙人煉玉膚，花神爲曝紫霞腴。九天清淚沾明月，一點芳心託鷦鴣。肌骨已爲香魄死，夢魂猶在露團枯。嬌娥莫怨花零落，分付餘醺與酪奴。

張源《茶録》[47]：茶銚，金乃水母，銀備剛柔[48]，味不鹹澀，作銚最良，製必穿心，令火氣易透。

茶甌，以白磁爲上，藍者次之。

聞龍《茶箋》：茶鍑，山林隱逸，水銚用銀尚不易得，何況鍑乎？若用之恆，歸於鐵也。

羅廩《茶解》：茶爐，或瓦或竹皆可，而大小須與湯銚稱。

凡貯茶之器，始終貯茶，不得移爲他用。

李如一[114]《水南翰記》：韻書無氅字，今人呼盛茶酒器曰氅。

《檀几叢書》：品茶用甌[49]，白瓷爲良，所謂“素瓷傳静夜，芳氣滿閒軒”也。製宜弇口邃腸，色浮浮而香不散。

《茶説》[115]：器具精潔，茶愈爲之生色。今時姑蘇之錫注，時大彬之沙壺，汴梁之錫銚，湘妃竹之茶竈，宣、成窯之茶盞，高人詞客，賢士大夫，莫不爲之珍重。即唐宋以來，茶具之精，未必有如斯之雅致。

《聞雁齋筆談》：茶既就筐，其性必發於日，而遇知己於水，然非煮之茶竈、茶爐，則亦不佳。故曰飲茶，富貴之事也。

《雪庵清史》：“泉洌性駛，非屑以金銀器，味必破器而走矣。”有饋中泠泉於歐陽文忠者，公訝曰：“君故貧士，何爲致此奇貺？”徐視饋器，乃曰：“水味盡矣。”噫！如公言，飲茶乃富貴事耶？嘗考宋之大小龍團，始於丁謂，成於蔡襄。公聞而歎曰：“君謨士人也，何至作此事？”東坡詩曰：“武夷溪邊粟粒芽，前丁後蔡相寵嘉。吾君所乏豈此物，致養口體何陋耶。”觀此，則二公又爲茶敗壞多矣。故余於茶瓶而有感。

　　茶鼎，丹山碧水之鄉，月澗雲龕之品，滌煩消渴，功誠不在芝术下。然不有似泛乳花、浮雲腳，則草堂暮雲陰，松窗殘雪明，何以勻之野語清。噫！鼎之有功於茶大矣哉！故日休有“立作菌蠢勢，煎爲澎湲聲”。禹錫有“驟雨松風入鼎來，白雲滿碗花徘徊”。居仁有“浮花原屬三昧手，竹齋自試魚眼湯”。仲淹有“鼎磨雲外首山銅，瓶攜江上中濡水”。景綸有“待得聲聞俱寂後，一甌春雪勝醍醐”。噫！鼎之有功於茶大矣哉！雖然吾猶有取盧仝“柴門反關無俗客，紗帽籠頭自煎喫”，楊萬里“老夫平生愛煮茗，十年燒穿折腳鼎”。如二君者，差可不負此鼎耳。

　　馮時可《茶錄》：芘莉，一名篣筤，茶籠也。犧木，杓也，瓢也。

　　《宜興志》：茗壺　陶穴環於蜀山。原名獨山，東坡居陽羨時，以其似蜀中風景，改名蜀山。今山椒建東坡祠以祀之。陶煙飛染，祠宇盡黑。

　　冒巢民云[116]：茶壺以小爲貴，每一客一壺，任獨斟飲，方得茶趣。何也？壺小則香不渙散，味不耽遲，況茶中香味，不先不後，恰有一時。太早或未足，稍緩或已過，個中之妙，清心自飲，化而裁之，存乎其人。

　　周高起《陽羨茗壺系》：茶至明代，不復碾屑、和香藥、製團餅，已遠過古人。近百年中，壺黜銀錫及閩豫瓷，而尚宜興陶，此又遠過前人處也。陶曷取諸，取其製，以本山土砂能發真茶之色香味，不但杜工部云“傾金注玉驚人眼”，高流務以免俗也。至名手所作，一壺重不數兩，價每一二十金，能使土與黃金爭價。世日趨華，抑足感矣！考其創始，自金沙寺僧，久而逸其名。又提學頤山吳公讀書金沙寺中，有青衣供春者，仿老僧法爲之，栗色闇闇，敦龐周正指螺紋隱隱可按，允稱第一。世作龔春，誤也。萬曆間，有四大家：董翰、趙梁、玄錫、時朋。朋即大彬父也。大彬號少山，不務妍媚，而樸雅堅栗，妙不可思，遂於陶人擅空羣之目矣。此外則有李茂林、李仲芳、徐友泉，又大彬徒歐正春、邵文金、邵文銀、蔣伯䔍四人。陳用卿、陳信卿、閔魯生、陳光甫，又婺源人陳仲美，重鏤疊刻，細極鬼工；沈君用、邵蓋、周後溪、邵二孫、陳俊卿、周季山、陳和之、陳挺生、承雲從、沈君盛、陳辰輩，各有所長。徐友泉所製之泥色，有海棠紅、朱砂紫、定窰白、冷金黃、淡墨、沉香、水碧、榴皮、葵黃、閃色、梨皮等名。大彬鐫款，用竹刀畫之,書法閒雅。

　　茶洗,式如扁壺,中加一盎,鬲而細竅,其底便於過水漉沙。茶藏以閉洗過之茶者。陳仲美、沈君用各有奇製。水杓、湯銚,亦有製之盡美者,要以椰瓢、錫缶爲用之凶。

　　茗壺宜小不宜大,宜淺不宜深;壺蓋宜盎不宜砥。湯力茗香,俾得團結氤氳,方爲佳也。

　　壺若有宿雜氣,須滿貯沸湯滌之,乘熱傾去,即没於冷水中,亦急出水瀉之,元氣復矣。

　　許次紓《茶疏》:茶盒[50],以貯日用零茶,用錫爲之,從大罍中分出,若用盡時再取。

　　茶壺,往時尚龔春,近日時大彬所製,極爲人所重。蓋是粗砂製成,正取砂無土氣耳。

　　矑仙云:茶甌者,予嘗以瓦爲之,不用瓷。以筍殼爲蓋,以櫟葉攢覆於上,如箸笠狀,以蔽其塵。用竹架盛之,極清無比。茶匙以竹編成,細如笊籬,樣與塵世所用者大不凡矣,乃林下出塵之物也。煎茶用銅瓶,不免湯腥;用砂銚,亦嫌土氣,惟純錫爲五金之母,製銚能益水德。

　　謝肇淛《五雜俎》:宋初閩茶,北苑爲最,當時上供者,非兩府禁近不得賜。而人家亦珍重愛惜,如王東城有茶囊,惟楊大年至,則取以具茶,他客莫敢望也。

　　《支廷訓集》[117]:有湯蘊之傳,乃茶壺也。

　　文震亨《長物志》:壺以砂者爲上,既不奪香,又無熟湯氣。錫壺有趙良璧者,亦佳。吴中歸錫,嘉禾黄錫,價皆最高。

　　《遵生八箋》:茶銚、茶瓶,瓷砂爲上,銅錫次之。瓷壺注茶、砂銚煮水爲上。茶盞,惟宣窯壇盞爲最,質厚白瑩,樣式古雅有等。宣窯印花白甌,式樣得中,而瑩然如玉,次則嘉窯心内有茶字小盞爲美。欲試茶色黄白,豈容青花亂之。注酒亦然,惟純白色器皿爲最上乘,餘品皆不取。

　　試茶以滌器爲第一要,茶瓶、茶盞、茶匙生鉎,致損茶味,必須先時洗潔則美。

　　曹昭[118]《格古要論》:古人喫茶湯用擎,取其易乾不留滯。

陳繼儒《試茶詩》：有"竹爐幽討，松火怒飛"之句。竹茶爐，出惠山者最佳。

《淵鑒類函‧茗碗》：韓詩"茗碗纖纖捧。"

徐葆光[119]《中山傳信錄》："琉球茶甌，色黃，描青綠花草，云出土噶喇。其質少粗無花，但作水紋者[51]，出大島。甌上造一小木蓋，朱黑漆之，下作空心托子，製作頗工；亦有茶托、茶帚。其茶具，火爐與中國小異。"

葛萬里《清異錄》：時大彬茶壺，有名"釣雪"，似帶笠而釣者，然無牽合意。

《隨見錄》：洋銅茶弔，來自海外。紅銅盪錫，薄而輕，精而雅，烹茶最宜。

五之煮

唐陸羽《六羨歌》：（不羨黃金罍）

唐張又新《水記》：故刑部侍郎劉公諱伯芻……以是知客之說，信矣。[120]

陸羽論水，次第凡二十種：廬山康王谷水簾水第一……雪水第二十。用雪不可太冷。[121]

唐顧況《論茶》：煎以文火細煙，煮以小鼎長泉。

蘇廙《仙芽傳》第九卷載《作湯十六法》謂：湯者……十六魔湯。[122]

丁用晦[123]《芝田錄》：唐李衛公德裕，喜惠山泉，取以烹茗，自常州到京，置驛騎傳送，號曰水遞。後有僧某曰："請爲相公通水脈。"蓋京師有一眼井，與惠山泉脈相通，汲以烹茗，味殊不異。公問井在何坊曲？曰："昊天觀常住庫後是也。"因取惠山、昊天各一瓶，雜以他水八瓶，令僧辨晰。僧止取二瓶井泉，德裕大加奇歎。

《事文類聚》[124]：贊皇公李德裕，居廊廟日，有親知奉使於京口。公曰："還日，金山下揚子江南零水，與取一壺來。"其人敬諾。及使回，舉棹日，因醉而忘之。汎舟至石城下，方憶，乃汲一瓶於江中，歸京獻之。公飲後歎訝非常，曰："江表水味，有異於頃歲矣。此水頗似建業石頭城下水也。"其人即謝過不敢隱。

《河南通志》：盧仝茶泉，在濟源縣。仝有莊在濟源之通濟橋二里餘，茶泉存焉。其詩曰："買得一片田,濟源花洞前。"自號玉川子。有寺名玉泉,汲此寺之泉煎茶。有《玉川子飲茶歌》,句多奇警。

《黃州志》:陸羽泉,在蘄水縣鳳棲山下,一名蘭溪泉,羽品爲天下第三泉也。嘗汲以烹茗,宋王元之有詩。

無盡法師《天台志》:陸羽品水,以此山瀑布泉爲天下第十七水。余嘗試飲,比余甌溪蒙泉殊劣,余疑鴻漸但得至瀑布泉耳,苟遍歷天台?當不取金山爲第一也。

《海錄》[125]:陸羽品水,以雪水第二十,以煎茶滯而太冷也。

陸平泉《茶寮記》[126]:唐秘書省中水最佳,故名秘水。

《檀几叢書》:唐天寶中,稠錫禪師名清晏,卓錫南嶽硐上,泉忽迸,石窟間字曰"真珠泉"。師飲之,清甘可口,曰:"得此瀹吾鄉桐廬茶,不亦稱乎。"

《大觀茶論》:水以輕清甘潔爲美,用湯以魚蟹眼連絡迸躍爲度。

咸淳《臨安志》:棲霞洞內有水洞,深不可測,水極甘冽。魏公嘗調以瀹茗。又蓮花院有三井,露井最良,取以烹茗,清甘寒冽,品爲小林第一。

《王氏談錄》[127]:公言茶品高而年多者,必稍陳。遇有茶處,春初取新芽,輕炙雜而烹之,氣味自復。在襄陽試作。甚佳嘗語君謨,亦以爲然。

歐陽修《浮槎水記》:浮槎與龍池山皆在廬州……而於論水盡矣。

蔡襄《茶錄》:茶或經年……則不用此說。

碾茶……則色昏矣。

碾畢即羅,羅細則茶浮,粗則沫浮。

候湯最難……故曰候湯最難。

茶少湯多……曰相去一水兩水。

茶有真香……正當不用。[128]

陶穀《清異錄》:饌茶而幻出物象於湯面者……煎茶贏得好名聲。

茶至唐而始盛……時人謂之茶百戲。

又有:漏影春法……沸湯點攪。[129]

《煮茶泉品》:予少得溫氏所著《茶說》……不可及已。[130]昔酈元善於《水經》[52],而未嘗知茶;王肅癖於茗飲,而言不及水表。是二美,吾無愧焉。

　　魏泰[131]《東軒筆録》：鼎州北百里，有甘泉寺，在道左，其泉清美，最宜瀹茗。林麓迴抱，境亦幽勝。寇萊公[132]謫守雷州，經此酌泉，誌壁而去。未幾，丁晉公[133]竄朱崖，復經此，禮佛留題而行。天聖中，范諷以殿中丞安撫湖外至此寺，睹二相留題，徘徊慨歎，作詩以誌其旁曰："平仲酌泉方頓轡，謂之禮佛繼南行。層巒下瞰嵐煙路，轉使高僧薄寵榮。"

　　張邦基《墨莊漫録》[134]：元祐六年七夕日，東坡時知揚州，與發運使晁端彥、吳倅、晁无咎，大明寺汲塔院西廊井與下院蜀井二水校其高下，以塔院水爲勝。

　　華亭縣有寒穴泉，與無錫惠山泉味相同，並嘗之，不覺有異，邑人知之者少。王荆公嘗有詩云："神震洌冰霜，高穴雪與平。空山淳千秋，不出嗚咽聲。山風吹更寒，山月相與清。北客不到此，如何洗煩醒。"

　　羅大經《鶴林玉露》：余同年友李南金云："《茶經》以魚目、湧泉、連珠爲煮水之節……一甌春雪勝醍醐。"[135]

　　趙彥衛《雲麓漫鈔》[136]：陸羽別天下水味，各立名品，有石刻行於世。《列子》云，孔子："淄澠之合，易牙能辨之。"易牙，齊威公大夫。淄澠二水，易牙知其味。威公不信，數試皆驗。陸羽豈得其遺意乎？

　　《黃山谷集》：瀘州大雲寺西偏崖石上，有泉滴瀝；一州泉味，皆不及也。

　　林逋《烹北苑茶有懷》：(石碾輕飛瑟瑟塵)

　　《東坡集》：予頃自汴入淮，泛江溯峽歸蜀。飲江淮水蓋彌年，既至，覺井水腥澀，百餘日然後安之。以此知江水之甘於井也審矣。今來嶺外，自揚子始飲江水，及至南康，江益清駛，水益甘，則又知南江賢於北江也。近度嶺入清遠峽，水色如碧玉，味益勝。今遊羅浮，酌泰禪師錫杖泉，則清遠峽水，又在其下矣。嶺外惟惠州人喜鬥茶，此水不虛出也。[137]

　　惠山寺，東爲觀泉亭，堂曰漪瀾。泉在亭中，二井石甃相去咫尺，方圓異形。汲者多由圓井，蓋方動圓靜，靜清而動濁也。流過漪瀾，從石龍口中出，下赴大池者，有土氣，不可汲。泉流冬夏不涸，張又新品爲天下第二泉。

　　《避暑録話》[138]：裴晉公詩云："飽食緩行初睡覺，一甌新茗侍兒煎。

脫巾斜倚繩床坐，風送水聲來耳邊。"公爲此詩必自以爲得意，然吾山居七年，享此多矣。

馮璧[139]《東坡海南烹茶圖詩》：講筵分賜密雲龍，春夢分明覺亦空。地惡九鑽黎火洞，天遊兩腋玉川風。

《萬花谷》：黄山谷有《井水帖》云："取井傍十數小石，置瓶中，令水不濁。故詠《慧山泉》詩云'錫谷寒泉撅^{音妥}石俱'是也。石圓而長，曰撅，所以澄水。"

茶家碾茶，須碾着眉上白乃爲佳。曾茶山詩云："碾處須看眉上白，分時爲見眼中青。"

《輿地紀勝》：竹泉，在荆州府松滋縣南。宋至和初，苦竹寺僧浚井得筆，後黄庭堅謫黔過之，視筆曰："此吾蝦蟆碚所墜。"因知此泉與之相通。其詩曰："松滋縣西竹林寺，苦竹林中甘井泉。巴人謾説蝦蟆碚，試裏春茶來就煎。"

周輝《清波雜志》：余家惠山泉石，皆爲几案間物。親舊東來，數問松竹平安信，且時致陸子泉，茗碗殊不落寞。然頃歲亦可致於汴都，但未免瓶盎氣。用細砂淋過，則如新汲時，號拆洗惠山泉。天台竹瀝水，彼地人斷竹稍，屈而取之盈甕；若雜以他水，則亟敗。蘇才翁與蔡君謨比茶，蔡茶精，用惠山泉煮；蘇茶劣，用竹瀝水煎，便能取勝。此説見江鄰幾[140]所著《嘉祐雜志》。果爾，今喜擊拂者，曾無一語及之，何也？雙井因山谷乃重。蘇魏公嘗云，平生薦舉不知幾何人，唯孟安序朝奉歲以雙井一甕爲餉。蓋公不納苞苴，顧獨受此，其亦珍之耶。

《東京記》[141]：文德殿兩掖，有東西上閤門，故杜詩云："東上閤之東，有井泉絶佳。"山谷《憶東坡烹茶詩》云："閤門井不落第二，竟陵谷簾空誤書。"

陳舜俞[142]《廬山記》：康王谷有水簾飛泉，破巖而下者二三十派，其廣七十餘尺，其高不可計。山谷詩云"谷簾煮甘露"是也。

孫月峯《坡仙食飲錄》：唐人煎茶多用薑。故薛能詩云："鹽損添常戒，薑宜着更誇。"據此，則又有用鹽者矣。近世有此二物者，輒大笑之。然茶之中等者，用薑煎信佳，鹽則不可。

馮可賓《岕茶箋》：茶雖均出於岕，有如蘭花香而味甘，過霉歷秋，開罈烹之，其香愈烈，味若新。沃以湯，色尚白者，真洞山也。他嶰初時亦香，秋則索然矣。

《羣芳譜》：世人情性嗜好各殊，而茶事則十人而九。竹爐火候，茗碗清緣，煮引風之碧雪，傾浮花之雪乳。非藉湯勳，何昭茶德。略而言之，其法有五：一曰擇水，二曰簡器，三曰忌溷，四曰慎煮，五曰辨色。

《吳興掌故錄》[143]：湖州金沙泉，至元中⑤，中書省遣官致祭。一夕水溢，溉田千畝，賜名“瑞應泉”。

《職方志》：廣陵蜀岡上有井，曰蜀井，言水與西蜀相通。茶品天下，水有二十種，而蜀岡水爲第七。

《遵生八箋》：凡點茶，先須熁盞令熱，則茶面聚乳，冷則茶色不浮。熁音脅，火迫也。

陳眉公《太平清話》：余嘗酌中泠，劣於惠山，殊不可解。後考之，乃知陸羽原以廬山谷簾泉爲第一。《山疏》云：陸羽《茶經》言，瀑瀉湍激者勿食，今此水瀑瀉湍激無如矣，乃以爲第一，何也？又雲液泉，在谷簾側，山多雲母，泉其液也，洪纖如指，清冽甘寒，遠出谷簾之上，乃不得第一，又何也？又碧琳池東西兩泉，皆極甘香，其味不減惠山，而東泉尤冽。

蔡君謨“湯取嫩而不取老”，蓋爲團餅茶言耳。今旗芽槍甲，湯不足則茶神不透，茶色不明，故茗戰之捷，尤在五沸。

徐渭《煎茶七類》：煮茶非漫浪……磊塊於胸次間者。[144]

品泉以井水爲下，井取汲多者，汲多則水活。

候湯眼鱗鱗起……過熟則味昏底滯。[145]

張源《茶錄》：山頂泉清而輕，山下泉清而重，石中泉清而甘，砂中泉清而冽，土中泉清而厚。流動者良於安靜，負陰者勝於向陽。山削者泉寡，山秀者有神。真源無味，真水無香。流於黃石爲佳，瀉出青石無用。

湯有三大辨……元神始發也。[146]

爐火通紅……非茶家之要旨。[147]

投茶有序，無失其宜。先茶後湯，曰下投；湯半下茶，復以湯滿，曰中投；先湯後茶，曰上投。夏宜上投，冬宜下投，春秋宜中投。

不宜用惡木、敝器、銅匙、銅銚、木桶、柴薪、煙煤[54]、麩炭、粗童、惡婢、不潔巾帨及各色果實、香藥。

謝肇淛《五雜俎》：唐薛能茶詩云[148]：“鹽損添嘗戒，薑宜著更誇。”煮茶如是，味安得佳。此或在竟陵翁未品題之先也。至東坡和寄茶詩[149]云：“老妻稚子不知愛，一半已入薑鹽煎。”則業覺其非矣，而此習猶在也；今江右及楚人，尚有以薑煎茶者。雖云古風，終覺未典。

閩人苦山泉難得，多用雨水。其味甘不及山泉，而清過之。然自淮而北，則雨水苦黑，不堪煮茗矣。惟雪水，冬月藏之，入夏用乃絶佳。夫雪固雨所凝也，宜雪而不宜雨，何哉？或曰北方瓦屋不淨，多用穢泥塗塞故耳。

古時之茶，曰煮、曰烹、曰煎，須湯如蟹眼，茶味方中。今之茶，惟用沸湯投之；稍著火，即色黃而味澀不中飲矣。迺知古今煮法，亦自不同也。

蘇才翁鬥茶用天台竹瀝水，乃竹露非竹瀝也。若今醫家用火逼竹取瀝，斷不宜茶矣。

顧元慶《茶譜》煎茶四要：一擇水，二洗茶，三候湯，四擇品。點茶三要：一滌器，二熁盞，三擇果。

熊明遇《羅岕[55]茶記》：烹茶……會心亦不在遠。[150]

《雪庵清史》：余性好清苦，獨與茶宜。幸近茶鄉，恣我飲啜。乃友人不辨三火三沸法，余每過飲，非失過老，則失太嫩，致令甘香之味蕩然無存，蓋誤於李南金之説耳。如羅玉露之論[151]，乃爲得火候也。友曰：“吾性惟好讀書，玩佳山水，作佛事，或時醉花前，不愛水厄，故不精於火候。”昔人有言：釋滯消壅，一日之利暫佳；瘠氣耗精，終身之害斯大。獲益則歸功茶力，貽害則不謂茶災。甘受俗名，緣此之故。噫！茶冤甚矣。不聞禿翁之言；釋滯消壅，清苦之益實多；瘠氣耗精，情慾之害最大。獲益則不謂茶力，自害則反謂茶殃。且無火候，不獨一茶。讀書而不得其趣，玩山水而不會其情，學佛而不破其宗，好色而不飲其韻，皆無火候者也。豈余愛茶而故爲茶吐氣哉？亦欲以此清苦之味，與故人共之耳。

煮茗之法有六要：一曰別，二曰水，三曰火，四曰湯，五曰器，六曰飲。有粗茶，有散茶，有末茶，有餅茶。有研者，有熬者，有煬者，有舂者。余幸得産茶方，又兼得烹茶六要，每遇好朋，便手自煎烹。但願一甌常及真，不用撐腸拄腹文字五千卷也。故曰飲之時義遠矣哉。

田藝蘅《煮泉小品》：茶,南方嘉木……雖佳弗佳也。但飲泉覺爽,啜茗忘喧,謂非膏粱紈綺可語。爰著《煮泉小品》,與枕石漱流者商焉。

陸羽嘗謂：烹茶於所産處……兩浙罕伍云。

山厚者泉厚……不幽即喧,必無用矣。

江……則湛深而無蕩漾之漓耳。

嚴陵瀨……水功其半者耶。

去泉再遠者……有舊時水遞費經營。

湯嫩則茶味不出；過沸則水老而茶乏。惟有花而無衣,乃得點瀹之候耳。

有水有茶……更雅。

人但知湯候……火為之紀。[152]

許次紓《茶疏》：甘泉旋汲……挈瓶爲佳耳。

沸速則鮮嫩風逸,沸遲則老熟昏鈍。故水入銚,便須急煮。候有松聲,即去蓋,以息其老鈍[㊲]。蟹眼之後,水有微濤,是爲當時。大濤鼎沸,旋至無聲,是爲過時。過時老湯,決不堪用。

茶注、茶銚、茶甌[㊲],最宜蕩滌。飲事甫畢,餘瀝殘葉,必盡去之。如或少存,奪香敗味。每日晨興,必以沸湯滌過,用極熟麻布,向内拭乾,以竹編架,覆而庪之燥處,烹時取用。

三人以下[㊳],止熱一爐,如五六人,便當兩鼎爐,用一童,湯方調適。若令兼作,恐有參差。

火必以堅木炭……寧棄而再烹。[153]

茶不宜近陰室、廚房、市喧、小兒啼、野性人、僮奴相鬨、酷熱齋舍。

羅廩《茶解》："茶色白,味甘鮮……香以蘭花爲上,蠶豆花次之[㊾]。"

煮茗："須甘泉……乘熱投之。"

李南金謂……雖去火何救哉。[154]

貯水甕,須置於陰庭。[㊿]覆以紗帛,使晝挹天光,夜承星露,則英華不散,靈氣常存。假令壓以木石,封以紙箬,暴於日中,則内閉其氣,外耗其精,水神敝矣,水味敗矣。

《考槃餘事》：今之茶品，與《茶經》迥異，而烹製之法，亦與蔡、陸諸人全不同矣。

始如魚目，微微有聲，爲一沸；緣邊湧泉如連珠，爲二沸；奔濤濺沫，爲三沸。其法，非活火不成。若薪火方交，水釜纔熾，急取旋傾，水氣未消，謂之嫩[61]。若人過百息，水踰十沸，始取用之，湯已失性，謂之老。老與嫩，皆非也。

《夷門廣牘》[155]：虎邱石泉，舊居第三，漸品第五。以石泉淳泓，皆雨澤之積，滲竇之潢也。況闔廬墓隧，當時石工多閟死，僧衆上棲，不能無穢濁滲入；雖名陸羽泉，非天然水，道家服食，禁屍氣也。

《六硯齋筆記》[156]：武林西湖水，取貯大缸，澄澱六七日。有風雨則覆，晴則露之，使受日月星之氣。用以烹茶，甘淳有味，不遜慧麓。以其溪谷奔注，涵浸凝淳，非復一水，取精多而味自足耳。以是知凡有湖陂大浸處，皆可貯以取澄，絕勝淺流。陰井昏滯腥薄，不堪點試也。

古人好奇，飲中作百花，熟水又作五色，飲及冰蜜糖藥種種各殊。余以爲皆不足尚。如值精茗適乏，細劚松枝瀹湯漱嚥而已。

《竹嬾茶衡》：處處茶皆有……無昏滯之恨耳。[157]

松雨齋《運泉約》：吾輩竹雪神期……咸赴嘉盟。運惠水，每罈償舟力費銀三分……松雨齋主人謹訂。[158]

《岕茶彙鈔》：烹時，先以上品泉水滌烹器，務鮮務潔。次以熱水滌茶葉，水若太滾，恐一滌味損。當以竹筯夾茶於滌器中反覆洗蕩，去塵土、黃葉、老梗。既盡，乃以手搦乾，置滌器內蓋定。少刻開視，色青香冽，急取沸水潑之。夏先貯水入茶，冬先貯茶入水。

茶色貴白……則虎邱所無也。[159]

《洞山茶系》[160]：岕茶德全……止須上投耳。

《天下名勝志》：宜興縣湖㳇鎮[161]，有於潛泉。寶穴闊二尺許，狀如井。其源㳑流潛通，味頗甘冽。唐修茶貢，此泉亦遞進。

洞庭縹緲峯西北，有水月寺。寺東入小青塢，有泉璧澈甘涼，冬夏不涸。宋李彌大名之曰"無礙泉"。

安吉州，碧玉泉爲冠，清可鑒髮，香可瀹茗。

徐獻忠《水品》：泉甘者……故甘也。[162]

處士《茶經》……殆有旨也。[163]

山深厚者、雄大者氣盛,麗者必出佳泉。

張大復《梅花筆談》：茶性必發於水,八分之茶,遇十分之水,茶亦十分矣。八分之水,試十分之茶,茶只八分耳。

《巖棲幽事》：黃山谷賦：洶洶乎,如澗松之發清吹；浩浩乎,如春空之行白雲。可謂得煎茶三昧。

《劍掃》：煎茶乃韻事,須人品與茶相得。故其法往往傳於高流隱逸,有煙霞泉石、磊塊胸次者。

《湧幢小品》：天下第四泉,在上饒縣北茶山寺。唐陸鴻漸寓其地,即山種茶,酌以烹之,品其等爲第四。邑人尚書楊麒讀書於此,因取以爲號。

余在京三年,取汲德勝門外水烹茶,最佳。

大内御用井,亦西山泉脈所灌,真天漢第一品,陸羽所不及載。

俗話“芒種逢壬便立霉”,霉後積水烹茶,甚香洌,可久藏。一交夏至,便迥別矣。試之良驗。

家居苦泉水難得,自以意取尋常水煮滾,入大瓷缸置庭中,避日色。俟夜,天色皎潔,開缸受露。凡三夕,其清澈底,積垢二三寸。亟取出,以罈盛之烹茶,與惠泉無異。

聞龍《它泉記》：吾鄉四陲[62]皆山,泉水在在有之,然皆淡而不甘。獨所謂“它泉”者,其源出自四明,自洞抵埭,不下三數百里。水色蔚藍,素砂白石粼粼見底,清寒甘滑,甲於郡中。

《玉堂叢語》[164],黃諫常作《京師泉品》：“郊原,玉泉第一；京城,文華殿東大庖井第一。”後謫廣州,評泉以“雞爬井”爲第一,更名學士泉。

吳栻云：武夷泉出南山者,皆潔洌味短,北山泉味迥別,蓋兩山形似而脈不同也。予攜茶具共訪得三十九處,其最下者,亦無硬洌氣質。

王新城《隴蜀餘聞》[165]：百花潭,有巨石三,水流其中,汲之煎茶,清洌異於他水。

《居易錄》：濟源縣段少司空園,是玉川子煎茶處。中有二泉,或曰玉泉。去盤谷不十里,門外一水,曰潆水,出王屋山。按：《通志》：“玉泉在瀧水上,盧仝煎茶於此。今《水經注》不載。”

《分甘餘話》:一水,水名也。酈元《水經注·渭水》:又東,會一水,發源吳山。《地里志》:吳山,古汧山也。山下石穴,水溢石空,懸波側注。按:此即“一水”之源。在靈應峯下,所謂“西鎮靈湫”是也。余丙子祭告西鎮,常品茶於此,味與西山玉泉極相似。

《古夫于亭雜録》[166]:唐劉伯芻品水,以中泠爲第一,惠山、虎邱次之。陸羽則以康王谷爲第一,而次以惠山,古今耳食者遂以爲不易之論。其實二子所見,不過江南數百里内之水,遠如峽中蝦蟆碚,纔一見耳;不知大江以北,如吾郡發地皆泉,其著名者七十有二,以之烹茶,皆不在惠泉之下。宋李文叔格非[167],郡人也,嘗作《濟南水記》,與《洛陽名園記》並傳,惜《水記》不存,無以正二子之陋耳。謝在杭品平生所見之水,首濟南趵突,次以益都孝婦泉在顏神鎮,青州范公泉,而尚未見章邱之百脈泉。右皆吾郡之水,二子何嘗多見。予嘗題王秋史辛二十四泉草堂云:“翻憐陸鴻漸,跬步限江東”,正此意也。

陸次雲《湖壖雜記》[168]:龍井,泉從龍口中瀉出,水在池内,其氣恬然。若遊人注視久之,忽波瀾湧起,如欲雨之狀。

張鵬翮[169]《奉使日記》:葱嶺乾澗側,有舊二井。從旁掘地七八尺,得水甘冽,可煮茗。字之曰“塞外第一泉”。

《廣輿記》:永平灤州,有扶蘇泉,甚甘冽。秦太子扶蘇,嘗憩此。

江寧攝山千佛嶺下,石壁上刻隸書六字:曰“白乳泉試茶亭”。

鍾山八功德水:“一清、二冷、三香、四柔、五甘、六浄、七不饐、八蠲。”

丹陽玉乳泉,唐劉伯芻論此水爲“天下第四”。

寧州雙井,在黃山谷所居之南,汲以造茶,絶勝他處。

杭州孤山下,有金沙泉。唐白居易嘗酌此泉,甘美可愛,視其地沙,光燦如金,因名。

安陸府沔陽有陸子泉,一名文學泉。唐陸羽嗜茶,得泉以試,故名。

《增訂廣輿記》[170]:玉泉山,泉出石罅間,因鑿石爲螭頭,泉從口出,味極甘美。瀦爲池,廣三丈,東跨小石橋,名曰玉泉垂虹。

《武夷山志》:山南虎嘯巖語兒泉,濃若停膏,瀉杯中,鑒毛髮,味甘而博，啜之有軟順意。次則天柱三敲泉，而茶園喊泉，又可伯仲矣。北山泉味迴別，小桃源一泉，高地尺許，汲不可竭，謂之高泉。純遠而逸，致韻雙發，愈啜愈想愈深，不可以味名也。次則接笱之仙掌露，其最下者，亦無硬冽氣質。

《中山傳信録》[171]：琉球烹茶，以茶末雜細粉少許入碗，沸水半甌，用小竹帚攪數十次，起沫滿甌面爲度，以敬客。且有以大螺殼烹茶者。

《隨見録》[172]：安慶府宿松縣東門外，孚玉山下福昌寺旁井，曰龍井。水味清甘，瀹茗甚佳，質與溪泉較重。

六之飲

盧仝《茶歌》（日高丈五睡正濃）

唐馮贄《記事珠》：建人謂鬥茶曰茗戰。

《北堂書鈔》：杜育《荈賦》云：“茶能調神和内，解倦除慵。”

《續博物志》[173]：南人好飲茶，孫皓以茶與韋曜代酒，謝安詣陸納，設茶果而已。北人初不識此，唐開元中，泰山靈巖寺有降魔師，教學禪者以不寐法，令人多作茶飲，因以成俗。

《大觀茶論》：點茶不一，以分輕清重濁，相稀稠得中，可欲則止。《桐君録》云：若有餑，飲之宜人，雖多不爲貴也。

夫茶以味爲上，香甘重滑，爲味之全。惟北苑壑源之品兼之。卓絶之品，真香靈味，自然不同。

茶有真香……秋爽灑然。

點茶之色……茶必純白。青白者蒸壓微生……焙火太烈則色昏黑。[174]

《蘇文忠集》：予去黄[63]十七年，復與彭城張聖途、丹陽陳輔之同來。院僧梵英，葺治堂宇，比舊加嚴潔，茗飲芳冽。予問：“此新茶耶？”英曰：“茶性，新舊交則香味復。”予嘗見知琴者言：“琴不百年，則桐之生意不盡；緩急清濁，常與雨暘寒暑相應。”此理與茶相近，故並記之。

王燾集《外臺秘要》有《代茶飲子》詩，云：格韻高絶，惟山居逸人乃當作之。予嘗依法治服，其利膈調中，信如所云，而其氣味乃一帖煮散耳，與茶了無干涉。

《月兔茶》詩：環非環，玦非玦，中有迷離玉兔兒，一似佳人裙上月。月圓還缺缺還圓，此月一缺圓何年？君不見，鬥茶公子不忍鬥小團，上有雙卿緩帶雙飛鸞。

坡公嘗遊杭州諸寺，一日飲釅茶七碗，戲書云：（示病維摩原不病）

《侯鯖錄》東坡論茶：除煩去膩，世固不可一日無茶。然闇中損人不少，故或有忌而不飲者。昔人云：自茗飲盛後，人多患氣、患黃，雖損益相半，而消陰助陽，益不償損也。吾有一法，常自珍之：每食已，輒以濃茶漱口，煩膩既去，而脾胃不知。凡肉之在齒間，得茶漱滌，乃盡消縮不覺脫去，毋煩挑刺也。而齒性便苦，緣此漸堅密，蠹疾自已矣。然率用中茶，其上者亦不常有，間數日一啜，亦不爲害也。此大是有理，而人罕知者，故詳述之。

白玉蟾[175]《茶歌》：（味如甘露勝醍醐）

唐庚《鬥茶記》：政和二年[64]三月壬戌，二三君子相與鬥茶於寄傲齋。予爲取龍塘水烹之而第其品。吾聞茶不問團銙，要之貴新；水不問江井，要之貴活。千里致水，僞固不可知[65]，就令識真，已非活水。今我提瓶走龍塘無數千步，此水宜茶，昔人以爲不減清遠峽。每歲新茶，不過三月至矣。罪戾之餘，得與諸公從容談笑於此，汲泉煮茗，以取一時之適，此非吾君之力歟。

蔡襄《茶錄》：茶色貴白……以青白勝黃白。[176]

張淏《雲谷雜記》[177]：飲茶不知起於何時。歐陽公《集古錄跋》云：茶之見前史，蓋自魏晉以來有之。予按：《晏子春秋》嬰相齊景公時，“食脫粟之飯，炙三戈、五卵、茗菜而已”。又漢王褒《僮約》有“武陽[66]一作武都買茶”之語，則魏晉之前已有之矣。但當時雖知飲茶，未若後世之盛也。考郭璞注《爾雅》云：樹似梔子，冬生葉，可煮作羹飲。然茶至冬味苦，豈可復作羹飲耶？飲之令人少睡。張華得之，以爲異聞，遂載之《博物志》，非但飲茶者鮮，識茶者亦鮮。至唐陸羽著《茶經》三篇，言茶甚備，天下益知飲茶。其後尚茶成風，回紇入朝，始驅馬市茶。德宗建中間，趙贊始興茶稅。興元初，雖詔罷，貞元九年，張滂復奏請，歲得緡錢四十萬。今乃與鹽、酒同佐國用，所入不知幾倍於唐矣。

《品茶要録》：余嘗論茶之精絶者……其有助乎。昔陸羽號爲知茶……鴻漸其未至建安歟？[178]

謝宗《論茶》：候蟾背之芳香，觀蝦目之沸湧。故細漚花泛，浮餑雲騰，昏俗塵勞，一啜而散。

《黄山谷集》：品茶，一人得神，二人得趣，三人得味，六七人是名施茶。

沈存中《夢溪筆談》：芽茶，古人謂之雀舌、麥顆，言其至嫩也。今茶之美者，其質素良，而所植之土又美，則新芽一發，便長寸餘。其細如鍼，惟芽長爲上品，以其質幹，土力皆有餘故也。如雀舌、麥顆者，極下材耳。乃北人不識，誤爲品題。予山居有《茶論》，且作《嘗茶》詩云：“誰把嫩香名雀舌，定來北客未曾嘗。不知靈草天然異，一夜風吹一寸長。”

《遵生八箋》[179]

徐渭《煎茶七類》[180]

許次紓《茶疏》：握茶手中，俟湯入壺，隨手投茶，定其浮沉。然後瀉啜，則乳嫩清滑，而馥郁於鼻端，病可令起，疲可令爽。

一壺之茶……猶堪飯後供啜嗽之用。[181]

人必各手一甌，毋勞傳送。再巡之後，清水滌之。⑰

若巨器屢巡，滿中瀉飲，待停少温，或求濃苦，何異農匠作勞，但資口腹⑱，何論品賞，何知風味乎？

《煮泉小品》：“唐人以對花啜茶爲殺風景……又何必羔兒酒也。”

茶如佳人……毋令污我泉石。

茶之團者，片者……知味者當自辨之。

煮茶得宜……俗莫甚焉。

人有以梅花、菊花、茉莉花薦茶者……亦無事此。

今人薦茶……固不足責。

羅廩《茶解》：茶通仙靈，然有妙理。[182]

山堂夜坐，汲泉煮茗，至水火相戰，如聽松濤。傾瀉入杯，雲光瀲灧，此時幽趣，故難與俗人言矣。

顧元慶《茶譜·品茶八要》[69]：一品，二泉，三烹，四器，五試，六候，七侶，八勳。

張源《茶録》：飲茶以客少爲貴，眾則喧，喧則雅趣乏矣。獨啜曰幽，二客曰勝，三四曰趣，五六曰汎，七八曰施。

醖不宜早，飲不宜遲。醖早則茶神未發，飲遲則妙馥先消。

《雲林遺事》：倪元鎮素好飲茶。在惠山中，用核桃、松子肉和真粉，成小塊如石狀，置於茶中飲之，名曰"清泉白石茶"。

聞龍《茶箋》：東坡云……後以殉葬。[183]

《快雪堂漫録》：昨同徐茂吳至老龍井買茶，山民十數家各出茶，茂吳以次點試，皆以爲贗。曰：真者甘香而不冽，稍冽便爲諸山贗品。得一二兩，以爲真物。試之，果甘香若蘭，而山民及寺僧反以茂吳爲非。吾亦不能置辨，僞物亂真如此。茂吳品茶，以虎邱爲第一，常用銀一兩餘購其斤許。寺僧以茂吳精鑒，不敢相欺。他人所得，雖厚價，亦贗物也。子晉云：本山茶葉微帶黑，不甚青翠，點之色白如玉，而作寒豆香，宋人呼爲"白雪茶"[70]。稍綠，便爲天池物。天池茶中雜數莖虎邱，則香味迥別。虎邱，其茶中王種耶？岕茶精者，庶幾妃后；天池、龍井，便爲臣種，其餘則民種矣。[184]

熊明遇《羅岕茶記》：茶之色重、味重、香重者，俱非上品。松蘿香重，六安味苦，而香與松蘿同。天池亦有草萊氣，龍井如之，至雲霧，則色重而味濃矣。嘗啜虎邱茶，色白而香，似嬰兒肉，真稱精絕。

邢士襄《茶説》：夫茶中着料，碗中着果，譬如玉貌加脂，蛾眉染黛，翻累本色矣。

馮可賓《岕茶箋》：茶宜　無事……文僮。

茶忌　不如法……壁間案頭多惡趣。[185]

謝在杭《五雜俎》：昔人謂"楊子江心水，蒙山頂上茶"。蒙山在蜀雅州，其中峯頂，尤極險穢，虎狼蛇虺所居，採得其茶，可蠲百疾。今山東人，以蒙陰山下石衣爲茶，當之非矣。然蒙陰茶，性亦冷，可治胃熱之病。

凡花之奇香者，皆可點湯。《遵生八箋》云：芙蓉可爲湯，然今牡丹、薔薇、玫瑰、桂、菊之屬，採以爲湯，亦覺清遠不俗，但不若茗之易致耳。

北方柳芽初茁者,採之入湯,云其味勝茶。曲阜孔林楷木,其芽可以烹飲。閩中佛手柑、橄欖爲湯,飲之清香,色味亦旗槍之亞也。又或以菉豆微炒,投沸湯中,傾之其色正綠,香味亦不減新茗。偶宿荒村中,覓茗不得者,可以此代也。

《穀山筆麈》:六朝時,北人猶不飲茶,至以酪與之較,惟江南人食之甘。至唐,始興茶稅,宋元以來,茶目遂多,然皆蒸乾爲末。如今香餅之製,乃以入貢,非如今之食茶,止採而烹之也。西北飲茶,不知起於何時?本朝以茶易馬,西北以茶爲藥,療百病皆瘥,此亦前代所未有也。

《金陵瑣事》[186]:思屯,乾道人。見萬鎰手軟膝酸,云:“係五藏皆火,不必服藥,惟武夷茶能解之。”茶以東南枝者佳,採得烹以澗泉,則茶竪立,若以井水即橫。

《六研齋筆記》:茶以芳冽洗神,非讀書談道,不宜褻用。然非真正契道之士,茶之韻味,亦未易評量。〔余〕嘗笑時流持論[71],貴嘶聲之曲,無色之茶。嘶近於啞,古之遶梁遏雲,竟成鈍置。茶若無色,芳冽必減,且芳與鼻觸,冽以舌受,色之有無,目之所審。根境不相攝,而取衷於彼,何其悖耶?何其謬耶?

虎邱以有芳無色,擅茗事之品。顧其馥郁,不勝蘭芷,止與新剝荳花同調。鼻之消受,亦無幾何,至於入口,淡於勺水。清冷之淵,何地不有,乃煩有司章程,作僧流棰楚哉?

《紫桃軒雜綴》:

（天目清而不齷）

（分水貢芽）

雞蘇佛、橄欖仙,宋人詠茶語也。雞蘇即薄荷,上口芳辣;橄欖,久咀回甘。合此二者,庶得茶蘊,曰仙曰佛,當於空玄虛寂中,嘿嘿證入。不具是舌根者,終難與説也。

賞名花……不得全領其妙也。

精茶不宜瀹飯……斷不令俗腸污吾茗君也。

羅山廟後岇……以父龍井則不足。

天池……可念也。[187]

屠赤水[188]云：茶於穀雨候晴明日採製者，能治痰嗽，療百疾。

《類林新詠》[189]：顧彥先曰，有味如臛，飲而不醉；無味如茶，飲而醒焉。醉人何用也。

徐文長《秘集致品》：茶宜精舍，宜雲林，宜瓷瓶，宜竹竈，宜幽人雅士，宜衲子仙朋，宜永晝清談，宜寒宵兀坐，宜松月下，宜花鳥間，宜清流白石，宜綠蘚蒼苔，宜素手汲泉，宜紅妝掃雪，宜船頭吹火，宜竹裏飄煙。

《芸窗清玩》：茅一相云：余性不能飲酒，而獨耽味於茗。清泉白石……則又爽然自失矣。[190]

《三才藻異》[191]：雷鳴茶，產蒙山中頂，雷發收之。服三兩換骨，四兩爲地仙。

《聞雁齋筆記》[192]：趙長白自言，吾生平無他幸，但不曾飲井水耳。此老於茶，可謂能盡其性者，今亦老矣。甚窮，大都不能如曩時，猶摩挲萬卷中作《茶史》，故是天壤間多情人也。

袁宏道《瓶花史》[193]：賞花，茗賞者上也，譚賞者次也，酒賞者下也。

《茶譜》：《博物志》云，“飲真茶，令人少眠”，此是實事。但茶佳乃效，且須末茶飲之；如葉烹者，不效也。[194]

《太平清話》：琉球國[22]，亦曉烹茶。設古鼎於几上，水將沸時，投茶末一匙，以湯沃之。少頃奉飲，味甚清香。

《藜床瀋餘》[195]：長安婦女有好事者，曾侯家睹彩箋曰：一輪初滿，萬戶皆清。若乃狎處衾幬，不惟辜負蟾光，竊恐嫦娥生妒，涓於十五、十六二宵，聯女伴同志者，一茗一爐，相從卜夜，名曰“伴嫦娥”。凡有冰心，竚垂玉允。朱門龍氏拜啟。陸瀋原

沈周《跋茶錄》[196]：樵海先生，真隱君子也。平日不知朱門爲何物，日偃仰於青山白雲堆中，以一瓢消磨半生。蓋實得品茶三昧，可以羽翼桑苧翁之所不及，即謂先生爲茶中董狐可也。

王暉《快說續記》[197]：春日看花，郊行一二里許，足力小疲，口亦少渴，忽逢解事僧邀至精舍。未通姓名，便進佳茗，踞竹床連啜數甌，然後言別，不亦快哉。

衛泳《枕中秘》[198]：讀罷吟餘，竹外茶煙輕颺；花深酒後，鐺中聲響初

浮。個中風味誰知,盧居士可與言者,心下快活自省,黃宜州豈欺我哉。

江之蘭《文房約》[199]:詩書涵聖脈,草木棲神明。一草一木,當其含香吐艷,倚檻臨窗,真足賞心悦目,助我幽思。亟宜烹蒙頂石花,悠然啜飲。

扶輿沆瀣,往來於奇峯怪石間,結成佳茗。故幽人逸士,紗帽籠頭,自煎自喫。車聲羊腸,無非火候,苟飲不盡,且漱棄之,是又呼陸羽爲茶博士之流也。

高士奇[200]《天禄識餘》:飲茶或云始於梁天監中,見《洛陽伽藍記》。非也。按:《吳志·韋曜傳》,孫皓每讌饗,無不竟日,曜不能飲,密賜茶荈以當酒。如此言,則三國時已知飲茶矣。逮唐中世,榷茶遂與煮海相抗,迄今國計賴之。

《中山傳信録》:琉球茶甌頗大,斟茶止二三分,用果一小塊貯匙内,此學中國獻茶法也。

王復禮《茶説》:花晨月夕……可稱巖茗知己。[201]

陳鑒《虎邱茶經注補》:鑒親採數嫩葉,與茶侣湯愚公小焙烹之。真作荳花香,昔之鬻虎邱茶者,盡天池也。

陳鼎《滇黔紀遊》[202]:貴州羅漢洞,深十餘里,中有泉一泓。其色如黝,甘香清洌,煮茗則色如渥丹,飲之唇齒皆赤,七日乃復。

《瑞草論》云:茶之爲用,味寒,若熱渴凝、悶胸、目澀、四肢煩、百節不舒,聊四五啜,與醍醐、甘露抗衡也。

《本草拾遺》[203]:茗,味苦,微寒,無毒。治五臟邪氣,益意思,令人少臥,能輕身明目,去痰、消渴、利水道。

蜀雅州名山茶,有露鋋芽、籛芽,皆云火前者,言採造於禁火之前也。火後者次之。又有枳殼芽、枸杞芽、枇杷芽,皆治風疾。又有皂莢芽、槐芽、柳芽,乃上春摘其芽和茶作之,故今南人輸官茶,往往雜以衆葉,惟茅蘆、竹箬之類不可以入茶。自餘,山中草木芽葉,皆可和合,而椿、柿葉尤奇。真茶性極冷,惟雅州蒙頂出者,温而主療疾。

李時珍《本草》:服葳靈仙、土茯苓者,忌飲茶。

《羣芳譜》療治方:氣虛頭痛,用上春茶末調成膏,置瓦盞内覆轉,以巴豆四十粒,作一次燒煙燻之,曬乾乳細。每服一匙,别入好茶末,食後煎服立效。又赤白痢下，以好茶一斤，炙搗爲末，濃煎一二盞，服久，痢亦宜。又二便不通，好茶、生芝德各一撮，細嚼，滾水沖下即通。屢試立效。如嚼不及，擂爛滾水送下。

《隨見錄》：蘇文忠集載，憲宗賜馬總治泄痢腹痛方：以生薑和皮切碎如粟米，用一大錢並草茶相等煎服。元祐二年，文潞公得此疾，百藥不效，服此方而愈。

七之事

《晉書》：溫嶠表遣取供御之調，條列真上茶千片，茗三百大薄。

《洛陽伽藍記》：王肅初入魏，不食羊肉及酪漿等物，常飯鯽魚羹，渴飲茗汁。京師士子道肅[73]一飲一斗，號爲漏巵。後數年，高祖見其食羊肉、酪粥甚多，謂肅曰：羊肉何如魚羹，茗飲何如酪漿？肅對曰：羊者，是陸產之最；魚者，乃水族之長，所好不同，並各稱珍。以味言之，甚是優劣。羊比齊魯大邦，魚比邾莒小國，唯茗不中與酪作奴。高祖大笑。彭城王勰謂肅曰："卿不重齊魯大邦，而愛邾莒小國何也？"肅對曰：鄉曲所美，不得不好。彭城王復謂曰：卿明日顧我，爲卿設邾莒之食，亦有酪奴。因此，呼茗飲爲"酪奴"。時給事中劉縞，慕肅之風，專習茗飲。彭城王謂縞曰："卿不慕王侯八珍，而好蒼頭水厄，海上有逐臭之夫，里內有學顰之婦，以卿言之，即是也。"蓋彭城王家有吳奴，故以此言戲之。後梁武帝子西豐侯蕭正德歸降時，元乂欲爲設茗，先問卿於水厄多少？正德不曉乂意，答曰："下官生於水鄉，而立身以來，未遭陽侯之難。"元乂與舉坐之客皆笑焉。[204]

《海錄碎事》：晉司徒長史王濛，好飲茶，客至輒飲之。士大夫甚以爲苦，每欲候濛，必云：今日有水厄。

《續搜神記》[205]：桓宣武〔時〕[74]，有一督將，因時行病後虛熱，更能飲複茗，一斛二斗乃飽。纔減升合，便以爲不足，非復一日。家貧。後有客造之，正遇其飲複茗；亦先聞世有此病，仍令更進五升，乃大吐，有一物出如升大，有口，形質縮綴，狀似牛肚。客乃令置之於盆中，以一斛二斗複澆之，此物噏之都盡，而止覺小脹。又增五升，便悉混然從口中湧出。既吐此物，其病遂瘥。或問之此何病？客答云：此病名"斛二瘕"。

《潛確類書》：進士權紓文云：隋文帝微時，夢神人易其腦骨，自爾腦痛不止。後遇一僧曰：山中有茗草，煮而飲之當愈。帝服之，有效。由是人競採啜，因爲之贊。其略曰：窮《春秋》，演河圖，不如載茗一車。

《唐書》：太和七年，罷吳蜀冬貢茶。太和九年，王涯獻茶㊄，以涯爲榷茶使，茶之有稅，自涯始。十二月，諸道鹽鐵轉運榷茶使令狐楚奏榷茶不便於民，從之。

陸龜蒙嗜茶，置園顧渚山下，歲取租茶，自判品第。張又新爲“水説”七種：其二惠山泉，三虎邱井，六淞江水。人助其好者，雖百里爲致之。日登舟設蓬席，齎束書、茶竈、筆床、釣具，往來江湖間。俗人造門，罕覯其面。時謂江湖散人，或號天隨子、甫里先生。自比涪翁、漁父、江上丈人。後以高士徵，不至。

《國史補》：故老云：五十年前，多患熱黄，坊曲有專以烙黄爲業者。灞、滻諸水中，常有晝坐至暮者，謂之浸黄。近代悉無，而病腰腳者多，乃飲茶所致也。

韓晉公滉，聞奉天之難，以夾練囊盛茶末，遣健步以進。

黨魯使西蕃，烹茶帳中。蕃使問何爲？魯曰：滌煩消渴，所謂茶也。蕃使曰：“我亦有之。”命取出以示曰：此壽州者，此顧渚者，此蘄門者。

唐趙璘《因話録》[206]：陸羽有文學，多奇思，無一物不盡其妙，茶術最著。始造煎茶法，至今鬻茶之家，陶其像置煬突間，祀爲茶神，云宜茶足利。鞏縣爲瓷偶人，號陸鴻漸，買十茶器，得一鴻漸。市人沽茗不利，輒灌注之。復州一老僧是陸僧弟子，常誦其《六羨歌》，且有追感陸僧詩。

唐吳晦《摭言》[207]：鄭光業策試，夜有同人突入。吳語曰：“必先必先，可相容否？”光業爲輟半舖之地。其人曰：“仗取一杓水，更託煎一碗茶。”光業欣然爲取水煎茶。居二日，光業狀元及第，其人啟謝曰：“既煩取水，更便煎茶，當時不識貴人，凡夫肉眼，今日俄爲後進，窮相骨頭。”

唐李義山《雜纂》[208]：富貴相：擣藥碾茶聲。

唐馮贄《煙花記》[209]：建陽進茶油花子餅，大小形制各別，極可愛。宮嬪縷金於面，皆以淡妝，以此花餅施於鬢上，時號“北苑妝”。

唐《玉泉子》：崔蠡知制誥，丁太夫人憂，居東都里第，時尚苦節嗇，四方寄遺,茶藥而已,不納金帛,不異寒素。

《顏魯公帖》:廿九日,南寺通師設茶會,咸來静坐,離諸煩惱,亦非無益。足下此意,語虞十一,不可自外耳。顏真卿頓首、頓首。

《開元遺事》[210]:逸人王休,居太白山下,日與僧道異人往還。每至冬時,取溪冰,敲其晶瑩者,煮建茗,共賓客飲之。

《李鄴侯家傳》[211]:皇孫奉節王好詩,初煎茶加酥椒之類,遺泌求詩。泌戲賦云:“旋沫翻成碧玉池,添酥散出琉璃眼。”奉節王即德宗也。

《中朝故事》[212]:有人授舒州牧,贊皇公德裕謂之曰:“到彼郡日,天柱峯茶,可惠數角。”其人獻數十斤,李不受。明年罷郡,用意精求,獲數角投之,李閱而受之。曰:此茶可以消酒食毒。乃命烹一甌沃於肉食内,以銀合閉之,詰旦,視其肉已化爲水矣。衆服其廣識。

段公路《北户録》[213]:前朝短書雜説,呼茗爲薄、爲夾。又梁“科律”有薄茗、千夾云云。

唐蘇鶚《杜陽雜編》[214]:唐德宗每賜同昌公主饌,其茶有緑華、紫英之號。

《鳳翔退耕傳》[215]:元和時,館閣湯飲待學士者,煎麒麟草。

温庭筠《採茶録》:李約,字存博,汧公子也。一生不近粉黛,雅度簡遠,有山林之致。性嗜茶,能自煎。嘗謂人曰:“當使湯無妄沸……旬日忘發。”[216]

《南部新書》:杜豳公悰,位極人臣,富貴無比。嘗與同列言……自瀹湯茶喫也。[217]

大中三年,東都進一僧,年一百二十歲。宣皇問:“服何藥而致此?”僧對曰:“臣少也賤,不知藥,性本好茶,至處惟茶是求,或出,日過百餘碗。如常日,亦不下四五十碗。”因賜茶五十斤,令居保壽寺。名飲茶所曰“茶寮”。

有胡生者,失其名,以釘鉸爲業。居雪溪而近白蘋洲,去厥居十餘步,有古墳。胡生每瀹茗,必奠酹之。嘗夢一人謂之曰:“吾姓柳,平生善爲詩而嗜茗。及死,葬室在子今居之側。常銜子之惠,無以爲報,欲教子爲詩。”胡生辭以不能,柳強之曰:“但率子言之,當有致矣。”既寤,試搆思,果若有冥助者,厥後遂工焉。時人謂之"胡釘鉸詩",柳當是柳惲也[76]。又一説:列子終於鄭,今墓在郊藪,謂賢者之跡而或禁其樵牧焉。里有胡生者,性落魄,家貧,少爲洗鏡鎪釘之業。遇有甘果、名茶、美醖,輒祭於列御寇之祠壟,以求聰慧而思學道。歷稔,忽夢一人,取刀劃其腹,以一卷書置於心腑,及覺,而吟詠之意,皆工美之詞,所得不由於師友也。既成卷軸,尚不棄於猥賤之業,真隱者之風,遠近號爲胡釘鉸云。

張又新《煎茶水記》:代宗朝……李與賓從數十人皆大駭愕。[218]

《茶經本傳》[219]:羽嗜茶,著《經》三篇,時鬻茶者,至陶羽形置煬突間,祀爲茶神。有常伯熊者,因羽論,復廣著茶之功。御史大夫李季卿,宣慰江南,次臨淮,知伯熊善煮茗,召之。伯熊執器前,季卿爲再舉杯,其後尚茶成風。

《金鑾密記》[220]:金鑾故例,翰林當直學士,春晚人困,則日賜成象殿茶果。

《梅妃傳》:唐明皇與梅妃鬥茶,顧諸王戲曰:"此梅精也,吹白玉笛,作驚鴻舞,一座光輝;鬥茶今又勝吾矣。"妃應聲曰:"草木之戲,誤勝陛下,設使調和四海,烹飪鼎鼐,萬乘自有憲法,賤妾何能較勝負也。"上大悦。

杜鴻漸《送茶與楊祭酒書》:顧渚山中紫筍茶兩片,一片上太夫人,一片充昆弟同歠。此物但恨帝未得嘗,實所歎息。

《白孔六帖》:壽州刺史張鎰,以餉錢百萬遺陸宣公贄[221]。公不受,止受茶一串,曰:"敢不承公之賜。"

《海録碎事》:鄧利云:陸羽茶既爲癖,酒亦稱狂。

《侯鯖録》:唐右補闕綦毋㬠 音英,博學有著述才,性不飲茶,嘗著《代茶飲序》[77]。其略曰:釋滯消壅,一日之利暫佳;瘠氣耗精,終身之累斯大。獲益則歸功茶力,貽患則不咎茶災,豈非爲福近易知,爲禍遠難見歟。㬠在集賢,無何以熱疾暴終。

《苕溪漁隱叢話》:義興貢茶非舊也,李栖筠典是邦,僧有獻佳茗,陸羽以爲冠於他境,可薦於上。栖筠從之,始進萬兩。

《合璧事類》:唐肅宗賜張志和奴婢各一人,志和配爲夫婦,號漁童樵青。漁童捧釣收綸,蘆中鼓枻;樵青蘇蘭薪桂,竹裹煎茶。

《萬花谷》：《顧渚山茶記》云，山有鳥如鴝鵒而小，蒼黄色，每至正二月作聲云"春起也"；至三四月作聲云"春去也"。採茶人呼爲"報春鳥"。

董迫《陸羽點茶圖跋》[222]：竟陵大師積公嗜茶久，非漸兒煎奉不嚮口，羽出遊江湖四五載，師絶於茶味。代宗召師入内供奉，命宮人善茶者烹以餉，師一啜而罷。帝疑其詐，令人私訪得羽，召入。翌日，賜師齋，密令羽煎茗遺之。師捧甌，喜動顏色，且賞且啜，一舉而盡。上使問之，師曰："此茶有似漸兒所爲者。"帝由是歎師知茶，出羽見之[㉘]。

《蠻甌志》[223]：白樂天方齋，劉禹錫正病酒。乃以菊苗虀、蘆菔鮓餽樂天，換取六斑茶以醒酒。

《詩話》：皮光業……難以療飢也。[224]

《太平清話》：盧仝自號癖王，陸龜蒙自號怪魁。

《潛確類書》：唐錢起，字仲文，與趙莒爲茶宴。又嘗過長孫宅，與朗上人作茶會，俱有詩紀事。

《湘煙録》[225]：閔康侯曰，羽著《茶經》，爲李季卿所慢，更著《毁茶論》。其名疾，字季疵者，言爲季所疵也。事詳傳中。

《吳興掌故録》：長興啄木嶺，唐時吳興毘陵二太守造茶修貢會宴於此。上有境會亭。故白居易有《夜聞賈常州崔湖州茶山境會歡宴》詩。

包衡《清賞録》：唐文宗謂左右曰："若不甲夜視事，乙夜觀書，何以爲君？"嘗召學士於内庭論講經史，較量文章。宮人以下，侍茶湯飲饌。

《名勝志》[226]：唐陸羽宅，在上饒縣東五里。羽本竟陵人，初隱吳興苕溪，自號桑苧翁，後寓信城時，又號東岡子。刺史姚驥嘗詣其宅，鑿沼爲滇[227]渤之狀，積石爲嵩華之形。後隱士沈洪喬葺而居之。

《饒州志》：陸羽茶竈，在餘干縣冦山右峯。羽嘗品越溪水爲天下第二，故思居禪寺；鑿石爲竈，汲泉煮茶，曰丹爐，晉張氲作。元大德時，總管常福生從方士搜爐下，得藥二粒，盛以金盒。及歸開視，失之。

《續博物志》：物有異體而相制者，翡翠屑金，人氣粉犀，北人以鍼敲冰，南人以線解茶。

《太平山川記》：茶葉寮，五代時于履居之。

《類林》：五代時，魯公和凝，字成績，在朝率同列遞日以茶相飲。味劣者有罰,號爲"湯社"。

《浪樓雜記》[228]:天成四年,度支奏:朝臣乞假省覲者,欲量賜茶藥。文班自左右常侍至侍郎,宜各賜蜀茶三斤,蠟面茶二斤;武班官各有差。

馬令《南唐書》[229]:豐城毛炳好學,家貧不能自給,入廬山與諸生留講,獲鏹即市酒盡醉。時彭會好茶而炳好酒,時人爲之語曰:"彭生作賦,茶三片;毛氏傳詩,酒半升。"

《十國春秋[230]·楚王馬殷世家》:開平二年六月,判官高郁請聽民售茶北客,收其徵以贍軍,從之。秋七月,王奏運茶河之南北,以易繒纊、戰馬,仍歲貢茶二十五萬斤。詔可。由是屬內民得自摘山造茶而收其算,歲入萬計。高另置邸閣居茗,號曰八床主人。

《荆南列傳》:文了,吳僧也。雅善烹茗,擅絕一時。武信王時來遊荆南,延住紫雲禪院。日試其藝,王大加欣賞,呼爲湯神,奏授"華亭水大師"。人皆目爲乳妖。

《談苑》[231]:茶之精者,北苑名白乳頭,江左有金蠟面。李氏別命取其乳作片,或號曰"京挺的乳",二十餘品;又有研膏茶,即龍品也。

釋文瑩《玉壺清話》[232]:黃夷簡[233]雅有詩名;在錢忠懿王俶幕中,陪樽俎二十年。開寶初,太祖賜俶開吳鎮越崇文耀武功臣制誥,俶遣夷簡入謝於朝,歸而稱疾,於安溪別業,保身潛遁。著《山居詩》有"宿雨一番蔬甲嫩,春山幾焙茗旗香"之句。雅喜治宅,咸平中歸朝,爲光禄寺少卿。後以壽終焉。

《五雜俎》:建人喜鬥茶,故稱茗戰。錢氏子弟取雪上瓜,各言其中子之的數,剖之以觀勝負,謂之瓜戰。然茗猶堪戰,瓜則俗矣。

《潛確類書》:僞閩甘露堂前,有茶樹兩株,鬱茂婆娑,宮人呼爲清人樹。每春初,嬪嬙戲於其下,採摘新芽,於堂中設傾筐會。

《宋史》:紹興四年初,命四川宣撫司支茶博馬。

舊賜大臣茶,有龍鳳飾。明德太后曰:此豈人臣可得,命有司別製入香京挺以賜之。

《宋史·職官志》:茶庫掌茶,江浙、荆湖、建劍茶茗,以給翰林諸司賞賚出鬻。

《宋史·錢俶傳》：太平興國三年，宴俶長春殿，令劉鋹、李煜預坐。俶貢茶十萬斤，建茶萬斤及銀絹等物。

《甲申雜記》[234]：仁宗朝，春，試進士集英殿，后妃御太清樓觀之。慈聖光獻出餅角以賜進士，出七寶茶以賜考官。

《玉海》[235]：宋仁宗天聖三年幸南御莊觀刈麥，遂幸玉津園，燕羣臣，聞民舍機杼，賜織婦茶綵。

陶穀《清異錄》：有得建州茶膏，取作耐重兒八枚，膠以金縷，獻於閩王曦。遇通文之禍，爲内侍所盜，轉遺貴人。

苻昭遠不喜茶，嘗爲同列御史會茶，歎曰：“此物面目嚴冷，了無和美之態，可謂冷面草也。”

孫樵《送茶與焦刑部書》云：晚甘侯十五人，遣侍齋閣，此徒皆乘雷而摘，拜水而和，蓋建陽丹山碧水之鄉，月澗雲龕之品，慎勿賤用之。

湯悦有《森伯頌》：蓋名茶也[㊉]。方飲而森然嚴乎齒牙，既久而四肢森然。二義一名，非熟乎湯甌境界者，誰能目之。

吳僧梵川，誓願燃頂供養雙林傅大士。自往蒙頂結庵種茶。凡三年，味方全美。得絶佳者聖楊花、吉祥蕊，共不踰五斤，持歸供獻。

宣城何子華，邀客於剖金堂，酒半，出嘉陽嚴峻畫陸羽像懸之。子華因言：“前代惑駿逸者爲馬癖；泥貫索者爲錢癖；愛子者，有譽兒癖；耽書者，有《左傳》癖。若此叟溺於茗事，何以名其癖？”楊粹仲曰：“茶雖珍，未離草也，宜追目陸氏爲甘草癖。”一坐稱佳。

《類苑》：學士陶穀，得黨太尉家姬，取雪水烹團茶以飲。謂姬曰：“黨家應不識此。”姬曰：“彼粗人，安得有此，但能於銷金帳中，淺斟低唱飲羊膏兒酒耳。”陶深愧其言。

胡嶠《飛龍澗飲茶》詩云：“沾牙舊姓餘甘氏，破睡當封不夜侯。”陶穀愛其新奇，令猶子彝和之。彝應聲云：“生凉好喚雞蘇佛，回味宜稱橄欖仙。”彝時年十二，亦文詞之有基址者也。

《延福宮曲宴記》：宣和二年十二月癸巳，召宰執、親王、學士，曲宴於延福宮，命近侍取茶具，親手注湯擊拂。少頃，白乳浮盞，面如疏星淡月。顧諸臣曰：“此自烹茶。”飲畢，皆頓首謝。

　　《宋朝紀事》：洪邁選成《唐詩萬首絶句》表進，壽皇宣論：閣學選擇甚精，備見博洽，賜茶一百夸，清馥香一十貼，薰香二十貼，金器一百兩。

　　《乾淳歲時記》：仲春上旬，福建漕司進第一綱茶，名“北苑試新”；方寸小夸，進御止百夸。護以黃羅軟盝，藉以青箬，裹以黃羅，夾複臣封朱印。外用朱漆小匣，鍍金鎖，又以細竹絲織笈貯之，凡數重。此乃雀舌水芽所造，一夸之值四十萬，僅可供數甌之啜爾。或以一二賜外邸，則以生線分解，轉遺好事，以爲奇玩。

　　《南渡典儀》[236]：車駕幸學，講書官講訖，御藥傳旨，宣坐賜茶。凡駕出，儀衛有茶，酒班殿侍兩行，各三十一人。

　　《司馬光日記》：初除學士待詔，李堯卿宣召稱：“有敕。”口宣畢，再拜；升階，與待詔坐，啜茶。蓋中朝舊典也。

　　歐陽修《龍茶錄後序》[80]：皇祐中，修《起居注》，奏事仁宗皇帝，屢承天問，以建安貢茶併所以試茶之狀論臣，論茶之舛謬。臣追念先帝顧遇之恩，覽本流涕，輒加正定，書之於石，以永其傳。

　　《隨手雜錄》[237]：子瞻在杭時，一日中使至，密語子瞻曰：“某出京師，辭官家。官家曰：辭了娘娘來。某辭太后，殿復到官家處，引某至一櫃子旁，出此一角。密語曰：賜與蘇軾，不得令人知。”遂出所賜，乃茶一觔，封題皆御筆。子瞻具劄附進稱謝。

　　潘中散适爲處州守，一日作醮，其茶百二十盞，皆乳花。内一盞如墨，詰之，則酌酒人誤酌茶中。潘焚香再拜謝過，即成乳花，僚吏皆驚歎。

　　《石林燕語》[238]故事：建州歲貢大龍鳳團茶各二觔，以八餅爲觔。仁宗時，蔡君謨知建州，始別擇茶之精者，爲小龍團十觔以獻。觔爲十餅。仁宗以非故事，命劾之。大臣爲請，因留而免劾。然自是遂爲歲額。熙寧中，賈清爲福建運使[81]，又取小團之精者，爲密雲龍。以二十餅爲觔而雙袋，謂之“雙角團茶”。大小團袋皆用緋，通以爲賜也；密雲龍獨用黃，蓋專以奉玉食。其後又有瑞雲翔龍者。宣和後，團茶不復貴，皆以爲賜，亦不復如向日之精；後取其精者爲銙茶，歲賜者不同，不可勝紀矣。

　　《春渚記聞》[239]：東坡先生一日與魯直、文潛諸人會飯，既食骨餧兒血羹，客有須薄茶者，因就取所碾龍團，遍啜坐客。或曰：“使龍茶能言，當須稱屈。”

魏了翁《先茶記》：眉山李君鏗，爲臨邛茶官，吏以故事，三日謁先茶。君詰其故，則曰：“是韓氏而王號相傳爲然，實未嘗請命於朝也。”君曰：“飲食皆有先，而況茶之爲利，不惟民生食用之所資，亦馬政邊防之攸賴。是之弗圖，非忘本乎！”於是撤舊祠而增廣焉，且請於郡，上神之功狀於朝，宣賜榮號，以侈神賜；而馳書於靖，命記成役。

《捫掌録》[240]：宋自崇寧後復榷茶，法制日嚴，私販者固已抵罪，而商賈官券清納有限，道路有程，纖悉不如令，則被擊斷或沒貨出告。昏愚者往往不免，其儕乃目茶籠爲“草大蟲”，言傷人如虎也。

《苕溪漁隱叢話》：歐公《和劉原父揚州時會堂絶句》[241]云：“積雪猶封蒙頂樹，驚雷未發建溪春。中州地暖萌芽早，入貢宜先百物新。”注：時會堂，造貢茶所也。余以陸羽《茶經》考之，不言揚州出茶，惟毛文錫《茶譜》云：“揚州禪智寺，隋之故宮。寺傍蜀岡，其茶甘香，味如蒙頂焉。第不知入貢之因起何時也。”

《盧溪詩話》[242]：雙井老人，以青沙蠟紙裹細茶寄人，不過二兩。

《青瑣詩話》：大丞相李公昉嘗言，唐時目外鎮爲粗官，有學士貽外鎮茶，有詩謝云：粗官乞與真虛擲，賴有詩情合得嘗。外鎮，即薛能也。

《玉堂雜記》[243]：淳熙丁酉十一月壬寅，必大輪當內直。上曰：“卿想不甚飲。比賜宴時，見卿面赤。賜小春茶二十銙，葉世英墨五團，以代賜酒。”

陳師道《後山叢談》[244]：張忠定公令崇陽，民以茶爲業。公曰：茶利厚，官將取之，不若早自異也。命拔茶而植桑，民以爲苦。其後榷茶，他縣皆失業，而崇陽之桑皆已成，其爲絹而北者[82]，歲百萬疋矣。又見《名臣言行録》。

文正李公既薨，夫人誕日，宋宣獻公時爲侍從。公與其僚二十餘人詣第上壽，拜於簾下。宣獻前曰：“太夫人不飲，以茶爲壽。”探懷出之，注湯以獻，復拜而去。

張芸叟《畫墁録》：有唐茶品，以陽羨爲上供，建溪北苑未著也。貞元中，常袞爲建州刺史，始蒸焙而研之，謂研膏茶。其後稍爲餅樣，而穴其中，故謂之一串。陸羽所烹，惟是草茗爾。迨本朝，建溪獨盛，採焙製作，前世所未有也。士大夫珍尚鑒別，亦過古先。丁晉公爲福建轉運使，始製爲鳳團，後爲龍團，貢不過四十餅；專擬上供，即近臣之家，徒聞之而未嘗見也。天聖中，又爲小團，其品迴嘉於大團。賜兩府，然止於一斤，唯上大齋宿，兩府八人，共賜小團一餅，縷之以金，八人析歸，以侈非常之賜，親知瞻玩，賡唱以詩，故歐陽永叔有《龍茶小録》。或以大團賜者，輒剖方寸，以供佛、供仙、奉家廟，已而奉親並待客、享子弟之用。熙寧末，神宗有旨建州製密雲龍，其品又加於小團。自密雲龍出，則二團少粗，以不能兩好也。予元祐中詳定殿試，是年分爲制舉考第官，各蒙賜三餅，然親知誅責，殆將不勝。

熙寧中，蘇子容使虜，姚麟爲副，曰：盍載些小團茶乎？子容曰："此乃供上之物，疇敢與虜人？"未幾，有貴公子使虜，廣貯團茶以往。自爾，虜人非團茶不納也，非小團不貴也。彼以二團易蕃羅一疋，此以一羅酬四團，少不滿意，即形言語。近有貴貂守邊，以大團爲常供，密雲龍爲好茶云。

《鶴林玉露》[245]：嶺南人以檳榔代茶。

彭乘《墨客揮犀》[246]：蔡君謨，議茶者，莫敢對公發言；建茶所以名重天下，由公也。後公製小團，其品尤精於大團。一日，福唐蔡葉丞秘教召公啜小團。坐久，復有一客至，公啜而味之曰："此非獨小團，必有大團雜之。"丞驚呼童詰之，對曰："本碾造二人茶，繼有一客至，造不及，即以大團兼之。"丞神服公之明審。

王荊公爲小學士時，嘗訪君謨。君謨聞公至，喜甚。自取絶品茶，親滌器、烹點以待公，冀公稱賞。公於夾袋中取消風散一撮，投茶甌中併食之。君謨失色。公徐曰："大好茶味。"君謨大笑，且歎公之真率也。

魯應龍《閒窗括異志》[247]：當湖[248]德藏寺，有水陸齋壇，往歲富民沈忠建。每設齋，施主虔誠，則茶現瑞花；故花儼然可睹，亦一異也。

周輝《清波雜志》：先人嘗從張晉彦覓茶，張答以二小詩云："內家新賜密雲龍，只到調元六七公。賴有山家供小草，猶堪詩老薦春風。""仇池詩裏識焦坑，風味官焙可抗衡。鑽餘權倖亦及我，十輩遣前公試烹。"時總得偶病[⑧]，此詩俾其子代書。後誤刊於湖集中。焦坑産庾嶺下，味苦硬，久方回甘。如“浮石已乾霜後水，焦坑新試雨前茶”。東坡南還回至章貢顯聖寺詩也。後屢得之，初非精品，特彼人自以爲重，包裹鑽權倖，亦豈能望建溪之勝！

《東京夢華録》[249]：舊曹門街北山子茶坊，内有仙洞、仙橋，士女往往夜遊、吃茶於彼。

《五色線》[250]：騎火茶，不在火前，不在火後故也。清明改火，故曰騎火茶。

《夢溪筆談》：王城東[64]素所厚惟楊大年。公有一茶囊，唯大年至，則取茶囊具茶，他客莫與也。

《華夷花木考》[251]：宋二帝北狩到一寺中，有二石金剛並拱手而立。神像高大，首觸桁棟，別無供器，止有石盂、香爐而已。有一胡僧出入其中。僧揖坐問：何來？帝以南來對。僧呼童子點茶以進，茶味甚香美。再欲索飲，胡僧與童子趨堂後而去。移時不出，入内求之，寂然空舍，惟竹林間有一小室，中有石刻胡僧像並二童子侍立。視之，儼然如獻茶者。

馬永卿《嬾真子録》[252]：王元道嘗言，陝西子仙姑，傳云得道術，能不食。年約三十許，不知其實年也。陝西提刑陽翟李熙民逸老，正直剛毅人也，聞人所傳甚異，乃往青平軍自驗之。既見，道貌高古，不覺心服。因曰：“欲獻茶一杯可乎？”姑曰：“不食茶久矣，今勉強一啜。”既食，少頃垂兩手出，玉雪如也。須臾，所食之茶從十指甲出，凝於地，色猶不變。逸老令就地刮取，且使嘗之，香味如故，因大奇之。

《朱子文集[253]·與志南上人書》：偶得安樂茶，分上廿瓶。

《陸放翁集·同何元立蔡肩吾至丁東院[65]汲泉煮茶》詩云：雲芽近自峨嵋得，不減紅囊顧渚春。旋置風爐清樾下，他年奇事屬三人。

《周必大集·送陸務觀赴七閩提舉常平茶事》詩云：暮年桑苧毀《茶經》，應爲征行不到閩。今有雲孫持使節，好因貢焙祀茶人。[254]

《梅堯臣集》：《晏成續太祝遺雙井茶五品茶具四枚近詩六十篇因賦詩爲謝》。

《黄山谷集》有《博士王揚休碾密雲龍同事十三人飲之戲作》。

《晁補之集·和答曾敬之秘書見招能賦堂烹茶》詩：“一碗分來百越

春,玉溪小暑卻宜人。紅塵他日同回首,能賦堂中偶坐身。"

《蘇東坡集・送周朝議守漢州⑩》詩云:"茶爲西南病,岷俗記二李。何人折其鋒,矯矯六君子。"注:二李,杞與稷也。六君子,謂師道與姪正儒,張永徽、吳醇翁、呂元鈞、宋文輔也。蓋是時蜀茶病民,二李乃始敝之人;而六君子能持正論者也。

僕在黃州⑧,參寥自吳中來訪,館之東坡。一日,夢見參寥所作詩,覺而記其兩句云:"寒食清明都過了,石泉槐火一時新。"後七年,僕出守錢塘,而參寥始卜居西湖智果寺院。院有泉出石縫間,甘冷宜茶。寒食之明日,僕與客泛湖自孤山來謁參寥,汲泉鑽火,烹黃蘗茶,忽悟所夢詩,兆於七年之前。衆客皆驚歎,知傳記所載,非虛語也。

東坡《物類相感志》[255]:芽茶得鹽,不苦而甜。又云:喫茶多腹脹,以醋解之。又云:陳茶燒煙,蠅速去。

《楊誠齋集・謝傅尚書送茶》:遠餉新茗,當自擕大瓢,走汲溪泉,束澗底之散薪,燃折腳之石鼎。烹玉塵,啜香乳,以享天上故人之意。愧無胸中之書傳,但一味攪破菜園耳。

鄭景龍《續宋百家詩》:本朝孫志舉,有《訪王主簿同泛菊茶》詩。

呂元中《豐樂泉記》:歐陽公既得釀泉,一日會客,有以新茶獻者,公敕汲泉瀹之。汲者道仆覆水,僞汲他泉代。公知其非釀泉,詰之,乃得是泉於幽谷山下,因名豐樂泉。

《侯鯖録》[256]黃魯直云:爛蒸同州羊,沃以杏酪,食之以匕不以筯。抹南京麵,作槐葉冷淘糝以襄邑熟豬肉,炊共城香稻,用吳人鱠、松江之鱸。既飽,以康山谷簾泉烹曾坑鬥品。少焉臥北窗下,使人誦東坡《赤壁》前後賦,亦足少快。又見《蘇長公外紀》

《蘇舜欽傳》[257]:有興則泛小舟,出盤、閶二門,吟嘯覽古,渚茶野釀,足以消憂。

《過庭録》[258]:劉貢父知長安,妓有茶嬌者,以色慧稱。貢父惑之,事傳一時。貢父被召至闕,歐陽永叔去城四十五里迓之。貢父以酒病未起。永叔戲之曰:"非獨酒能病人,茶亦能病人多矣。"

《合璧事類》[259]:覺林寺僧志崇,製茶有三等:待客以驚雷莢,自奉以萱草帶,供佛以紫茸香。凡赴茶者,輒以油囊盛餘瀝。

江南有驛官,以幹事自任。白太守曰:"驛中已理,請一閱之。"刺史乃往,初至一室,爲酒庫,諸醞皆熟,其外懸一畫神,問何也? 曰杜康。刺史曰:"公有餘也。"又至一室,爲茶庫,諸茗畢備,復懸畫神,問何也? 曰陸鴻漸。刺史益喜。又至一室,爲葅庫,諸俎咸具,亦有畫神,問何也? 曰蔡伯喈。刺史大笑,曰:"不必置此。"

江浙間養蠶,皆以鹽藏其繭而繰絲,恐蠶蛾之生也。每繰畢,即煎茶葉爲汁,搗米粉搜之,篩於茶汁中煮爲粥,謂之洗甌粥。聚族以啜之,謂益明年之蠶。

《經鉏堂雜志》[260]:松聲、澗聲、山禽聲、夜蟲聲、鶴聲、琴聲、棋落子聲、雨滴敕聲、雪灑窗聲、煎茶聲,皆聲之至清者。

《松漠紀聞》[261]:燕京茶肆,設雙陸局,如南人茶肆中置棋具也。

《夢粱錄》:茶肆列花架,安頓奇松異檜等物於其上,裝飾店面,敲打響盞。又冬月添賣七寶擂茶、饊子葱茶。茶肆樓上,專安着妓女,名曰花茶坊。

南宋《市肆記》:平康歌館,凡初登門,有提瓶獻茗者,雖杯茶亦犒數千,謂之點花茶。

諸處茶肆:有清樂茶坊、八仙茶坊、珠子茶坊、潘家茶坊、連三茶坊、連二茶坊等名。

謝府有酒名,勝茶。

宋《都城紀勝》:大茶坊,皆掛名人書畫;人情,茶坊本以茶湯爲正,水茶坊,乃娼家聊設菓凳[⑧],以茶爲由,後生輩甘於費錢,謂之乾茶錢。又有提茶瓶及齪茶名色。

《臆乘》:楊衒之作《洛陽伽藍記》,日食有酪奴,蓋指茶爲酪粥之奴也。

《瑯嬛記》[262]:昔有客遇茅君。時當大暑,茅君於手巾內解茶葉,人與一葉。客食之,五內清涼。茅君曰:此蓬萊穆陀樹葉,眾仙食之以當飲。又有寶文之蕊,食之不飢;故謝幼貞詩云:"摘寶文之初蕊,拾穆陀之墜葉。"

楊南峯《手鏡》[263]載：宋時，姑蘇女子沈清友有《續鮑令暉香茗賦》。

孫月峯《坡仙食飲録》[264]：密雲龍茶，極爲甘馨。宋寥正，一字明略，晚登蘇門，子瞻大奇之。時黄、秦、晁、張，號蘇門四學士。子瞻待之厚，每至，必令侍妾朝雲取密雲龍烹以飲之。一日又命取密雲龍，家人謂是四學士，窺之，乃明略也。山谷詩有"喬聿雲龍"，亦茶名。

《嘉禾志》[265]：煮茶亭，在秀水縣西南湖中景德寺之東禪堂。宋學士蘇軾與文長老嘗三過湖上，汲水煮茶，後人因建亭以識其勝。今遺址尚存。

《名勝志》：茶仙亭，在滁州瑯琊山。宋時寺僧爲刺史曾肇[266]建蓋。取杜牧《池州茶山病不飲酒》詩"誰知病太守，猶得作茶仙"之句。子開詩云："山僧獨好事，爲我結茆茨。茶仙榜草聖，頗宗樊川詩。"蓋紹聖二年，肇知是州也。

陳眉公《珍珠船》[267]：蔡君謨謂范文正曰："公《採茶歌》云'黄金碾畔緑塵飛，碧玉甌中翠濤起'。今茶絶品，其色甚白，翠緑乃下者耳。欲改爲'玉塵飛''素濤起'如何？"希文曰善。

又蔡君謨嗜茶，老病不能飲，但把玩而已。

《潛確類書》：宋紹興中，少卿曹戩避地南昌豐城縣，其母喜茗飲。山初無井，戩乃齋戒祝天，即院堂後斸地，纔尺而清泉溢湧，後人名爲孝感泉。[⑧]

大理徐恪[⑨]，建人也。見貽鄉信鋌子茶，茶面印文曰"玉蟬膏"；一種曰"清風使"。

蔡君謨善別茶。建安能仁院有茶生石縫間，蓋精品也。寺僧採造得八餅，號石巖白，以四餅遺君謨，以四餅密遺人走京師遺王内翰禹玉。歲餘，君謨被召還闕，過訪禹玉。禹玉命子弟於茶筒中選精品碾以待蔡。蔡捧甌未嘗，輒曰："此極似能仁寺石巖白，公何以得之？"禹玉未信，索帖驗之，乃服。

《月令廣義》：蜀之雅州名山縣蒙山，有五峯，峯頂有茶園。中頂最高處，曰上清峯，産甘露茶。昔有僧病冷且久，嘗遇老父詢其病，僧具告之。父曰："何不飲茶？"僧曰："本以茶冷，豈能止乎？"父曰："是非常茶，仙家有所謂雷鳴者，而亦聞乎？"僧曰："未也。"父曰："蒙之中頂有茶，當以春分前後多籍人力，俟雷之發聲，併手採摘，以多爲貴，至三日乃止。若獲一兩，以本處水煎服，能祛宿疾；服二兩，終身無病；服三兩，可以換骨；服四兩，即爲地仙。但精潔治之，無不效者。"僧因之中頂築室以俟，及期獲一兩餘，服未竟而病瘥。惜不能久住博求，而精健至八十餘，氣力不衰，時到城市，觀其貌，若年三十餘者，眉髮紺綠。後入青城山，不知所終。今四頂茶園不廢，惟中頂草木繁茂，重雲積霧，蔽虧日月，鷙獸時出，人跡罕到矣。[91]

《太平清話》[268]：張文規以吳興白苧、白蘋洲、明月峽中茶爲三絕。文規好學，有文藻。蘇子由、孔武仲、何正臣諸公，皆與之遊。

夏茂卿《茶董》：劉曄嘗與劉筠飲茶。問左右："湯滾也未？"衆曰："已滾。"筠曰："僉曰鯀哉。"曄應聲曰："吾與點也。"

黃魯直以小龍團半鋌題詩贈晁無咎：曲几蒲團聽渚湯，煎成車聲繞羊腸。雞蘇胡麻留渴羌，不應亂我官焙香。東坡見之曰："黃九恁地怎得不窮。"

陳詩教《灌園史》：杭妓周韶有詩名，好蓄奇茗，嘗與蔡君謨鬥勝、題品風味，君謨屈焉。

江參，字貫道，江南人，形貌清癯，嗜香茶以爲生。

《博學彙書》[269]：司馬溫公與子瞻論茶墨，云："茶與墨二者正相反，茶欲白，墨欲黑；茶欲重，墨欲輕；茶欲新，墨欲陳。"蘇曰："上茶、妙墨俱香，是其德同也；皆堅，是其操同也。"公歎以爲然。

元耶律楚材詩《在西域作茶會值雪》有"高人惠我嶺南茶，爛賞飛花雪沒車"之句。

《雲林遺事》[270]：光福徐達左，搆養賢樓於鄧尉山中，一時名士多集於此。元鎮爲尤數焉，嘗使童子入山擔七寶泉，以前桶煎茶，以後桶濯足，人不解其意，或問之，曰："前者無觸，故用煎茶；後者或爲泄氣所穢，故以爲濯足之用。"其潔癖如此。

陳繼儒《妮古錄》[271]：至正辛丑九月三日，與陳徵君同宿愚庵師房，焚香煮茗，圖石梁秋瀑，翛然有出塵之趣。黃鶴山人王蒙題畫。

周敘[272]《遊嵩山記》：見會善寺中，有元雪庵頭陀茶榜石刻，字徑三寸許,遒偉可觀。

鍾嗣成《録鬼簿》[273]: 王實甫有《蘇小郎月夜販茶船》傳奇。

《吴興掌故録》: 明太祖喜顧渚茶,定制歲貢止三十二觔,於清明前二日,縣官親詣採茶,進南京奉先殿焚香而已,未嘗别有上供。

《七修彙稿》[274]: 明洪武二十四年,詔天下産茶之地,歲有定額,以建寧爲上,聽茶户採進,勿預有司。茶名有四: 探春、先春、次春、紫筍。不得碾揉爲大小龍團。

楊維楨《煮茶夢記》: 鐵崖道人卧石床,移二更,月微明及紙帳,梅影亦及半窗,鶴孤立不鳴。命小芸童汲白蓮泉,燃槁湘竹,授以凌霄芽爲飲供,乃遊心太虚,恍兮入夢。

陸樹聲《茶寮記》: 園居敞小寮……舉無生話。

時杪秋既望……於茶寮中漫記。[275]

《墨娥小録》[276]: 千里茶,細茶一兩五錢,孩兒茶一兩,柿霜一兩,粉草末六錢,薄荷葉三錢,右爲細末調匀,煉蜜丸如白豆大,可以代茶,便於行遠。

湯臨川[277]《題飲茶録》: 陶學士謂"湯者,茶之司命",此言最得三昧。馮祭酒精於茶政,手自料滌,然後飲客。客有笑者,余戲解之云:"此正如美人,又如古法書名畫,度可着俗漢手否?"

陸釴《病逸漫記》[278]: 東宫出講,必使左右迎請講官。講畢,則語東宫官云:"先生吃茶。"

《玉堂叢語》[279]: 愧齋陳公,性寬坦,在翰林時,夫人嘗試之。會客至,公呼:"茶!"夫人曰:"未煮。"公曰:"也罷。"又呼曰:"乾茶!"夫人曰:"未買。"公曰:"也罷。"客爲捧腹,時號"陳也罷"。

沈周《客座新聞》[280]: 吴僧大機所居,古屋三四間,潔浄不容唾。善瀹茗,有古井清冽爲稱。客至,出一甌爲供飲之,有滌腸湔胃之爽。先公與交甚久,亦嗜茶,每入城,必至其所。

沈周《書岕茶别論後》: 自古名山,留以待羈人遷客,而茶以資高士,蓋造物有深意。而周慶叔者,爲《岕茶别論》[92],以行之天下,度銅山金穴中無此福,又恐仰屠門而大嚼者,未必領此味。慶叔隱居長興,所至載茶具,邀余素鷗黄葉間,共相欣賞。恨鴻漸、君謨不見慶叔耳,爲之覆茶三歎。

馮夢禎《快雪堂漫録》[281]：李于鱗爲吾浙按察副使，徐子與以岕茶之最精餉之。比看子與於昭慶寺，問及，則已賞皁役矣。蓋岕茶葉大多梗㊽，于鱗北士，不遇宜也。紀之以發一笑。

閔元衡[282]《玉壺冰》：良宵燕坐，篝燈煮茗，萬籟俱寂，疏鐘時聞，當此情景，對簡編而忘疲，徹衾枕而不御，一樂也。

《甌江逸志》[283]：永嘉歲，進茶芽十斤，樂清茶芽五斤，瑞安、平陽歲進亦如之。

雁山五珍：龍湫茶、觀音竹、金星草、山樂官、香魚也。茶即明茶，紫色而香者，名“玄茶”，其味皆似天池而稍薄。

王世懋《二酉委譚》[284]：余性不耐冠帶，暑月尤甚。豫章天氣早熱，而今歲尤甚。春三月十七日，觴客於滕王閣，日出如火，流汗接踵，頭涔涔幾不知所措。歸而煩悶，婦爲具湯沐㊿，便科頭裸身赴之。時西山雲霧新茗初至，張右伯適以見遺，茶色白，大作荳子香，幾與虎邱埒。余時浴出，露坐明月下，亟命侍兒汲新水烹嘗之，覺沆瀣入咽，兩腋風生。念此境味，都非宦路所有。琳泉蔡先生，老而嗜茶，尤甚於余。時已就寢，不可邀之共啜；晨起復烹遺之，然已作第二義矣。追憶夜來風味，書一通以贈先生。

《湧幢小品》[285]：王璉[286]，昌邑人，洪武初爲寧波知府。有給事來謁，具茶。給事爲客居間，公大呼：“撤去！”給事慚而退，因號“撤茶太守”。

《臨安志》：棲霞洞内有水洞，深不可測，水極甘冽，魏公嘗調以瀹茗。

《西湖志餘》[287]：杭州先年有酒館而無茶坊，然富家燕會，猶有專供茶事之人，謂之“茶博士”。

《潘子真詩話》：葉濤詩極不工而喜賦詠，嘗有《試茶》詩云：“碾成天上龍兼鳳，煮出人間蟹與蝦。”好事者戲云：“此非試茶，乃碾玉匠人嘗南食也。”

董其昌[288]《容臺集》：蔡忠惠公進小團茶，至爲蘇文忠公所譏，謂與錢思公進姚黃花同失士氣。然宋時君臣之際，情意藹然，猶見於此。且君謨未嘗以貢茶干寵，第點綴太平世界一段清事而已。東坡書歐陽公滁州二記，知其不肯書《茶録》。余以蘇法書之，爲公懺悔。不則蟄龍詩句，幾臨湯火，有何罪過。凡持論，不大遠人情可也。

　　金陵春卿署中,時有以松蘿茗相貽者,平平耳。歸來山館,得啜尤物,詢知爲閔汶水所蓄。汶水家在金陵,與余相及,海上之鷗,舞而不下,蓋知希爲貴,鮮遊大人者。昔陸羽以精茗事,爲貴人所侮,作《毀茶論》。如汶水者,知其終不作此論矣。

　　李日華《六研齋筆記》⑯:攝山棲霞寺,有茶坪,茶生榛莽中,非經人剪植者。唐陸羽入山採之,皇甫冉作詩送之。

　　《紫桃軒雜綴》:泰山無茶茗,山中人摘青桐芽點飲,號女兒茶。又有松苔,極饒奇韻。

　　《鍾伯敬集》[289]・茶訊詩》云:“猶得年年一度行,嗣音幸借採茶名。”伯敬與徐波元歎交厚,吳楚風煙相隔數千里,以買茶爲名,一年通一訊,遂成佳話,謂之茶訊。

　　錢謙益[290]《茶供說》:婁江逸人朱汝圭,精於茶事,將以茶隱,欲求爲之記,願歲歲採渚山青芽,爲余作供。余觀楞嚴壇中設供,取白牛乳、砂糖、純蜜之類;西方沙門婆羅門,以葡萄、甘蔗漿爲上供,未有以茶供者。鴻漸,長於苾蒭者也;杼山,禪伯也。而鴻漸《茶經》、杼山《茶歌》,俱不云供佛。西土以貫花燃香供佛,不以茶供,斯亦供養之缺典也。汝圭益精心治辦茶事,金芽素瓷,清净供佛,他生受報,往生香國。以諸妙香而作佛事,豈但如丹邱羽人飲茶,生羽翼而已哉。余不敢當汝圭之茶供,請以茶供佛。後之精於茶道者,以採茶供佛爲佛事,則自余之謋汝圭始,爰作《茶供說》以贈。

　　《五燈會元》[291]:摩突羅國,有一青林枝葉茂盛地,名曰“優留茶”。

　　僧問如寶禪師曰:“如何是和尚家風?”師曰:“飯後三碗茶。”僧問谷泉禪師曰:“未審客來,如何祗待?”師曰:“雲門胡餅趙州茶。”

　　《淵鑒類函》[292]鄭愚《茶詩》:“嫩芽香且靈,吾謂草中英。夜臼和煙搗,寒爐對雪烹。”因謂茶曰“草中英”。

　　素馨花曰禪茗,陳白沙《素馨記》以其能少裨於茗耳。一名那悉茗花。

　　《佩文韻府》[293]元好問詩注:唐人以茶爲小女美稱。

　　《黔南行紀》:陸羽《茶經》紀黃牛峽茶可飲,因令舟人求之。有嫗賣新茶一籠,與草葉無異,山中無好事者故耳。

初余在峽州，問士大夫黃陵茶，皆云粗澀不可飲。試問小吏，云唯僧茶味善。令求之，得十餅，價甚平也。攜至黃牛峽，置風爐清樾間，身自候湯，手揃得味；既以享黃牛神，且酌。元明堯夫云：不減江南茶味也。乃知夷陵士大夫以貌取之耳。

《九華山録》[294]：至化城寺，謁金地藏塔，僧祖瑛獻土産茶，味可敵北苑。

馮時可《茶録》：松郡佘山亦有茶，與天池無異，顧採造不如。近有比丘來，以虎丘法製之，味與松蘿等。老衲嘔逐之，曰："無爲此山開羶徑而置火坑。"

冒巢民《岕茶彙鈔》：憶四十七年前……而後他及。

金沙于象明攜岕茶來……真衰年稱心樂事也。

吳門七十四老人……真奇癖也。[295]

《嶺南雜記》[296]：潮州燈節，飾姣童爲採茶女，每隊十二人或八人，手挈花籃，迭進而歌，俯仰抑揚，備極妖妍。又以少長者二人爲隊首，擎綵燈，綴以扶桑、茉莉諸花。採女進退作止，皆視隊首。至各衙門或巨室唱歌，賚以銀錢、酒果。自十三夕起至十八夕而止。余録其歌數首，頗有前溪、子夜之遺。

周亮工《閩小記》[66]：歙人閔汶水，居桃葉渡上。予往品茶其家，見其水火皆自任，以小酒盞酌客，頗極烹飲態。正如德山擔青龍鈔，高自矜許而已，不足異也。秣陵好事者，嘗誚閩無茶，謂閩客得閔茶[67]，咸製爲羅囊，佩而嗅之，以代旃檀。實則閩不重汶水也。閩客遊秣陵者，宋比玉[68]、洪仲章輩，類依附吳兒強作解事，賤家雞而貴野鶩，宜爲其所誚歟。三山薛老，亦秦淮汶水也。薛嘗言："汶水假他味作蘭香，究使茶之真味盡失。"汶水而在，聞此亦當色沮。薛嘗住芍峴，自爲剪焙，遂欲駕汶水上。余謂茶難以香名，況以蘭定茶，乃咫尺見也，頗以薛老論爲善。

延、邵人呼製茶人爲碧豎。富沙陷後，碧豎盡在綠林中矣。

蔡忠惠《茶録》石刻，在甌寧[297]邑庠壁間。予五年前揭數紙寄所知，今漫漶不如前矣。

閩酒數郡如一，茶亦類是。今年予得茶甚夥，學坡公義酒事，盡合爲一,然與未合無異也。

李仙根《安南雜記》[298]：交趾稱其貴人曰翁茶。翁茶者,大官也。

《虎邱茶經注補》[99]：徐天全自金齒[299]謫回,每春末夏初,入虎邱開茶社。

羅光璽作《虎丘茶記》,嘲山僧有替身茶。

吳匏庵與沈石田遊虎丘,採茶手煎對啜,自言有茶癖。

《漁洋詩話》[300]：林確齋者,亡其名,江右人。居冠石,率子孫種茶,躬親畚鍤負擔;夜則課讀《毛詩》《離騷》。過冠石者,見三四少年,頭着一幅布,赤腳揮鋤,琅然歌出金石,竊嘆以爲古圖畫中人。

《尤西堂集》：有戲册"茶爲不夜侯"制。

朱彝尊《日下舊聞》[301]：上巳後三日,新茶從馬上至。至之日,宫價五十金,外價二三十金。不一二日,即二三金矣。見《北京歲華記》。

《曝書亭集》[302]：錫山聽松庵僧性海,製竹火爐,王舍人過而愛之,爲作山水横幅並題以詩。歲久爐壞,盛太常因而更製,流傳都下,羣公多爲吟詠。顧梁汾典籍仿其遺式製爐,及來京師,成容若侍衛以舊圖贈之。丙寅之秋,梁汾攜爐及卷過余海波寺寓,適姜西溟、周青士、孫愷似三子亦至。坐青藤下,燒爐試武夷茶,相與聯句成四十韻,用書於册,以示好事之君子。

蔡方炳《增訂廣輿記》[303]：湖廣長沙府攸縣,古蹟有茶王城,即漢茶陵城也。

葛萬里《清異錄》[304]：倪元鎮飲茶用果按者,名清泉白石,非佳客不供。有客請見,命進此茶。客渴,再及而盡,倪意大悔,放盞入内。

黃周星九煙夢讀採茶賦,只記一句,云"施凌雲以翠步"。

《别號錄》[305]：宋曾機吾甫,别號茶山。明許應元子春,别號茗山。

《隨見錄》：武夷五曲朱文公書院[306]内,有茶一株,葉有臭蟲氣,及焙製,出時香逾他樹,名曰臭葉香茶。又有老樹數株,云係文公手植,名曰宋樹。

〔補〕[00]

《西湖遊覽志》[307]：立夏之日,人家各烹新茗,配以諸色細果,餽送親戚、比鄰，謂之“七家茶”。

南屏謙師妙於茶事，自云得心應手，非可以言傳學到者。

劉士亨有《謝璘上人惠桂花茶》詩云：（金粟金芽出焙籠）

李世熊《寒支集》[308]：新城之山有異鳥，其音若簫，遂名曰簫曲山。山產佳茗，亦名簫曲茶。因作歌紀事。

《禪玄顯教編》：徐道人居廬山天池寺，不食者九年矣。畜一墨羽鶴，嘗採山中新茗，令鶴銜松枝烹之。遇道流，輒相與飲幾碗。

張鵬翀《抑齋集》[309]有御賜《鄭宅茶賦》云：青雲幸接於後塵，白日捧歸乎深殿。從容步緩，膏芬齊，出螭頭；肅穆神凝，乳滴將開蠟面。用以濡毫，可媲文章之草；將之比德，勉為精白之臣。

八之出

《國史補》[310]：風俗貴茶，其名品益衆[⑩]。南劍有蒙頂石花，或小方散芽，號為第一。湖州顧渚之紫筍，東川有神泉小團、綠昌明、獸目。峽州有小江園、碧澗寮、明月房、茱萸寮。福州有柏巖、方山露芽。婺州有東白、舉巖、碧貌。建安有青鳳髓，夔州有香山，江陵有楠木，湖南有衡山，睦州有鳩坑。洪州有西山之白露，壽州有霍山之黃芽。綿州之松嶺，雅州之露芽，南康之雲居，彭州之仙崖、石花，渠江之薄片，邛州之火井、思安，黔陽之都濡、高株，瀘川之納溪、梅嶺，義興之陽羨、春池、陽鳳嶺，皆品第之最著者也。

《文獻通考》：片茶之出於建州者……總十一名。[311]

葉夢得《避暑錄話》：北苑茶，正所產為曾坑，謂之正焙；非曾坑，為沙溪，謂之外焙。二地相去不遠，而茶種懸絕。沙溪色白，過於曾坑，但味短而微澀；識者一啜，如別涇渭也。余始疑地氣土宜，不應頓異如此，及來山中，每開闢徑路，刓治巖竇，有尋丈之間，土色各殊，肥瘠緊緩燥潤亦從而不同。並植兩木於數步之間，封培灌溉略等，而生死豐悴如二物者，然後知事不經見，不可必信也。草茶極品，惟雙井、顧渚，亦不過各有數畝。雙井在分寧縣，其地屬黃氏魯直家也。元祐間，魯直力推賞於京師，族人交致之，然歲僅得一二斤爾。顧渚在長興縣，所謂吉祥寺也，其半為今劉侍郎希范家所有。兩地所産,歲亦止五六斤。近歲寺僧求之者,多不暇精擇,不及劉氏遠甚。余歲求於劉氏,過半斤則不復佳。蓋茶味雖均,其精者在嫩芽。取其初萌如雀舌者,謂之槍;稍敷而爲葉者,謂之旗。旗非所貴,不得已取一槍一旗猶可,過是則老矣。此所以爲難得也。

《歸田録》:臘茶出於劍建,草茶盛於兩浙。兩浙之品,日鑄[102]爲第一。自景祐以後,洪州雙井白芽漸盛,近歲製作尤精,囊以紅紗,不過一二兩,以常茶十數斤養之,用辟暑濕之氣。其品遠出日注上,遂爲草茶第一。

《雲麓漫鈔》:茶出浙西湖州爲上,江南常州次之。湖州出長興顧渚山中。常州出義興君山懸腳嶺北岸下等處。

《蔡寬夫詩話》:玉川子《謝孟諫議寄新茶》詩有“手閲月團三百片”及“天子須嘗陽羨茶”之句,則孟所寄乃陽羨茶也。

楊文公《談苑》[312]:蠟茶出建州,陸羽《茶經》尚未知之,但言福建等州未詳,往往得之,其味極佳。江左近日方有蠟面之號。丁謂《北苑茶録》云:創造之始,莫有知者。質之三館,檢討杜鎬,亦曰在江左日,始記有研膏茶。歐陽公《歸田録》亦云出福建,而不言所起。按:唐氏諸家説中,往往有蠟面茶之語,則是自唐有之也。

《事物記原》[313]:江左李氏,別令取茶之乳作片,或號京鋌、的乳及骨子等。是則京鋌之品,自南唐始也。《苑録》云:的乳以降,以下品雜鍊售之,唯京師去者,至真不雜,意由此得名。或曰,自開寶末[103],方有此茶。當時識者云:金陵僭國,唯曰都下,而以朝廷爲京師,今忽有此名;其將歸京師乎?

羅廪《茶解》按:唐時産茶地,僅僅如季疵所稱。而今之虎邱、羅岕、天池、顧渚、松蘿、龍井、雁宕、武夷、靈川、大盤、日鑄、朱溪諸名茶,無一與焉。乃知靈草在在有之,但培植不嘉,或疏於採製耳。

《潛確類書》:“《茶譜》袁州之界橋,其名甚著,不若湖州之研膏紫筍,烹之有綠腳垂下。”又:婺州有舉巖茶,斤片[104]方細,所出雖少,味極甘芳,煎之如碧玉之乳也。

《農政全書》[314]:玉壘關外寶唐山,有茶樹産懸崖,筍長三寸、五寸,方有一葉、兩葉。涪州出三般茶,最上賓化,其次白馬,最下涪陵。

《煮泉小品》：茶自淛以北皆較勝，惟閩、廣以南不惟水不可輕飲，而茶亦當慎之。昔鴻漸未詳嶺南諸茶，但云“往往得之，其味極佳”。余見其地多瘴癘之氣，染著草木，北人食之，多致成疾，故謂人當慎之。

《茶譜通考》：岳陽之含膏冷，劍南之綠昌明，蘄門之團黃，蜀州⑩之雀舌，巴東之真香，夷陵之壓磚，龍安之騎火。

《江南通志》：蘇州府吳縣西山產茶，穀雨前採焙極細者販於市，爭先騰價，以雨前爲貴也。

吳郡《虎邱志》：虎邱茶，僧房皆植，名聞天下。穀雨前摘細芽焙而烹之，其色如月下白，其味如荳花香。近因官司徵以饋遠，山僧供茶一斤，費用銀數錢。是以苦於齋送，樹不修葺，甚至刈斫之，因以絕少。

米襄陽《志林》[315]：蘇州穹窿山下，有海雲庵，庵中有二茶樹。其二株皆連理，蓋二百餘年矣。

《姑蘇志》：虎邱寺西產茶，朱安雅云：今二山門西偏，本名茶嶺。

陳眉公《太平清話》：洞庭中西盡處[316]，有仙人茶，乃樹上之苔蘚也。四皓採以爲茶。

《圖經續記》：洞庭小青山塢出茶，唐宋入貢。下有水月寺，因名水月茶。[317]

《古今名山記》：支硎山茶塢，多種茶。

《隨見錄》[318]：洞庭山有茶，微似岕而細，味甚甘香，俗呼爲嚇殺人。產碧螺峯者，尤佳，名碧螺春。

《松江府志》：佘山在府城北，舊有佘姓者修道於此，故名。山產茶與筍並美，有蘭花香味。故陳眉公云：“余鄉佘山茶，與虎邱相伯仲。”

《常州府志》：武進縣章山麓，有茶巢嶺[319]，唐陸龜蒙嘗種茶於此。

《天下名勝志》：南岳，古名陽羨山，即君山北麓。孫皓既封國後，遂禪此山爲岳，故名。唐時產茶充貢，即所云南岳貢茶也⑫。

常州宜興縣東南，別有茶山。唐時造茶入貢，又名唐貢山，在縣東南三十五里均山鄉。

《武進縣志》[320]：茶山路，在廣化門外，十里之內，大墩小墩連綿簇擁，有山之形。唐代湖、常二守會陽羨造茶修貢，由此往返，故名。

《檀几叢書》：茗山，在宜興縣西南五十里永豐鄉。皇甫曾有《送羽南山採茶》詩，可見唐時貢茶在茗山矣。

唐李栖筠守常州日，山僧獻陽羨茶。陸羽品爲芬芳冠世，產可供上方，遂置茶舍於洞靈觀，歲造萬兩入貢。後韋夏卿徙於無錫縣罨畫谿上，去湖汶一里所。許有穀詩云："陸羽名荒舊茶舍，卻教陽羨置郵忙"是也。

義興南岳寺，唐天寶中，有白蛇衘茶子墜寺前。寺僧種之庵側，由此滋蔓，茶味倍佳，號曰蛇種。土人重之，每歲爭先餉遺，官司需索、脩貢不絕。迨今方春採茶，清明日縣令躬享白蛇於卓錫泉亭，隆厥典也。後來檄取，山農苦之，故袁高有："陰嶺茶未吐，使者牒已頻"之句。郭三益詩："官符星火催春焙，卻使山僧怨白蛇。"盧仝《茶歌》："安知百萬億蒼生，命墜顛崖受辛苦。"可見貢茶之累民，亦自古然矣。

《洞山岕茶系》：羅岕去宜興而南⋯⋯瀦嶺稍夷，才通車騎。所出之茶，厥有四品。

第一品：老廟後：廟祀山之土神⋯⋯致在有無之外。

第二品：新廟後棋盤頂⋯⋯食而眛其似也。

第三品：廟後漲沙⋯⋯范洞、白石。

第四品：下漲沙⋯⋯巖竈龍池。此皆平洞本岕也。[321]

外山之長潮，青口，筈莊，顧渚，茅山岕，俱不入品。

《岕茶彙鈔》：洞山茶之下者，香清葉嫩，着水香消。棋盤頂、紗帽頂、雄鵝頭、茗嶺，皆產茶地。諸地有老柯、嫩柯，惟老廟後無二，梗葉叢密，香不外散，稱爲上品也。

《鎮江府志》：潤州之茶，傲山爲佳。

《寰宇記》[307]：揚州江都縣蜀岡，有茶園，茶甘香[308]如蒙頂，蒙頂在蜀，故以名。岡上有時會堂、春貢亭，皆造茶所，今廢。見毛文錫《茶譜》。

《宋史・食貨志》：散茶出淮南，有龍溪、雨前、雨後之類。

《安慶府志》：六邑俱產茶，以桐之龍山，潛之閔山者爲最。蒔茶源在潛山縣；香茗山在太湖縣；大小茗山在望江縣。

《隨見錄》：宿松縣產茶，嘗之頗有佳種。但製不得法，倘別其地、辨其等、製以能手，品不在六安下。

《徽州志》：茶産於松蘿，而松蘿茶乃絶少。其名則有勝金、嫩桑、仙芝、來泉、先春、運合、華英之品；其不及號者爲片茶，八種。近歲茶名，細者有雀舌、蓮心、金芽，次者爲芽下白、爲走林、爲羅公，又其次者，爲開園、爲軟枝、爲大方。製名號多端，皆松蘿種也。

吳從先《茗説》：松蘿，予土産也。色如梨花，香如荳蕊，飲如嚼雪。種愈佳，則色愈白，即經宿無茶痕，固足美也。秋露白片子，更輕清若空，但香大惹人，難久貯，非富家⑩不能藏耳。真者其妙若此，略混他地一片，色遂作惡，不可觀矣。然松蘿地如掌，所産幾許？而求者四方雲至，安得不以他混耶？

《黄山志》：蓮花庵旁，就石縫養茶，多輕香冷韻，襲人斷齶。

《昭代叢書》[322]：張潮云，吾鄉天都有抹山茶，茶生石間，非人力所能培植。味淡香清，足稱仙品，採之甚難，不可多得。

《隨見録》：松蘿茶，近稱紫霞山者爲佳；又有南源、北源名色。其松蘿真品，殊不易得。黄山絶頂有雲霧茶，別有風味，超出松蘿之外。

《通志》[323]：寧國府屬宣、涇、寧、旌、太諸縣，各山俱産松蘿。

《名勝志》：寧國縣鴉山，在文脊山北，産茶充貢。《茶經》云：味與蘄州同。宋梅詢有“茶煮鴉山雪滿甌”之句，今不可復得矣。

《農政全書》：宣城縣有丫山，形如小方餅橫鋪，茗芽産其上。其山東爲朝日所燭，號曰陽坡，其茶最勝。太守薦之京洛人士，題曰“丫山陽坡橫文茶”，一名瑞草魁。

《華夷花木考》：宛陵[324]茗池源茶，根株頗碩，生於陰谷，春夏之交方發萌芽，莖條雖長，旗槍不展，乍紫乍緑。天聖初，郡守李虛己、仝太史梅詢嘗試之，品以爲建溪、顧渚不如也。

《隨見録》：宣城有緑雪芽，亦松蘿一類；又有翠屏等名色。其涇川涂茶，芽細、色白、味香，爲上供之物。

《通志》：池州府屬青陽、石埭、建德俱産茶，貴池亦有之。九華山閔公墓茶，四方稱之。

《九華山志》：金地茶，西域僧金地藏所植。今傳枝梗空筒者是。大抵煙霞雲霧之中，氣常温潤，與地上者不同，味自異也。

《通志》：廬州府屬六安、霍山，並産名茶，其最著惟白茅貢尖，即茶芽也。每歲茶出，知州具本恭進。

六安州有小峴山，出茶名小峴春，爲六安極品。霍山有梅花片，乃黃梅時摘製，色、香兩兼，而味稍薄。又有銀針、丁香、松蘿等名色。

《紫桃軒雜綴》：余生平慕六安茶，適一門生作彼中守，寄書託求數兩，竟不可得，殆絕意乎！

《陳眉公筆記》：雲桑茶，出瑯琊山。茶類桑葉而小，山僧焙而藏之，其味甚清。

廣德州建平縣雅山出茶，色、香、味俱美。

《浙江通志》：杭州、錢塘、富陽及餘杭徑山，多産茶。

《天中記》[325]：杭州寶雲山出者，名寶雲茶。下天竺香林洞者，名香林茶。上天竺白雲峯者，名白雲茶。

田子藝云：龍泓……尤所當浚。[326]

《湖汶雜記》[327]：龍井産茶，作荳花香，與香林、寶雲、石人塢、垂雲亭者絕異。採於穀雨前者尤佳，啜之淡然，似乎無味，飲過後覺有一種太和之氣，瀰淪於齒頰之間。此無味之味，乃至味也。爲益於人不淺，故能療疾，其貴如珍，不可多得。

《坡仙食飲録》：寶嚴院垂雲亭亦産茶，僧怡然以垂雲茶見餉，坡報以大龍團。

陶穀《清異録》：開寶中，寶儀以新茶飲予，味極美。盍面標云"龍坡山子茶"。龍坡是顧渚之別境。

《吳興掌故》：顧渚左右有大小官山，皆爲茶園。明月峽在顧渚側[⑩]，絕壁削立大澗中流，亂石飛走，茶生其間，尤爲絕品。張文規詩所謂"明月峽中茶始生"是也。

顧渚山，相傳以爲吳王夫差於此顧望原隰[⑪]可爲城邑，故名。唐時，其左右大小官山皆爲茶園，造茶充貢，故其下有貢茶院[⑫]。

《蔡寬夫詩話》：湖州紫筍茶，出顧渚，在常、湖二郡之間，以其萌茁紫而似筍也。每歲入貢，以清明日到，先薦宗廟，後賜近臣。

馮可賓《岕茶箋》：環長興境……所以味迴別也。[328]

《名勝志》：茗山，在蕭山縣西三里，以山中出佳茗也。又上虞縣後山茶，亦佳。

《方輿覽勝》[329]：會稽有日鑄嶺，嶺下有寺名資壽。其陽坡名油車，朝暮常有日，茶產其地絶奇。歐陽文忠云：“兩浙草茶，日鑄第一。”

《紫桃軒雜綴》：普陀老僧貽余小白巖茶一裹，葉有白茸，瀹之無色。徐引，覺涼透心腑。僧云：“本巖歲止五六斤，專供大士，僧得啜者寡矣。”

《普陀山志》：茶以白華巖頂者爲佳。

《天台記》：丹邱出大茗，服之生羽翼。

桑莊《茹芝續譜》：天台茶有三品，紫凝、魏嶺、小溪是也。今諸處並無出產，而土人所需，多來自西坑、東陽、黄坑等處。石橋諸山，近亦種茶，味甚清甘，不讓他郡，蓋出自名山霧中，宜其多液而全厚也。但山中多寒，萌發較遲，兼之做法不佳，以此不得取勝。又所產不多，僅足供山居而已。

《天台山志》：葛仙翁茶圃，在華頂峯上。

《羣芳譜》：安吉州茶，亦名紫筍。

《通志》：茶山，在金華府蘭溪縣。

《廣輿記》：鳩坑茶，出嚴州府淳安縣。方山茶，出衢州府龍游縣。

勞大輿《甌江逸志》：浙東多茶品，雁宕山稱第一。每歲穀雨前三日，採摘茶芽進貢。一槍兩旗而白毛者，名曰明茶。穀雨日採者，名雨茶。一種紫茶，其色紅紫，其味尤佳，香氣尤清，又名玄茶，其味皆似天池而稍薄[113]。難種薄收，土人厭人求索，園圃中少種；間有之，亦爲識者取去。按：盧仝《茶經》云：温州無好茶，天台瀑布水、甌水味薄，唯雁宕山水爲佳。此山茶亦爲第一，曰去腥膩、除煩惱、卻昏散、消積食。但以錫瓶貯者得清香味，不以錫瓶貯者，其色雖不堪觀，而滋味且佳，同陽羡山岕茶無二無別。採摘近夏，不宜早；炒做宜熟不宜生，如法可貯二三年。愈佳愈能消宿食，醒酒，此爲最者。

王草堂《茶説》：温州中墺及漈上茶，皆有名，性不寒不熱。

屠粹忠《三才藻異》：舉巖，婺茶也；斤片方細，煎如碧乳。

《江西通志》：茶山，在廣信府城北，陸羽嘗居此。

洪州西山白露鶴嶺，號絶品；以紫清香城者爲最。及雙井茶芽，即歐陽公所云"石上生茶如鳳爪"者也。又羅漢茶,如荳苗,因靈觀尊者自西山持至,故名。

《南昌府志》：新建縣鵝岡西,有鶴嶺。雲物鮮美,草木秀潤,産名茶異於他山。

《江西通志》^⑭：瑞州府出茶芽,廖暹《十詠》呼爲雀舌香焙云。其餘臨江、南安等府俱出茶,廬山亦産茶。

袁州府界橋出茶,今稱仰山、稠平、木平者佳,稠平者尤妙。

贛州府寧都縣出林岕,乃一林姓者以長指甲炒之；採製得法,香味獨絶,因之得名。

《名勝志》：茶山寺,在上饒縣城北三里,按《圖經》即廣教寺。中有茶園數畝,陸羽泉一勺。羽性嗜茶,環居皆植之,烹以是泉,後人遂以廣教寺爲茶山寺云。宋有茶山居士曾吉甫,名幾,以兄開竹秦檜,奉祠僑居此寺凡七年,杜門不問世故。

《丹霞洞天志》³³⁰：建昌府麻姑山産茶,惟山中之茶爲上,家園植者次之^⑮。

《饒州府志》：浮梁縣陽府山,冬無積雪,凡物早成,而茶尤殊異。金君卿詩云："聞雷已薦雞鳴筍,未雨先嘗雀舌茶。"以其地暖故也。

《〔江西〕通志》^⑯：南康府出匡茶,香味可愛,茶品之最上者。

九江府彭澤縣九都山出茶,其味略似六安。

《廣輿記》：德化茶,出九江府。又,崇義縣多産茶。

《吉安府志》：龍泉縣匡山,有苦齋,章溢所居。四面峭壁,其下多白雲,上多北風,植物之味皆苦。野蜂巢其間,採花蕊作蜜,味亦苦。其茶苦於常茶。

《羣芳譜》：太和山騫林茶,初泡極苦澀；至三四泡,清香特異,人以爲茶寶。

《福建通志》：福州、泉州、建寧、延平、興化、汀州、邵武諸府,俱産茶。

《合璧事類》：建州出大片。方山之芽如紫筍,片大極硬,須湯浸之方可碾。治頭痛,江東老人多服之。

周櫟園³³¹《閩小記》：鼓山半巖茶,色香風味當爲閩中第一,不讓虎邱、龍井也。雨前者,每兩僅十錢,其價廉甚。一云前朝每歲進貢,至楊文敏當國,始奏罷之,然近來官取,其擾甚於進貢矣。

柏巖,福州茶也,巖即柏梁臺。

《興化府志》[332]:仙遊縣出鄭宅茶,真者無幾,大都以贋者雜之,雖香而味薄。

陳懋仁《泉南雜志》[333]:清源山茶,青翠芳馨,超軼天池之上。南安縣英山茶,精者可亞虎邱,惜所產不若清源之多也。閩地氣暖,桃李冬花,故茶較吳中差早。

《延平府志》:樱毛茶,出南平縣半巖者佳。

《建寧府志》:北苑在郡城東,先是建州貢茶,首稱北苑龍團,而武夷石乳之名未著。至元時,設場於武夷,遂與北苑並稱;今則但知有武夷,不知有北苑矣。吳越間人,頗不足閩茶,而甚艷北苑之名;不知北苑實在閩也。

宋無名氏《北苑別錄》[334]:建安之東三十里……曰《北苑別錄》云。[335]

御園

九窠十二隴……小山。

右四十六所……又爲禁園之先也。[336]

《東溪試茶錄》:舊記建安郡官焙三十有八。丁氏舊錄云……善東一、豐樂二。[337]外有曾坑、石坑、壑源、葉源、佛嶺、沙溪等處,惟壑源之茶,甘香特勝。[117]

茶之名有七:一曰白茶……芽葉如紙,民間以爲茶瑞,取其第一者爲鬥茶。次曰柑葉茶……貧民取以爲利。[338]

《品茶要錄》:壑源沙溪……壑源之品也。[339]

《潛確類書》:歷代貢茶,以建寧爲上,有龍團、鳳團、石乳、滴乳、綠昌明、頭骨、次骨、末骨、鹿骨、山挺等名。而密雲龍最高,皆碾屑作餅。至國朝始用芽茶,曰探春、先春,曰次春,曰紫筍,而龍鳳團皆廢矣。

《名勝志》:北苑茶園,屬甌寧縣。舊經云:僞閩龍啟中,里人張暉,以所居北苑地宜茶,悉獻之官,其名始著。

《三才藻異》:石巖白,建安能仁寺茶也,生石縫間。

建寧府屬浦城縣江郎山，出茶，即名江郎茶。

《武夷山志》：前朝不貴閩茶，即貢者，亦只備宮中浣濯甌盞之需。貢使類以價，貨京師所有者納之。間有採辦，皆劍津廖地產，非武夷也。黃冠每市山下茶，登山貿之，人莫能辨。

茶洞，在接筍峯側。洞門甚隘，内境夷曠，四周皆穹崖壁立。土人種茶，視他處爲最盛。

崇安殷令，招黃山僧以松蘿法製建茶，真堪並駕，人甚珍之，時有武夷松蘿之目。

王梓《茶説》：武夷山，周迴百二十里，皆可種茶。茶性，他產多寒，此獨性溫。其品有二：在山者爲巖茶，上品；在地者爲洲茶，次之。香清濁不同，且泡時巖茶湯白，洲茶湯紅，以此爲別。雨前者爲頭春，稍後爲二春，再後爲三春。又有秋中採者，爲秋露白，最香。須種植、採摘、烘焙得宜，則香、味兩絶。然武夷本石山，峯巒載土者寥寥，故所產無幾。若洲茶，所在皆是，即鄰邑近多栽植，運至山中及星村墟市賈售，皆冒充武夷。更有安溪所產，尤爲不堪。或品嘗其味，不甚貴重者，皆以假亂真誤之也。至於蓮子心、白毫，皆洲茶；或以木蘭花熏成欺人，不及巖茶遠矣。

張大復《梅花筆談》：《經》云，嶺南生福州、建州。今武夷所產，其味極佳，蓋以諸峯拔立，正陸羽所云“茶上者生爛石”耶。

《草堂雜錄》：武夷山有三味茶，苦、酸、甜也，別是一種。飲之味果屢變。相傳能解醒消脹，然採製甚少，售者亦稀。

《隨見錄》：武夷茶在山上者爲巖茶，水邊者爲洲茶。巖茶爲上，洲茶次之；巖茶北山者爲上，南山者次之。南北兩山，又以所產之巖名爲名。其最佳者，名曰工夫茶。工夫之上，又有小種，則以樹名爲名。每株不過數兩，不可多得。洲茶名色有蓮子心、白毫、紫毫、龍鬚、鳳尾、花香、蘭香、清香、奧香、選芽、漳芽等類。

《廣興記》：泰寧茶，出邵武府。

福寧州太姥山出茶[18]，名緑雪芽。

《湖廣通志》：武昌茶，出通山者上，崇陽、蒲圻者次之。

《廣興記》：崇陽縣龍泉山，周二百里。山有洞，好事者持炬而入，行數十步許,坦平如室,可容千百衆。石渠流泉清冽,鄉人號曰魯溪。巖產茶甚甘美。

《天下名勝志》:湖廣江夏縣洪山,舊名東山。《茶譜》云:鄂州東山出茶,黑色如韭,食之已頭痛。

《武昌郡志》:茗山在蒲圻縣北十五里,產茶。又大冶縣,亦有茗山。

《荊州土地記》:武陵七縣,通出茶,最好。

《岳陽風土記》[340]:灃湖諸山舊出茶,謂之灃湖茶。李肇所謂“岳州灃湖之含膏”是也。唐人極重之,見於篇什。今人不甚種植,惟白鶴僧園有千餘本。土地頗類北苑,所出茶一歲不過一二十斤,土人謂之“白鶴茶”,味極甘香,非他處草茶可比並。茶園地色亦相類,但土人不甚植爾。

《〔湖南〕通志》[⑲]:長沙茶陵州,以地居茶山之陰,因名。昔炎帝葬於茶山之野。茶山即雲陽山,其陵谷間多生茶茗故也。

長沙府出茶,名安化茶。辰州茶,出溆浦。郴州亦出茶。

《類林新詠》:長沙之石楠葉,摘芽爲茶,名樂茶,可治頭風。湘人以四月四日摘楊桐草,搗其汁拌米而蒸,猶晉糜之類,必啜此茶,乃去風也。尤宜暑月飲之。

《合璧事類》:潭郡之間有渠江,中出茶,而多毒蛇猛獸,鄉人每年採擷不過十五六斤。其色如鐵而芳香異常,烹之無腳。

湘潭茶,味略似普洱,土人名曰“芙蓉茶”。

《茶事拾遺》:潭州有鐵色,夷陵有壓磚。

《〔湖廣〕通志》[⑳]:靖州出茶油。蘄水有茶山,產茶。

《河南通志》:羅山茶,出河南汝寧府信陽州。

《桐柏山志》:瀑布山,一名紫凝山,產大葉茶。

《山東通志》:兗州府費縣蒙山石巔,有花如茶,土人取而製之,其味清香,迥異他茶,貢茶之異品也。

《輿志》:蒙山,一名東山。上有白雲巖,產茶,亦稱蒙頂。王草堂云,乃石上之苔,爲之非茶類也。

《廣東通志》:廣州、韶州、南雄、肇慶各府及羅定州,俱產茶。[341]

西樵山,在郡城西一百二十里,峯巒七十有二,唐末詩人曹松移植顧渚茶於此,居人遂以茶爲生業。

韶州府曲江縣曹溪茶,歲可三四採,其味清甘。

潮州大埔縣,肇慶恩平縣,俱有茶山。德慶州有茗山,欽州靈山縣亦有茶山。

吳陳琰《曠園雜志》[342]:端州白雲山,出雲獨奇。山故蒔茶在絕壁,歲不過得一石許,價可至百金。

王草堂《雜録》:粵東珠江之南,產茶曰河南茶。潮陽有鳳山茶,樂昌有毛茶,長樂有石茗,瓊州有靈茶、烏藥茶云。

《嶺南雜記》:廣南出苦蔏茶,俗呼爲苦丁。非茶也,葉大如掌,一片入命,其味極苦;少則反有甘味,噙嗽利咽喉之症,功並山豆根。

化州有琉璃茶,出琉璃庵。其產不多,香與峒岾相似。僧人奉客,不及一兩。

羅浮有茶,產於山頂石上,剥之如蒙山之石茶。其香倍於廣岾[⑩],不可多得。

《南越志》[343]:龍川縣出皋盧,味苦澀,南海謂之過盧。

《陝西通志》:漢中府、興安州等處產茶。如金州、石泉、漢陰、平利、西鄉諸縣,各有茶園,他郡則無。[⑫]

《四川通志》[⑬]:四川產茶州縣,凡二十九處。成都府之資陽、安縣、灌縣、石泉、崇慶等,重慶府之南川、黔江、酆都、武隆、彭水等,夔州府之建始、開縣等,及保寧府、遵義府、嘉定州、瀘州、雅州、烏蒙等處。

東川茶有神泉、獸目。邛州茶曰火井。

《華陽國志》:涪陵無鹽桑,惟出茶、丹漆、蜜蠟。

《華夷花木考》:蒙頂茶,受陽氣全,故芳香。唐李德裕入蜀,得蒙餅以沃於湯瓶之上,移時盡化,乃驗其真。蒙頂又有五花茶,其片作五出。

毛文錫《茶譜》:蜀州晉原……皆散茶之最上者。[344]

《東齋紀事》[345]:蜀雅州蒙頂產茶最佳,其生最晚,每至春夏之交始出。常有雲霧覆其上,若有神物護持之。

《羣芳譜》:峽州茶有小江園、碧磵蓁、明月房、茱萸蓁等。

陸平泉《茶寮記事》:蜀雅州蒙頂上,有火前茶最好,謂禁火以前採者。後者謂之火後。茶有露芽、穀芽之名。[346]

《述異記》[347]：巴東有真香茗，其花白色如薔薇，煎服令人不眠，能誦無忘。

《廣輿記》：峨嵋山茶，其味初苦而終甘。又瀘州茶可療風疾。又有一種烏茶，出天全六番招討使司境內。

王新城《隴蜀餘聞》[348]：蒙山，在名山縣西十五里。有五峯，最高者曰上清峯。其巔一石，大如數間屋，有茶七株生石上，無縫罅。云是甘露大師手植，每茶時葉生，智炬寺僧輒報有司往視，籍記其葉之多少。採製纔得數錢許，明時貢京師，僅一錢有奇。環石別有數十株，曰陪茶，則供藩府、諸司之用而已。其旁有泉，恆用石覆之，味清妙在惠泉之上。

《雲南記》：名山縣出茶，有山曰蒙山，聯延數十里，在西南。按：《拾遺志》《尚書》所謂"蔡蒙旅平"者，蒙山也。在雅州，凡蜀茶盡出此。

《雲南通志》：茶山，在元江府城西北普洱界。太華山，在雲南府西，產茶色味似松蘿，名曰太華茶。

普洱茶，出元江府普洱山，性溫味香；兒茶出永昌府，俱作團。又感通茶，出大理府點蒼山感通寺。

《續博物志》：威遠州，即唐南詔銀生府之地。諸山出茶，收採無時，雜椒、薑烹而飲之。

《廣輿記》：雲南廣西府出茶；又灣甸州出茶，其境內孟通山所產，亦類陽羨茶。穀雨前採者香。

曲靖府茶子，叢生，單葉，子可作油。

許鶴沙《滇行紀程》[349]：滇中陽山茶，絕類松蘿。

《天中記》：容州黃家洞出竹茶，其葉如嫩竹，土人採以作飲，甚甘美。廣西容縣，唐容州。

《貴州通志》：貴陽府產茶，出龍里東苗坡及陽寶山[124]，土人製之無法，味不佳。近亦有採芽以造者，稍可供啜。威寧府茶出平遠，產巖間，以法製之，味亦佳。

《地圖綜要》[350]：貴州新添軍民衛產茶，平越軍民衛亦出茶。

《研北雜志》[351]：交趾出茶如綠苔，味辛烈，名曰"登北虜重"，譯名"茶曰釹"。

九之略

茶事著述名目

《茶經》三卷　唐太子文學陸羽撰　《茶記》三卷[352]　前人見《國史經籍志》

《顧渚山記》二卷　前人　　《煎茶水記》一卷　江州刺史張又新撰

《採茶録》三卷　温庭筠撰　《補茶事》　太原温從雲　武威段碯之

《茶訣》三卷　釋皎然撰　　《茶述》　裴汶

《茶譜》一卷　僞蜀毛文錫　《大觀茶論》二十篇　宋徽宗撰

《建安茶録》[353]三卷　丁謂撰　《試茶録》二卷　蔡襄撰

《進茶録》[354]一卷　前人　　《品茶要録》一卷　建安黃儒撰

《建安茶記》一卷　吕惠卿撰　《北苑拾遺》一卷　劉异撰

《北苑煎茶法》　前人　　　《東溪試茶録》　宋子安集，一作朱子安

《補茶經》一卷　周絳撰　　又一卷[355]　前人

《北苑總録》十二卷　曾伉録　《茶山節對》一卷　攝衢州長史蔡宗顏撰

《茶譜遺事》一卷　前人　　《宣和北苑貢茶録》　建陽熊蕃撰

《宋朝茶法》　沈括　　　《茶論》　前人

《北苑別録》一卷　趙汝礪撰　《北苑別録》　無名氏[356]

《造茶雜録》　張文規　　《茶雜文》一卷　集古今詩文及茶者

《壑源茶録》一卷　章炳文　《北苑別録》　熊克[357]

《龍焙美成茶録》　范逵　《茶法易覽》十卷　沈立

《建茶論》　羅大經　　《煮茶泉品》　葉清臣

《十友譜茶譜》[358]　失名　《品茶》一篇　陸魯山

《續茶譜》　桑莊茹芝　《茶録》　張源

《煎茶七類》　徐渭　　《茶寮記》　陸樹聲

《茶譜》　顧元慶　　《茶具圖》[359]一卷　前人

《茗笈》　屠本畯　　《茶録》　馮時可

《岕山茶記》[360]　熊明遇　《茶疏》　許次紓

《八箋茶譜》　高濂　　《煮泉小品》　田藝蘅

《茶箋》　屠隆　　《岕茶箋》　馮可賓

《峒山茶系》[361]　周高起伯高　《水品》　徐獻忠

《竹嬾茶衡》　李日華　　　　《茶解》　羅廩

《松寮茗政》　卜萬祺　　　　《茶譜》　錢友蘭翁

《茶集》一卷　胡文煥　　　　《茶記》　呂仲吉

《茶箋》　聞龍　　　　　　　《岕茶別論》　周慶叔

《茶董》　夏茂卿　　　　　　《茶說》　邢士襄

《茶史》　趙長白　　　　　　《茶說》　吳從先

《武夷茶說》　袁仲儒　　　　《茶譜》　朱碩儒見黃與堅集

《岕茶彙鈔》　冒襄⑬　　　　《茶考》　徐燉

《羣芳譜茶譜》　王象晉　　　《佩文齋廣羣芳譜茶譜》

詩文名目

杜毓《荈賦》　　　　　　　　顧況《茶賦》

吳淑《茶賦》　　　　　　　　李文簡《茗賦》

梅堯臣《南有佳茗賦》　　　　黃庭堅《煎茶賦》

程宣子《茶銘》　　　　　　　曹暉《茶銘》

蘇廙《仙芽傳》　　　　　　　湯悅《森伯傳》

蘇軾《葉嘉傳》　　　　　　　支廷訓《湯蘊之傳》

徐巖泉《六安州茶居士傳》　　呂溫《三月三日茶晏序》

熊禾《北苑茶焙記》　　　　　趙孟頫《武夷山茶場記》

暗都剌《喊山臺記》　　　　　文德翼《廬山免給茶引記》

茅一相《茶譜》序　　　　　　清虛子《茶論》

何恭《茶議》　　　　　　　　汪可立《茶經後序》

吳旦《茶經跋》　　　　　　　童承敘《論茶經書》

趙觀《煮泉小品序》

詩文摘句

《合璧事類·龍溪除起宗制》有云：必能爲我講摘山之制,得充廐之良。

胡文恭《行孫詧制》有云：領算商車,典領茗軸。

　　唐武元衡有《謝賜新火及新茶表》。劉禹錫、柳宗元有《代武中承謝賜新茶表》。

　　韓翃《爲田神玉謝賜茶表》有"味足蠲邪，助其正直；香堪愈疾，沃以勤勞。吳主禮賢，方聞置茗；晉臣愛客，纔有分茶"之句。

　　《宋史》：李稷重秋葉、黄花之禁。

　　宋《通商茶法詔》，乃歐陽修筆；代福建提舉《茶事謝上表》，乃洪邁筆。

　　謝宗《謝茶啟》：比丹丘之仙芽，勝烏程之御荈，不止味同露液，白況霜華。豈可爲酪蒼頭，便應代酒從事。

　　《茶榜》：雀舌初調，玉碗分時茶思健；龍團搗碎，金渠碾處睡魔降。

　　劉言史與孟郊洛北野泉上煎茶，有詩。

　　僧皎然尋陸羽不遇，有詩。

　　白居易有《睡後茶興憶楊同州》詩。

　　皇甫曾有《送陸羽採茶》詩。

　　劉禹錫《石園蘭若試茶歌》有云"欲知花乳清冷味，須是眠雲跂石人"。

　　鄭谷《峽中嘗茶》詩：入座半甌輕泛綠，開緘數片淺含黄。

　　杜牧《茶山》詩：山實東南秀，茶稱瑞草魁。

　　施肩吾詩：茶爲滌煩子，酒爲忘憂君。

　　秦韜玉有《採茶歌》。

　　顏真卿有《月夜啜茶聯句》詩。

　　司空圖詩：碾盡明昌幾角茶。

　　李羣玉詩：客有衡山隱，遺余石廩茶。

　　李郢《酬友人春暮寄枳花茶》詩。

　　蔡襄有北苑茶壟、採茶、造茶、試茶詩五首。

　　《朱熹集》：香茶供養黄柏長老悟公塔，有詩。

　　文公《茶坂》詩：（攜籝北嶺西）

　　蘇軾有《和錢安道寄惠建茶》詩。

　　《坡仙食飲録》有《問大冶長老乞桃花茶栽》詩。

　　《韓駒集・謝人送鳳團茶》詩："白髮前朝舊史官，風爐煮茗暮江寒。蒼龍不復從天下，拭淚看君小鳳團。"

蘇轍有《詠茶花》詩二首,有云：細嚼花鬚味亦長,新芽一粟葉間藏。

孔平仲夢錫惠墨答以蜀茶,有詩。

岳珂《茶花盛放滿山》詩有"潔躬淡薄隱君子,苦口森嚴大丈夫"之句。

《趙抃集·次謝許少卿寄臥龍山茶》詩有"越芽遠寄入都時,酬唱爭誇互見詩"之句。

文彥博詩：舊譜最稱蒙頂味,露芽雲液勝醍醐。

張文規詩："明月峽中茶始生。"明月峽與顧渚聯屬,茶生其間者,尤爲絕品。

孫覿有《飲修仁茶》詩。

韋處厚《茶嶺》詩：顧渚吳霜絕,蒙山蜀信稀。千叢因此始,含露紫茸肥。

《周必大集·胡邦衡生日以詩送北苑八銙日注二瓶》："賀客稱觴滿冠霞,懸知酒渴正思茶。尚書八餅分閩焙,主簿雙瓶揀越芽。"又有《次韻王少府送焦坑茶》詩。

陸放翁詩："寒泉自換菖蒲水,活火閒煎橄欖茶。"又《村舍雜書》："東山石上茶,鷹爪初脱韝。雪落紅絲磑,香動銀毫甌。爽如聞至言,餘味終日留。不知葉家白,亦復有此否。"

劉詵詩：鸚鵡茶香堪供客,茶甌酒熟足娛親。

王禹偁《茶園》詩：茂育知天意,甄收荷主恩。沃心同直諫,苦口類嘉言。

《梅堯臣集·宋著作寄鳳茶》詩："團爲蒼玉璧,隱起雙飛鳳。獨應近臣頒,豈得常寮共。"又《李求仲寄建溪洪井茶七品云》："忽有西山使,始遺七品茶。末品無水暈,六品無沉柤。五品散雲腳,四品浮粟花。三品若瓊乳,二品罕所加。絕品不可議,甘香焉等差。"又《答宣城梅主簿遺鴉山茶》詩云："昔觀唐人詩,茶詠鴉山嘉。鴉銜茶子生,遂同山名鴉。"又有《七寶茶》詩云："七物甘香雜蕊茶,浮花泛綠亂於霞。啜之始覺君恩重,休作尋常一等誇。"又吳正仲餉新茶、沙門穎公遺碧霄峯茗,俱有吟詠。

戴復古《謝史石窗送酒並茶》詩曰：遺來二物應時須,客子行廚用有餘。午困政需茶料理,春愁全仗酒消除。

費氏《宮詞》：近被宮中知了事，每來隨駕使煎茶。

楊廷秀有《謝木舍人送講筵茶》詩。

葉適有《寄謝王文叔送真日鑄茶》詩云：誰知真苦澀，黯淡發奇光。

杜本《武夷茶》詩：春從天上來，噓拂通寰海。納納此中藏，萬斛珠蓓蕾。

劉秉忠《嘗雲芝茶》詩云：鐵色皺皮帶老霜，含英咀美入詩腸。

高啟有《月團茶歌》，又有《茶軒詩》。

楊慎有《和章水部沙坪茶歌》。沙坪茶，出玉壘關外寶唐山。

董其昌《贈煎茶僧》詩：怪石與枯槎，相將度歲華。鳳團雖貯好，只吃趙州茶。

婁堅有《花朝醉後爲女郎題品泉圖》詩。

程嘉燧有《虎邱僧房夏夜試茶歌》。

《南宋雜事詩》云：六一泉烹雙井茶。

朱隗《虎邱竹枝詞》：官封茶地雨前開，皂隸衙官攪似雷。近日正堂偏體貼，監茶不遣掾曹來。

綿津山人《漫堂詠物》有《大食索耳茶杯詩》云：粵香泛永夜，詩思來悠然。注：武夷有粵香茶。

薛熙《依歸集》[362]有朱新庵今《茶譜》序。

十之圖
歷代圖畫名目

唐張萱有《烹茶士女圖》，見《宣和畫譜》。

唐周昉寓意丹青，馳譽當代，宣和御府所藏有《烹茶圖》一。

五代陸滉《烹茶圖》一，宋中興館閣儲藏。

宋周文矩有《火龍烹茶圖》四，《煎茶圖》一。

宋李龍眠有《虎阜採茶圖》，見題跋。

宋劉松年絹畫《盧仝煮茶圖》一卷，有元人跋十餘家，范司理龍石藏。

王齊翰有《陸羽煎茶圖》，見王世懋《澹園畫品》。

董逌《陸羽點茶圖》有跋。

元錢舜舉畫《陶學士雪夜煮茶圖》，在焦山道士郭第處，見詹景鳳《東岡玄覽》。

史石窗,名文卿,有《煮茶圖》,袁桷作《煮茶圖詩序》。

馮璧有《東坡海南烹茶圖並詩》。

嚴氏《書畫記》,有杜檉居《茶經圖》。

汪珂玉《珊瑚網》載《盧仝烹茶圖》。

明文徵明有《烹茶圖》。

沈石田有《醉茗圖》,題云:"酒邊風月與誰同,陽羨春雷醉耳聾。七碗便堪酬酩酊,任渠高枕夢周公。"

沈石田有《爲吳匏庵寫虎邱對茶坐雨圖》。

《淵鑒齋書畫譜》,陸包山治有《烹茶圖》。

補元趙松雪有《宮女啜茗圖》,見《漁洋詩話·劉孔和詩》。

茶具十二圖

韋鴻臚　"贊"與"圖"　木待制　"贊"與"圖"

金法曹　"贊"與"圖"　石轉運　"贊"與"圖"

胡員外　"贊"與"圖"　羅樞密　"贊"與"圖"

宗從事　"贊"與"圖"　漆雕秘閣　"贊"與"圖"

陶寶文　"贊"與"圖"　湯提點　"贊"與"圖"

竺副師　"贊"與"圖"　司職方　"贊"與"圖"[363]

竹爐並分封茶具六事

苦節君

銘曰:肖形天地……洞然八荒。錫山盛顒

苦節君行省

茶具六事……執事者故以行省名之。陸鴻漸所謂都籃者,此其是與?

建城　"銘""圖"　雲屯　"銘""圖"

烏府　"銘""圖"　水曹　"銘""圖"

器局　"銘""圖"　品司　"銘""圖"[364]

羅先登續文房圖賛

玉川先生

毓秀蒙頂，蜚英玉川。搜攬胸中，書傳五千。儒素家風，清淡滋味。
君子之交，其淡如水。

續茶經附錄

茶法

《唐書》：德宗納戶部侍郎趙賛議，稅天下茶、漆、竹、木，十取一以爲
常平本錢。及出奉天，乃悼悔，下詔亟罷之。及朱泚平，佞臣希意興利者
益進，貞元八年，以水災減稅。明年諸道鹽鐵使張滂奏：出茶州縣若山及
商人要路，以三等定估，十稅其一；自是歲得錢四十萬緡。穆宗即位，鹽鐵
使王播圖寵以自幸，乃增天下茶稅，率百錢增五十。天下茶加斤至二十
兩，播又奏加取焉。右拾遺李玨上疏謂：“榷率本濟軍興，而稅茶自貞元以
來方有之，天下無事，忽厚斂以傷國體，一不可；茗爲人飲，鹽粟同資，若重
稅之，售必高，其弊先及貧下，二不可；山澤之産無定數，程斤論稅，以售多
爲利，若騰價則市者寡，其稅幾何？ 三不可。”其後王涯判二使，置榷茶
使[12]，徙民茶樹於官場，焚其舊積者，天下大怨。令狐楚代爲鹽鐵使兼榷茶
使，復令納榷加價而已。李石爲相，以茶稅皆歸鹽鐵，復貞元之制。武宗
即位，崔珙又增江淮茶稅。是時，茶商所過州縣有重稅，或奪掠舟車，露積
雨中；諸道置邸以收稅，謂之踏地錢。大中初，轉運使裴休著條約，私鬻如
法論罪，天下稅茶，增倍貞元。江淮茶爲大模，一斤至五十兩，諸道鹽鐵使
于悰，每斤增稅錢五，謂之剩茶錢；自是斤兩復舊。

元和十四年，歸光州茶園於百姓，從刺史房克讓之請也。

裴休領諸道鹽鐵轉運使，立稅茶十二法，人以爲便。

藩鎮劉仁恭禁南方茶，自擷山爲茶，號山曰“大恩”以邀利。

何易于爲益昌令，鹽鐵官榷取茶利詔下，所司毋敢隱。易于視詔曰：
“益昌人不徵茶且不可活，矧厚賦毒之乎！”命吏閣詔。吏曰：“天子詔何敢
拒。吏坐死，公得免竄耶？”易于曰：“吾敢愛一身移暴於民乎？ 亦不使罪
及爾曹。”即自焚之，觀察使素賢之，不劾也。

陸贄爲宰相,以賦役煩重,上疏云：天災流行四方,代有稅茶錢積户部者,宜計諸道户口均之。

《五代史》：楊行密,字化源,議出鹽、茗俾民輸帛幕府。高勗曰：創破之餘,不可以加歛,且帑貲何患不足。若悉我所有,以易四鄰所無,不積財而自有餘矣。行密納之。

《宋史》：榷茶之制,擇要會之地,曰江陵府、曰真州、曰海州、曰漢陽軍、曰無爲軍、曰蘄之蘄口,爲榷貨務六。初京城、建安、襄、復州皆有務,後建安、襄、復之務廢,京城務雖存,但會給交鈔往還而不積茶貨。在淮南則蘄、黃、廬、舒、光、壽六州,官自爲場,置吏總之[127],謂之山場者十三。六州採茶之民皆隸焉,謂之園户。歲課作茶輸租,餘則官悉市之,總爲歲課[128]八百六十五萬餘斤。其出鬻者,皆就本場。在江南則宣、歙、江、池、饒、信、洪、撫、筠、袁十州,廣德、興國、臨江、建昌、南康五軍。兩浙則杭、蘇、明、越、婺、處、溫、台、湖、常、衢、睦十二州。荊湖則江陵府、潭、澧、鼎、鄂、岳、歸、峽七州,荊門軍。福建則建、劍二州。歲如山場輸租折稅,總爲歲課,江南百二十七萬餘斤,兩浙百二十七萬九千餘斤,荊湖二百四十七萬餘斤,福建三十九萬三千餘斤,悉送六榷貨務鬻之。

茶有二類：曰片茶、曰散茶。片茶蒸造,實捲模中串之;唯建、劍則既蒸而研,編竹爲格,置焙室中,最爲精潔,他處不能造。有龍鳳、石乳、白乳之類十二等,以充歲貢及邦國之用。其出虔、袁、饒、池、光、歙、潭、岳、辰、澧州,江陵府、興國、臨江軍,有仙芝、玉津、先春、綠芽之類二十六等。兩浙及宣、江、鼎州,又以上中下或第一至第五爲號。散茶出淮南、歸州、江南、荊湖,有龍溪、雨前、雨後之類十一等。江浙又有上中下或第一等至第五爲號者,民之欲茶者,售於官。給其食用者,謂之食茶;出境者,則給券。商賈貿易,入錢若金帛京師榷貨務,以射六務十三場。願就東南入錢若金帛者聽。凡民茶匿不送官及私販鬻者,没入之,計其直論罪。園户輒毀敗茶樹者,計所出茶,論如法。民造溫桑僞茶[129],比犯真茶計直,十分論二分之罪。主吏私以官茶貿易及一貫五百者,死。自後定法,務從輕減。太平興國二年,主吏盜官茶販鬻錢三貫以上,黥面送闕下。淳化三年,論直十貫以上,黥面配本州牢城。巡防卒私販茶,依舊條加一等論。凡結徒持仗販易私茶,遇官司擒捕抵拒者,皆死。太平興國四年,詔鬻偽茶一斤,杖一百;二十斤以上棄市。厥後,更改不一,載全史。

陳恕爲三司使⑩,將立茶法,召茶商數十人,俾條陳利害,第爲三等,具奏太祖曰:"吾視上等之説,取利太深,此可行於商賈,不可行於朝廷。下等之説,固滅裂無取。惟中等之説,公私皆濟,吾裁損之,可以經久,行之數年,公用足而民富實。"

太祖開寶七年,有司以湖南新茶異於常歲,請高其價以鬻之。太祖曰:"道則善,毋乃重困吾民乎⑬?"即詔第復舊制,勿增價值。

熙寧三年,熙河運使以歲計不足,乞以官茶博糴。每茶三斤,易粟一斛,其利甚溥。朝廷謂茶馬司本以博馬,不可以博糴于茶。馬司歲額外,增買川茶兩倍,朝廷別出錢二萬給之,令提刑司封樁,又令茶馬官程之邵兼轉運使,由是數歲,邊用粗足。

神宗熙寧七年,幹當公事李杞入蜀經畫買茶,秦鳳熙河博馬。王上韶言,西人頗以善馬至邊交易,所嗜惟茶。

自熙豐以來,舊博馬皆以粗茶,乾道之末,始以細茶遺之。成都利州路十二州,産茶二千一百二萬斤,茶馬司所收,大較若此。

茶利嘉祐間禁榷時,取一年中數,計一百九萬四千九十三貫八百八十五錢,治平間通商後,計取數一百一十七萬五千一百四貫九百一十九錢。

瓊山邱氏曰:後世以茶易馬,始見於此;蓋自唐世回紇入貢,先已以馬易茶,則西北之嗜茶,有自來矣。

蘇轍《論蜀茶狀》[365]:園户例收晚茶,謂之秋老黃茶,不限早晚,隨時即賣。

沈括《夢溪筆談》:乾德二年……降敕罷茶禁。[366]

洪邁《容齋隨筆》[367]⑫:蜀茶稅額,總三十萬。熙寧七年,遣三司幹當公事李杞,經畫買茶,以蒲宗閔同領其事,創設官場,增爲四十萬。後李杞以疾去,都官郎中劉佐繼之,蜀茶盡榷,民始病矣。知彭州吕陶言:天下茶法既通,蜀中獨行禁榷。杞、佐、宗閔作爲弊法,以困西南生聚。佐雖罷去,以國子博士李稷代之,陶亦得罪。侍御史周尹復極論榷茶爲害,罷爲河北提點刑獄。利路漕臣張宗諤、張升卿復建議廢茶場司,依舊通商,皆爲稷劾坐貶。茶場司行劄子，督綿州彰明知縣宋大章繳奏，以爲非所當用，又爲稷詆坐衝替。一歲之間，通課利及息耗至七十六萬緡有奇。

熊蕃《宣和北苑貢茶錄》：陸羽《茶經》、裴汶《茶述》……以待時而已。[368]

外焙⑬

石門　乳吉　香口

右三焙，常後北苑五七日興工，每日採茶蒸榨以其黄，悉送北苑併造。

《北苑別錄》⑭：先人作《茶錄》……或者猶未之知也。三月初吉男克北苑寓舍書。

貢新銙竹圈銀模方一寸二分……大鳳。

北苑貢茶最盛……熊克謹記。[369]

北苑貢茶綱次

細色第一綱……惟揀芽俱以黄焉。[370]

《金史》[371]：茶自宋人歲供之外，皆貿易於宋界之榷場。世宗大定十六年，以多私販，乃定香茶罪賞格。章宗承安三年，命設官製之。以尚書省令史往河南視官造者，不嘗其味，但採民言，謂爲溫桑，實非茶也，還即白上；以爲不幹，杖七十罷之。四年三月，於淄、密、寧、海、蔡州各置一坊造茶。照南方例，每斤爲袋，直六百文。後令每袋減三百文。五年春，罷造茶之坊。六年，河南茶樹槁者，命補植之。十一月，尚書省奏禁茶，遂命七品以上官，其家方許食茶，仍不得賣及饋獻。七年，更定食茶制。八年，言事者以止可以鹽易茶，省臣以爲所易不廣，兼以雜物博易。宣宗元光二年，省臣以茶非飲食之急，今河南、陝西凡五十餘郡，郡日食茶率二十袋，直銀二兩，是一歲之中，妄費民間三十餘萬也。奈何以吾有用之貨而資敵乎？乃制親王、公主及現任五品以上官，素蓄存者存之；禁不得買餽，餘人並禁之。犯者徒五年，告者賞寶泉一萬貫。

《元史》[372]：本朝茶課，由約而博，大率因宋之舊而爲之制焉。至元六年，始以興元交鈔同知運使白賡言，初榷成都茶課。十三年，江南平，左丞呂文煥首以主茶稅爲言，以宋會五十貫，準中統鈔一貫。次年定長引、短引，是歲徵一千二百餘錠。泰定十七年，置榷茶都轉運使司於江州路，總江淮、荊湖、福廣之稅，而遂除長引，專用短引。二十一年，免食茶稅以益正稅。二十三年，以李起南言，增引稅爲五貫。二十六年，丞相桑哥增爲一十貫。延祐五年，用江西茶運副法忽魯丁言，減引添錢，每引再增爲一十二兩五錢。次年，課額遂增爲二十八萬九千二百一十一錠矣。天曆己巳，罷榷司而歸諸州縣，其歲徵之數，蓋與延祐同。至順之後，無籍可考。他如范殿帥茶，西番大葉茶，建寧𤋎茶，亦無從知其始末，故皆不著。

《明會典》：陝西置茶馬司四：河州、洮州、西寧、甘州⑬，各司並赴徽州茶引所批驗，每歲差御史一員巡茶馬。

明洪武間，差行人一員，齎榜文於行茶所在懸示以肅禁。永樂十三年，差御史三員，巡督茶馬。正統十四年，停止茶馬金牌，遣行人四員巡察。景泰二年，令川、陝布政司各委官巡視，罷差行人。四年，復差行人。成化三年，奏准每年定差御史一員陝西巡茶。十一年，令取回御史，仍差行人。十四年，奏准定差御史一員，專理茶馬，每歲一代，遂爲定例。弘治十六年，取回御史，凡一應茶法，悉聽督理馬政都御史兼理。十七年，令陝西每年於按察司揀憲臣一員駐洮，巡禁私茶；一年滿日，擇一員交代。正德二年，仍差巡茶御史一員兼理馬政。

光祿寺衙門，每歲福建等處解納茶葉一萬五千斤，先春等茶芽三千八百七十八斤，收充茶飯等用。

《博物典彙》云：本朝捐茶，利予民而不利其入。凡前代所設榷務貼射、交引、茶由諸種名色，今皆無之，惟於四川置茶馬司四所，於關津要害置數批驗茶引所而已。及每年遣行人於行茶地方，張掛榜文，俾民知禁。又於西番入貢爲之禁限，每人許其順帶有定數，所以然者，非爲私奉，蓋欲資外國之馬，以爲邊境之備焉耳。

洪武五年，戶部言：四川產巴茶凡四百四十七處，茶戶三百一十五，宜依定制，每茶十株，官取其一，歲計得茶一萬九千二百八十斤，令有司貯候西番易馬。從之。至三十一年，置成都、重慶、保寧三府及播州宣慰司茶倉四所，命四川布政司移文天全六番招討司，將歲收茶課，仍收碉門茶課司，餘地方就送新倉收貯，聽商人交易及與西番易馬。茶課歲額五萬餘斤，每百加耗六斤，商茶歲中率八十斤，令商運賣，官取其半易馬。納馬番族,洮州三十,河州四十三,又新附歸德所生番十一,西寧十三。茶馬司收貯,官立金牌信符爲驗。洪武二十八年,駙馬歐陽倫以私販茶撲殺,明初茶禁之嚴如此。

《武夷山志》[373]:茶起自元初,至元十六年,浙江行省平章高興過武夷[134],製石乳數斤入獻。十九年,乃令縣官蒞之,歲貢茶二十斤,採摘戶凡八十。大德五年,興之子久住爲邵武路總管,就近至武夷督造貢茶。明年創焙局,稱爲御茶園。有仁風門、第一春殿、清神堂諸景[135]。又有通仙井,覆以龍亭,皆極丹艧之盛,設場官二員領其事。後歲額浸廣,增戶至二百五十,茶三百六十斤,製龍團五千餅。泰定五年,崇安令張端本重加修葺,於園之左右各建一坊,扁曰茶場[136]。至順三年,建寧總管暗都剌於通仙井畔築臺。高五尺、方一丈六尺,名曰喊山臺。其上爲喊泉亭,因稱井爲呼來泉。舊《志》云:祭後羣喊,而水漸盈,造茶畢而遂涸,故名。迨至正末,額凡九百九十斤。明初仍之,著爲令。每歲驚蟄日,崇安令具牲醴詣茶場致祭,造茶入貢。洪武二十四年,詔天下產茶之地,歲有定額,以建寧爲上,聽茶戶採進,勿預有司。茶名有四:探春、先春、次春、紫筍,不得碾揉爲大小龍團,然而祀典貢額猶如故也。嘉靖三十六年,建寧太守錢嶫,因本山茶枯,令以歲編茶夫銀二百兩及水腳銀二十兩齎府造辦。自此遂罷茶場,而崇民得以休息。御園尋廢,惟井尚存。井水清甘,較他泉迥異。仙人張邋遢過此飲之曰:"不徒茶美,亦此水之力也。"

我朝茶法,陝西給番易馬,舊設茶馬御史,後歸巡撫兼理。各省發引通商,止於陝境交界處盤查。凡產茶地方,止有茶利,而無茶累,深山窮谷之民,無不沾濡雨露,耕田鑿井,其樂昇平,此又有茶以來希遇之盛也。

雍正十二年七月既望陸廷燦識

注　釋

1　此處刪節,見唐代陸羽《茶經》附錄。

2　《唐韻》:唐孫愐撰,今存《唐韻》殘卷。

3　此處刪節,見唐代裴汶《茶述》。

4　此處刪節,見宋代趙佶《大觀茶論》序。

5　此處刪節,見宋代趙佶《大觀茶論・品名》。

6　此處刪節,見宋代蔡襄《茶録》。

7　此處刪節,見明代徐𤋱《蔡端明別紀・茶癖》。

8　此處刪節,見宋代丁謂《北苑別録・開畬》。

9　王闐之:字聖涂,宋青州營丘人。

10　此處刪節,見明代徐𤋱《蔡端明別紀・茶癖》。

11　周輝:或作"周煇",字昭禮,宋泰州海陵(今江蘇泰州)人。僑寓錢塘(今浙江杭州),"清波"爲其杭州住址。

12　胡仔:字元任,號苕溪漁隱,宋徽州績溪人。後卜居湖州。

13　車清臣:即車若水,清臣是其字,宋台州黄巖人。

14　此處刪節,見宋代宋子安《東溪試茶録》序。

15　此處刪節,見宋代黄儒《品茶要録》序。

16　陳師道:字履常,一字無己,號後山居士,徐州彭城(今江蘇徐州)人。

17　此處刪節,見唐代陸羽《茶經》附録陳師道《茶經序》。

18　王楙(1151—1213):字勉夫,福州福清人。後徙居平江吳縣。

19　《魏王花木志》:撰者不詳,原書早佚,此據《太平御覽》卷867引。據胡立初《齊民要術引用書目考證》,認爲是北朝後魏元欣所撰。

20　熊禾(1253—1312)《勿齋集・北苑茶焙記》:熊禾,字去非,初名鑠,字位辛,號勿軒,一號退齋,建寧建陽人。度宗咸淳十年(1274)進士,授汀州司户參軍。入元不仕,從朱熹門人輔廣游,後歸武夷山,築鰲峰書堂,子弟甚衆。有《三禮考異》《春秋論考》《勿軒集》。《勿軒集》,疑也即本文所説的《勿齋集》。

21　《説郛・臆乘》:此指下録資料,實際出自《説郛》所收《臆乘》的内容。近出《中國茶文化經典》等書將此定作"《説郛》《臆乘》"兩書,誤。《説郛》卷21收刊有宋楊伯嵒撰《臆乘》一書。《説郛》下録内容,是其所收楊伯嵒《臆乘》所撰。

22　高啓(1336—1374):字季迪,號槎軒,蘇州府長洲縣(今江蘇蘇州)

人。張士誠亂時,隱居吳淞江青丘,自號青丘子。洪武初,以薦參修《元史》,授翰林院國史編修官。後因被疑爲文中"龍蟠虎踞"有歌頌張士誠之嫌,被腰斬。有《高太史大全集》。

23　此處删節,見明代屠本畯《茗笈·十六玄賞章》。

24　謝肇淛:字在杭,福建長樂人。萬曆三十年(1602)進士,除湖州推官,累遷工部郎中,出爲雲南參政,官至廣西右布政司。

25　《西吳枝乘》:謝肇淛萬曆年間在任湖州推官時所作的筆記雜考。古時將太湖流域分爲東、中、西三吳;東吳嘉興,中吳蘇州,西吳即湖州和常州沿湖地區。

26　包衡《清賞録》:包衡,字彦平,秀水(今浙江嘉興)人。久困場屋,遂弃去。與張翼共購閱古書,采撮雋語僻事爲《清賞録》。

27　陳仁錫(1581—1636):字明卿,號芝苔。十九歲中舉,嘗從武進錢一本學《易》,得其旨要。天啟二年(1622)進士,授編修,以忤魏忠賢被削職爲民。崇禎初復官,累遷南京國子監祭酒,卒謚文莊。好學,喜著書,有《四書備考》《潛確類書》《重訂古周禮》等。

28　此段録自李日華《六研齋二筆》卷1。

29　樂思白:即樂純,字思白,一字白禾,號天湖子、雪庵,明福建沙縣人。善古文,工書畫,有《雪庵清史》《細雨樓集》。

30　此處删節,見明代馮時可《茶録》。

31　魯彭《刻茶經序》:魯彭,明景陵士人。其《茶經·序》,爲明嘉靖壬寅(二十一年,1542)竟陵刻《茶經》所撰,故也可稱陸羽《茶經》壬寅本、竟陵本刻序。本段非全文,爲陸廷燦選摘連接而成。

32　沈石田:即沈周(1427—1509),字啟南,號石田,又號白石翁,蘇州府長洲縣人。終身不仕,以詩畫傳布天下。有《石田集》《江南春詞》《石田詩鈔》《石田雜記》等。

33　楊慎(1488—1559)《丹鉛總録》:楊慎,字用修,號升庵,明四川新都人。正德六年(1511)進士,授翰林修撰,嘉靖初召爲翰林學士,因上疏力諫,獲怒朝廷,貶戍雲南永昌衛,卒於斯。在邊戍三十餘年,博覽群書,著述浩富,撰有各種雜著一百多種,《丹鉛總録》(一稱《丹鉛雜錄》)是其一。

34　此處刪節,見明代夏樹芳《茶董》。

35　此處刪節,見唐代陸羽《茶經》附錄四。

36　《穀山筆塵》:于慎行(1545—1607)撰。此文撰於天啟乙丑(五年,1625)。于慎行,字可遠,一字無垢。隆慶二年(1568)進士,萬曆三十五年(1607),廷推閣臣,以太子少保兼東閣大學士,入參機務。卒謚文定。

37　《疑耀》:四庫本作《疑謂》。舊本書賈偽托爲李贄撰,非。據考,《疑耀》爲明張萱撰於萬曆三十六年(1608)。

38　李文正《資暇錄》:李文正,即李匡乂。《資暇錄》,一作《資暇集》,是書約成於9世紀。

39　黄伯思(1079—1118):字長睿,別字霄賓,號雲林子,邵武人。哲宗元符三年(1100)進士,官至秘書郎。以學問淵博聞,工詩文,亦擅各體書法,有《東觀餘論》《法帖刊誤》等。

40　楊子華作《邢子才魏收勘書圖》:楊子華,北齊著名畫家,官直閣將軍,員外散騎常侍。工畫馬、龍,武成帝重之,令居禁中,無詔不得與外人畫,時稱畫聖。《邢子才魏收勘書圖》是其作品之一。

41　《南窗記談》:撰者不詳。《四庫全書總目提要》稱是兩宋的作品。約成書於12世紀上半葉。

42　王象晉《茶譜小序》:王象晉,字藎臣,一字康宇,山東新城人。萬曆三十二年(1604)進士,官至浙江布政使。去官後優游林下二十年。著有《羣芳譜》《清悟齋欣賞編》《翦桐載筆》《奉張詩餘合璧》等。《茶譜小序》即收録在《羣芳譜》中。

43　此處刪節,見明代夏樹芳《茶董・序》。

44　文文肅公震孟(1574—1636):即文震孟,字文起,號湛持,蘇州府長洲(今江蘇蘇州)人。天啟二年(1622)殿試第一,授修撰。與魏忠賢黨人不合,被斥爲民。崇禎八年(1635)擢禮部左侍郎兼東閣大學士,尋被劾歸卒。有《姑蘇名賢小記》《定蜀記》。

45　袁了凡《羣書備考》:袁了凡,即袁黄,字坤儀,了凡是其號。萬曆十四年(1586)進士,授寶坻知縣,官至兵部職方司主事。通天文、術數、醫藥、水利。有《曆法新書》《皇都水利》《羣書備考》《寶坻政書》等,有的編入其自著叢書《了凡雜著》九種(明萬曆三十三年(1605)建陽余氏刻本)。

46　此處刪節,見明代屠本畯《茗笈·第一溯源章》。此非直接抄録《茶疏》,而是轉引《茗笈》。

47　李詡(1505—1593)《戒庵漫筆》:李詡,字厚德,號戒庵老人,常州府江陰人。少爲諸生,七試落第,便淡於仕進,以讀書著述自適。《戒庵漫筆》,一稱《戒庵老人漫筆》,約撰於萬曆二十一年(1593)或稍前。

48　張大復(1554—1630)《梅花筆談》:張大復,字長元,又字星期,一作"心其",號寒山子,蘇州府崑山人。通漢唐以來經史詞章之學。有《崑山人物傳》《崑山名宦傳》《聞雁齋筆談》及《醉菩提》《吉祥兆》等戲曲多種。《梅花筆談》,全名《梅花草堂筆談》,撰於崇禎三年(1630)。

49　文震亨(1585—1645):字啟美,文震孟弟。天啟五年(1625)恩貢。崇禎元年(1628)官中書舍人,給事武英殿。工詩善琴,長於書畫。明亡,絶食死。諡節愍。

50　馮夢禎(1546—1605):字開之,浙江秀水人。萬曆五年(1577)進士,官編修,後被劾歸。因家藏有《快雪時晴帖》,因名其堂爲"快雪堂"。有《歷代貢舉志》《快雪堂集》《快雪堂漫録》等。

51　此處刪節,見明代周高起《洞山岕茶系》。

52　勞大與:字宜齋,浙江石門(今嘉興)人。順治八年(1651)舉人,官永嘉縣教諭。有《甌江逸志》《聞鍾集》《萬世太平書》。

53　《枕譚》古傳注:陳繼儒撰,約成書於17世紀初。古傳注,似指郭璞《爾雅》釋本第十四檟的注釋。

54　吳拭:字去塵,號逋道人,徽州府休寧人。好讀書鼓琴,工書畫,爲詩清古澹隽,善製墨及漆器,晚年落魄,卒於常熟。下文"令茶吐氣,復酹一杯"等,出自其《武夷雜記》。

55　陳詩教《灌園史》:陳詩教,字四可,浙江秀水(今嘉興)人。《灌園史》

成書和初刻於萬曆年間,四卷。前兩卷是"古獻",輯録古今花木掌故;後兩卷是"今刑",收録"花月令及花果栽培方法"。《四庫全書總目提要》稱"皆因襲陳言,別無奇僻,考證尤多疏漏"。今上海圖書館藏有萬曆殘本兩卷。此外,陳詩教還另撰有《花裏活》三卷。

56　《金陵瑣事》:周暉撰,撰刊於萬曆三十八年(1610)。

57　《佩文齋廣羣芳譜》:汪灝等奉敕編修,一百卷,目録兩卷。

58　王新城《居易録》:王新城,即王士禛,字子真,一字貽上,號阮亭,晚號漁洋山人,山東新城人。順治十五年(1658)進士,授揚州府推官,入爲禮部主事、翰林院侍講,官至刑部尚書;以與廢太子唱和被革職。長詩雅文,詩有一代正宗之稱。有《阮亭詩鈔》《香祖筆記》《皇華紀聞》《漁洋山人菁華録》《池北偶談》等。《居易録》查未見,大概存本已不多。

59　《分甘餘話》:王士禛撰,四卷。爲一隨筆記録,成書於康熙四十八年(1709)。

60　《萬姓統譜》:凌迪知撰。凌迪知,字稚哲,號繹泉,湖州府烏程人。嘉靖三十五年(1556)進士,官至兵部員外郎。著作甚多,有《太史華句》《西漢雋言》《名世類苑》等。《萬姓統譜》,收録上古到明萬曆間人物,共一百四十卷,附《氏族博考》十四卷。

61　焦氏《説楛》:焦周撰。焦周,字茂孝,上元(今江蘇南京)人,焦竑(1540—1620)之子。萬曆二十八年(1600)舉人。《説楛》者,取荀子"説楛"勿聽之義。爲雜摘諸書成編的筆記。

62　十咏詩文全删,見明代喻政《茶集·詩類》。

63　唐皮日休《茶具十詠》之五首删去,見明代喻政《茶集·詩類》。

64　《曲洧舊聞》:南宋朱弁撰,約成書於紹興十年(1147)前後。朱弁,字少章,號觀如居士,徽州婺源人。弱冠入太學,高宗建炎初使金,被扣留十七年,和議後放回,官終奉議郎。善詩能文,有《曲洧舊聞》《風月堂詩話》等。

65　晁以道(1059—1129):即晁説之,以道是其字,一字伯以,自號景迂生,濟州鉅野人。元豐五年(1082)進士。以文章典麗爲蘇軾所薦。

哲宗時曾知無極縣。

66　文公詩:文公,指朱熹。所稱《詩》,即其所作《茶灶》詩。

67　此處删節,見宋代審安老人《茶具圖贊》。

68　此處删節,見明代高濂《茶箋》。

69　王友石《譜》:王友石,即王紱(1362—1416),字孟端,號友石生,隱居
　　九龍山,又號九龍山人,明常州府無錫人。永樂中,以薦入翰林院爲
　　中書舍人。善書法,尤工畫山水竹石。有《王舍人詩集》。這裏所云
　　王友石《譜》,大概即指錢椿年原《茶譜續譜》。原題爲趙之履撰,趙之
　　履主要是將家藏的關於王紱的竹爐新咏故事及明代名士有關詩作交
　　給錢椿年參閱,椿年命人附刊於《茶譜》之後作《續譜》。因爲這樣,
　　《茶譜續譜》的作者,有的書作錢椿年,有的書作趙之履,本文從顧元
　　慶删校錢椿年《茶譜》本説法,其删校後,不稱《茶譜續譜》,改爲附録,
　　"附王友石竹爐並分封六事於後"。本文不知六分封下注釋是陸廷燦
　　所注還是抄自他書,但所列"苦節君""建城""雲屯""水曹""烏府"
　　"器局""品司"六茶具的所有分封稱號,俱出於顧元慶《茶譜》後附。

70　屠隆《考槃餘事》:此見屠隆《茶箋》第 1 條《茶寮》。

71　周亮工(1612—1672)《閩小紀》:周亮工(一作"功"),字元亮,一字
　　緘齋,別號櫟園,學人稱其爲櫟下先生,河南祥符(今河南開封)人。
　　崇禎十三年(1640)進士,官御史。入清累擢福建左布政使,入爲户部
　　右侍郎。生平博覽群書,愛好繪畫篆刻,工詩文。有《賴古堂集》《讀
　　畫録》《因樹屋建影》。

72　臞仙:疑即指明朱元璋十七子朱權。封寧王,也稱寧獻王,晚年自號
　　臞仙。此不見其《茶譜》,大致是其晚年所撰。

73　此處删節,見明代聞龍《茶箋》。

74　《北堂書鈔》:《茶譜》續補:近出有的論著,將《茶譜》《續補》合并列
　　作一書,實誤。查《北堂書鈔》,未見有下録引文。下録内容,首見於
　　吳淑《事類賦注》,但《事類賦注》清楚説明,不是引自《茶譜續補》,而
　　是毛文錫《茶譜》。《北堂書鈔》根本無鈔本文下録内容,自然也就不
　　會提到《茶譜續補》書名。因此,我們認爲此《北堂書鈔》"茶譜續

補",不是指《北堂書鈔》鈔或引自《茶譜續補》的内容,而是指"續補"《北堂書鈔·茶譜》未鈔或未輯的内容。不能據本文所載"茶譜續補"四字,即視爲是又一茶書書名。

75 此處删節,見宋代趙佶《大觀茶論》之《采擇》《蒸壓》《製造》三條。

76 此處删節,見宋代蔡襄《茶録·味》。

77 此處删節,見宋代宋子安《東溪試茶録·採茶》,底本小字注不録。

78 此處删節,見宋代宋子安《東溪試茶録·茶病》,底本小字注不録。

79 以下删節,見宋代趙汝礪《北苑别録》之《御園》《造茶》《採茶》《揀茶》《蒸茶》《榨茶》《過黄》《研茶》各條。

80 姚寬(1105—1162):字令威,號西溪,越州嵊縣人。

81 此處删節,見宋代黄儒《品茶要録·採造過時》,底本將小字注亦列作正文。

82 以下删節,見宋代黄儒《品茶要録》之《過熟》《焦釜》《傷焙》《漬膏》《白合盗葉》《入雜》各條。

83 《萬花谷》:即《錦繡萬花谷》,撰者失名。原前集四十卷,後集四十卷,續集四十卷。此文約撰於淳熙十五年(1188),後書肆輾轉增加,乃下括紹定、端平事迹。

84 《學林新編》:王觀國撰。王觀國,字彦賓,潭州長沙人。徽宗政和年間進士,官至祠部員外郎。《學林》約撰於紹興十二年(1142)前後。下文摘於卷8茶詩。

85 朱翌(1097—1167):字新仲,舒州懷寧人。政和八年(1118)進士,歷知嚴州及寧國、平江等州府,官至敷文閣待制。《猗覺寮記》,應是《猗覺寮雜記》。

86 此處删節,見明代張源《茶録·辨茶》。

87 此處删節,見明代聞龍《茶箋》。

88 此處删節,見明代聞龍《茶箋》。

89 《羣芳譜》:王象晉撰,二十八卷,成書於天啟元年(1621)。

90 《雲林遺事》:顧元慶撰,一卷,約撰於16世紀三四十年代。

91 此處删節,見明代周高起《洞山岕茶系》。

92　《月令廣義》：按月記事的一種農書,共二十四卷,刊行於萬曆三十年（1602）。明馮應京纂,戴任續成。

93　此處刪節,見明代屠龍《茶箋》之《焙茶》《採茶》兩條。

94　此處刪節,見明代馮可賓《岕茶箋·論蒸茶》。

95　陳眉公《太平清話》：陳眉公,指陳繼儒。《太平清話》,撰於萬曆二十三年（1595）。此下錄兩條內容,收於《太平清話》卷 3《茶話》。

96　《雲蕉館紀談》：明孔邇撰,約成書於洪武十三年（1380）前後。

97　《詩話》：此當爲《蔡寬夫詩話》。蔡寬夫,臨安（今浙江杭州）人,第進士,累官吏部員外郎、户部侍郎等職。

98　《紫桃軒雜綴》：明李日華撰,刊於天啟元年（1620）,三卷。

99　此處刪節,見清代冒襄《岕茶彙鈔》。

100　《檀几叢書》：清王日卓等編。

101　此處刪節,見五代蜀毛文錫《茶譜》。

102　徐茂吴：即徐桂,茂吴是其字。明長洲（今蘇州）人,居浙江餘杭。萬曆丁丑（五年,1577）進士,授袁州推官,有《大滌山人詩集》。本文所引,輯自馮夢龍《快雪堂漫錄》。

103　宗室文昭《古瓴集》：文昭,字子晉,自號薌嬰居士。《八旗通志》載,"宗室文昭有《薌嬰居士集》八卷"。是集除《薌嬰居士集》外,還有《古瓴續集》,《龍鍾集》一卷,《飛騰集》兩卷,《知田集》一卷,《雍正集》兩卷。有《古瓴續集》,應也就有《古瓴集》。

104　《御史臺記》：唐韓琬撰。韓琬,字茂貞,鄧州南陽人。擢文藝優長、賢良方正科第,爲監察御史;玄宗開元時,遷殿中侍御史。有《續史記》《御史臺記》。《御史臺記》撰於 8 世紀,佚,下錄內容宛委本無,此據《北堂肆考》卷 1 轉引。

105　昇平：疑昇平縣,唐置,故治在今陝西宜君縣。

106　此處刪節,見宋代趙佶《大觀茶論》之《筅》《瓶》兩條。

107　此處刪節,見宋代蔡襄《茶錄》"茶籠"等各條。

108　孫穆《雞林類事》：據宋王應麟《玉海》載:《雞林類事》,三卷,成書於崇寧（1102—1106）間。該書是一本主要記叙風土、朝制、方言的著作。

109　張芸叟：即張舜民，芸叟是其字，號浮休居士、町齋，北宋邠州（今陝西）人。治平二年（1065）進士。性爽直，以敢言稱。嗜畫，題評精確，亦能自作山水，能文，尤長於詩。有《畫墁集》，一作《畫墁録》。

110　文與可：即文同（1018—1079），與可是其字，號笑笑先生，世稱石室先生，錦江道人，宋梓州永泰（故治在今四川鹽亭東北）人。皇祐元年（1049）進士。歷知陵、洋、湖州，與蘇軾、司馬光相契。工詩文、善篆、隸、行、草、飛白，尤長於畫竹。有《丹淵集》。

111　《乾淳歲時記》：宋周密撰。記述宋孝宗乾道（1165—1173）和淳熙（1174—1189）年事，約撰定於 12 世紀 90 年代。

112　《演繁露》：程大昌（1123—1195）撰。

113　楊基（1326—1378）：字孟載，號眉庵。原籍四川嘉州，其祖官吳中因而定居蘇州府吳縣。元明間吳中名士。

114　李如一（1557—1630）：以字行，本名鶚翀，又字貫之，常州府江陰人。諸生，多識古文奇字，好購書，積書日多，仿宋晁氏目録，自爲銓次。晚年，病中仍助錢謙益撰《明史》。

115　《茶説》：據下録内容，此《茶説》爲黄龍德撰。摘自該文“七之具”。

116　冒巢民云：冒巢民即冒襄，此條摘自《岕茶彙鈔》。

117　《支廷訓集》：指《支廷訓文集》。支廷訓，明人，所録《湯藴之傳》，即指“陽羨茶壺”傳。所謂“湯藴之”，即指壺，産於陽羨之壺。

118　曹昭：字明仲，松江（今上海松江）人。

119　徐葆光（？—1723）：字亮直，蘇州府長洲（今蘇州）人。康熙五十一年（1712）進士，授編修。琉球國王嗣位，充册封副使。後乞假歸，著有《中山傳信録》，記述琉球風情。

120　此處刪節，見唐代張又新《煎茶水記》。

121　此處刪節，見唐代張又新《煎茶水記》。

122　此處刪節，見唐代蘇廙《十六湯品》，本文十六湯品僅録其目。

123　丁用晦：丁用晦，約唐末五代人，撰《芝田録》五卷，主要收録唐時志怪傳奇類故事。

124　《事文類聚》：祝穆撰。爲元祝淵撰。略仿《藝文類聚》體例，其收録詩文，多載全篇。

125　《海録》：疑即《海録碎事》，葉廷珪撰。廷珪，字嗣忠，崇安（今福建武夷山市）人，政和五年（1115）進士，授德興縣知縣，紹興中，爲太常寺丞，忤秦檜，出知泉州軍州事。《閩書》稱其聞士大夫家有异書，無不借讀，因作數十大册，擇其可用者手抄之，名曰《海録》。知泉州時，因取編之，共二十二卷。皆從本書而來，故此書頗簡而有要。

126　陸平泉《茶寮記》：平泉即陸樹聲。陸廷燦將下録“秘水”稱是《茶寮記》内容，誤。查《茶寮記》中無此記載。

127　《王氏談録》：宋王欽臣撰。欽臣，字仲至，應天府宋城人。王洙子，以蔭入官，文彦博薦試學士院，賜進士第，歷陝西轉運副使，哲宗時曾奉使高麗，領開封，徽宗時知承德軍。平生爲文甚多，有《廣諷味集》。《王氏談録》一卷，皆述其父王洙平日之論。

128　此處删節，見宋代歐陽修《大明水記》之《炙茶》《碾茶》《候湯》《點茶》《香》各條。

129　此處删節，見宋代陶穀《茗荈録》之《生成盞》《茶百戲》《漏影春》各條。

130　此處删節，見宋代葉清臣《述煮茶泉品》。

131　魏泰：字道輔，號溪上丈人，襄州襄陽人。

132　寇萊公：即寇準（962—1023），封萊國公。

133　丁晉公：即丁謂。

134　《墨莊漫録》：宋張邦基撰，十卷。

135　此處删節，見明代屠本畯《茗笈·第八章定湯》。

136　趙彦衛《雲麓漫鈔》：趙彦衛，字景安，宋宗室。隆興元年（1163）進士。光宗紹熙間知烏程（今浙江湖州），寧宗開禧間知徽州。《雲麓漫鈔》撰於開禧二年（1206），爲十五卷筆記。

137　本文收於《蘇軾文集》第5册。在“此水不虚出也”下，底本省撰寫時間“紹聖元年九月二十六日書”十一字；今補供參考。

138　《避暑録話》：宋蘇州葉夢得撰。夢得字少藴，號石林。紹聖四年

(1097)進士,高宗紹興中,除江東安撫制置大使兼知建康府,官終知福州兼福建安撫使。《避暑録話》,一作《石林避暑録話》,成書於紹興五年(1135)。

139　馮璧(1162—1240):字叔獻,別字天粹,金真定(今河北正定)人。承安二年(1197)經義進士,累官集慶軍節度使,金亡後居家。

140　江鄰幾:即江休復(1005—1060),鄰幾是其字,開封陳留(今河南開封)人。登進士第,累官至刑部郎中。強學博覽,爲文淳雅,尤工於詩、書,有《嘉祐雜志》《春秋世論》及文集等。

141　《東京記》:宋敏求(1019—1079)撰,記述開封坊巷、寺觀、官廨、私第所在及諸故實,頗詳實。

142　陳舜俞(？—1072):字令舉,號白牛居士,烏程(今浙江湖州)人,慶曆六年(1046)進士。熙寧三年(1070),以屯田員外郎知山陰縣(今浙江紹興),因反對王安石青苗法,被責監南康軍鹽酒税。大概《廬山記》是其任南康軍鹽酒税監時途經廬山時所撰。此外還有《都官集》等。

143　《吳興掌故録》:一作《吳興掌故集》,徐獻忠(1483—1559)撰,成書於嘉靖三十九年(1560)。獻忠,字伯臣,號長谷,松江華亭人。嘉靖四年(1525)舉人,官奉化知縣,有政績,謝政後寓居吳興。工詩善書,著書數百卷。有《百家唐詩》《樂府源》《六朝聲偶集》等。《吳興掌故》是其後期居吳興後作。

144　此處删節,見明代陸樹聲《茶寮記·人品》。

145　此處删節,見明代徐渭《煎茶七類·烹點》。

146　此處删節,見明代屠本畯《茗笈》。云引自《茶録》,實轉抄《茗笈》剪輯《茶録》之文字。

147　此處删節,見明代張源《茶録·火候》。

148　唐薛能茶詩云:據下録詩句,係摘自薛能《蜀州鄭吏君寄鳥嘴茶因以贈答八韻》。

149　東坡和寄茶詩:以下録"和寄茶詩"詩句查對,應是蘇軾《和蔣夔寄茶》詩。

150　此處刪節,見明代熊明遇《羅岕茶記》。

151　羅玉露之論:指宋羅大經及其所撰《鶴林玉露》。

152　此處刪節,見明代田藝蘅《煮泉小品》之《宜茶》《鴻漸有云》《源泉》《江水》《緒談》各條。

153　此處刪節,見明代許次紓《茶疏》之《貯水》《火候》兩條。

154　此處刪節,見明代屠本畯《茗笈》之《衡鑑章》《品泉章》《定湯章》各條。

155　《夷門廣牘》:周履靖編,共一百〇七種一百六十五卷,萬曆二十五年(1597)金陵荆山書林刻。下錄內容,據此叢書所收徐獻忠《水品・三流》有關內容選錄,但本文對原文有多處刪改,請參考本書《水品》。

156　《六硯齋筆記》:李日華撰,此文約撰刊於明熹宗天啟六年(1626),下錄內容摘自是書卷1。

157　此處刪節,見明代李日華《竹嬾茶衡》。

158　此處刪節,見明代李日華《運泉約》。

159　此處刪節,見明代熊明遇《羅岕茶記》。

160　《洞山茶系》:即明周高起所撰《洞山岕茶系》。此處刪節,見《洞山岕茶系》。

161　湖㳇鎮:湖㳇,不讀作“湖父”,當地方言稱作“羅埠”。

162　此處刪節,見明代徐獻忠《水品・四甘》。

163　此處刪節,見明代徐獻忠《水品・一源》。

164　《玉堂叢語》:焦竑撰。全書共八卷,仿《世說新語》之體,采摭明初以來翰林諸臣遺言往行,分條載錄,凡五十四類,終以醫隙案。

165　《隴蜀餘聞》:收在《池北偶談》這本筆記集中。

166　《古夫于亭雜錄》:亦王士禛罷刑部尚書家居時撰。筆記。六卷,成書於康熙四十四年(1705)。

167　宋李文叔格非:名格非,字文叔,齊州章丘人,李清照之父。神宗熙寧間進士,以文章受知於蘇軾,紹聖時歷任校書郎、著作佐郎、禮部員外郎等職。

168　陸次雲《湖壖雜記》：陸次雲，字雲士，浙江錢塘(今杭州)人。拔貢，
　　　康熙十八年(1679)應博學鴻詞科試，未中。曾任河南郟縣、江蘇江
　　　陰知縣。有《八紘繹史》《澄江集》《北墅緒言》等。《湖壖雜記》撰於
　　　康熙二十二年(1683)。

169　張鵬翮(1649—1725)：字運青，清四川遂寧人。康熙九年(1670)進
　　　士，受刑部主事，累擢河道總督，雍正初官至武英殿大學士。本文錄
　　　自其《張文端公文集》。

170　《增訂廣輿記》：明蔡方炳撰。方炳，字九霞，號息關，蘇州府崑山
　　　人。《廣輿記》，陸應暘撰，蔡方炳在是書基礎上而稍刪補之，大抵鈔
　　　撮《明一統志》，無所考正。

171　《中山傳信錄》：徐葆光撰，六卷。葆光，字澄齋，吳江人。江西壬辰
　　　進士，官翰林院編修，康熙五十七年(1718)册封琉球國世子尚貞爲
　　　國王，以葆光爲副使。歸時奏上《中山傳信錄》，繪圖、刊説、記述
　　　頗詳。

172　《隨見錄》：清屈擢升撰。原書未見，成書年代不詳，本文多處有引，
　　　表明當撰刊於雍正之前。

173　《續博物志》：南宋李石(1108—?)撰。李石，字知幾，號方舟，資州
　　　資陽人。紹興二十一年(1151)進士。孝宗乾道中，以薦任太學博
　　　士。因直言徑行，不附權貴，出主石室。蜀人從學者如雲，閩越之士
　　　亦萬里而往。有《方舟易説》《方舟集》《續博物志》等。

174　此處刪節，見宋代趙佶《大觀茶論》之《香》《色》兩條。

175　白玉蟾：即葛長庚，福州閩清人。初移居雷州，繼爲白氏子，後家瓊
　　　州，自名白玉蟾，字白叟，又字如晦，號海瓊子，又號海蟾。入道武夷
　　　山，博覽羣書，善篆隸草書，工畫竹石。寧宗嘉定中，命館太乙宮，詔
　　　封紫清道人。有《海瓊集》《道德寶章》《羅浮山志》等。

176　此處刪節，見宋代蔡襄《茶錄・色》。

177　張淏《雲谷雜記》：張淏，字清源，號雲谷，婺州武義(今屬浙江金華)
　　　人，原籍河南開封。寧宗慶元中以蔭補官，累遷奉議郎。除嘉定五
　　　年(1212)撰有《雲谷雜記》一書外，還有《寶慶會稽續志》《艮岳

記》等。

178　此處刪節,見宋代黃儒《品茶要録·後論》。

179　此處刪節,見明代顧元慶、錢椿年《茶譜·擇果》。此應引自明代高濂《茶箋》。

180　此處刪節,見明代陸樹聲《茶寮記》四嘗茶、五茶候、六茶侶、七茶勳各條,除個別字眼外全同。

181　此處刪節,見明代許次紓《茶疏·飲啜》。

182　此處刪節,見明代田藝蘅《煮泉小品》各條。

183　此處刪節,見明代聞龍《茶箋》。

184　本條內容,録自馮夢禎《快雪堂漫録·品茶》,約撰刻於萬曆三十七年(1600)前後。

185　此處刪節,見明代馮可賓《岕茶箋·茶宜》《茶忌》兩條。

186　《金陵瑣事》:明周暉撰。字吉甫,應天府上元(今江蘇南京)人。弱冠爲諸生,至老仍好學不倦,博古洽聞。有《金陵舊事》《金陵瑣事》等。本篇撰於萬曆三十八年(1610)。

187　此處刪節,見明代李日華《竹嬾茶衡》各條。

188　屠赤水:即屠隆,赤水是其號。下録內容,出自《考槃餘事》也即本書所收屠隆《茶箋·採茶》。

189　《類林新詠》:一本集元明百餘篇的詩文集。但下録顧彥先的話,實際源出三國吳國秦菁的《秦子》。原書佚,本條內容,《類林新詠》由《北堂書鈔》轉引。

190　此處刪節,見宋代審安老人《茶具圖贊·附録》。

191　《三才藻異》:清屠粹忠撰。粹忠,字純甫,號芝巖,浙江定海人。順治十五年(1658)進士,官至兵部尚書。《三才藻異》是其畢生主要著作,三十三卷。

192　《聞雁齋筆記》:張大復(1554—1630)撰,字元長,又字星期,號寒山子,蘇州府崑山人。《聞雁齋筆記》,一名《聞雁齋筆談》。

193　袁宏道(1568—1610)《瓶花史》:袁宏道,字中郎,號石公,荆州公安人。萬曆二十年(1592)進士,知吳縣,官至吏部郎中。有《瓶花齋雜

録》《破研齋集》《袁中郎集》。在其集中,收有《瓶花史》《瓶史》兩
文。近見有的論著中將此兩篇混作一書,誤。《瓶史》兩卷,《瓶花
史》僅一卷。

194　經查,此内容不見現存各《茶譜》。

195　《藜床瀋餘》:明陸澔原撰,《説郛續》等作收。

196　沈周《跋茶録》:沈周,與文徵明、唐寅、仇英并稱的吳門四大家之
一。其所跋《茶録》,經查考,是張源《茶録》。

197　王晫(1636—?)《快説續記》:王晫,原名棐,號木庵、丹麓、松溪子,
仁和(今浙江杭州)人。諸生,博學多才。有《遂生集》《霞舉堂集》
《今世説》等。

198　衛泳《枕中秘》:衛泳,字永叔,蘇州人。有文名,曾采明人雜説二十
五種,編爲《枕中秘》。

199　江之蘭《文房約》:之蘭,字含微,安徽歙縣人,有《醫津筏》。《文房
約》,是以文字形式訂立的有關"文房"的要約。

200　高士奇(1645—1703):字澹人,號江村,錢塘(今浙江杭州)人。家
貧,參加順天鄉試不第,充書寫序班,以明珠薦,入内庭供奉,累遷爲
少詹事。後擢禮部侍郎,未就而歸,卒謚文恪。有《左傳紀事本末》
《春秋地名考略》《清吟堂全集》《扈從日録》《江村消夏録》等。

201　此處删節,見清代王復禮《茶説》。

202　陳鼎《滇黔紀遊》:陳鼎,字定九,常州府江陰人。有《東林列傳》《留
溪外傳》《黄山志概》《竹譜》《蛇譜》《荔枝譜》等。

203　《本草拾遺》:唐陳藏器撰。原書佚,但宋代如重修政和《經史證類
備用本草》等,還能見到少量引文。本文下引兩條内容,查有關本草
專著,未見。

204　此條摘自《洛陽伽藍記》卷3"城南·報德寺"。

205　《續搜神記》:一作《搜神後記》,相傳爲晉陶淵明所撰。

206　唐趙璘《因話録》:趙璘,字澤章,平原人。唐文宗大和八年(834)進
士,歷祠部員外郎、度支金部郎中;武宗大中時遷左補闕,後出爲衢
州刺史。《因話録》約撰於寶曆元年(825)前後,分上、中、下三卷。

下録内容,實際主要摘自李肇《國史補》,《因話録》僅中間"至今鬻茶之家……云宜茶足利"四句,就是此四句,内容也有改動。故與其稱出自《因話録》,不如説陸廷燦據《國史補》輯録爲妥。

207　唐吴晦《摭言》:經查五代時《摭言》有兩部,一是唐昭宗光化三年(900)進士、五代王定保撰,另爲南唐鄉貢的何晦所撰,十五卷。兩書或失或殘,不知此引是何書。本文所言唐吴晦,疑即指五代南唐何晦。

208　唐李義山《雜纂》:唐末李義山有兩人,一是李商隱,字義山,另是李就今,字袞求,號義山。《雜纂》作者屬誰? 未能定。

209　唐馮贄《煙花記》:一般也作南部《煙花記》,字讖。

210　《開元遺事》:五代王仁裕撰。

211　《李鄴侯家傳》:即李繁撰《鄴侯家傳》。繁,李泌子,唐京兆人,初爲弘文館學士,後出爲亳州刺史,州有劇賊,繁以機略捕斬之,御史舒元輿以其不先啓聞觀察府,爲賊翻案,誣其濫殺無辜,下獄,詔賜死。在獄中撰家傳十篇,包括本文,約撰於寶曆(825—827)前後。

212　《中朝故事》:南唐尉遲偓撰,仕南唐給事中。《中朝故事》,約也書於任給事中時或稍後。

213　段公路《北户録》:唐齊州臨淄人,段文昌孫。文昌爲唐穆宗、文宗時權臣,出劍南西川節度使、淮南節度使,均有政績。公路僅官萬年尉,但其著《北户録》,引用者較多。

214　蘇鶚《杜陽雜編》:蘇鶚,字德祥,京兆武功人,蘇頲族人。僖宗光啓進士,居武功杜陽川。因居,將其所編筆記小説集名之爲《杜陽雜編》。

215　《鳳翔退耕傳》:一作《鳳翔退耕録》。

216　此處删節,見唐代温庭筠《採茶録》。

217　此處删節,見明代陳繼儒《茶董補》。

218　此處删節,見唐代張又新《煎茶水記》。

219　《茶經本傳》:即陸羽《茶經》嘉靖壬寅柯刻本或竟陵本附録之首,所附收的《新唐書·陸羽傳》和明童承敍《陸羽評述》兩文。文中無題也無立目,只是在此兩頁魚尾刻有《茶經本傳》四字。之後一些書目中的《茶經本傳》,即由此衍生而來。本文僅摘録其中幾句。

220　《金鑾密記》:唐韓偓(840—923)撰。唐韓偓,字致堯,一字致光,自號玉山樵人,唐末京兆萬年人。龍紀元年(889)進士,歷遷中書舍人、兵部侍郎、翰林學士承旨。工詩,有《韓内翰别集》《金鑾密記》等。

221　陸宣公贊(754—805):字敬輿,蘇州嘉興(今浙江嘉興)人。代宗大曆進士,德宗即位,由監察御史召爲翰林學士。貞元七年(791),拜兵部侍郎,八年(792)遷中書侍郎、同門下平章事。十年(794)爲户部侍郎所構,罷相,貶忠州别駕。卒謚“宣”,故稱“宣公”。

222　董逌《陸羽點茶圖跋》:字彦遠,東平人。徽宗時,官校書郎,高宗建炎二年(1129),召爲中書舍人,充徽猷閣待制。有《廣川藏書志》《廣川詩學》《廣川書畫跋》。《陸羽點茶圖跋》,即收於《廣川書畫跋》中。

223　《蠻甌志》,作者有疑。現存最早的版本爲《雲仙雜記》。《雲仙雜記》,舊題爲唐馮贄撰。據張邦基《墨莊漫録》考證,認爲係南宋王銍所僞托。王銍,字性之,自稱汝陰老民,潁州汝陰人。官高宗時。如張邦基所考不錯,是書當是12世紀前期的作品。

224　此處删節,見明代夏樹芳《茶董·甘心苦口》。

225　《湘煙録》:明閔元京、凌義渠編。閔元京,字子京,湖州府烏程(今浙江湖州)人。閔元京爲凌義渠之舅,不知所終。凌義渠,字駿甫,天啓乙丑(五年,1625)進士,官至大理寺卿,崇禎甲申殉國。《湘煙録》,共十六卷。

226　《名勝志》:同名書不只一種,此疑曹學佺撰本,成書於崇禎三年(1630)。

227　溟:同“溟”,字見唐《潘卿墓志》。

228　《浪樓雜記》:原書佚,本文疑從佩文齋《廣羣芳譜》中轉引。

229　馬令《南唐書》:常州府宜興人,祖馬元康,世居金陵,多知南唐舊事,未及撰次,令承祖志,於崇寧四年(1105)撰成《南唐書》。

230　《十國春秋》:吴任臣(?—1689)撰。吴任臣,字志伊,一字爾器,號託園,清浙江仁和人。康熙十八年(1679)應博學鴻儒科,列二等,授檢討,充纂修《明史》官。顧炎武亦佩服其博聞强記,有《周禮大義補》《託園詩文集》《十國春秋》等。《十國春秋》是一本輯述五代十國史事的專著。

231　《談苑》:一作《孔氏談苑》。孔平仲撰,四卷。孫平仲,字義甫,一作毅父,臨江新淦人。英宗治平進士。除《談苑》外,還有《續世説》《良世事證》《詩戲》等。

232　釋文瑩《玉壺清話》:釋文瑩,北宋僧人。《玉壺清話》,又名《玉壺野史》,撰於元豐元年(1078)。

233　黄夷簡(935—1011):字明舉,福州人。少孤好學,有名江東。初事吳越,署光禄卿。隨錢俶歸宋,授檢校秘書少監,官終平江軍節度副使。工詩善屬文。

234　《甲申雜記》:王鞏撰。王鞏,字定國,自號清虛先生,山東莘縣人。據考,此書約成書於大觀元年(1107)或稍後。徽宗時甲申年爲崇寧三年(1104)。

235　《玉海》:王應麟(1223—1296)編,兩百卷。

236　《南渡典儀》:原書未見,疑據《五禮通考》轉引。

237　《隨手雜録》:王鞏撰。據載,至大中祥符三年(1010)時,此本已佚,今本是從《學海類編》補録完帙。

238　《石林燕語》:葉夢得撰,宇文紹奕考异,共十卷。

239　《春渚記聞》:何薳(1077—1145)撰。何薳,建州浦城人,晚年居杭州逼陽韓青谷。

240　《拊掌録》:元懷撰,一卷。《拊掌録》,係彙記可笑内容而成,撰就於延祐元年(1314)。元懷,號鞦然子。

241　《和劉原父揚州時會堂絶句》:原,《苕溪漁隱叢話》一作"惇"。其集原題作《和原父揚州六題》,本條下録詩句,爲"六題"中的《時會堂二首》之一。本文所録詩文和歐陽修原詩同。《苕溪漁隱叢話》"州"字誤作"洲"。

242　《盧溪詩話》:盧溪,即王盧溪,諱庭珪,字民瞻,宋廬陵人。政和八年(1118)進士,授茶陵丞,以與上官不合,去隱盧(一作"瀘")溪五十年。年九十餘卒。有《盧溪詩集》傳世,楊誠齋爲之作序。《盧溪詩話》,具體撰寫時間不詳,但可定約爲12世紀30年代前後。

243　《玉堂雜記》:失撰者名。《玉堂雜記》,即翰林院雜記。自宋以後,習慣稱翰林院爲"玉堂"。

244　陳師道《後山叢談》:陳師道,字履常,一字無己,號後山居士,徐州彭城人。少學文於曾鞏,無意仕進。哲宗元祐初,蘇軾等薦其文行,起爲徐州教授。後梁燾又薦爲太學博士;元符三年(1100),召爲秘書省正字。爲人正直,安貧樂道。有《後山集》《後山談叢》《後山詩話》。《後山叢談》,一作"談叢"。

245　下引句出《鶴林玉露》原文卷1"檳榔"條。

246　彭乘(985—1049)《墨客揮犀》:彭乘,益州華陽人。真宗大中祥符間進士,官知制誥,翰林學士。本文所指,似爲另人,即相傳《墨客揮犀》撰者。舊考,《墨客揮犀》,約成書於治平二年(1065)前後,上說華陽彭乘已去世多年,所謂《墨客揮犀》作者,當爲另人。但據近人王國維、余嘉錫考證,《墨客揮犀》爲"兩宋間"人采輯諸書而成,所題"彭乘",是"明人傳刻誤題"。

247　《聞窗括異志》:筆記,一卷。宋魯應龍撰。

248　當湖:位於今浙江嘉興市平湖城東,一名東湖,又名鸚鵡湖。周十數里,湖中有兩洲,大者曰大湖墩,小者曰小湖墩,環城湖濱,爲商務盛地。

249　《東京夢華録》:孟元老撰。

250　《五色線》:不著編者名,兩卷。清内府有藏本。舊傳《中興館閣書目》有此書,不知是否是宋舊本。書中雜引諸小説内容,舛謬甚多。

251　《華夷花木考》:慎懋官撰。約成書於萬曆九年(1581),全名《華夷花木鳥獸珍玩考》。是書凡《花木考》六卷,《鳥獸考》一卷,《珍玩考》一卷。慎懋官,字汝學,湖州人。

252　馬永卿《嬾真子録》:一作《嬾真子》。馬永卿,字大年(一稱名大年,字永卿),宋揚州人。大觀三年(1109)進士,爲永城主簿,歷官浙川令、夏縣令。有《元城語録》《嬾真子》。

253　《朱子文集》：朱子，指朱熹。《朱子文集》，亦名《朱文公文集》。

254　本條所録，僅爲是時前四句。全詩共十二句。

255　《物類相感志》：舊題宋蘇軾撰，一卷。《四庫全書總目提要》認爲是
　　　書賈僞托。不過宋陸佃《埤雅》曾引有此書，可見無疑仍是宋代作
　　　品，約成書於崇寧元年（1102）或稍前。

256　《侯鯖録》：趙令畤（1061—1134）撰。令畤，宋宗室，初字景貺，蘇軾
　　　爲之改字德麟，自號聊復翁。哲宗元祐時簽判潁州。知州蘇軾薦之
　　　於朝。高宗紹興初，襲封安定郡王。善詩文，有《聊復集》。

257　《蘇舜欽傳》：蘇舜欽（1008—1049），字子美，號滄浪翁，宋綿州鹽泉
　　　（今四川綿陽梓潼西）人。仁宗景祐元年（1034）進士，慶曆中，范仲
　　　淹薦其才，爲集賢校理監進奏院。後因范仲淹主新政，舜卿也多遭
　　　讒陷被除名，流寓蘇州，買水石作滄浪亭以自適。本條所録內容，正
　　　是他流寓蘇州時事。後任湖州長史卒。有《蘇學士集》。

258　《過庭録》：樓昉撰。樓昉，字陽叔，號遇齋，鄞縣（今浙江寧波）人。
　　　少從吕祖謙學，紹熙四年（1193）進士，授從事郎，後以朝奉郎守興化
　　　軍。爲文浩博，有《中興小傳》《宋十朝綱目》《崇古文訣》《過庭
　　　録》等。

259　《合璧事類》：疑即《古今合璧事類備要》簡稱，謝維新撰。謝維新，
　　　字去咎，建安人，太學生。《合璧事類》，主要收録宋代遺事佚詩，成
　　　書於寶祐五年（1257）。

260　《經鉏堂雜志》：倪思撰，是其晚年札記之文。《四庫全書總目提要》
　　　稱其“雖力持正論，而疏於考證”，是一本平常的書。

261　《松漠紀聞》：洪皓（1088—1155）撰。洪皓，字光弼，饒州鄱陽人。
　　　政和五年（1115）進士，宣和中爲秀州同録，建炎三年（1129）擢徽猷
　　　閣待制，假禮部尚書使金，拒仕金，被流放冷山（一名冷硎山，在黄龍
　　　府北）十五年始放歸。以論事逆秦檜，被貶英州安置九年，卒謚忠
　　　宣。博學强記，有《鄱陽集》《松漠紀聞》等。

262　《瑯嬛記》：舊題元伊世珍作，錢希言在《戲瑕》中，提出係明桑懌所

偽托。筆記，三卷，因首載爲“瑯嬛福地”的傳說，因以是名。記中所引書名，多爲前所未見，大抵真偽相雜。

263　楊南峯《手鏡》：南峯，疑即指楊循吉，“南峯”“南峯山人”“南峯先生”均是其號。《手鏡》意指“持鏡鑒別”。未查見原文。

264　孫月峯《坡仙食飲録》：孫月峯，即孫鑛，字文融，號月峯，浙江餘姚人。萬曆二年（1574）會試第一。累進兵部侍郎，加右都御史，奉命代經略朝鮮。還遷南兵部尚書，後被劾乞歸。有《孫月峯全集》，《坡仙食飲録》等也收入是集。

265　《嘉禾志》：此應指“嘉禾郡志”而非“嘉禾縣志”。嘉禾郡，宋置，尋升爲嘉興府，即今浙江嘉興。嘉禾縣，也是宋置，但改建陽縣置，地在福建。現論著中常見誤注。

266　曾肇（1047—1107）：字子開，建昌軍南豐人。治平四年（1067）進士，歷崇文院校書，哲宗時擢中書舍人，出知潁、鄧諸州，後遷翰林學士兼侍讀。崇寧初落職，謫知和州，後安置汀州。卒謚文昭。有《曲阜集》等。

267　陳眉公《珍珠船》：眉公即明陳繼儒之號，亦號麋公。但《珍珠船》一書是否陳繼儒所撰，有疑。此書兩見陳繼儒所編的彙編叢書，但在其一人所編的兩見同書中，所署的作者、書名和卷數又有異。尚白齋鑴陳眉公寶顏堂秘笈十七種本，署作“陳眉公《珍珠船》四卷”；但在亦政堂鑴陳眉公普秘笈一集五十八種中，又題作“寶顏堂訂正《真珠船》八卷，明胡侍撰”。這裏講得很清楚，尚白齋刻本，鑴的是“寶顏堂秘笈”；而亦政堂鑴的，是“寶顏堂訂正”的陳眉公普秘笈。書名“珍”字，一作“真”，雖有不同，但我們可以肯定即陳繼儒所收藏和訂正的同一本書。原作者應該是明胡侍，陳繼儒只是編訂，而不是在編訂《真珠船》以後，他又自編一本四卷的《珍珠船》。

268　《太平清話》：明陳繼儒撰，兩卷。但本文引録內容，明顯有誤；陳繼儒錯輯，陸廷燦采編時也未發覺。張文規唐人，關於吳興三絶的提出，當在唐武宗會昌一、二年刺湖州時。蘇子由、孔武仲、何正臣，均是北宋中後期名臣名士，他們三人何以能“皆與”文規一起“游”？

269　《博學彙書》：明來集之撰，十二卷，所采多小説家言。

270　《雲林遺事》：明顧元慶撰，筆記，書當成於萬曆年間。内容多記元明間其時吳中一帶人事、風物、趣聞等等。文中提及的光福，即光福鎮，在吳縣西傍太湖邊的光福山下。主人徐達左，元末明初人，字良夫，號耕漁子，元隱居山中，入明，曾出任建寧府訓導。元鎮，人名，姓倪。

271　陳繼儒《妮古録》：筆記，四卷，首收刊於萬曆尚白齋鐫陳眉公寶顏堂秘笈十七種。

272　周敍：字公敍，一作"功敍"，號石溪，明江西吉水人。永樂十六年（1419）進士，官至翰林院侍讀學士，獨修遼、金、元三史。有《石溪文集》。

273　鍾嗣成《録鬼簿》：字繼先，號丑齋，元汴梁人，居杭州。嘗作《録鬼簿》，收元散曲雜劇作者一百五十二人小傳，存劇目四百餘種。

274　《七修彙稿》：當即《七修類稿》。筆記，郎瑛撰。郎瑛，字仁寶，仁和（今浙江杭州）人。五十一卷，又續稿七卷。因正續稿均分七類，因類立義，故有此名。大多雜采前人舊説，自己論斷不多，但每每也有錯誤。

275　此處刪節，見明代陸樹聲《茶寮記》。

276　《墨娥小録》：有兩種，一爲萬曆秀水吳繼著，四卷；一爲萬曆時吳文焕輯，十四卷。此爲何本？本書未及細考。

277　湯臨川：即湯顯祖（1550—1616），江西臨川人，因有此稱。

278　陸鈘《病逸漫記》：字舉之，號少石子，鄞縣人。正德十六年（1521）進士，授編修，進修撰，出爲湖廣僉事，官至山東按察副使。有《少石集》《病逸漫記》等。《病逸漫記》，爲筆記。

279　《玉堂叢語》：筆記。焦竑撰，八卷。竑，字弱侯，號漪園、澹園，江寧（今江蘇南京）人。萬曆十七年己丑（1589）科第一甲頭名。本書成書於萬曆四十六年（1618），記明翰林人物掌故，多引朝章，對研究明代歷史，多有資考證。

280　沈周《客座新聞》：此處沈周，是指蘇州長洲沈周。近出有的書中，

誤注作宋杭州錢塘沈周,非。沈周,字啟南,號石田。有《石田集》
《石田詩鈔》《石田雜記》《江南春詞》《客座新聞》等。

281　《快雪堂漫録》:筆記,約撰於萬曆二十八年(1600)前後。

282　閔元衡:一作"閔元衢",字康侯,號歐餘生。明清間浙江烏程(今湖
　　　州)人。

283　《甌江逸志》:勞大與撰。

284　王世懋(1536—1588)《二酉委譚》:王世懋,字敬美,號麟洲,世貞
　　　弟,蘇州府太倉人。嘉靖三十八年(1559)進士,歷官江西參議,陝
　　　西、福建提學副使,官至南京太常少卿。好學善詩文,有《王奉常集》
　　　《藝圃擷餘》《窺天外乘》等。《二酉委譚》,約撰於隆慶或萬曆前期。

285　《湧幢小品》:明朱國楨撰。朱國楨,字文寧,浙江烏程(今湖州)人。
　　　萬曆進士,官至禮部尚書兼文淵閣大學士。

286　王璉:字器之,學通經史,長於《春秋》,初爲教授,適遠方。本條引
　　　稱"洪武初",史籍中有載"洪武末以薦授寧波知府"。清儉律己,平
　　　易近人,有政績。

287　《西湖志餘》:即《西湖遊覽志餘》,明田汝成撰。

288　董其昌(1555—1636):字玄宰,松江府華亭人。

289　《鍾伯敬集》:鍾伯敬(1574—1624),即鍾惺,伯敬是其字,號退谷,
　　　明竟陵人。萬曆三十八年(1610)進士,授行人,歷官南京禮部主事,
　　　官至福建提學僉事。晚逃於禪。其詩矯袁宏道輩浮淺之風,與同里
　　　譚元春評選《唐詩歸》《古詩歸》,名大著,被時人稱爲"竟陵派"。有
　　　《詩合考》《毛詩解》《鍾評左傳》《隱秀軒集》《宋文歸》《周文歸》等。
　　　《鍾伯敬集》,查未見。

290　錢謙益(1582—1664):字受之,號尚湖,又號牧齋,晚號蒙叟、東澗遺
　　　老,江南常熟人。萬曆三十八年(1610)進士。歷編修、詹事,崇禎初
　　　爲禮部侍郎。因事罷歸,以文學冠東南,爲東林巨子。娶名妓柳如
　　　是,藏書極豐。南明弘光時,起爲禮部尚書。清兵渡江出城迎降。
　　　順治三年(1646),授禮部侍郎,任職五月而歸。有《初學集》《有學
　　　集》《國初羣雄事略》《列朝詩集》等。

291 《五燈會元》：釋普濟撰。釋普濟，字大川，靈隱寺僧。《五燈會元》，二十卷，五燈者，即其書取釋道原《景德傳燈錄》、附馬都尉李遵勗《天聖廣燈錄》、釋維白《建中靖國續燈錄》、釋道明《聯燈會要》、釋正受《嘉泰普燈錄》撮其要旨彙作一書，故名。

292 《淵鑒類函》：類書，康熙命張英等輯，四百五十卷，總目四卷。《唐類函》所收內容，至唐初爲止，《淵鑒類函》增其所無，詳其所略，取《太平御覽》等十七種類書并增補明嘉靖以前史料合編而成；是供當時文人采摭詞藻和典故之用的一部類書。

293 《佩文韻府》：張玉書等撰，成書於康熙五十年(1711)。是在元代陰時夫《韻府羣玉》和明代凌稚隆《五代韻瑞》的基礎上增補而成。共二百十二卷，是一部供詩賦作者和文學研究者查找詞藻、對偶、典故用的工具書。

294 《九華山錄》：周必大(1126—1204)撰。周必大，字子充，又字洪道，號省齋居士等，宋吉州廬陵(今江西吉安)人。紹興二十一年(1151)進士，官至左丞相。工文詞，有《玉堂類稿》《玉堂雜記》等。本錄撰於乾道三年(1167)。

295 此處刪節，見清代冒襄《岕茶彙鈔》。

296 《嶺南雜記》：吳震方撰。震方，字青壇，浙江石門人，康熙十八年(1679)進士，官至監察御史。康熙曾賜以白居易詩，因摘詩中"晚樹"兩字爲其樓名。有《晚其樓詩稿》《嶺南雜記》等。是書約撰於康熙四十四年(1705)前後。

297 甌寧：甌寧縣，宋置，明清時與建安同爲建寧府治，民國後與建安合併爲建甌縣。

298 李仙根(1621—1690)《安南雜記》：李仙根，字南津，號子靜，四川遂寧人。順治十八年(1661)榜眼，授編修。康熙時以秘書院侍讀加一品服出使安南。官至戶部右侍郎。工書法，有《安南雜記》《安南使事記》等。

299 金齒：明置衛永昌，後改永昌軍民府，其地在今雲南保山。

300 《漁洋詩話》：王士禛晚年時作，共三卷。

301　朱彝尊(1629—1709)《日下舊聞》：朱彝尊,字錫鬯,號竹垞,晚別號小長蘆釣魚師、金鳳亭長,清浙江秀水(今嘉興)人。康熙時舉博學鴻詞科,授檢討,曾參加纂修明史。博通經史,擅長詩詞古文。爲浙派詞的創始人,詩與王士禛齊名。有《經義考》《日下舊聞》《曝書亭集》等。《日下舊聞》和《曝書亭集》,俱爲筆記。

302　《曝書亭集》：朱彝尊撰,八十卷(詩詞三十卷,文五十卷)。

303　蔡方炳《增訂廣輿記》：方炳,字九霞,號息關,江蘇崑山人。諸生,康熙十八年(1679)舉鴻博,以病辭。嗜學,尤留心政治、性理。工詩文,兼善篆、草書。有《輿地全覽》《增訂廣輿記》《銓政論》《歷代権茶志》等。《增訂廣輿記》,是他在《輿地全覽》後的另一輿地著作。

304　葛萬里《清異錄》：葛萬里,號夢航,江蘇崑山人。生平事迹不詳。由《中國叢書廣錄》據中國國家圖書館藏書所收《葛萬里雜著》提及的書目,即有《明人同姓名錄》一卷,《別號錄前編》一卷,《明人別號錄》八卷,《夢航雜綴》一卷,《夢航雜説》一卷,《清異錄》一卷,《萬曆丁酉同年考》一卷,《錢翁先生年譜》一卷,《三袁先生年表》二卷,《句圖》一卷,《詩鈔姓氏》一卷,《志料》一卷等。《錢翁先生年譜》,也即民國《崑山縣續志》所説的《錢牧齋年譜》。

305　《別號錄》：葛萬里撰。《四庫全書總目提要》稱其爲“搜集宋金元明人別號,分韻編爲《別號錄》”。《崑新二縣合志》也稱《別號錄》九卷。實際按中國國家圖書館《葛萬里雜著》書目,應作《別號錄前編》一卷,《明人別號錄》八卷。《別號錄》是《四庫總目》提出的兩書合稱。

306　朱文公書院：即朱熹書院。朱熹卒後,追謚“文”,故有此稱。

307　《西湖遊覽志》：明田汝成撰。田汝成,字叔禾,錢塘(今浙江杭州)人。嘉靖五年(1526)進士,授南京刑部主事,遷貴州僉事,廣西右參議、福建提學副使。博學工古文,尤長於叙事,因諳曉前朝遺事,撰《炎徼紀聞》。歸里家居後,盤桓湖山,探究浙西名勝,撰有《西湖遊覽志》《西湖遊覽志餘》。

308　李世熊(1602—1686)《寒支集》：李世熊,字元仲,號媿庵、寒支子。

以檀河爲書室名，有"檀河先生"之稱。明末清初福建寧化人。天啟元年(1621)鄉試副榜，入清不仕，山居四十餘年，以文章、節氣名著於時。有《寒支集》《狗馬史記》《寧化縣志》等。

309　張鵬翀(1688—1745)《抑齋集》：張鵬翀，字天扉，自號南華山人，人稱"漆園散仙"，清嘉定(今上海)人。雍正五年(1727)進士，授編修，官至詹事府詹事。早擅詩名，工畫，尤長山水。有《南華詩鈔》《南華文集》《抑齋集》《雙清閣集》。

310　《國史補》：也作《唐國史補》，李肇撰，上、中、下三卷。下録資料出自下卷。

311　此處删節，見明代陳繼儒《茶董補》。

312　楊文公《談苑》：楊文公，即楊億(974—1020)，字大年，建州浦城人。幼穎異，年十一，太宗召試詩賦，授秘書省正字。淳化中，獻《二京賦》，賜進士。真宗即位，超拜左正言。曾兩爲翰林學士，官終工部侍郎，兼史館修撰。《談苑》，有的也徑稱爲《楊文公談苑》，全書八卷，分二十一門。

313　《事物記原》：北宋高承撰。高承，開封人，神宗元豐前後在世。是書約撰於元豐前期，對天文、曆數、禮樂、制度、經籍、器用以至博弈嬉戲之微，魚蟲飛走之類，皆考其原由。

314　《農政全書》：徐光啟(1562—1633)撰。徐光啟，字子先，號玄扈，松江府上海人。萬曆三十二年(1604)進士。曾入天主教，與耶穌會傳教士意大利人利瑪竇相識并從學天文、數學。崇禎元年(1628)擢禮部尚書；五年(1632)以本官兼東閣大學士，入參機務，旋進文淵閣。力主富民強國，常常宣傳其"富國需農，強國需軍"的思想。因撰農學巨著《農政全書》，除彙集中國傳統農業生産經驗外，在我國古代農書中，也最先注意兼收西方農學。本條所録兩則内容，實際是從《農政全書》轉引的毛文錫《茶譜》資料，此處陸廷燦可能爲減少重複引用書目，隱去《農政全書》引毛文錫《茶譜》的綫索，把它作假變成了《農政全書》的内容。

315　米襄陽《志林》：米襄陽，即米芾，字元章，號鹿門居士、海岳外史，太原人,後徙襄陽(因有此稱),又徙丹徒。能詩文,擅書畫,尤工行草。除《志林》外,還有《寶晉英光集》《書史》《畫史》等。

316　洞庭中西盡處:指吳縣洞庭西山島之西隅。

317　此條内容稱引自《圖經續記》,但經查,實際與上條一樣,皆引自陳繼儒《太平清話》。此多少也可證明陸廷燦確有增加引用書目以顯其徵引廣博之嫌。

318　《隨見録》:作者、成書年代不詳。此條對江南名茶碧螺春的歷史,如"碧螺春名字爲康熙南巡所題"等一類傳説,有一定的證誤價值。

319　茶巢嶺:此前茶書言陸龜蒙種茶,只提"顧渚",本文引此材料,揭示了陸龜蒙在顧渚置園種茶之前,曾先種茶於此。道光《武進陽湖縣合志》指出茶巢嶺陸龜蒙種茶處"在下埠西,陸龜蒙種茶處在陳墓灣山以下"。光緒《武陽志餘》載:"茶巢在下浦西,唐陸龜蒙種茶處。龜蒙後種茶顧渚山下,此嶺移種者也。"

320　《武進縣志》:萬曆三十三年(1605)和康熙二十三年(1684)《武進縣志》俱載。

321　此處删節,見明代周高起《洞山岕茶系》。

322　《昭代叢書》:歙縣張潮撰。

323　《通志》:此通志,查内容,當爲康熙二十三年(1684)所編《江南通志》,本篇以下所輯《通志》同。

324　宛陵:指宣城及其相鄰之區。

325　《天中記》:陳耀文撰。陳耀文,字晦伯,號筆山,河南確山人。嘉靖二十九年(1550)進士,由中書舍人選刑科給事中,累官陝西行太僕卿,告歸卒。有《經典稽疑》《學圃萱蘇》《天中記》等。《天中記》,筆記,撰於隆慶三年(1569)。

326　此處删節,見明代田藝蘅《煮泉小品》。

327　《湖壖雜記》:陸次雲撰。陸次雲,字雲士,錢塘縣人。拔貢生,康熙時曾任河南郟縣、江南江陰知縣。有《八紘繹史》《澄江集》《湖壖雜記》《北墅緒言》等。《湖壖雜記》,筆記,撰於康熙二十二年(1683)。

328　此處删節,見明代馮可賓《岕茶箋》。

329　《方輿勝覽》:地理總志,祝穆撰,七十卷。祝穆,初名丙,字和甫(一作"文"),建州建陽(今福建建陽)人。受學於朱熹,酷愛地理,曾任興化軍涵江書院山長。成書於理宗嘉熙三年(1239)。取材較豐,對研究南宋地理有相當參考價值。

330　《丹霞洞天志》:一名《麻姑山丹霞洞天志》,鄢雷鄢撰於萬曆四十一年(1613)。丹霞,在江西南城縣西南麻姑山西七里。道教定爲第十福地。

331　周櫟園:即周亮工(一作"功"),櫟園是其別號。

332　《興化府志》:明初改元興化路置,清因之。治所在今福建莆田,民國後廢。

333　陳懋仁《泉南雜志》:陳懋仁,字無功,浙江嘉興人。官泉州府經歷。有《泉南雜志》《庶物異名疏》《析酲漫録》等。(志,一作"記"。)《泉南雜志》,約撰刊於順治七年(1650)前後。

334　宋無名氏《北苑別録》:即宋趙汝礪撰《北苑別録》。

335　此處删節,見宋代趙汝礪《北苑別録》。

336　此處删節,見宋代趙汝礪《北苑別録·御園》。

337　此處删節,見宋代宋子安《東溪試茶録·總序焙名》。

338　此處删節,見宋代宋子安《東溪試茶録·茶名》。

339　此處删節,見宋代黃儒《品茶要録·辨壑源沙溪》。

340　《岳陽風土記》:北宋范致明(?—1119)撰。范致明,字晦叔,建州建陽人。元符三年(1100)進士,崇寧三年(1104),以宣德郎監岳州酒稅,官終奉議郎知池州,撰《池陽記》一書。《岳陽風土記》約撰於12世紀前期。

341　本條內容,經與多種《廣東通志》《湖廣通志》查對,我們認爲陸廷燦此係據萬曆三十年(1602)郭棐《廣東通志·土產》摘編。

342　吳陳琰《曠園雜志》:吳陳琰,"琰"或作"琬",字寶崖,號芊町,浙江錢塘人。康熙四十二年(1703)御試詩文一等,召入南書房纂修,後出爲山東茌平知縣。有《春秋三傳同異考》《通玄觀志》《鳳池集》

《曠園雜志》等。《曠園雜志》，筆記，約撰於康熙末年或雍正初年。

343　《南越志》：南朝劉宋沈懷遠撰。懷遠，吳興（今浙江湖州）武康人，得寵始興王劉濬，後以事坐徙廣州。嘗造樂器，與箜篌相似。被遷廣州後，其器亦絕。《南越志》約撰於宋孝武帝劉駿大明至明帝劉彧泰始年間（457—471）。

344　此處刪節，見五代蜀毛文錫《茶譜》。

345　《東齋紀事》：范鎮（1008—1089）撰。范鎮，字景仁，成都華陽人。寶元元年（1038）進士第一，累官知諫院。英宗時，遷翰林學士，出知陳州。哲宗時起爲端明殿學士，提舉崇福宮，累封蜀郡公。著有《范蜀公集》《東齋紀事》等。《東齋紀事》，筆記，約撰於元豐（1078—1085）年間。

346　本條實非《茶寮記》所有，也未查得文字相近的出處。前面提過，我們認爲現在流傳的陸樹聲《茶寮記》，有可能是書賈作假的僞書，陸廷燦這裡采錄的，可能是陸樹聲原書。

347　《述異記》：舊傳南朝梁任昉撰，《四庫全書總目提要》認爲可能是後人輯集類書中的部分《述異記》內容，益以後來有關文獻組成。大概成書於中唐以後至北宋年間。

348　王新城《隴蜀餘聞》：王新城，即王士禛，新城是其籍貫。詳王士禛《池北偶談》注。《隴蜀餘聞》，筆記，約撰於康熙後期或雍正初年。

349　許鶴沙《滇行紀程》：鶴沙爲許纘曾的號，字孝修，江南華亭人。順治六年（1649）進士，工詩，有《寶綸堂集》。官至雲南按察使。在赴雲南按察使過程中，撰有《滇行紀程》一書；返還時，又作《東還紀程》一書。

350　《地圖綜要》：朱紹本、吳學儼、朱國達、朱國幹同撰。無卷數。

351　《研北雜志》：陸友撰。陸友，字友仁，號硯北生，平江路（今江蘇蘇州）人。善詩，兼工隸楷，又博鑒古物。客至煮茗清談不倦。有《硯史》《墨史》《硯北雜志》。《硯北雜志》也書作《硯北雜記》，撰於至順四年（1333）。

352　《茶記》三卷：見《崇文總目》小說類作"二卷"。錢侗注稱即《茶經》。周中孚在《鄭堂讀書記》中,也説是《茶經》三卷的字誤。但《通志·藝文略》和《宋史·藝文志》又《茶經》《茶記》并載,且接連寫在一起,反映又却似陸羽并書的兩部不同茶書。但後來《郡齋讀書志》和《直齋書録解題》,就都不再提陸羽《茶記》事。因此,現在多數學者認爲,《茶記》是陸羽《茶經》的誤出。本書在唐《顧渚山記》(輯佚)的題記中,不僅也對《茶記》持否定的態度,并提出《顧渚山記》,也稱《顧渚山茶記》,所以《茶記》不但有可能是《茶經》,甚至也有可能是因《顧渚山茶記》省稱而産生出來的疑惑。

353 《建安茶録》:即《北苑茶録》。

354 《進茶録》:即《試茶録》,陸廷燦這裏一書兩出。《試茶録》本書和一般書籍也俱省作《茶録》。

355 又一卷:各書目周絳《補茶經》,只有一名和一卷;這裏所謂"又一卷",顯係重出。

356 《北苑别録》無名氏:實際即上書趙汝礪《北苑别録》。

357 《北苑别録》熊克:此《北苑别録》的作者,也非熊克,和上述"無名氏"一樣,真正的作者俱爲趙汝礪。這是一書三出。

358 《十友譜茶譜》:是將顧元慶所選《十友譜》和《茶譜》兩書混爲一書之誤。此中所説"茶譜",也即本文下列書目和一般書目中所説的顧元慶《茶譜》。《茶譜》原書爲錢椿年所纂,顧元慶只是在錢書基礎上加以删校。但自顧元慶删校本行世後,就替代錢書以致"喧賓奪主",傳作"顧元慶《茶譜》"。此書又一次重出。

359 《茶具圖》:實際爲竹茶爐圖和題詩,是上書顧元慶删校錢椿年《茶譜》的附録,似未作獨立專書刻印過。

360 《岕山茶記》:即指《羅岕茶記》。

361 《峒山茶系》:應是《洞山岕茶系》。

362 薛熙《依歸集》:薛熙,字孝穆,號半圜,蘇州府吴縣人,遷居常熟,晚年又移居蘇州城。弱冠弃科舉,從歸有光致力於古文。有《依歸集》,另有《練閲火器陣紀》。

363 此處删節,見宋代審安老人《茶具圖贊》。

364　此處刪節,見明代顧元慶、錢椿年《茶譜・附竹爐並分封六事》。

365　蘇轍(1039—1112)《論蜀茶狀》:蘇轍,字子由,一字同叔,號潁濱
　　遺老,宋眉州眉山(今四川眉山)人。蘇軾弟。嘉祐二年(1057)進
　　士,授商州軍士推官。元豐中,坐兄軾以詩得罪,謫監筠州鹽酒税。
　　哲宗立,召爲秘書郎,累遷御史中丞,拜尚書右丞,進門下侍郎。紹
　　聖中,落職責雷州安置。徽宗時,復大中大夫致仕。卒諡文定。爲
　　文淡泊,爲唐宋八大家之一。有《欒城集》《詩集傳》《春秋集傳》
　　等。《論蜀茶狀》,當是其謫監筠州鹽酒税時有關蜀茶見聞的
　　行述。

366　此處刪節,見宋代沈括《本朝茶法》。

367　洪邁(1123—1202)《容齋隨筆》:洪邁,字景盧,號容齋,宋饒州鄱陽
　　人。紹興十五年(1145)中博學宏詞科,累遷中書舍人、出知贛州、婺
　　州,入爲翰林學士,寧宗時,以端明殿學士致仕。有《容齋五筆》《夷
　　堅志》《史記法語》等。《容齋隨筆》是《容齋五筆》的一種。

368　此處刪節,見宋代熊蕃《宣和北苑貢茶録》。

369　此處刪節,見宋代熊蕃《宣和北苑貢茶録》。

370　此處刪節,見宋代趙汝礪《北苑別録》。

371　本段以下內容選摘自《金史・食貨志四》。

372　本段以下內容選摘自《元史・食貨志二》。

373　《武夷山志》:本文這裡下録內容,查係據康熙四十九年(1710)王梓
　　《武夷山志》收録。但本文所收,除改用一些同義字外,有些字句,也
　　有增刪和不多的改動。

校　記

①　清陸廷燦輯。此署名爲本書編時定。本文壽椿堂版封面,署作“嘉定
　　陸幔亭手輯”;文內各卷卷題之下,署爲“嘉定陸廷燦　幔亭　輯”。

②　凡例:在“凡”字上,底本還冠有《續茶經》三字書名,本書編時刪。

③　卷上:在“卷”字上,底本原還冠有書名《續茶經》三字,次行下端,另

署有"嘉定陸廷燦　幔亭　輯"八字。本書編時刪。另本文分卷,也全仿《茶經》,上卷除"一之源"外,還有"二之具""三之造";卷中爲"四之器";卷下爲"五之煮""六之飲""七之事""八之出""九之略""十之圖"以及"附録"。在每卷和附録前格式和體例和"一之源"一樣,前兩行首行書"續茶經卷"上或中、下;兩行下刊"嘉定陸廷燦幔亭輯"署名。以下卷別只在首篇出現時標出,其他各篇原書卷別和署名全刪,并不再出校。

④　武陽買茶:底本作"陽武",徑改。

⑤　麻沙:"麻"字,底本作"蘇",疑誤,徑改。

⑥　唯叢茭而已:"茭"字,底本作"莈",據《夢溪筆談》改。

⑦　"即今之茶"及條末"乃今之茶":茶,底本作"茶",誤,徑改。

⑧　葉似栀子:子,底本原脱,據《太平御覽》補。

⑨　瑟瑟瀝瀝、霏霏靄靄:壽椿堂本少一"瀝"字和"靄"字,作"瑟瑟瀝""霏霏靄"。

⑩　《五雜俎》:俎,底本作"組"。全文統一作"組",不出校。

⑪　謝肇淛《西吳枝乘》:謝肇淛,底本作雙行小字注,置於本段文字最後。四庫本將小字注作正文由最後提至本段最前,冠於《西吳枝乘》之上。本書據四庫本改。

⑫　茶園:園,本文各本作"固",據《茶解》原文改。

⑬　此則陸廷燦亦書作摘自《茶解》,實則爲陸廷燦據自己的話改寫。《茶解》原文爲:"茶地斜坡爲佳,聚水向陰之處,茶品遂劣。故一山之中,美惡相懸。"

⑭　皇甫冉《送羽攝山採茶》詩數言,僅存公案而已:《茶解》原文作:"皇甫數言,僅存公案而已。"

⑮　倘微丁、蔡來自吾閩:倘,底本作"即",據四庫本改。

⑯　《茶録》:録,底本和四庫本等作"譜",徑改。

⑰　世不皆味之:"不皆",底本和四庫本等作"皆不",據馮時可《茶録》徑改。

⑱　不能與岕相抗也:本段此以上内容,與陳繼儒《白石樵真稿》中的《書

岕茶別論》，除個別字稍有出入外，基本完全相同。是何原因，限於時間，未作細考。但此下，兩文就各异，沈周文已引錄如下，此將陳繼儒不同的下文，也錄於下面供參考："自古名山留以待羈人遷客，而茶以資高士。蓋造物有深意，而周慶叔著爲別論以行之天下，度銅山金穴中無此福；又恐仰屠門而大嚼者，未必領此味，則慶叔將無孤行乎哉。"

⑲　事見《洛陽伽藍記》。及閱《吴志·韋曜傳》：《南窗記談》此兩句原文爲："事見《洛陽伽藍記》。非也，按：《吴志·韋曜傳》。"本段引文，已轉輾二手，義不變，但文字與原文均已有所不同，故以下一般就不再出校。

⑳　夏子茂卿：四庫本作"江陰夏茂卿"。

㉑　許次紓：紓，底本作"杼"，逕改。下同，不出校。

㉒　鄭可簡：簡，底本作"聞"，據《宋史》改。

㉓　採辦：採，各本俱作"按"，據《茶考》改。

㉔　貞元：貞，各本從高承《事物紀原》俱音誤作"正"字，近出各本茶書，如《中國茶文化經典》，均擅改作"興"字。建中後"興元"，僅一年，此"正元"下，接着還有一個"正元九年"的記載，説明此"正元"非"興元"，而是"貞元"之誤。逕改。

㉕　羅岕：各本俱作"岕山"，據《羅岕茶記》改。

㉖　雲泉道人："泉"字下，"道"字上，《金陵瑣事》原文還多一"沈"字，作"雲泉沈道人"。

㉗　《茶錄》：錄，底本作"譜"，逕改。

㉘　在本條文後隔幾行的下端，還有"男　紹良　較字"的校對署名。此後各篇末尾均例錄有校者；本書全删，亦不再出校。

㉙　《北苑貢茶別錄》：此書名陸廷燦疑有誤。查有關古代書目，無《北苑貢茶別錄》之名，現存宋代北苑茶書，與此名相近的有兩書，一爲《宣和北苑貢茶錄》或《北苑貢茶錄》；一爲《北苑別錄》。後者無此內容，《北苑貢茶錄》文中，分散提及有"銀模""銀圈""竹圈""銅圈"等內容，但無集中成句。我們認爲陸廷燦即據《北苑貢茶錄》自己編輯成

文,但篇名混竄進《北苑別録》的"別"字,以致錯成另書。

㉚ 朱存理《茶具圖贊序》:宋審安老人《茶具圖贊》原文無此人此序。朱存理的所謂《茶具圖贊序》,實際是朱存理爲《茶具圖贊》重刻本撰寫的"後序"或"跋",原附於正文和圖贊之後,文前并無題目,此作者和出處,爲陸廷燦編加。

㉛ 天豈靳平哉:朱存理後序或跋文前無標,但文後,"天豈靳平哉"之後,則署有"野航道人長洲朱存理題"十字。

㉜ 周亮工《閩小紀》:四庫本作"王象晉《羣芳譜》",誤。

㉝ 龍園:"園"字,底本從《西溪叢語》作"團"。《西溪叢語》"團"字,疑"園"之形誤,徑改。下同。

㉞ 近火先黄。其置頓之所:陸廷燦將本條内容列於張源《茶録》之内,實則"近火先黄"以上三句,才是《茶録·藏茶》内容。其"置頓之所"以下的内容,爲另書許次紓《茶疏·置頓》的内容。《茶疏》原文無"其"字。

㉟ 卻忌火氣入瓮,蓋能黄茶耳:卻,《茶疏》有的版本亦作"切"。蓋能黄茶耳,《茶疏》作"則能黄茶"。這句之下,爲轉輯《日用置頓》内容。

㊱ 採茶　雨前精神未足:底本原無"採"字,僅摘一"茶"字,似録時脱漏。本文現按馮可賓《岕茶箋》原樣,除補加一"採"字外,并與引文間隔空一字。

㊲ 然茶以細嫩爲妙,須當交夏時:茶,底本無,據《岕茶箋》徑補。須當交夏時,底本在"時"字下,還多一"時"字。作"交夏時時",本書校時據《岕茶箋》删。

㊳ 速傾於净籃内,薄攤:《岕茶箋》各本作"速傾净區(按:也有作籃)薄攤"。

㊴ 《雲蕉館紀談》:明玉珍子昇:紀,底本作"記",據《江西通志》和《佩文齋廣羣芳譜》改。明玉珍子昇,《雲蕉館紀談》作"徐壽輝子昇"。經查,我們認爲本文所寫"玉珍子"是錯的,"昇"應是"徐壽輝子"。徐是元末紅巾起義領袖,稱帝凡十六年,所以才有"令宫人"之語。

㊵　而僧拙於焙，瀹之爲赤滷：在這兩句間，李日華《紫桃軒雜綴》，還有
　　"既採必上甑蒸過，隔宿而後焙，枯勁如藁秸"三句。

㊶　如雀舌者佳：佳，底本無，據《岕茶彙鈔》補。

㊷　徽州松蘿茶：茶，底本無，據《滇行紀略》補。

㊸　茶匙：此條無錄條目，"茶匙"和下空一格，是本書編時照《茶録》原
　　文加。

㊹　湯瓶：此條無錄條目，"湯瓶"和下空一格，爲本書編時照《茶録》原
　　文加。

㊺　或瓷石爲之：此以下三句十三字，《茶録》原文無，疑陸廷燦編時加。

㊻　外則以大縷銀合貯之，趙南仲丞相帥潭：縷，《癸辛雜識》作"縷"；
　　"潭"字下，周密原文還多一"日"字。

㊼　張源《茶録》：陸廷燦摘録或編時訛。查張源《茶録》根本無此條內
　　容，像是録自許次紓《茶疏》；第二條"茶甌"內容，又像據自張源《茶
　　録》。但這兩條與《茶疏》《茶録》原文均有較大改動，有的甚至有背
　　原義。

㊽　茶銚，金乃水母，銀備剛柔：本條內容，摘自《茶疏・煮水器》。《茶
　　疏》原文無"茶銚"兩字，"茶銚"是根據原文製銚的內容，由陸廷燦加
　　上替代原題《煮水器》之目的。銀備剛柔，《茶疏》原文作"錫備
　　柔剛"。

㊾　品茶用甌：甌，底本作"歐"，誤，徑改。

㊿　許次紓《茶疏》：茶盒：下録兩條內容，第二條據自《茶疏》；本條《茶
　　疏》無類似記載，主要之點相同者，疑是參照張源《茶録》"分茶盒"改
　　寫而成。張源《茶録》原文爲：茶盒，"以錫爲之，從大疊中分用，用盡
　　再取"。

(51)　但作水紋者：水，底本作"冰"字，徑改。

(52)　昔酈元善於《水經》：此句以下至本條終，不相連接或靠近，而是摘録
　　於《述煮茶泉品》全文將結束處。

(53)　湖州金沙泉，至元中：本條摘自《吳興掌故集・山墟類・顧渚山》。
　　"湖州"兩字爲陸廷燦所加，且與原文也無關係，如"至元中"，《吳興

掌故集》原文很明確，爲“至元十五年”。此兩句係陸廷燦就文中有關内容隨便縮寫而成。

(54)　煙煤：本條文字，不是張源《茶録》而是許次紓《茶疏·不宜用》所載内容。陸廷燦不只書名搞錯，且“孽煤”也是《茶疏》原文所不載，且擅加也未予説明。

(55)　羅岕：底本作“岕山”，徑改。

(56)　老鈍：《茶疏》作“老嫩”。

(57)　茶注、茶銚、茶甌：此條内容，經查考，陸廷燦實際非摘自許次紓《茶疏》，而是轉抄於屠本畯《茗笈·第十辨器章》。而且本文轉抄的所謂《茶疏》引文，也不是《茶疏》原有而是重新組寫過的内容。如本條首句“茶注、茶銚、茶甌”，在《茶疏》就本只是“湯銚甌注”四字，經陸廷燦一改，文不同義相異，面目全非。所以，只要將原文（許次紓《茶疏·蕩滌》）重新改寫（屠本畯《茗笈·辨器章》）過的内容細一查對就可清楚看出，陸廷燦這條内容，稱録自《茶疏》是假，轉抄《茗笈》是實。

(58)　以下：下，底本作“上”，據《茶疏·論客》改。

(59)　香以蘭花爲上，蠶豆花次之：此兩句《茶解》不見。本條内容，實際非據《茶解》而是轉引自屠本畯《茗笈》。此兩句以上，爲《茗笈》引自《茶解·品》，此兩句爲《茗笈》自加。

(60)　貯水瓮，須置於陰庭：本條内容，非出之羅廩《茶解》，而是出之張源《茶録·貯水》。但這也不是陸廷燦的錯，是屠本畯《茗笈》誤將《茶録》内容作《茶解》收録的結果。《續茶經》錯在以訛傳訛，未據原書而是轉引《茗笈》。另，本文内容因屠本畯抄摘張源《茶録》時有增删，陸廷燦引録《茗笈》時又略有改動，故底本與張源《茶録》原文也相異。如本句，《茶録》作“貯水瓮須置陰庭中”；《茗笈·品泉章》無“中”字，本文在“置”字下又添一“於”字。

(61)　謂之嫩：嫩，各本作“懶”，據《茶箋》改。下同，不出校。

(62)　四陲：陲，底本作“郵”。“郵”疑“陲”之俗寫。據聞龍《它泉記》改。

(63)　去黄：黄，《蘇軾文集·題萬松嶺惠明院壁》作“此”。

㉔　政和二年：底本作“政和三年”，據《眉山文集》卷 2 唐庚原文改。

㉕　僞固不可知：“僞”字前，《眉山文集》原文還多一“真”字。

㉖　武陽：武，底本作“五”，據《雲谷雜記》卷 2 改。

㉗　本條與《茗笈》内容全同，陸廷燦實際不是據《茶疏》而是據《茗笈・辨器章》轉抄，許次紓《茶疏・盪滌》作：“人必一杯，毋勞傳遞，再巡之後，清水滌之爲佳。”

㉘　但資口腹：本則内容，也轉録自《茗笈・防濫章》；然此句《茶疏・飲啜》作“但需涓滴”。

㉙　顧元慶《茶譜・品茶八要》：陸廷燦誤題，顧元慶刪校本《茶譜》，無本文所輯的《品茶八要》内容。所謂《品茶八要》，舊書有的妄題爲明華淑撰。華淑也談不上什麽撰，實際他只是將陸樹聲《茶寮記》中的或徐渭的《煎茶七類》：一人品、二品泉、三烹點、四嘗茶、五茶候、六茶侶、七茶勳的基礎上，在“四嘗茶”前，增加一條“茶器”和二十字内容。某種程度上，將《品茶八要》，稱爲增補有“茶器”的《煎茶七類》本，可能更加貼切。

㉚　“白雪茶”：雪，底本作“雲”，疑誤，宋蘇州白雪茶，出洞庭山，《快雪堂漫録》作“雪”，據改。

㉛　余嘗笑時流持論：余，底本原脱，據《六研齋筆記》補。

㉜　琉球國：本則内容，原載陳繼儒《太平清話》，後由喻政將陳繼儒《巖棲幽事》和《太平清話》中有關内容輯集爲一篇，起名《茶話》，收入其《茶書》中。《太平清話》或《茶話》中無“國”字。

㉝　道肅：道，楊衒之《洛陽伽藍記》作“見”。

㉞　桓宣武時：時，底本無，據陶潛《搜神後記》補。

㉟　王涯獻茶：《舊唐書・文宗本紀》作“王涯獻榷茶之利”。

㊱　時人謂之“胡釘鉸詩”，柳當是柳惲也：錢易《南部新書》無此兩句，疑陸廷燦編時加。

㊲　《代茶飲序》：代，各本俱作“伐”，據《大唐新語》改。

㊳　本段引文與《廣川書畫跋・書陸羽點茶圖後》原文出入較大，下録《書陸羽點茶圖後》原文供對照：“積師以嗜茶久，非漸兒供待不嚮口。羽

出遊江湖四五載,積師絶於茶味。代宗召入内供奉,命宫人善茶者以餉師齋。俾羽煎茗,喜動顔色,一舉而盡。使問之師,曰:'此茶有若漸兒所爲也!'於是歎師知茶,出羽見之。"

㊆⑨　蓋名茶也:名,喻政茶書本、宛委本等所引《清異録》均無此字,作"蓋茶也"。

㊇⓪　《龍茶録後序》:本條所録内容,摘引的是蔡襄《茶録後序》,而非歐陽修《龍茶録後序》。

㊇①　福建運使:葉夢得《石林燕語》卷 8 作"福建轉運使"。

㊇②　其爲絹而北者:北,《後山叢談》卷 3 作"比"。

㊇③　時總得偶病:時,底本作"詩",疑誤,據《清波雜志》改。

㊇④　王城東:《夢溪筆談》作"王公",是陸廷燦所改。

㊇⑤　丁東院:丁東,陸游《劍南詩稿》卷 2 作"東丁"。

㊇⑥　漢州:州,底本作"川",據《蘇軾詩集》改。

㊇⑦　僕在黄州:本條文前,似疏漏引文名或出處,其實這段内容,在《蘇軾文集》等原文中題爲《書參寥詩》。

㊇⑧　菓凳:菓,《都城紀勝》作"桌"。

㊇⑨　本條内容,底本與四庫本詳略不一,有較大差异。四庫本作:"宋紹興中,少卿曹戬之母喜茗飲。山初無井,戬乃齋戒祝天,斫地才尺,而清泉溢湧,因名孝感泉。"

㊈⓪　大理徐恪:本條四庫本上面四字,與上條末句"名爲孝感泉"相接,未拆分爲兩條。

㊈①　上録本條内容,陸廷燦自稱據或摘自《月令廣義》,本書編時,經與萬曆本馮應京《月令廣義》原書校對,發現陸廷燦所説有誤甚或有作僞之嫌。馮應京《月令廣義》有兩處提及蒙頂茶。一爲 4 卷 17 上《春令・方物》中提及的"蒙嶺茶";二爲 7 卷 14 上所録"雷鳴茶"。前者馮應京摘自《東齋記事》,與本文所録内容幾無共同之處;後者馮氏撮自《韻府》,雖説所摘基本包括在《續茶經》的内容之内,但兩者一比,即明顯可以看出,陸廷燦此所據,非是録於《月令廣義》。馮應京所録"雷鳴茶"内容爲:"《韻府》雅州蒙山五頂,其中頂有僧病冷且久,遇

老父曰:‘仙家有雷鳴茶’,俟雷發聲併手於中頂採摘,獲一兩服未竟病瘥。一云中頂之中一兩去疾,二兩無疾,三兩换骨,四兩即仙。”本文中陸廷燦多處摘録有毛文錫《茶譜》内容,本條内容與毛文錫《茶譜》大部分相差不多,這裏不説據自《茶譜》而稱引自《月令廣義》;如果陸廷燦所説不是别本而就是指馮氏《月令廣義》的話,那麼即可明顯看出,陸廷燦在此不提真正而另列一種引録書目,其目的不外是顯示其徵引内容之廣博。

(92) 爲《岕茶别論》: 岕,底本作“芥”,徑改。

(93) 多梗: 底本作“梗多”,據《快雪堂漫録》改。

(94) 婦爲具湯沐: 沐,底本作“沭”,據《二酉委譚》改。

(95) 李日華《六研齋筆記》: 本條下録内容非出自《六研齋筆記》,而是《六研齋二筆》,陸廷燦誤。

(96) 周亮工《閩小記》: 四庫本等作“郎瑛《七修類稿》”,顯誤。

(97) 閔茶: 四庫本等作“閩茶”。

(98) 宋比玉: 比,底本作“此”,據《閩小記》改。

(99) 《虎邱茶經注補》: 邱,也作“丘”。注補,各本均作“補注”,疑陸廷燦録誤。

(100) 補: 底本作“補《西湖遊覽志》”,“補”字居上用小一號字刻印。《中國古代茶葉全書》將這一“補”字,理解爲是對《西湖遊覽志》的補本。如本文注中所説,《西湖遊覽志》的作者田汝成,除是書外,還另寫有一本《西湖遊覽志餘》,因此《中國古代茶葉全書》將此校注作“即爲田汝成輯撰《西湖遊覽志餘》”,疑誤。經推敲,我們認爲此一補字,非指《西湖遊覽志》一書,而是指增補此前本篇各條内容。换句話説,是指此以後的内容,是定稿以後或刻好以後補刻的。出於這一認識,本書編時特將此“補”字用括號括起單列一行,以表示清楚。

(101) 風俗貴茶,其名品益衆: 其,《唐國史補》作“茶之名”。本文下録《國史補》内容,與《國史補》原文以及其他茶書所引,與“其”字一樣,差异較大,且差不多每句都有不同。所以,我們這裏不但不删,乾脆把

《國史補》這段内容也抄録如下,以便查校。《國史補》:"風俗貴茶,茶之名品益衆。劍南有蒙頂石花,或小方、或散芽,號爲第一。湖州有顧渚之紫筍,東川有神泉小團、昌明獸司,峽州有碧澗明月、芳蕊、茱萸簝,福州有方山之露—作生芽,夔州有香山,江陵有楠木,湖南有衡山,岳州有灅湖之含膏,常州有義興之紫筍,婺州有東白,睦州有鳩坑,洪州有西山之白露,泰州有霍山之黄芽,蘄州有蘄門團黄,而浮梁之商貨不在焉。"

⑩② 鑄:底本作"注",誤,徑改。

⑩③ 開寶末:末,底本作"來",據《事物紀原》改。

⑩④ 斤片:斤,各本均作"片",據《潛確類書》改。

⑩⑤ 蜀州:州,各本均作"川",據毛文錫《茶譜》改。

⑩⑥ 唐時産茶充貢,即所云南岳貢茶也:是兩句,四庫本作"唐時造茶入貢,又名唐貢山,在縣東南三十五里均山鄉"。

⑩⑦ 《寰宇記》:即《太平寰宇記》,但此處陸廷燦所引或所據《寰宇記》的,也僅"揚州江都縣蜀岡"七字,其餘或據毛文錫《茶譜》和《揚州府志》《江都縣志》拼綴而成,嚴格説,不能稱是《寰宇記》的内容。

⑩⑧ 甘香:香,底本作"旨",徑改。

⑩⑨ 富家:富,底本作"當",據四庫本改。

⑩⑩ 本條所收内容,主要爲明月峽茶史資料。"明月峽"以下資料,録自《吳興掌故集·山墟類》"明月峽"條,但此上"皆爲茶園"三句,與明月峽内容無關,疑陸廷燦自加或由《吳興掌故集》其他地方移置而成,是原文以外編者穿插的内容。

⑪⑪ 相傳以爲吳王夫差於此顧望原隰:《吳興掌故集》無"以爲"兩字,"吳王夫差"爲"吳夫槩",全句作"相傳吳夫槩於此顧望原隰"。

⑪② 唐時其左右大小官山,皆爲茶園,造茶充貢,故其下有貢茶院:這幾句,《吳興掌故集·山墟類》作"唐時其下有貢茶院"。據本條所録内容與原文的較大差異,我們懷疑本文這裏所録的兩條《吳興掌故集》内容,可能陸廷燦所據不是直接録自《吳興掌故集》原書,而是轉引他書,否則就不會出現上兩條均録及的"其左右大小官山,皆爲茶園"這

樣重複的内容。

⑬　香氣尤清，又名玄茶，其味皆似天池而稍薄：香氣尤清以下“又名玄茶，其味皆似天池而稍薄”兩句，我們找見的《甌江逸志》原文無，疑可能爲陸廷燦編時補。

⑭　《江西通志》：各本均作《通志》，易與前《江南通志》和各省通志混。經以本文所録與江西前刊“通志”查對，本文收録内容與明嘉靖《江西通志》明顯不同，與康熙末年《西江志》和雍正《江西通志》則較接近。據此，我們確定此以下三條江西茶事，當爲據雍正《江西通志》摘編；故本書編時在《通志》前補加“江西”兩字，以與他别。

⑮　惟山中之茶爲上，家園植者次之：摘自《麻姑山丹霞洞天志·物産》，原文爲“茶，（下接雙行小字）山中之茶尤妙，家園次之”。

⑯　《江西通志》：各本均作《通志》，經查，當爲雍正十年（1732）《江西通志》，徑加。

⑰　此條文字，不見原文，疑陸廷燦據《東溪試茶録》“北苑”“壑源”内容摘編。

⑱　福寧州太姥山出茶：太，底本作“大”，徑改。

⑲　《湖南通志》：各本按《續茶經》均作《通志》，本書作收時，查爲據《湖南通志》，徑改。

⑳　《湖廣通志》：各本均作《通志》。經查，此疑據康熙《湖廣通志》摘編。“湖廣”爲本書編時加。

㉑　廣岕：《嶺南雜記》作“廟岕”。

㉒　本條内容，疑陸廷燦據康熙六年（1667）《陝西通志》摘集組成，非原文。

㉓　《四川通志》：本條下載内容，疑陸廷燦據雍正《四川通志》摘集編寫，非“通志”原文。

㉔　貴陽府産茶，出龍里東苗坡及陽寶山：經查，本條内容録自康熙三十六年（1697）《貴州通志·物産》。其地名和茶字外，其他内容爲雙行小字注。本條原文體例爲：貴陽府　茶産龍里東苗坡及陽寶山……

㉕　冒襄：冒，底本作“胃”，徑改。

⑫ 置榷茶使：榷，底本作"摧"，徑改。下文也時有誤刻，俱改，不出校。

⑫ 置吏總之：之，底本缺，據《宋史·食貨志》補。

⑫ 餘則官悉市之，總爲歲課：在這兩句"之"字和"總"字之間，本文省略"其售於官者……謂之折税茶"六句三十一字。之下本段還有多處删節，不再一一出校。

⑫ 民造温桑僞茶：僞，底本作"爲"，據《宋史·食貨志》改。

⑬ 陳恕爲三司使：本條和以下五條，皆列爲引録或據自《宋史》，但與上條《宋史·食貨志》內容，便無前後或承繼關係，如本條《食貨志》中也提及兩句，但其收録的主要內容是摘自《列傳·陳恕》的傳記，有些還是陸廷燦添加的《宋史》以外的其他資料，因此不好作校。

⑬ 毋乃重困吾民乎：毋，底本作"母"，徑改。

⑬ 《容齋隨筆》：齋，底本作"齊"，據《容齋五筆》改。

⑬ 外焙及其石門、乳吉、香口三焙和所録文字，陸廷燦這裏將之列於熊蕃《宣和北苑貢茶録》之後，誤。查此非《宣和北苑貢茶録》而是《北苑別録》的內容。

⑭ 《北苑別録》：誤，此書名應冠上條"外焙"之上，本條及以下所謂《北苑別録》內容，均仍録自《宣和北苑貢茶録》。陸廷燦把《北苑別録》該加"外焙"的地方不加，使《北苑別録》的內容，誤作了前面《宣和北苑貢茶録》的內容；本條又將《宣和北苑貢茶録》的誤作了《北苑別録》的內容。

⑬ 《明會典》：陝西置茶馬司四：河州、洮州、西寧、甘州：《明會典》原文爲"茶馬司　陝西舊輩昌府、臨洮府四茶運所及其裁革時間　河州洪武建司時間　洮州洪武建司時間　西寧洪武改建時間　甘州裁革和復建時間"。本文這裏所録《明會典》資料，實際爲陸廷燦據《明會典》甚至其他史籍內容摘寫，大多與原文序次和面貌不一，這裏只是舉例説明并非原文，下面也不再一一作校。

⑬ 浙江行省平章高興過武夷：《武夷山志》無"浙江行省"四字。

⑬ 有仁風門、第一春殿、清神堂諸景：此句陸廷燦有較大删改，《武夷山志》原文爲："有神風門、拜發殿亦名第一春殿、清神門、思敬亭、焙芳亭、

燕嘉亭、宜寂亭、浮光亭、碧雲橋。"無"諸景"兩字。

⑬　於園之左右各建一坊，扁曰茶場：此句爲作過崇安縣令的陸廷燦所改，《武夷山志》原文只是"又於園之左右各增建一場"十一字。

煎茶訣

◇清　葉儁　撰[1]

　　葉儁，字永之，越溪[2]（當屬今浙江寧海縣境）人，生平不詳。《煎茶訣》一書，國内不見著録流傳，在日本則有用日文假名標注的漢字刻本兩種：一是寶曆（1751—1764）本[3]，現藏大阪中央圖書館；二是明治戊寅（1878）刻本。

　　現存的寶曆本并非原刻本，而是寬政丙辰（1796）年的重刻增補本，有蕉中老衲序，及木孔恭[4]後記。蕉中又署不生道人，即大典禪師（1719—1801），著述甚多，曾寫過《茶經評説》，爲《煎茶訣》增補了不少材料。木孔恭（1736—1802）爲大阪著名儒商，收藏甚富，多珍本秘籍，本書的刊印當經其手。

　　明治刻本是小田誠一郎訓點的整理本，删去了蕉中增補的部分，還原了葉儁《煎茶訣》的原貌，并請王治本[5]作序，可説是精審而面目清爽的本子。

　　本書以小田誠一郎訓點的明治本爲底本，以蕉中序寶曆本和書中引用原文作校。明治本所增序及插畫，按本書體例，移至補文之後。[6]

藏茶[7]①

　　初得茶，要極乾脆。若不乾脆，須一焙之，然後用壺佳者貯之。小有疏漏，致損氣味②，當慎保護。其焙法：用捲張紙散佈茶葉，遠火焙〔之〕③，令熅熅漸乾。其壺如嘗爲冷濕所漫④者，用煎茶至濃者洗滌之，曝日待乾、封固，則可用也。

擇水

　　煎茶，水功居半。陸氏所謂"山水上，江水中，井水下"。山水，揀乳泉、石池涓涓流出者；江水，取去人遠者；井，取汲多者佳⑤也。然互有上下，品可辨也。有一種水，至澄而性惡，不可不擇。若取水於遠欲宿之，須以白石橢而澤者四五,沈著或以同煮之;能利清潔。黄山谷詩"錫谷寒泉橢石俱"是也。橢石,在湖上爲波濤摩圓者爲佳,海石不可用。⑥

潔瓶

瓶不論好醜,唯要潔浄。一煎之後,便當輒去殘葉,用椶棵刷滌一過,以當後用。不爾,舊染浸淫,使芳鮮不發。若值舊染者,須煮水一過,去之然後更用。

候湯

凡每煎茶,用新水活火,莫用熟湯及釜銚之湯。熟湯,軟弱不應茶氣;釜銚之湯,自然有氣妨乎茶味。陸氏論"三沸",當須"騰波鼓浪"而後投茶;不爾,芳烈不發。

煎茶

世人多貯茶不密,臨煎焙之,或至欲焦,此婆子村所供,大非雅賞。江州茶尤不宜焙,其它或焙,亦遠火煏煏然耳。大抵水一合,用茶可三分⑦。若洗茶者,以小籠盛茶葉,承以碗,澆沸湯以箸攪之,漉出則塵垢皆漏脱去;然後投入瓶中,色、味極佳。要在速疾,少緩慢,則氣脱不佳。如華製茶,尤宜洗用[8]。

淹茶

華製茶⑧,不可煎⑨。瓶中置茶,以熟湯⑩沃焉,謂之泡茶。或以鍾,謂之中茶。中,鍾音,通泡名,通瓶。鍾者,《茶經》謂之淹茶。皆當先熻之令熱,或入湯之後蓋之;再以湯外溉之,則茶氣盡發矣。

《煎茶訣》終⑪

補⑫:

茶具

苦節君湘竹風爐。　建城藏茶篛籠。　湘筠焙焙茶箱。蓋其上,以收火氣也;隔其中,以有容也;納火其下,去茶尺許,所以養茶色香味也。　雲屯泉缶。　烏府盛炭籃。
水曹滌器桶。　鳴泉煮茶礶。　品司編竹為籠[13],收貯各品茶葉。　沈垢古茶洗。
分盈木杓,即《茶經》水則,每兩升用茶一兩。　執權準茶秤,每一兩,用水二升。　合香藏
日支茶瓶,以貯司品者。　歸潔竹筅箒,用以滌壺。　漉塵洗茶籃。　商象古石鼎。
遞火銅火鬥。　降紅銅火筯[14],不用聯索。　團風湘竹扇。　注春茶壺。　静沸竹
架,即《茶經》支腹。　運鋒鑯果刀。　啜香茶甌。　撩雲竹茶匙。　甘鈍木礶
墩。　納敬湘竹茶橐。　易持易漆茶彫秘閣。　受污拭抹布。

書齋[15]

書齋宜明静[16],不可太敞[17]。明静可爽心神,宏敞則傷目力。中庭列盆
景、建蘭之嘉者一二本,近窗處蓄金鱗五七頭於盆池內,傍置洗硯池一。
餘地沃以飯潘、雨漬,苔生緑縟可愛。遶砌種以翠芸草令遍,茂則青葱欲
浮。取薜荔根瘞牆下,灑魚腥水於牆上,腥之所至,蘿必蔓焉。月色盈
臨[18],渾如水府。齋中几、榻、琴、棋、劍、書、畫、鼎、研之屬,須製作不俗,鋪
設得體,方稱清賞。永日據席,長夜篝燈,無事擾心,儘可終老。僮非訓
習,客非佳流,不得入。

單條畫

高齋精舍,宜掛單條。若對軸,即少雅致,況四五軸乎?且高人之畫,
適興偶作數筆,人即寶傳,何能有對乎?今人以孤軸為嫌,不足與言畫矣。

袖爐

書齋中薰衣、炙手對客常談之具,如倭人所製漏空罩蓋漆鼓,可稱清
賞。今新製有罩蓋方圓爐,亦佳。

筆牀

筆牀之製,行世甚少。有古鎏金者,長六七寸,高寸二分,闊二寸餘,
如一架然。上可臥筆四矢。以此為式,用紫檀烏木為俗[19]。

詩筒葵箋

採帶露蜀葵,研汁[20]用布揩抹竹紙上,伺少乾,以石壓之,可爲吟箋,以貯竹筒,與騷人往來賡唱。昔白樂天與微之亦嘗爲之,故和靖詩有"帶斑猶恐俗,和節不妨山"之句。

印色池

官、哥窯,方者,尚有八角、委角者,最難得。定窯,方池外有印花紋,佳甚;此亦少者。諸玩器,玉當較勝於磁,惟印色池以磁爲佳,而玉亦未能勝也。

右(上)七項,載屠隆《考槃餘事》中,聊採録以示諸君子。

《煎茶訣序》

夫一草一木,罔不得山川之氣而生也,唯茶之得氣最精,固能兼色、香、味之美焉。是茶有色、香、味之美,而茶之生氣全矣。然所以保其氣而勿失者,豈茶所能自主哉。蓋采之,采之而後有以藏之。如穫稻然,有秋收者,必有冬藏。藏之先,期其乾脆也。利用焙藏之,須有以蓄貯也。利用器藏而不善,濕氣鬱而色枯,冷氣侵而香敗,原氣洩而味變,氣之失也,豈得咎茶之不美乎? 然藏之於平時,以需用之於一時。而用之法,在於煎;張志和所謂"竹裏煎茶",亦雅人之深致也。磁碗以盛之,竹籠以漉之,明水以調之,文火以沸之;其色清且

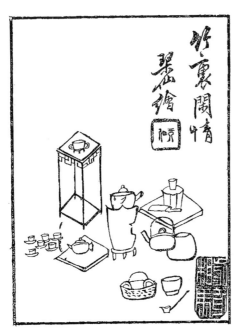

王琴仙《竹裏閒情》(煎茶茶具)插圖

碧,其香幽且烈,其味醇且和;可以清詩思,可以滌煩渴,斯得其茶之美者矣。是在煎之善。至若水,則別山泉、江泉;火,則詳九沸、九變;器,則取其潔而不取其貴;湯,則用其新而不用其陳。是以水之氣助茶之氣,以火之氣發茶之氣,以器之潔不至汙其氣,以湯之新不至敗其氣。氣得而色、香、味之美全矣。吾故曰:"人之氣配義與道,茶之氣配水與火;水火濟而茶之能事盡矣,茶之妙訣得矣。"友人以《煎茶訣》索序,予爲詳敘之如斯。

光緒戊寅六月穀旦。

浙東黍園王治本撰並書

煎茶訣跋[9]

山林絶區,清淑之氣鍾香露,芽發乎雲液,使人恬淡是味。此非事甘脆肥醲者所得識也。夫其參四供,利中腸,破昏除睡,以入禪悅之味,乃所謂四悉檀之,益固可與道流者共已。葉氏之訣,得其精哉,殆纘竟陵氏之緒矣。

不生道人跋

茶訣一篇,語不多而要眇盡矣。命之剞劂以施四方君子云。時寶曆甲申二月。

浪華兼葭堂木孔恭識

(附蕉中補寶曆本《煎茶訣》全文)

煎茶訣序

點茶之法,世有其式。至於煎茶,香味之間,不可不精細用心,非復點茶比。而世率不然。葉氏之《訣》,實得其要。猶有遺漏,頃予乘閒補苴,別爲一本,以遺兼葭氏。如或災木,與好事者共之,亦所不辭。

丙辰孟冬　　　　　　　　　　　　　　　蕉中老衲識

森世黄書

《煎茶訣》

越溪　葉儁永之　撰
　　蕉中老衲　補

製茶

西夏製茶之法,世變者凡四:古者蒸茶,出而擣爛之<small>或曰搗而蒸之</small>,爲團乾置,投湯煮之,如《茶經》所載是也<small>餘《茶經詳説》備悉之</small>。其後磨茶爲末,匙而實碗,沃湯筅攪勻之以供。其後蒸茶而佈散乾之、焙之,是所謂"煎茶"也。後又不用蒸,直熙之數過,撚之使縮。及用實瓶如碗,湯沃之,謂之"泡茶""沖茶"。文公《家禮注》,不諳筅制。《五雜俎》曰:今之惟茶用沸湯投之,稍著火即色黄而味澀不中飲矣。可知輾轉而不復古也。吾日本抹茶、煎茶俱存而用之。抹茶,獨出自宇治,蓋不舍其葉,故極其精細。製造之法,宜抹而不宜煎。煎茶之製,所在有之,然江州所産爲最。近好事者家製之,率皆用熙法,重芳烈故也。蓋能其精良,不必所産,然非地近山者不爲宜。若其製法,一一兹不詳説。獨《五雜俎》載,松蘿僧説:曰茶之香,原不甚相遠,惟焙者火候極難調耳。茶葉尖者太嫩,而蒂多老,火候勻時尖者已焦而蒂尚未熟;二者雜之,茶安得佳。松蘿茶製者,每葉皆剪去尖蒂,但留中段,故茶皆一色;而功力煩矣,宜其價之高也。余以爲此説,真製茶之要也。若或擇取其尖而焙製之,恐最上之品也。

藏茶

初得茶,要極乾脆。若不乾脆,須一焙之,然後用壺佳者貯之。小有疏漏,致損氣味,當慎保護。其焙法:用捲張紙散佈茶葉,遠火焙之,令煴煴漸乾。其壺如嘗爲冷濕所侵者,用煎茶至濃者洗滌之,曝日待乾、封固,則可用也。

擇水

煎茶,水功居半。陸氏所謂"山水上、江水中、井水下"。山水,揀乳泉、石池涓涓流出者；江水，取去人遠者；井，取汲多者是也。然互有上下，品可辨也。有一種水，至澄而性惡，不可不擇。若取水於遠欲宿之，須以白石橢而澤者四五，沈著或以同煮之；能利清潔。黃山谷詩"錫谷寒泉橢石俱"是也石之在湖上爲波濤摩圓者爲佳，海石不可用。或曰汲長流水爲湯，上裝蒸露罐，取其露煮以用茶，尤妙。余未嘗試，但恐軟弱不適。有用瀑泉者，頗激烈不應；然則激烈、軟弱，俱不可不擇。

潔瓶

瓶不論好醜，唯要潔淨。一煎之後，便當輒去殘葉，用楸絜刷滌一過，以當後用。不爾，舊染浸淫，使芳鮮不發。若值舊染者，須煮水一過，去之然後更用。

候湯

凡每煎茶，用新水活火，莫用熟湯及釜銚之湯。熟湯，軟弱不應茶氣；釜銚之湯，自然有氣妨乎茶味。陸氏論"三沸"，當須"騰波鼓浪"而後投茶；不爾，芳烈不發。

煎茶

世人多貯茶不密，臨煎焙之，或至欲焦。此婆子村所供，大非雅賞。江州茶尤不宜焙，其他或焙，亦遠火煴煴然耳。大抵水一合，用茶可重三四分。投之滾湯，尋即離火，置須臾而供之。不爾，煮熟之，味生芳鮮之氣亡；須別用湯瓶，架火候茶過濃加之。若洗茶者，以小籠盛茶葉，承以碗，澆沸湯以箸攪之，漉出則塵垢皆漏脫去；然後投入瓶中，色、味極佳。要在速疾，少緩慢，則氣脫不佳。如唐製茶，尤宜洗用。

淹茶

唐茶舶來上者，亦爲精細，但經時之久，失其鮮芳。肥築間亦有稱唐製者，然氣味頗薄，地產固然。大抵唐製茶，不容煎。瓶中置茶，以熱湯沃焉，謂之泡茶。或以鍾，謂之中茶。中、鍾音，通"泡"名，通瓶。鍾者，《茶經》謂之"淹茶"。皆當先脅之令熱,或入湯之後蓋之;再以湯外溉之,則茶氣盡發矣。

花香茶

有蓮花茶者,就花半開者,實茶其内,絲匜擁之一宿。乘曉含露摘出,直投熱湯,香味俱發。如蘭茶,摘花雜茶,亦經宿而揀去其花片用之;並皆不用焙乾。或以蒸露罐取梅露、菊露類,投一滴碗中,並佳。

(下刪不生道人跋和木孔恭後記二條,見明治本文後所録)

注 釋

1　此處署名爲本書編時按體例改定。日本原寶曆和明治兩刻本,封面均只書題名"煎茶訣"。寶曆本在序後文前題下署名,作"越溪　葉雋永之　撰""蕉中老衲　補";明治本刪補者名,只署"越溪　葉雋永之　撰"。

2　越溪:即今浙江寧海縣越溪。地以溪名,溪以山名。洪武三年(1370)於此置巡檢司,康熙時改設千總駐守。明清時是寧海的一個主要出入港口。

3　明和元年(1764),這一年在日本有的文獻中也作寶曆十四年(1764)。可能是寶曆改元爲"明和"的一年,甲子紀年均爲"甲申"。

4　木孔恭:國内有的論著中,訛傳將"孔"寫作"弘",誤。

5　王治本(1835—1907):明治時著名旅日華人。字黍(同漆)園,別號夢蝶道人。浙東(今浙江慈溪)人。光緒元年(1875)應日本著名漢學家廣部精邀請,至日本"日清社"漢塾教漢語和編輯漢文雜志。明治十年(1877),辭聘在日本自創詩社"聞香社",與日本特別愛好漢學的文人學士切磋和傳授詩文及創作技巧,另外也爲人賦詩作詞、撰序寫跋、繪畫刻章、書區畫扇,開始以收取潤筆來作留居日本生活之用。本文明治本的王治本的《煎茶訣序》和其族弟琴仙所繪"煎茶器"插頁,即是他們應邀收受"潤筆"之作。這一年,清政府首次派遣以何如璋爲首的駐日公使團,治本因熟悉日本情况而被聘爲公使團臨時隨員。在 1877—1881 年這段時間,王治本的才學,深受原高崎藩主的欽佩。日本明治"廢藩"源輝聲賦閑後,寄趣漢學,拜王治本爲師,并把他直接接至家中,隨時就學。1882 年源輝聲病逝後,王治本移居東京,自此以"清客詩文書畫第一人"的身份,活躍於東京文墨大家,并不斷應日本各地文人所邀,走上了他有計劃訪問漫游日本、傾力傳播中國漢學、漢文化的生涯。從這一年開始,直至其 1906 年去世,他的足迹幾乎踏遍了日本全國各島。王治本絶不是單純的游山玩水,如他自咏的詩句所説"愛作閒遊轉不閒",他游玩是次,傳播中國文化是真。1883 年,他巡游北海道時,《函館新聞》對他作了專訪和報導。講到王治本在函館期間,將他所作的《函館八勝》詩悉數贈給了該報;并稱"本港文雅之士,亦多乞請揮毫"。即使是玩,他每到一地,也把他所有游景攬勝的詩作、書畫留給了當地,豐富了當地的文化生活。

6　我們不但認真查閱了本書收録的全部清代輯集類綜合性茶書,并且還詳細查閱了浙江特別是清代浙東的筆記小説,康熙、光緒《寧海縣誌》及相關的《台州府志》《寧波府志》等《藝文志·書目》,俱未發現有關葉雋和《煎茶訣》的任何記載。如果是書在國内有刻本或較多傳抄本長期流傳,不可能在以上幾方面一點没有反映。

7　在正文"藏茶"前,封面後扉頁正反面,爲號"重光"者題寫的"紗帽籠頭、風花遶鬢"八字;接著爲王治本撰《煎茶訣序》兩頁共 164 字;然後再是王治本族弟琴仙所繪《竹裏閒情》煎茶具插畫一頁。因非葉雋原著,本書按例照原樣移至本文小田誠一郎、王治本的補文之後備查。

8　如華製茶,尤宜洗用:華,寶曆本作"唐",此兩句八字,疑亦非葉雋而是焦中所補。

9　此跋和其下木孔恭後記,是明治本照寶曆本重刻内容。

校　記

①　在本文"藏茶"前,寶曆本蕉中還補加"製茶"一節,23 行,每行 16 字,

加雙行小字注,共 373 字。明治本全删,所删内容見本文後附寶曆本全文。

② 氣味:味,明治本作"吹"。吹,《集韻》同"吻"。氣吻,不可解,當是形誤。據寶曆本徑改。

③ 之:明治本厥,據寶曆本補。

④ 漫:寶曆本作"侵"。

⑤ 佳:寶曆本作"是"。

⑥ 此單行小字注下,明治本删寶曆本可能是蕉中所補"或曰汲……不可不擇"50 字。所删内容,見本文後附寶曆本全文。

⑦ 用茶可三分:寶曆本作"用茶可重三四分"。在分之下,明治本删寶曆本可能是蕉中所補"投之滾湯……過濃加之"39 字。所删内容,見本文後附寶曆本全文。

⑧ 華製茶:華,寶曆本作"唐"。在此句上,明治本删本節開頭的"唐茶舶……然大抵"39 字。所删内容,見本文後附寶曆本全文。

⑨ 不可煎:可,寶曆本作"容"。

⑩ 熟湯:熟,寶曆本作"熱"。

⑪ 在本節之下,寶曆本還有蕉中補加的《花香茶》一節,5 行,每行 16 字,共 76 字。明治本全删,所删内容見本文後附寶曆本全文。

⑫ 在"補"字上,原書還有"《煎茶訣》終"四字,本書編時删。

⑬ 編竹爲籚(lù):明治本作"撞",編時徑改。

⑭ 筯(zhù):明治本作"筋",形誤,徑改。

⑮ 書齋:書,屠隆《考盤餘事》本作"山"。

⑯ 書齋宜明静:屠隆《考盤餘事》本無"書齋"兩字。"静"作"净",下同。

⑰ 太敞:敞,屠隆《考盤餘事》本作"廠"。

⑱ 盈臨:臨,明治本作"甌",疑形誤,據屠隆《考盤餘事》本改。

⑲ 用紫檀烏木爲俗:屠隆《考盤餘事》本無"俗"字,作"用紫檀烏木爲之亦佳"。

⑳ 研汁:汁,明治本作"汀",徑改。

湘皋茶説

◇清 顧蒹 編

　　顧蒹(一作"衡"),字孝持,號霍南,後又自號湘皋老人,江南婁縣(今上海松江)人。貢生,官臨淮(治所位於今安徽鳳陽)訓導,一稱臨淮司鐸。善書畫、工詩。陽海清《中國叢書廣録》注釋中稱其爲"嘉慶壬戌(七年,1802)進士,累官通政司副使"。但查《明清進士題名碑録索引》不見,大概是錯的。這從本文前序中也可獲知。顧蒹在乾隆四年(1739)所寫的序文中,就自號湘皋老人,怎麼會在此後過了63年又考中進士?不過其後一句所說的"累官通政司副使",雖不敢說就無問題,但其反映顧蒹仕途,決不只臨淮一地一職,這大致是可信的。這一點,顧蒹在文後的《湘皋逸史》中亦提及:"年來奔走四方,僕僕官署,或有佳茶而缺佳水,或得佳泉而無佳茗。"這段記述,多少可以作些補證。

　　《湘皋茶説》是我們從南京圖書館收藏的《湘皋六説》中輯出的一篇手稿。所稱《湘皋六説》,包括《書畫説》《墨説》《茶説》《花説》《香説》《爐硯説》六稿。全書顧蒹自著自寫的部分不多,大部分内容是輯集其他各書而成的。以《湘皋茶説》爲例,其内容主要就輯録自陸羽《茶經》、許次紓《茶疏》和聞龍《茶箋》等十六七種茶書。我們上面提到,《湘皋茶説》引録的茶書有十六七種(顧蒹自撰"二十二種"),但這只是稿中顧蒹開列的摘録書目而已,實際他并未按目摘録,甚至有的書他可能看都没看。因爲我們作編時與原文核對的結果,其所引各書内容,與各書原文大多有出入,有的甚至差異較大;但與屠本畯《茗笈》輯引各書的内容,則幾乎完全相同,其轉抄自《茗笈》的痕迹非常清晰。所以,嚴格來說,稱顧蒹《湘皋茶説》是一篇基本抄襲《茗笈》之作,也不爲錯。

　　本文既然是一卷乾隆以後才編、内容又多半轉抄別書而且最後一部分也尚未定稿的輯集類茶書,那末爲甚麼還要特意從未刊書稿中輯出,加以整理補入本書呢? 這是因爲本文雖然自撰的内容不多,但此部分尚有其自身特點和一定的史料價值。另外,它雖説是一篇編之稍晚的輯集類茶書,但由於其内容較多集中在産、采、製、藏,泉、火、湯、點等茶葉生産、飲用的技藝方面,和前出輯集類茶書相比,即使有重複,也仍不感厭煩。再是其較多内容非輯自原書而是轉抄《茗笈》,但它不是全部照録而是選抄,較《茗笈》更爲簡要。

《湘皋茶説》

序①

吳主禮賢,方聞置茗;晉人愛客,纔有分茶。讀韓翃啟,則知茶之開創,絶不自季疵始,而説者竟以陸羽飲茶,比於后稷樹穀,誤矣。第開創之功,雖不始於桑苧,而製茶自出,實大備於季疵。嗣後,名山所産,靈草漸繁,人巧之功,佳茗日著。羅君有言,茶酒二事,可云前無古人,而我獨怪夫世之厄談名酒者甚多,清談佳茗者實少也。不寧惟是,一切世味,葷臊甘脆,爭染指垂涎,獨此物面孔嚴冷,絶無和氣,稍稍霑唇漬口,輒便唾去,疇則嗜之,非幽人開士,披雲漱石之流,其孰可與語此者乎? 予生也憨,口之於味,一無所嗜,獨於茗不忘情。偶閲前賢論茶諸書,有會於心,摘其精當,輯爲一編,名曰《茶説》。閲是編者,試於松間竹下,置烏皮几,焚博山爐,斟惠山泉,把諸茗荈而啜之,便自羲皇②上人矣。若夫客乍傾蓋,用偶消煩,賓待解醒,則飲茶防濫,厥戒惟嚴。重賞之外,别有攸司,此皆排當於閫政,請勿弁髦乎《茶説》。

時乾隆己未清龢月¹湘皋老人題於曼寄齋

《茶説》摘録諸書　凡二十二種③

陸羽《茶經》　羅廩《茶解》　葉清臣《煮茶泉品》　《岕茶記》　許次紓《茶疏》　聞龍《茶箋》　熊明遇《羅岕茶記》④　《小品》⑤　張源《茶録》　宋子安《東溪試茶録》　屠隆叟《茗笈》　田藝蘅⑥《煮泉小品》　羅

大經《鶴林玉露》《茗笈品藻》　陸樹聲《茶寮記》　蘇廙《仙芽傳》《茶解序》《茶録序》　蔡襄《茶録》[7]　陸樹聲《煎茶七類》《類林》《考槃餘事》

茶名[8]

陸羽《茶經》：一曰茶，二曰檟，三曰蔎，四曰茗，五曰荈。茶之精腴者，名胡靴牛臆。茶之瘠老者，名竹籜霜荷。[9]

茶目

按：陸羽《茶經》，唐時所載産茶地，凡四十一州，各分上下，其十一州未詳。而今之虎邱、羅岕、天池、顧渚、松羅、龍井、雁宕、武夷、靈山、大盤、日鑄、朱溪、陽羨、六安、天目諸名茶，無一與焉。豈當時混稱州名，而不及詳其地所自出故耶？抑或培植未善，有疏採製故耳？[10]

《煮茶泉品》云：吳楚山谷間，氣[11]清地靈，草木穎挺，多孕茶荈。大率右於武夷者，爲白乳；甲於吳興者，爲紫筍[12]；産於禹穴者，以大章顯；茂於錢塘者，以徑山稀。至於續廬之巖，雲衡之麓，雅山著於無歙[2]，蒙頂傳於岷蜀，角立差勝，毛舉寔繁。[13]

《茶疏》云：唐人首稱陽羨，宋人最重建州……故不及論。[3][14]

《考槃餘事》曰：今日茶品，與季疵《茶經》稍異，即烹製之法，亦與蔡、陸諸人[4]不同矣。虎邱最號精絶，爲天下冠，惜不多産，皆爲豪右所據，寂寞山家，無由獲購矣。天池青翠芳馨，瞰之賞心，嗅亦消渴，可稱仙品。陽羨即俗名曰岕，浙之長興者佳，荊溪稍下。上品價兩倍天池，難得。六安品亦精，惜不善炒，不能發香，而本質寔佳。龍井不過十畝餘，外此皆不及。大抵天開龍泓美泉，山靈特生佳茗以副之耳。天目次於天池，龍井亦佳品也。[15]

産茶

《茶經》：上者生爛石，中者生礫壤，下者生黄土。野者上，園者次，陰山坡谷者，不堪採掇。[16]

《茶記》[5]產茶處,山之夕陽,勝於朝陽。廟後山西向,故稱佳;總不如洞山南向,受陽氣特專,稱仙品。

《茶解》:茶地南向爲佳,向陰者遂劣。故一山之中,美惡相懸。[17]

《岕茶記》[6]:茶產平地,受土氣多,故其質濁。岕茗產於高山,渾是風露清虛之氣,故爲可尚。

《茗笈》云:瘠土民癯,沃土民厚;城市民囂而漓,山村民樸而陋;齒居晉而黃,項處齊而癭。人猶如此,況於茗哉![18]

採茶

《茶疏》:清明太早,立夏太遲,穀雨前後,其時適中。若再遲一二日,待其氣力完足,香烈尤倍,且易於收藏。

《茶記》:茶以初出雨前者佳,惟〔羅〕岕立夏開園[19]。吳中所貴,梗粗葉厚,有蕭箬之氣,不如雀舌佳,然最不易得。

《茶疏》云:岕茶非夏前不摘。初試摘者[20],謂之開園。採自正夏,謂之春茶。其地稍寒,故需得此,又不當以太遲病之也。近有七、八月重摘一番,謂之早春,其品甚佳。

製茶

《茶錄》:茶之妙,在乎始造之精,藏之得法,點之得宜。優劣定乎始鐺,清濁繫乎末火。

《茶箋》:火烈香清,鐺寒神倦;火烈猛生焦,柴疏失翠。諸名茶,法多用炒,惟羅岕,宜於蒸焙,味真蘊藉,世競珍之。即顧渚,陽羨,密邇洞山,不復仿此。想此法偏宜於岕,未可概施他茗,而《經》已云:蒸之、焙之,則所從來遠矣。[21]

藏茶

《茶記》[22]:藏茶宜箬葉而畏香藥,喜溫燥而忌冷濕。

《茶錄》:切勿臨風近火。臨風易冷,近火先黃。[23]

《茶解》:凡貯茶之器,始終貯茶,不得移爲他用。[24]

《茶疏》㉕：置頓之所，須在時時坐臥之處；逼近人氣，則常溫不寒。必在板房，不宜土室。板房溫燥，土室則蒸。又要透風，勿置幽隱之處，尤易蒸濕。

品泉

溫氏所著《茶説》所識水泉之目凡二十。寒士遠莫能致，惟有無錫惠泉，杭之虎跑㉖、白沙，近猶易得。有則宜貯大瓮。所忌器新，爲其火氣未退，易於敗水，亦易生蟲；久用則善。㉗

《茶解》：烹茶須甘泉，次梅水。梅雨如膏，萬物賴以滋養，其味獨甘。梅後便不堪飲。大瓮滿貯，投伏龍肝一塊。須乘熱投之。㉘

《岕茶記》：烹茶，水之功居六。無泉則用天水，秋雨爲上，梅雨次之。秋雨洌而白，梅雨醇而白。雪水，五穀之精也。掃雪烹茶，古今韻事。惜水不能白。養水須置石子於瓮，非惟益水，而白石清泉，會心亦不在遠。

《茶録》㉙：貯水瓮須置陰庭，覆以沙帛。使承星露，則英華不散，靈氣常存。假令壓以木石，封以紙箬，暴於日中，則外耗其神，內閉其氣，水神敝矣。

候火㉚

《茶經》云：其火用炭，曾經燔炙，爲脂膩所及，及膏木、敗器不用。古人識勞薪之味，信哉。

《茶疏》：火必以堅木炭爲上。然本性未盡，尚有餘煙，煙氣入湯，湯必無用。故先燒令紅，去其煙焰，兼取性力猛熾，水乃易沸。既紅之後，方授水器，乃急扇之，愈速愈妙，毋令手停。停過之湯，寧棄再烹。

《茶録》，爐火通紅，茶銚始上。扇起要輕疾，待湯有聲，稍稍重疾，斯文武火之候也。若過於文，則水性柔，柔則水爲茶降；過於武，則火性烈，烈則茶爲水制，皆不足於中和，非茶家之要旨。

蘇廙《仙芽傳》載：《湯十六》云：調茶在湯之淑慝，而湯最忌煙。燃柴一枝，濃煙滿室，安有湯耶？又安有茶耶？可謂確論。田子藝以松實、松枝爲雅者，乃一時興到之言，不知大繆茶理。

定湯

《茶經》[31]其沸：如魚目微有聲,爲一沸；緣邊如湧泉連珠,爲二沸；騰波鼓浪,爲三沸。以上水老,不可食也。[32]

《茶疏》：水入銚,便須急煮。候有松聲,即去蓋,以消息其老嫩。蟹眼之後,水有微濤,是爲當時。大濤鼎沸,旋至無聲,是爲過時。老湯決不堪用。[33]

《茶疏》[34]：沸速則鮮嫩風逸,沸遲則老熟昏鈍。

《茶錄》：湯有三大辯：一曰形辯,二曰聲辯,三曰捷辯。形爲內辯,聲爲外辯,氣爲捷辯。如蝦眼、蟹眼、魚目連珠,皆爲萌湯；直至湧沸如騰波鼓浪,水氣全消,方是純熟。如初聲、轉聲、振聲、駭聲皆爲萌湯；直至無聲,方爲純熟。如氣浮一縷、二縷、三縷及縷亂不分,氤氳亂繞,皆爲萌湯；直至氣直沖貫,方是純熟。蔡君謨因古人製茶,碾磨作餅,則見沸而茶神便發,此用嫩而不用老也。今時製茶,不假羅碾,全具元體,湯須純熟,元神始發也。

點瀹[35]

《茶疏》：未曾汲水,先備茶具,必潔必燥。瀹時壺蓋必仰置瓷盂,勿覆案上。漆氣、食氣,皆能敗茶。

《茶疏》[36]：茶注宜小不宜大,小則香氣氤氳,大則易於散漫。若自斟酌,愈小愈佳。容水半升者,量投茶五分；其餘以是增減。

《茶錄》：投茶有序,無失其宜。先茶後湯,曰下投；湯半下茶,復以湯滿,曰中投；先湯後茶,曰上投。春秋中投,夏上投,冬下投。

《茶疏》：握茶手中,俟湯入壺,隨手投茶,定其浮沉,然後瀉啜；則乳嫩清滑,馥郁鼻端,病可令起,疲可令爽。

《茶錄》：釃不宜早,飲不宜遲。釃早則茶神未發,飲遲則妙馥先消。

《茶疏》：一壺之茶,只堪再巡。初巡鮮美,再巡甘醇,三巡意欲盡矣。所以茶注宜小,則再巡已終。寧使餘芬剩馥尚留葉中,猶堪飯後供啜嗽之用。

辯器

《仙芽傳》云：貴欠金銀，賤惡銅鐵，則磁瓶有足取焉。幽人逸士，品色尤宜，勿與夸珍衒豪者道。㊲

《茶疏》㊳：金乃水母，錫備剛柔，味不鹹澀，作銚最良。製必穿心，令火氣易透。㊴

《茶疏》云：茶壺往時尚龔春，近日時大彬所製，大爲時人所重。蓋是粗砂，正取砂無土氣耳。繼是而起者，亦代有名家如沈若惠俱佳。

又云：茶注、茶銚，茶甌、茶盞，最宜蕩滌燥潔。修事甫畢，餘瀝殘葉，必盡去之；如或少存，奪香敗味。每日晨興，必以沸湯滌過，用淨麻布揩乾。

《茶箋》云：茶具滌畢，覆於竹架，俟其自乾爲妙。其拭巾，只宜拭外，切忌拭內。蓋布帨雖潔，一經人手，極易作氣。

茶甌：以圓潔白磁爲上，藍花者次之。得前朝一二舊窯尤妙。如必以“白”定、成、宣，則貧士何所取辦哉？許然明之論，於是乎迂矣。㊵

申忌

《茶解》云：茶性淫，易於染著，無論腥穢及有氣息之物，不宜近；即名香，亦不宜近。

吳興姚叔度言：茶葉多焙一次，則香味隨減一次。另置茶盒以貯少許，用錫爲之，從大壇中分出，用盡再取，則不致時開，易於泄氣。㊶

《茶疏》㊷：煎茶燒香，總是清事，不妨躬自執勞。如或對客塵談不能親蒞，宜令童司。器必晨滌，手令時盥，爪須净剔，火宜常宿。㊸

《小品》：煮茶而飲，非其人，猶汲乳泉以灌蒿；猶㊹飲者一吸而盡，不暇味，俗莫甚焉。

《茶疏》㊺：若巨器屢巡，滿中瀉飲；待停少溫，或求濃苦，何異農匠作勞，但資口腹，何論品嘗，何知風味。

《茶錄》㊻：茶有真香，而入貢者微以龍腦和膏，欲助其香，謬矣。建安民間試茶，皆不入香，恐奪其真。若烹點之際，又雜珍果、香草，其奪益甚，正當不用。

《茶説》：夫茶中著料，碗中著果，譬[47]如玉貌加脂，蛾媚著黛，翻累本色。[48]

茶妙

《茶經》云：茶之爲用，味至寒，爲飲，最宜精行儉德之人。若熱渴、凝悶、腦痛、目澀、四肢煩、百節不舒，聊四五啜，與醍醐、甘露抗衡也。[49]

華佗《食論》：苦茶久食，益意思。

《神農食經》：茶茗久服，人有力悦志。

《煎茶七類》[50]：煎茶非漫浪，要須人品與茶相得。故其法往往傳於高流隱逸，有煙霞泉石，磊塊胸次者。

羅君[7]曰：茶通仙靈，然有妙理。

宋子安云[8]：其旨歸於色香味，其道歸於精白潔。

《岕茶記》：茶之色重，味重，香重者，俱非上品。松羅香重，六安亦同；云霧色重而味濃，天池、龍井，總不若虎邱，茶色白，而香似嬰兒，啜之絕精。

《茶解》云：茶色白，味甘鮮，香氣撲鼻，乃爲精品。茶之精者，淡亦白，濃亦白，初潑白，久貯亦白，味甘色白，其香自溢，三者得則俱得也。近來好事者，或慮其色重，一注之水，投茶數片，味固不足，香亦宵然，終不免水厄之誚；雖然，尤貴擇水。香以蘭花上，蠶荳花次。

唐宋茗考

唐，茶不重建，未有奇産也。至南唐，初造研膏，繼造蠟面，既又佳者，號曰京鋌。宋初置龍鳳模，號石乳，又有的乳，而蠟面始下矣。丁晉公[9]造龍鳳團，至蔡君謨又進小龍團，神宗時復製密雲龍，哲宗改爲瑞雲翔龍，則益精，而小龍下矣。宣和庚子[10]，漕臣鄭可聞，始製爲銀絲水芽，蓋將已選熟芽再剔去，衹取其心一縷，用清泉漬之，光瑩如銀絲，方寸新胯，小龍蜿蜒其上，號龍團勝雪[50]。去龍腦諸香，遂爲諸茶之冠。其茶歲分十綱，惟白茶與勝雪，驚蟄後興役，浹日乃成，飛騎至京師，號爲綱頭[11]。玉芽，北苑茶焙有細色五綱：第一綱曰貢新；第二綱曰試新；第三綱曰龍團勝雪，曰白茶,曰御苑玉芽,曰萬壽龍芽[52],曰乙夜清供,曰承平雅玩,曰龍鳳英華,曰玉除清賞,曰啟沃承恩,曰雪茶[53],曰蜀葵,曰金錢,曰玉華[54],曰寸金;第四綱曰無比壽芽,曰萬春銀葉,曰宜年寶玉,曰玉清慶雲,曰無疆壽龍,曰玉葉長春,曰瑞雲翔龍,曰長壽玉圭,曰興國巖銙,曰香口焙銙,曰上品揀芽,曰新收揀芽;第五綱曰太平嘉瑞,曰龍苑報春,曰南山應瑞,曰興國揀芽,又興國岩小龍,小鳳[55],大龍,大鳳。[56]

唐宋時,産茶地名如建安、宣城、臨江、湖州等處,凡二十有八;其名色如北苑、雀舌、顧渚紫筍、蒙頂諸名,凡四十有二;不具録。其於今,亦不相同也。

《清異録》:徐恪鋌子茶,其面文曰玉蟬膏,一種曰清風使。吳僧供傳大士,自蒙頂種花乳三年,味方全美。得絶佳者,曰聖楊花,吉祥蕊。[57]

又〔《蠻甌志》〕[58]:覺林院僧收茶三等,自奉以萱草帶,待客以驚雷莢,紫茸香。黃魯直《煎茶賦》有蒙頂、羅山、都濡、高株、納溪、梅嶺、壓搏、火井諸名。〔蘇鶚《杜陽雜編》〕[59]:同昌公主茶有"綠華、紫英之號"。[60]

《歸田録》:茶之品莫貴於龍鳳……其貴重如此。[12]

又《試茶録》稱:芽擇肥乳,則甘香而粥面著盞不散。土瘠[61]而芽短,則雲腳渙亂,去盞而易散。葉梗豐[62],則受水鮮白;葉梗短,則色黃而汎。予以爲即此一説,與今世之品茶,大不相侔矣。夫茶取萌芽,葉猶嫌老,何有於梗?況茶地專取其脊,則清芬芳潔,故每以峰頂野茶爲上,安以肥爲?但當時所貴之色,曰勝雪,曰玉芽,則有取乎白,乃與今同。顧茶之白也,不專在葉,當佐以水。天泉,山泉,其色分外白也。[63]

品茶佳句

劉禹錫《試茶歌》曰:"木蘭墜露香微似,瑤草臨波色不如。"又曰:"欲知花乳清冷味,須是眠雲跂石人。"[64]

李南金[13]《辨聲》[65]詩曰:"砌蟲唧唧萬蟬催,忽有千車捆載來。聽得松風並澗水,急呼縹色緑瓷杯。"

羅大經補一詩云:"松風桂雨到來初,急引銅瓶離竹爐。待得聲聞俱寂後,一瓶春雪勝醍醐。"[66]

品茶佳話^⑥

《小品》：飲泉覺爽，啜茗忘喧^⑧，謂非膏粱紈綺可語。爰著《煮泉小品》，與枕石漱流者商焉。

茶侶：翰卿墨客，緇衣羽士，逸老散人，或軒冕中超軼味世者。

茶如佳人，此論甚妙。蘇子瞻詩云¹⁴"從來佳茗似佳人"是也。但恐不宜山林間耳。若欲稱之山林，當如毛女¹⁵、麻姑¹⁶，自然仙風道骨，不浼煙霞。

竟陵大師積公，嗜茶，非羽供事不鄉口。羽出游江湖四五載，師絕於茶味。代宗聞之，召入内供奉，命宫人善茶者烹以餉師。師一啜而罷。帝疑其詐，私訪羽召入。翌日，賜師齋，密令羽供茶。師捧甌喜動顏色，且賞且啜，曰："此茶有若漸兒所爲者。"帝由是嘆師知茶，出羽相見。

建安能仁院，有茶生石縫間。僧採造得八餅，號石巖白。以四餅遺蔡君謨，以四餅遺人走京師遺王禹玉。歲餘，蔡被召還闕，訪禹玉。禹玉命子弟於茶笥中選精品餉蔡。蔡持杯未待嘗，輒曰："此絕似能仁石巖白，公何以得之？"禹玉未信，索貼驗之，始服。

東坡云：蔡君謨嗜茶，老病不能飲，日烹而玩之，可發來者之一笑也。孰知千載之下，有同心焉。嘗有詩云："年老耽彌甚，脾寒量不勝。"去烹而玩之者幾希矣。

周文甫自少至老，茗碗薰爐，無時蹔廢。飲茶日有期：旦明、晏食¹⁷、隅中¹⁸、餔時¹⁹、下舂²⁰、黄昏凡六舉，而客至烹點不與焉。壽八十五，無疾而卒。非宿植清福，烏能畢世安享。視好而不能飲者，所得不既多乎。嘗畜一龔春壺，摩挲寶愛，不啻掌珠。用之既久，外類紫玉，内如碧雲，真奇物也。後以殉葬。

屠幽叟曰：人論茶葉之香，未知茶花之香。予往歲過友大雷山中，正值花開，童子摘以爲供。幽香清越，絕自可人；惜非甌中物耳。乃予著《瓶史》，月表插茗花爲齋中清玩，而高廉《盆史》亦載：茗花足以助吾玄賞。^⑥

又曰：昨有友從山中來，因談茗花可以點茶，極有風致，弟未試耳，姑存其説，以質諸好事者。^⑩

〔編餘餖飣〕[21]

煮茶先品泉,陸鴻漸嘗命一卒入江取南泠水。及至,陸以杓揚水曰:江則江矣,非南泠臨岸者乎。既而,傾水及半,陸又以杓揚之曰:"此似南泠矣。"使者蹶然曰:"某自南泠持至岸,偶覆其半,取水增之,真神鑒也。"[71]

金山寺天下第一泉,李德裕作相時,有奉使金陵者,命置中泠水一壺。其人忘卻,至石頭城乃汲歸以獻。李飲之曰:"此頗似建業城下水。"其人謝過不敢隱(或以中泠水及惠山泉稱之,一升重二十四銖)。

西安府有鼇屭洞,飛泉甘且洌。蘇長公[22][72]過此,汲兩瓶去,恐後復取爲從者所紿,乃破竹作券,使寺僧取之以爲往來之信。戲曰"調水符"。

陸羽,沔水人。一名疾,字季疵;一名羽,字鴻漸。相傳老僧自水濱拾得,畜之既長,自筮得蹇之漸[23]:曰鴻漸於陸,其羽可用爲儀,乃以定姓氏及字。郡守李齊物,識羽於僧舍中,勸之力學,遂能詩。雅性高潔,不樂仕進,詔拜太常不就。性嗜茶,寓居茶山中;環植數畝,杜門著書。或行吟曠野,或慟哭而歸。刺史姚驥每微服造訪。稱桑苧翁,號東岡子,又號竟陵子,著《茶經》三篇傳世。

古今茶説,陸羽《茶經》之外,羅廩有《茶經解》,葉清臣有《煮茶泉品》[73]、《岕茶記》,許次紓有《茶疏》,聞龍有《茶箋》,熊明遇有《羅岕茶記》[74],張源有《茶録》,宋子安《東溪試茶録》,屠隆叟有《茗笈》,田藝衡有《煮泉小品》,羅大經有《鶴林玉露》,蔡襄〔有《茶録》〕[75]。

賞閲傳奇《明珠記》,焦山公與趙文華品茶,文華稱美,焦山公曰:"色雖美,只是不香。"文華下一轉語曰:"香便不香,卻也有味。"焦山曰:"味雖有,恕不久。"此雖傳奇者設爲之辭,未必真有是事,但機鋒相對處,直是以茶説法,可補陸羽《茶經》,蔡襄《茶譜》,葉清臣、許次紓《茶記》《茶疏》諸書所未備。

《湘皋逸史》曰:予自少即嗜啜茗,自藏茶而貯水,而用火,而定湯,而點瀹以至茶器、茶忌、茶妙,無一不留心講究。凡松蘿、龍井、武夷、徑山,悉購求以待知己談心出而見賞。生平所最愜心者,惟羅岕。在長安,則六安有絶佳者,武夷爲最劣。年來奔走四方,僕僕官署,或有佳茶而缺佳水,或得佳泉而無佳茗,湯無定期,點難按法。遇渴則不得不飲,逢茶亦不得不吃。其始也,亦甚覺難堪,漸則相忘,今已安之若素矣。始信清福誠不易享,非眠雲漱石未易了此。偶撿篋中,將此重錄,世有丹邱子、黄山君之儔,當出而與之相質正也。

　　評曰:知深斯鑒,別精好薦,斯考訂備。湘皋所著《茶説》,自陸季疵《茶經》,諸家茶箋、疏、論、解,兼綜條貫,另成一書,直是一種異書。置此書於排几上,伊唔之暇,神倦口枯,輒一披玩,不覺習習清風兩腋間矣。

注　釋

1　清龢月：龢,也作"和"。清龢月,即農曆孟夏四月。

2　無歙：有的論著注作"江蘇無錫",誤。江蘇無錫清以前産茶甚少,也不甚有名,聯繫下句"蒙頂傳於岷蜀",此"無歙"疑指"婺歙",即其時江南的婺源和歙縣。

3　此處删節,見明代屠本畯《茗笈·第一溯源章》。

4　蔡、陸諸人：蔡即蔡襄,陸指陸羽。詳本書唐代《茶經》和宋代《茶録》題記。

5　《茶記》：即熊明遇《羅岕茶記》。

6　《岕茶記》：即《羅岕茶記》。

7　羅君：即羅廩;此内容摘自其《茶解·總論》。

8　宋子安云：據卷首摘録書目,這裏所"云",當是指《東溪試茶録》的内容。但是,這裏所謂宋子安説的"其旨歸於色香味,其道歸於精白潔"。儘管唐宋時甚至在《東溪試茶録》中,在某些具體看法上,就不系統地點點滴滴存有這些類似看法和要訣,但總結以至上升爲旨、爲道並且明確提出這種看法,是明中期以後的事。所以此語非宋子安所説,是顧藹用明以後才有的茶葉精義,來概括和贊評《東溪試茶録》的要旨。

9　丁晉公：即丁謂。見宋輯佚茶書丁謂《茶録題記》。

10　宣和庚子：宣和(1119—1125)爲宋徽宗的年號,宣和庚子,爲宣和二年(1120)。

11　綱頭：即頭綱。

12　此處删節,見明代徐爌《蔡端明别紀・茶癖》。

13　李南金：字晉卿,自號三谿冰雪翁,宋江西樂平人。紹興二十七年(1157)進士,曾任光化軍(治所位於今湖北光化縣西北)教授。

14　蘇子瞻詩云：下列詩句出蘇軾《次韻曹輔寄壑源試焙新芽》。

15　毛女：傳説華山仙人之一。《列仙傳》載,毛女,在華陰山中,山客獵師世世見之,體生毛,自言秦始皇宫人。

16　麻姑：傳説東漢桓帝時和王方平同時的兩位神仙。故事載晋葛洪《神仙傳》,稱麻姑能撒米成珠,指甲長如鳥爪。

17　晏食：上古稱白飯爲“晏”,廣府人故稱吃中午飯爲“晏食”。但這裏如《淮南子》所説“日至於桑野是謂晏食”,不是中飯,是早飯後。

18　隅中：將近午時。《淮南子・天文訓》曰：“至於衡陽,時謂隅中。”指太陽照到衡陽,還未到正中。

19　餔時：即晡時,相當一般所説的申時,下午三至五點。《淮南子・天文訓》：日至于悲谷,即西南方大壑爲餔時。

20　下舂：在“晡時”和“黄昏”之間,《淮南子》還分“大還”“高舂”“下舂”“羲和”“縣車”五個時段。所謂下舂,即“日至於連石”之時。

21　編餘餖飣：顧薌所編《湘皋茶説》：如以抄録《茗笈・第十六玄賞章》“評”和“注”爲其《品茶佳話》結束,那末此前内容基本有題有條,眉目尚算清楚。但在此之下,不空不隔,不另立標題,接着抄録顧薌自撰的《湘皋逸史》及其友人對《湘皋茶説》的評述,接着又雜抄《明珠記》焦山公與趙文華品茶,再下又是陸羽判南陵水,李德裕判建業城下水、調水符和陸羽傳等内容。這些顯然不能算《品茶佳話》,那末算甚麽呢?《湘皋逸史》及後評實際可算是顧薌及其友人對於本文寫的後序或跋。在這之後又抄録了幾條關於名家品水、陸羽傳略和《茶經》及其他一些茶書的内容。這説明顧薌對這後一部分資料未作整理,也尚未最後確定排在哪裏。因爲這樣,本書在收編時,於此特加一《編餘餖飣》標題，以將此和前文分隔開來；另外將此前一兩條《湘皋逸史》和《湘皋茶説・評》移至本文最後作後敍，將第3條移至《湘皋逸史》和"茶書述録"之間，以使内容不致太蕪雜，像一本茶書樣子。

22　蘇長公：即蘇軾。

23　蹇之漸：蹇、漸，是以《易經》六十四卦中的兩個卦名。之，指到的意思。

校　記

① 序：顧藹手稿作"湘皋茶説序"，本書編時刪書名。

② 羲皇：羲，顧藹手稿作"義"，據文義逕改。

③ 二十二種：此數有誤。《岕茶記》和熊明遇《羅岕茶記》、《小品》與田藝蘅《煮泉小品》重出；《茗笈品藻》一般都附於《茗笈》之後，不獨立成書。至於《茶解》和《茶録》序，很明顯，也不能算書；實際摘録可以稱之爲書的，總加起來，不超過十七種。

④ 《羅岕茶記》：底本作"岕山茶記"，誤。原書爲《羅岕茶記》，古書中偶也有人簡作《岕茶記》。

⑤ 《小品》：疑即指田藝蘅《煮泉小品》。

⑥ 田藝蘅：藝，崇禎十三年（1640）益府《煮泉小品》作"崇"，底本以訛傳訛，也作"崇"，逕改，下不出校。

⑦ 蔡襄《茶録》：録，底本作"譜"，逕改，下不出校。

⑧ 在"茶名"前一行，原稿還有書題"湘皋茶説"四字，編時刪。

⑨ 本段茶樹和茶葉之名，前者引自《茶經・一之源》，後者摘自《茶經・三之造》，完全由顧藹重新摘編，與原文大相徑庭，無從校對。另外本書凡摘引茶書内容，一般也不細校，欲詳請參考查核本書所收原著。

⑩ 本段"按"，係顧藹據羅廩《茶解・原》概括、摘録、增補、改寫而成。如"而今之虎邱"以下至"大盤、日鑄"爲《茶解》原文；"朱溪……天目諸名茶"爲增添；之下和最前的内容，便又是顧藹據《茶經》和《茶解》的綜合、縮寫，故本段内容也非摘自所提哪部茶書。

⑪ 氣：底本均作"气"。編者改，下不出校。

⑫ 紫筍：筍，顧藹手稿作"荀"，逕改。

⑬ 本段引自宋葉清臣《述煮茶泉品》，但文字稍有增删。

⑭ 本段引文，據許次紓《茶疏·産茶》選輯，後一部分，删動尤多。

⑮ 本段《考槃餘事》引文，實爲該書《茶箋》内容，即由本書屠隆《茶箋》
"茶品"各條連接而成。不過兩者文義雖同，但文字略有出入。

⑯ 此條非據自《茶經》，疑轉抄《茗笈·得地章》内容。

⑰ 此條非據自《茶解》，疑轉抄《茗笈·得地章》内容。

⑱ 此條録自《茗笈》第二章屠本畯《評》，與原文全同。

⑲ 惟羅岕立夏開園：底本無"羅"字。"岕茶"是總稱，"羅岕"是岕之最
佳者，各岕采製方法，不盡相同。據《羅岕茶記》原文補。

⑳ 初試摘者：試，底本作"始"，據《茶疏》改。

㉑ 此所謂《茶箋》内容，前一句"火烈香清"至"柴疏失翠"，實際仍出自
張源《茶録·辨茶》，"諸名茶"後之内容，始爲聞龍《茶箋》文。

㉒ 《茶記》及本節以下三條文前書名，顧藹原稿，均録於每條文後作小字
注。本書編校時，爲統一全文體例，才將文後注移置條前作書題。

㉓ 此係張源《茶録》所載《藏茶》内容。

㉔ 《茶解》此具體爲録自《茶解·藏》部分内容。

㉕ 《茶疏》：疏，底本作"録"，編校時改。

㉖ 虎跑：跑，底本作"泡"，逕改。

㉗ 本段内容，查未獲其所出，疑是顧藹雜摘有關各品、水記内容而成。

㉘ 本段引文，由羅廩《茶解·水》兩條内容選摘而成。

㉙ 《茶録》：底本將此録内容誤作《茶解》，本書編時校改。

㉚ 本節内容摘自《茶經》"五之煮"；《茶疏》《茶録》引文，輯自兩書"火
侯"；蘇廙《仙芽傳》内容，前一部分輯自《十六湯品》第十六大魔湯。
後面"可謂確論"以下與《仙芽傳》無關，係輯自《茗笈》"評"語。由本
節四條内容，再次可以清楚看出，本文所標書目，大多是虚列，實際是
轉抄屠本畯《茗笈》。

㉛ 《茶經》：此書題及本節下列《茶疏》《茶疏》《茶録》三書目，手稿原文

抄如屠本畯《茗笈》,均列每段引文末尾,作小字注。現移置文前,是本書收編時爲統一體例改。

㉜　本條據《茶經·五之煮》,也是據《茗笈·定湯章》選摘。

㉝　本條及以下兩條内容,分別輯自《茶疏·候湯》《茶疏·煮水器》和《茶録·湯辨》三處,但也全部俱見或轉抄《茗笈》。

㉞　《茶疏》:疏,底本作"録",校改。

㉟　本節以下内容,大多輯自《茶疏》,兩條摘自《茶録》,本條録自《茶疏·烹點》,其他各條引文出處順序分別爲《茶疏·稱量》《茶録·投茶》《茶疏·烹點》《茶録·泡法》《茶疏·飲啜》。但如上所説,因本文内容大多抄自《茗笈》,所以與所注《書目》原文的差异較多。

㊱　《茶疏》:疏,底本作"笺"字,校改。

㊲　本條内容所説《仙芽傳》,實際爲本書收録的《十六湯品》的"第九壓一湯"。《茗笈》也有收録。

㊳　《茶疏》:底本作《茶録》。經查,爲《茶疏》内容,係《茗笈》首先出錯,本文抄襲《茗笈》,以訛傳訛,校改。

㊴　本條和以下"茶壺往時尚龔春"和"茶注",均輯自許次紓《茶疏》,以次輯自《茶疏》"煮水器""甌注"和"滌湯"三題。但和上面一樣,名爲摘録《茶疏》,實際與《茶疏》特別是"甌注""滌湯"的内容出入較大,而與《茗笈》相同。

㊵　本條上面的《茶笺》,爲聞龍《茶笺》。本條所説"茶甌"内容,係顧蘅據《茗笈·辨器章·評》改寫而成。

㊶　此顧蘅據《茶笺》和《茗笈·申忌章》有關姚叔度所説"茶忌"壓縮而成。

㊷　《茶疏》及此條下本節《小品》《茶疏》《茶録》《茶説》各書目,顧蘅原稿均列文後作小字注,本書編校時,爲體例一致,移諸條前作題。

㊸　本條及本節下面的《水品》和《茶疏》三條,非輯自《茗笈·申忌》,而是抄録《茗笈·防濫章》。

㊹　猶:底本作"猶",據文義和前後"猶"字改。

㊺　《茶疏》:底本作《小品》,顧蘅誤抄,校改。

㊻　《茶録》：底本作《茶譜》，據所輯内容改。

㊼　譬：底本作"辟"，逕改。

㊽　本條及上面，《茶録》條，顧蒨由《茗笈·戒淆章》選抄。《茶説》即本書所收的屠隆《茶箋》；但屠隆《茶箋》中查無本文和《茗笈》所録内容。經查，本段文字實出自明程用賓《茶録·正集·品真》，疑是屠本畯編《茗笈》時將書名混淆的結果。

㊾　本條内容，摘自《茶經·一之源》。下面華佗《食論》《神農食經》，摘自陸羽《茶經·七之事》。

㊿　《煎茶七類》：底本爲文後小字注，本書編校時據前後體例移至文前。

(51)　龍團勝雪：團，《宣和北苑貢茶録》有些版本也作"園"。下同。

(52)　萬壽龍芽：按《宣和北苑貢茶録》，此下和"乙夜清供"之間，還脱一"上林第一"。

(53)　雪茶：茶，《宣和北苑貢茶録》等書作"英"。在此下和"蜀葵"間，《宣和北苑貢茶録》還多"雲葉"一種。

(54)　玉華：華，一作"葉"。

(55)　小鳳：按《宣和北苑貢茶録》，此"小鳳"似應作"興國巖小鳳"。

(56)　本條及下條唐宋茶葉產地和名品，無出處，係顧蒨據唐宋有關茶史資料自己編摘而成。

(57)　參見本書《十六湯品》"玉蟬臺"和"聖楊花"兩文。此係顧蒨據上述內容改寫。

(58)　原稿抄寫潦草，眉目不清，本條在"又"字後，編者加出處"蠻甌志"三字。

(59)　爲與上條黄庭堅的内容相區分，本書作編時，在"同昌公主茶"前，加出處"蘇鶚《杜陽雜編》"六字。

㉍　以上《蠻甌志》、黄庭堅《煎茶賦》和《杜陽雜編》三條，均爲摘編。

㉑　土瘠：瘠，底本作"脊"，逕改。

㉒　葉梗豐：豐，《湘皐茶説》原稿作"半"，據《試茶録》原文改。

㉓　本條和上面《歸田録》，均爲歐陽修作。

㉔　《試茶歌》：《全唐詩》等全名作《西山蘭若試茶歌》。"墜露"的"墜"

字,一作"沾"字;"花浮"的"花"字,一作"藥"字。

⑥ 李南金《辨聲》: 明喻政《茶集·詩類》作"李南星《茶瓶湯候》"。《茶集》"星"字,疑是"金"字之音誤。

⑥ 此詩見《鶴林玉露》卷3。《鶴林玉露》原文"桂雨"作"檜雨";"一瓶"作"一甌"。

⑥ 品茶佳話以下底本,顧蒨僅將這最後部分要編集的內容,隨便摘錄一起,未注出處,未排序次。本書作編時,按本文前面體例補加必要書目,有些排列序次,也稍作調整。

⑥ 《小品》:"飲泉覺爽,啜茗忘喧":《小品》應作《煮泉小品·趙觀敘》。"啜茗",田藝蘅《煮泉小品》趙敘原文作"啜茶"。

⑥ 本文《品茶佳話》八條內容,除前面"贊"語、《茶經》、析劉禹錫《試茶歌》三條删未作錄外,其餘全部順序抄自《茗笈·第十六玄賞章》內容。

⑦ 本條《茗笈》下"又曰"的內容,原文爲《茗笈·第十六玄賞章》"評"語末尾的雙行小字注。

⑦ 本條傳說,源出張又新《煎茶水記》,但其文字,更接近夏樹芳《茶董·水半是南零》。此條傳說,與本書明程百二的《品茶要錄補·辨煎茶水》內容較接近。

⑦ 此條不見於《茗笈》,疑錄自明龍膺《蒙史》,文字基本相同。以此顧蒨所稱的"蘇長公",《蒙史》作"蘇軾"。

⑦ 葉清臣有《煮茶泉品》: 在葉清臣《煮茶泉品》之下,底本還有《岕茶記》一書,編者删。因列在《煮茶泉品》之後,易被誤作此書,亦是葉清臣撰;另外,與下面熊明遇《羅岕茶記》重出。

⑦ 《羅岕茶記》: 底本作《岕山茶記》,編者改。

⑦ 蔡襄有《茶錄》: 底本"蔡襄"名後脱書名,"有《茶錄》"三字爲編者補。